EN 81-1:1998
《电梯制造与安装安全规范》
解　读

朱昌明　孙立新　张晓峰
冯宏景　刘锡奎　编著

中国标准出版社
北京

图书在版编目(CIP)数据

EN 81-1:1998《电梯制造与安装安全规范》解读/朱昌明等编著.—北京:中国标准出版社,2007(2008.4 重印)
ISBN 978-7-5066-4666-6

Ⅰ.E… Ⅱ.朱… Ⅲ.①电梯-安全生产-规范②电梯-安装-安全技术-规范 Ⅳ.TU857-65

中国版本图书馆 CIP 数据核字(2007)第 162970 号

中国标准出版社出版发行
北京复兴门外三里河北街 16 号
邮政编码:100045
网址 www.spc.net.cn
电话:68523946 68517548
中国标准出版社秦皇岛印刷厂印刷
各地新华书店经销
*
开本 787×1092 1/16 印张 25.5 字数 597 千字
2007 年 11 月第一版 2008 年 4 月第二次印刷
*
定价 **60.00** 元

序

伴随着城市高层建筑的建设，电梯已经成为人们不可缺少的垂直运输交通工具，成为城市现代物质文明的重要标志之一。

电梯标准是电梯设计、制造、安装和维护、保养的技术依据，对电梯产品质量的控制和使用安全发挥着十分重要的作用。EN 81-1 是欧盟电梯协调标准，也是目前全世界采用国家最多的电梯安全标准，我国的 GB 7588《电梯制造与安装安全规范》等效采用了 EN 81-1 标准。因此，朱昌明教授等编写《EN 81-1:1998〈电梯制造与安装安全规范〉解读》，对 EN 81-1 标准逐条解读，帮助我国电梯从业人员加深理解 GB 7588 条款的精神实质，是一件非常有意义的事情，是对我国电梯行业的有益贡献。

本书的作者，长期从事电梯的教学、科研和检验检测等工作，有深厚的理论知识和丰富的实践经验。他们编写书稿时，以原版译稿为基础，结合 CEN 的解释文件以及我国电梯行业执行标准的习惯，以文字、图表、数据和应用实例对标准条款逐一解释和说明，可谓之内容充实，深入浅出，集权威性与实用性于一体，别具一格，值得荐举。

国家标准化管理委员会副主任、总工程师 陈钢

2007 年 8 月

前言

我国的GB 7588《电梯制造与安装安全规范》自1987年等效采用欧洲标准化委员会(以下简称CEN)的EN 81-1《Safety rules for the construction and installation of electric lifts》(1985版)协调标准至今已有近20年了,该标准的颁布实施,对我国电梯行业的技术进步起到了极大的推动作用,目前也是我国电梯行业最重要的基础安全标准。

EN 81-1标准是欧共体(EEC)为了解决欧洲电梯贸易中的技术壁垒问题而起草的一个协调标准。从1960年欧共体指定CEN起草第一个欧洲电梯标准起算,至今该标准已经历了47年。其中酝酿了11年,于1971年成立了CEN/TC 10工作委员会,由WG 1工作组负责起草电梯安全规范。1971年~1977年之间,历时7年,在收集各成员国电梯标准的基础上,反复修改协调成了第一版的欧洲电梯安全标准,即EN 81-1:1978,该版投票通过时,同意的成员国只刚过半数。此后,CEN/TC 10尽力优选各成员国标准中的条款,并将一些与EEC法规不一致之处继续作修改。1985年8月26日经欧盟同意正式颁布了EN 81-1:1985,当时采用该标准的有16个国家。此后又两次出版了修改草案版本prEN 81-1:1994和prEN 81-1:1997。1998年2月,CEN正式颁布EN 81-1:1998版本。在内容上全部覆盖欧洲电梯法规(95/16/EEC lift Directive),且彻底去掉了有关成员国有可能选择执行的条款。

技术规范在实际实施过程中有理解和解释问题,EN 81系列标准在实施中也有同样的问题。为此,CEN在EN 81-1:

1978 出版后的很短的时间内就成立了一个解释委员会，此后，对 EN 81-1:1978、EN 81-1:1985 和 EN 81-2:1987 版标准，CEN/TC 10/EEC 1 的有关委员会曾解答过 272 个请求解释的问题，其中 140 个解释对 EN 81-1/2 的 1998 版仍有效。另外 2004 年 CEN 发布了 EN 系列中的第一个技术规范 CEN/TS 81-29:2004。该技术规范包含了涉及 EN 81-1:1998 和 EN 81-2:1998 标准的已获批准的 64 个解释文件。

从 EN 81-1 标准的发展历史看，其中凝聚了欧洲众多的电梯从业及相关人员的智慧和心血，他们的工作经验和标准条款的精神实质是值得我们学习和研究的。由于 EN 81-1 是由 CEN 组织制定，且经多次修订，欧洲在执行过程中也碰到了不少问题。我国电梯行业的有关专家也曾多次开展学习、宣贯 GB 7588 活动，加深了对电梯安全标准的理解。为了更好地帮助我国电梯从业人员理解 GB 7588 条款的精神实质，笔者收集了 EN 81-1 的一些相关资料，特别是对 EN 81-1:1998版仍有效的 204 个解释文件，我们都尽量在尊重原意的基础上在相应的条款下翻译了出来。另外笔者也结合自己的电梯工作实践，以解读的形式提出个人对标准中的大多条款的体会，以供同仁们在学习理解 GB 7588 时参考。由于编者水平有限，资料收集也有限，肯定有挂一漏万，甚至有不妥或谬误之处，敬请同行批评指正。解读内容如与有关技术规范或全国电梯标准化技术委员会通过的解释文件有悖，则应以后者为准。

尽管 EN 81-1 从 1985 版本到 1998 版本，历经 13 年形成，但技术的发展是与时俱进的，标准始终滞后于技术的发展，因此标准需要不断地进行修订、补充。为了顺应无机房电梯的普遍使用和可编程电子系统在电梯安全系统中的应用，目前经 CEN 批准，EN 81-1:1998/A1:2005 和 EN 81-1:1998/A2:2004 作为 1998 版的修正案也已正式颁布。我们将这两个补充件也收入本书中。

本书的第 0 章～第 12 章、附录 N、附录 K、附录 L、附录 ZA 由朱昌明编写；第 13 章、第 15 章、第 16 章、附录 C、附录 D、附录 E 及修正案 A1 由孙立新编写；9.8、9.10、附录 B、附录 F0～F3、F5、F7、附录 M、附录 G 由张晓峰编写；第 14 章、附录 A、附录 J、附录 F4、F6、附录 H 由冯宏景编写；修正案 A2 由刘锡奎编写。最后由朱昌明完成统稿和整理工作。

本书在编写过程中得到 CEN 的委员 Dr. Ing. Gerhard. Schiffner 和中国特检中心法规部的姚泽华高工的大力支持和帮助，在此一并表示由衷的感谢！

编　者

2007 年 8 月

目录

引 言

0.1 总则

0.1.1 本标准的目的是从保护人员和货物的观点制定客梯和货客梯的安全规范，防止发生与电梯的使用者、电梯维护和紧急操作相关的危险事故。

注：在 CEN/TC 10 内部已成立了一个解释委员会，可解释本标准的相关条款的精神，这些发布的解释条款可以从各成员国的标准化组织中获取。

解读 我国的 GB/T 7024.1《电梯、自动扶梯、自动人行道术语》中定义了乘客电梯（为运送乘客而设计的电梯）、载货电梯（通常有人伴随，主要为运送货物而设计的电梯）和客货电梯（以运送乘客为主，但也可运送货物的电梯）。EN 81-1:1998 的术语中有货客梯的定义，即以运货为主，且一般有人伴随运行的电梯。笔者认为货客梯就是我国定义的载货电梯。

电梯术语在欧洲用的较多的是“lift”，在美国用的较多的是“elevator”。如客梯（Passenger Lift，Passenger Elevator），货梯（Goods Lift，Freight Elevator）。

作者已收集到了 CEN 已公布的且对 1998 版有效的 200 多条解释条款，将分别在下述的相关条款中提供解释内容。

0.1.2 已研究了电梯在下列方面的多种事故的可能性：

0.1.2.1 可能由于下列因素造成危险：

a）剪切。

b）挤压。

c）坠落。

d）撞击。

e）被困。

f）火灾。

g）电击。

h）由下列原因引起的材料失效：

1）机械损伤；

2）磨损；

3）锈蚀。

解读 上述这些危险因素有可能是电梯在使用、维护和紧急操作过程中损伤或危害健康的起因。根据机械安全设计通则的规定，在任一机器设计时，应根据有关安全标准（如机械的、电气的),采用风险评估方法,首先要识别和描述由于机械、电气、材料等因素可能产生的各种危险,这样才能正确地选择和制定相关安全防护措施的对策。

上述分析的危险因素中a)、b)、c)、d)、h)是机械危险,f)是材料和物质产生的危险,g)是电气危险,e)是电梯本身固有的危险。从危险分析角度(对电梯不一定有,或不足以考虑)还有热危险(与高温源接触及热辐射导致烧伤或烫伤,由热的环境危害健康),噪声危险(噪声导致疲劳、耳鸣、失去听觉等),振动危险(在振动环境中暴露时间过长,可能使人产生生理或体能的严重失调),辐射危险(如射频和微波、紫外线、射线等),综合危险(有些单一危险看起来微不足道,但当它们组合起来时就相当于严重危险)。

0.1.2.2 保护的人员:

a) 使用者;

b) 维护和检查人员;

c) 电梯井道、机房和滑轮间(如有的话)外的人员。

解读 正常情况下,c)款描述的人员都能得到较好的保护,因为无论是井道、机房或滑轮间都有足够强度的围封将其封闭起来。但是对于只有部分围封的电梯而言,有可能电梯的机械危险或材料和物质产生的危险会危及井道、机房或滑轮间外的人员。如部分围封的观光电梯、商场中的半敞露电梯、电视塔中敞露(维修用)的电梯等。

当电梯采用新技术、新工艺、新材料后,应从上述三类人员的安全角度对新电梯作出风险评价。

0.1.2.3 保护的物体:

a) 轿厢中的负载;

b) 电梯的零部件;

c) 安装有电梯的建筑。

0.2 原则

制定本标准时,采用下列原则。

0.2.1 本标准不能替代任何电气、机械或包括对建筑构件防火保护的建筑结构所使用的通用技术规范。

然而,有必要去制定某些为保证有良好制造质量的要求。或许它们对电梯的制造者而言是特有的,也或许因为在电梯使用中,这些有求可能是有较其他场合更严格的地方。

解读 本条款很明确地说明,电梯标准规定的是特有要求,而其电气、机械部件或建筑结构应有其本身的通用要求,符合通用要求是电梯使用的必要条件,电梯的特定要求是充分条件。

如电梯的弹簧缓冲器,其材料及基本性能应符合通用的弹簧标准,但其能否在电梯上使用，以及如果可用其适用电梯的主参数是多少须由本标准来规定。

0.2.2 本标准不仅表达了电梯指令的基本安全要求，而且另外明确了电梯安装在建筑/结构中的最低限度的要求。某些国家中的建筑结构等法规也不可忽视。受此影响的典型条款是机房、滑轮间高度及它们入口门尺寸所定的最小值。

解读 在1997年以前，欧盟的电梯制造、安装执行的是机器指令（Machinery Directive—89/392/ EEC），机器指令在1992年出台时，是作为各种机械设备（如汽车、提升机等）的基本安全法律文件。以后欧盟内部提出了“机器指令”能不能覆盖电梯的问题。认为电梯是载人工具，与机器的定义有悖（机器定义为：至少有一个活动的部件或者由部件连接成一个组件，有适当的动作，有动力和控制电路等参与控制，特别适用于材料的加工、搬运或全部过程），需要针对电梯设备的特点制定新的安全指令。

电梯指令（95/16/EC Lift Directive）是1997年7月1日颁布的欧洲法规，过渡执行期为两年，1999年7月1日强制执行。该指令规定了电梯和安全部件的设计和制造必须达到的基本安全要求（Essential Safety Requirements——ESR'S）。

自动扶梯是执行机器指令的产品，在欧盟是自愿认证的产品，而电梯是属于强制认证的产品。

各国制定的电梯安全规范一般都是最低的安全要求。

0.2.3 当部件的质量、尺寸和/或形状有碍于用手移动时，则这些部件应：

a）设置可供提升装置提升的附件；或

b）设计可以被套挂连接的装置（如：采用螺纹孔）；或

c）容易被标准提升设备吊运的连接方式。

0.2.4 标准尽可能只提出所用材料和设备必须满足电梯安全运行为目的的要求。

0.2.5 买主和供应商之间所作的协商内容为：

a）预期电梯的用途；

b）环境条件；

c）土建工程问题；

d）有关安装地的其他方面的问题。

解读 电梯是建筑物中的固定设备，它的最终投入使用是买主和电梯制造商（或电梯承包商）之间共同协商的结果。特别在订货期间，买主必须与建筑师商量，提供给电梯供应商必要的信息，如：

买主应提供：建筑物的用途，预期的容客量，建筑层高及面积，要求电梯的服务质量，电梯必需的功能，有否特殊要求；交货时间与竣工时间；当地的法规与标准要求；验收条款，维保要求等。

建筑师应提供:配置电梯的数量、容量、速度,电梯在建筑物中的排列,土建上的限制,建筑物的特殊要求(如防火级别、EMC、抗震、防涝等要求),电梯的使用环境条件和环境参数严酷程度。

电梯供应商:出土建布置图,由买主或建筑师确认;按要求配置电梯的部件和功能;按期发货;落实安装措施和人员;竣工验收;承诺维保任务。

由于电梯出厂时只是散装的部件,其整机的组装必须在建筑物中完成,因此,电梯买主和供应商之间最重要的是要协调好电梯与建筑物的关系,即要明确建筑施工与电梯设备安装的职责关系。

0.3 假定

已考虑组合成完整电梯设备的每一部分的可能危险。

已制定相应规范。

解读 假定是制定规范的基础,有的假定是有事实依据的,如已有事故案例;有的假定是一种基本假设,有小概率事件发生的可能性,但至今未发生过,但由于会涉及重大安全事故,故必须予以考虑。EN 81-1:1985 版公布时,提供了该版本制定的一些基本假设,共 7 条。基本内容见 0.3.2～0.3.12。作为假定应经得起时间的审视,以保证假定的连续有效,要考虑偶然事故的统计,以及技术的进步、公共的期望和人的特征等因素。

0.3.1 部件是:

a) 按照通常工程实践和计算规范设计,考虑所有失效形式;

b) 可靠的机械和电气结构;

c) 由足够强度和良好质量的材料制成;

d) 无缺陷。

有害材料不准使用,如石棉等。

【CEN/TC 10/WG 1 解释,No. 249】

询问(1994-09-21):(译注:当时是针对 1985 版本的 0.1.2.1 条,后修改成本条)。本条虽未明显地规定不能用塑料材料做导向轮,但我们认为塑料导向轮宜装在钢制的轴上,并符合本条提到的一般要求以及 9.7 条关于防护装置的特殊要求即可。

不知这样的解释对否?

回答(1995-11-08):对的。并注:当使用这种材料时,还必须考虑钢丝绳的寿命等因素。在写本标准时没有注意到提问的内容。

解读 部件设计时,我们要考虑由于疲劳、过度变形、磨损、腐蚀、冷和热等因素引起的部件可能失效。比如曳引轮轴在循环性负载下容易产生疲劳裂纹;电梯导轨在紧急制停情况下承受的组合负载,轿厢撞击缓冲器时的突发冲击负载,有可能使某些部件的应力超过了弹性极限,产生凹坑或畸变等。因此应按基本的安全规范要求进行设计计算。

过去石棉材料主要用作曳引机的制动衬垫。石棉是公认的致癌物质，在电梯上严禁使用。

欧盟颁布的《关于在电气电子设备中限制使用某些有害物质》指令（Restriction of Hazardous Substances，简称“RoHS”）于2006年7月1日正式实施。根据该指令，在最新的电气和电子设备中如果包含了含量（均匀材料前提下）高于规定浓度（w/w）的物质[铅（0.1%），汞（0.1%），镉（0.01%），六价铬（0.1%），多溴联苯（PBB，0.1%），多溴联苯醚（PBDE）（0.1%）]，则该产品不可在欧盟销售。欧盟的RoHS指令旨在减少使用对人类健康或环境有害的物质，电梯控制系统的很多PCB板也应该控制有害物质的使用，如焊锡的含铅问题。

0.3.2 部件应保持良好的维护和正常工作状态，因此尽管有磨损，但仍应满足所要求的尺寸。

0.3.3 选择和配置的部件在预期的环境影响和特定的工作条件下，应不影响电梯的安全运行。

解读 电梯产品大多是在有气候防护场所且固定使用的条件下工作。但对工作在部分气候防护场所或无气候防护场所的电梯，在选择和配置电梯部件时，应对电梯安装地的气候环境条件先做分析，作出环境参数的严酷程度等级评价，然后有针对性地选择防护措施。环境条件主要包括气候环境，如温度、湿度、压力、环境介质、降水、辐射、水等；生物环境，如各种霉菌和真菌、昆虫及动物等；机械环境，如冲击、振动；电气和电磁环境，如静态和交变的电场、磁场、传输导线的干扰；化学物性物质环境条件，主要是来自工业的化学物质扩散；机械物性物质环境条件，如砂、尘等。

0.3.4 负载支撑件的设计，应保证在0～100%额定载荷下电梯均能安全运行。

解读 电梯在0～100%额定载荷下应能安全运行。另外对乘客电梯，要求在超载25%的额定载荷时电梯也能安全运行，这是考虑人群挤入轿厢有超载25%的可能性，所以也要能安全运行。但是，超载运行时，可不要求达到额定载荷时的性能指标（如平层精度、起制动加减速度、速度允差等指标）。

那么为什么不考虑超载10%的情况呢？CEN/TC 10/WG 1认为，10%的超载相对于部件设计中选择的安全系数比较，完全可以忽略的。

0.3.5 本标准关于电气安全装置的要求是，一个完全符合本标准要求的电气安全装置失效的可能性不必去考虑。

解读 本标准中并未对电气装置定义，但对电气安全装置在第14章中给出了明确定义。电气安全装置（electric safety devices）在各国的电梯规范中表述时有一定的差异，大概分为三类：

电气安全触点（electric safety contacts）——14.1.2.2条有阐述；

电气安全电路(electric safety circuits)——14.1.2.3 条有阐述;

电气保护装置(electric protective devices)——没有确切定义。这种装置仅当自身质量发生故障时,有产生危险状态的可能性。在美国的 ASME A 17.1 规范中使用的“protective device”可理解为“safety contact”,为避免混淆,欧洲有的电梯文献中用“guarding device”替代“protective device”。

0.3.6 当使用者按预定方法使用电梯时,其自身疏忽和非故意的不小心而造成的问题应予以保护。

0.3.7 在某些情况下,使用人员可能作出某种鲁莽动作,两种同时发生的鲁莽动作和/或违反电梯使用说明情况的可能性未被考虑。

解读 标准条款中还考虑了使用者的一些非恶意的行为和鲁莽动作,但均不考虑使用特定工具使电梯部件的安全保护功能失效。这一点在各国的规范中的假定是类同的。

0.3.8 如果在维修期间,一个使用人员不易接近的安全装置被故意置为失效,此时,不能保证电梯的安全运行,应遵照维修规程采取补充措施去保护乘客安全。

假定维修人员经过培训,且按照维修规程工作。

解读 维修期间发生安全事故案例较多,按维修规程进行工作,这是最基本的原则。作为电梯维修公司,可参照我国的 GB/T 18775—2002《电梯维修规范》制定合适的维修规程,规范维修人员的工作程序。

我国的《特种设备安全监察条例》规定,电梯维修人员必须持证上岗。

0.3.9 下列是所用的水平力:

a) 静态力:300 N;

b) 冲击力:1 000 N。

这是一个人可能施加的作用力。

解读 本标准只假定一个人施加一个水平力给一个垂直平面。而美国和加拿大的规范中假定有一群人互相故意集聚同时推一垂直平面的中间,作用面积为 300 mm×300 mm,其静态和冲击力作用分别为 1 110 N 和 2 500 N。

0.3.10 除了下列各项以外,根据良好惯例和标准要求制造的机械装置,在无法检测情况下,将不会进一步劣化至危险状态。

下列机械故障应考虑:

a) 悬挂装置的破断;

b）曳引轮上钢丝绳失控滑移；

c）辅助绳索、链和带的所有连接的破断和松弛；

d）作用在制动轮或盘上的机电制动器机械部件失效；

e）与主驱动机组和曳引轮有关部件的失效。

解读 虽然悬挂装置破断造成事故的记录至今未见过报导，但几乎各国的安全标准中均采纳了这种假定。欧盟成员国讨论本条款时是有争议的，后 CEN/TC 10 为此征询了成员国的意见，最后大多数倾向于使用安全钳作为防止自由坠落或钢丝绳滑移失控的保护措施，因为实际使用中钢丝绳滑移失控的事故是有的。如设计制造的轿厢，其面积大于额定载荷对应的最大允许值，有的载货电梯轿厢大，超载乘客，都容易造成轿厢的下滑。因此，悬挂装置失效，或钢丝绳滑移情况出现的可能性存在。至今还没有一个国家的安全规范中取消安全钳装置的。

在 1985 版的 EN 81-1 中，只提出了 a)～d)四种机械故障的可能性，e)条是本版新增的内容。这主要是针对无齿轮主机的普遍使用。主驱动机组与曳引轮相关部件的安全性必须考虑。另外，b)、d)、e)条款的机械故障，均有可能产生上行超速的危险，因此本版中新增了电梯上行超速保护装置的要求。其实早在 1986 年 6 月，荷兰的电梯专家 Piet Aberkrom 就提出了上行超速比下行超速危险的观点，分析表明头顶的承受载荷的能力比脚底差得多，因此建议电梯设上行超速保护装置。

0.3.11 轿厢从最底层站自由降落，冲击缓冲器之前，允许安全钳有不动作的可能性。

解读 1985 版假设中，曾有这样的叙述："在安全钳未起作用而导致轿厢(或对重)以自由落体撞击缓冲器的可能性不予考虑"。也就是说轿厢(或对重)大于缓冲器设计速度撞击缓冲器的可能性不予考虑。但本条款的假定，轿厢从最底层站自由降落撞击缓冲器的速度，完全有可能大于缓冲器的设计速度。如轿厢在两端站平层位置时，轿厢或对重装置的撞板与缓冲器顶面间的距离，耗能型缓冲器一般规定为 150 mm～400 mm，蓄能型缓冲器为 200 mm～350 mm。按本假设，轿厢从最底层站自由降落，对耗能型缓冲器，轿厢有可能以 1.71 m/s～2.80 m/s 速度撞击缓冲器，如果缓冲板与缓冲器顶面间距离为 350 mm，此时从最低层自由撞击缓冲器的速度为 2.62 m/s，这种情况下，只有当电梯额定速度不小于 2.43 m/s 时，轿厢撞击缓冲器速度才能不大于缓冲器的设计速度。同样对蓄能型缓冲器，轿厢有可能以 1.98 m/s～2.62 m/s 撞击缓冲器。因此本假设提出了允许轿厢以大于缓冲器设计速度撞击缓冲器的特殊情况。

0.3.12 当轿厢速度在达到机械制动瞬间仍与主电源频率相联系时，则此时的速度假定不超过 115%额定速度或相应的分级速度。

解读 这个假定基于交流鼠笼式电机的固有特性，即电机的转速是与其绕组的极对数和它的供电频率有关，当电机作为驱动主机或发电机时，其旋转速度与同步速度的允差可能达到±15%。在本标准中115%额定速度值假定将适用于所有电梯，包括各类调速电梯。本标准9.9.1条规定的限速器动作速度的下限值源于此假定。

0.3.13 装有电梯的大楼管理机构，应能有效地响应应急召唤，没有不恰当的延时。

解读 本条是EN 81-1的1985版中的14.2.3.4条。这一条明确要求大楼的管理机构应有管理电梯的部门和人员，能及时有效地处理电梯的应急召唤。

0.3.14 通道应提供用于提升笨重设备的设施(见0.2.5)。

0.3.15 为了保证机房中设备的正常运行，如考虑设备散发的热量，机房中的环境温度假定保持在5℃～40℃之间。

解读 电梯的机房一般都是设在有气候防护场所固定使用条件，本条假定的气候环境条件等级属3K3级。该等级适用于有电子装置的其他电工产品车间、电信中心以及普通的生活和工作场所。为了保证产品的正常工作，当室内与室外的气温差别较大时，可采取加热或降温的措施。使用的产品可以经常受到阳光辐射、热辐射，建筑物内窗户和其他方式用于空气的流通，但不能受到冷凝水、降水、雨以外的其他水源及冰冻的影响。

通常电梯正常使用的普通环境是指满足：

(1) 电压波动在±7%以内；

(2) 平均相对湿度不大于90%，且月平均温度不高于25℃；

(3) 机房内温度保持在5℃～10℃之间；

(4) 周围没有腐蚀性气体，妨碍电气触点的按触，没有易燃性气体及导电尘埃存在；

(5) 海拔高度在1 000 m以下。

不满足上述条件的则叫特殊运行环境条件。如，电梯运行在：室外(敞露环境中)；水库、水电站(湿气严重)；冷库(低温)；锅炉或炼钢厂(高温环境)；化工厂(腐蚀性气体)；水泥厂(灰尘)等。特殊环境中使用的电梯，在电梯系统设计配置和建筑设计时就应考虑相应的保护和防护措施。

此外，有些尺寸上的限制显然没有列入基本假定中，但在正文中有具体的规定，如：

——水平方向的尺寸

0.15 m，人体或头不能通过；

0.35 m，在紧急情况下，人可以侧向通过；

0.60 m，规则入口的最小宽度。

——垂直方向尺寸

2.00 m，人自由进入的高度；

1.80 m，人通过时须引起注意的高度(如应急门)；

1.40 m,称职人员进入时须引起注意的高度;

0.40 m,称职人员可能跨越的最大障碍高度;

0.30 m,部件上方维修空间的高度。

——其他尺寸

0.01 m,手指不能通过的间隙;

0.50 m×0.60 m,活板门的最小尺寸;

有关人体形态的尺寸,本标准中未作规定。

1 适用范围

1.1 本标准规定了服务于指定楼层且永久安装在大楼中采用曳引或强制驱动的新电梯的制造与安装安全规范，该电梯具有运送人员或运送人员和货物的轿厢，轿厢由钢丝绳或链悬挂，且运行在垂直倾斜度不大于15°的导轨之间。

【CEN/TC 10/WG 1 解释，No. 166】

询问(1989-05-22)：固定式提升设备(permanent lifting equipment)的含义是什么？这个答案是个本质的问题，因为只要有了清楚的定义，各国采用标准时才能理解同样的适用领域，消除各国的附属文件中制定的差异。

答复：固定式提升设备的非移动部件是永久与建筑物连接的。

解读 本条对本标准中涉及的电梯作了定义，指的是客梯、客货梯(运送人员或运送人员和货物的电梯)。1985 版标准适用于乘客电梯、载货电梯和杂物电梯。本版明确规定对杂物电梯不适用，将另制定有关杂物电梯标准，因此本版中去掉了杂物电梯相关条款。

1985 版中对电梯作这样的定义：服务于规定楼层的固定式提升设备，包括一个轿厢，其结构型式与尺寸使乘客方便地进出，轿厢运行在至少两根垂直的或垂直倾斜度小于15°的刚性导轨之间。

ISO/TS 22559-1 对电梯的定义：是一种具有固定导向(导向与水平的夹角大于75°)的动力驱动的承载单元携带人员或货物从一个层站到另一个层站的提升设备。

1.2 除了本标准的要求外，在特殊情况场合使用时应考虑一些补充要求(如爆炸性气体、极端气候条件、地震条件、运输危险的货物等)。

解读 具有爆炸性气体的场合，根据危险场所区域的含义，对该地区实际存在危险可能性的量度，由此规定其可适用的防爆形式。防爆电梯除了具备一般电梯所必须的性能外，还必须具有防爆性能。电梯的防爆设计必须能够可靠防止危险火花引燃和危险高温引燃。危险火花包括电气火花、机械火花(摩擦火花、撞击火花)和静电火花等。防爆电梯对可能产生的电气火花可以采取隔爆或本安措施等实现防爆；机械火花在易产生危险火花部位采用特殊无火花材质、控制轻合金外壳含镁量等实现防爆；静电火花采用限制产生静电材质的表面电阻或用导电胶、导电漆等方式实现防爆。产生高温的部件可置于隔爆外壳内或采用散热、加注润滑油等方法消除危险高温实现防爆。

对极端气候的地区，如湿度高、海拔高、室外等使用场合，用户与供应商之间应事先沟通，根据使用条件，电梯应作特殊设计。因日本是一个多地震的国家，他们在电梯抗震设计中有较多的经验可借鉴。

1.3 本标准并不包括：

a) 不是1.1条所述驱动方式的电梯；

b) 在空间条件不允许扩展的已有大楼中电梯的安装；

注：已有大楼是指电梯装入以前，该大楼已经使用过或正在使用。一幢内部结构完全重新改造的大楼可考虑为新的大楼。

c) 在本标准执行之前，对已装电梯的重大改造(见附录E)；

d) 升降设备，如多斗式连续运输机、矿井提升机、剧场升降机、具有自动吊笼、料斗的提升装置、建筑或公共工地用的提升机和升降机、船舶提升机、海上钻井或勘探平台、施工和维修设施；

e) 导轨与垂直向的倾斜超过15°场合安装的电梯；

f) 运输、安装、修理和拆除电梯过程中的安全。

然而，本标准可考虑作为参考依据。

本标准中未涉及噪声和振动，因为它们与电梯的安全使用无关。

解读 本条明确了本标准不适用的范围。任何标准都是有一个适用的范围问题，一般在前言或引言中加以说明，大多采用穷举的方式，列出不适用的范围，对产品类标准，尤其将其类似的、容易产生误解的产品一一列出。如美国的电梯和自动扶梯安全规范ASME A 17.1就列出了21种不包括的类似设备。澳大利亚的电梯、自动扶梯及自动人行道规范AS 1735.1列出了18种不包括的类似设备。

1.4 本标准并未规定火灾中必须使用电梯的附加要求。

解读 目前我国所有的建筑和消防规范中，都规定火灾时禁止乘客使用电梯。国外的相关规定基本类同。但自从美国的“9·11”事件后，国际上对于利用电梯进行高层建筑紧急疏散的呼声日益高涨，能否将电梯在高层尤其在超高层建筑发生火灾等危急情况下作为一种应急疏散的方式已是一个热门话题。1994年，美国的John H. Klote等人提出了电梯紧急疏散系统(Emergency Elevate Evacuation Systems，EEES)的概念，并对其进行了研究，探索了利用电梯进行高层建筑人员疏散问题的可能性。之后，又有许多学者从事高层建筑的电梯疏散系统的研究，并对其概念进行了发展和延伸。但到目前为止，许多研究成果仍处于概念的阶段，并没有在实际中得到充分的应用。尽管如此，因电梯疏散具有快捷以及适用于残疾人和行动不便的老人和孩子等优点，在高层建筑，特别是超高层建筑中发生危急情况下如何有条件地使用电梯作为应急疏散系统仍值得我们作进一步的讨论和研究。1996年10月，日本广岛一栋20层的高层公寓内发生火灾，通过调查发现，有超过50%的疏散人员是利用电梯逃离火灾现场的，这也充分说明了电梯在用于大规模人员疏散中的可行性和重要性。

2 引用标准

本欧洲标准引用了注明日期或不注明日期的参考标准及其他出版物的一些条款。这些参考标准将在正文的适当条款中被引用。对注明日期的参考标准，以后这些出版物有任何改版或修订，只有通过修改或修订本标准内容且将其纳入时才有效。对不注明日期的参考标准，以最新版本为适用。

解读 下面括号内为我国的等效版本或类似要求的标准。

CEN/CENELEC 标准

EN 294:1992 机器的安全 防止人体上肢触及到危险区域的安全距离；

(GB 12265.1—1997 机械安全 防止上肢触及危险区的安全距离)

EN 1050 机器的安全 危险评价原则；

(GB/T 16856—1997 机械安全风险评估的原则)

EN 10025 非合金结构钢的热轧产品 技术供货条件；

(GB/T 700—2006 碳素结构钢)

EN 50214 适用于电梯的柔性电缆；

(GB 5023.6—2006 额定电压 450/750 V 以下聚氯乙烯绝缘电缆 第 6 部分：电梯电缆和挠性连接用电缆)

EN 60068-2-6 环境试验程序 第 2 部分：试验 试验 FC：振动(正弦)；

[GB/T 2423.10—1995 电工电子产品环境试验 第 2 部分：试验方法 试验 FC 和导则：振动(正弦)]

EN 60249-2-2 印刷电路的基底材料 第 2 部分：规定 No.2 规格：酚醛纤维纸镀铜层压板；

(GB/T 4723—1992 印刷电路用覆铜箔酚醛纸层压板)

EN 60249-2-3 印刷电路的基底材料 第 2 部分：规定 No.3 规格：可燃环氧树脂纤维纸镀铜层压板(垂直燃烧试验)；

(GB/T 4724—1992 印刷电路用覆铜箔环氧纸层压板)

EN 60742 隔离变压器和安全隔离变压器 要求；

EN 60947-4-1 低压开关装置和控制装置 第 4 部分：接触器和电机启动开关 第 1 节：机电式接触器和电机启动器；

(GB 14048.4—2003 低压开关设备和控制设备 低压机电式接触器和电动机起动器)

EN 60950-5-1 低压开关设备和控制设备 第5部分:控制电路装置和开关元件;

(GB 14048.5—2001 低压开关设备和控制设备 第5-1部分 控制电路电器和开关元件 机电式控制电路电器)

EN 60950 信息技术设备的安全(包括电子商务设备);

(GB 4943—2001 信息技术设备的安全)

EN 62326-1 印刷电路板 第1部分:一般规定;

(GB/T 16261—1996 印刷板总规范)

EN 12015:1998 电磁兼容性 用于电梯、自动扶梯和自动人行道的产品系列标准 辐射;

EN 12016:1998 电磁兼容性 用于电梯、自动扶梯和自动人行道的产品系列标准 抗干扰性;

PrEN 81-8:1997 电梯层门的防火试验 试验方法和评价。

(GA 109—1995 电梯层门的耐火试验方法)

IEC 标准

IEC 60664-1 适用低压系统内设备的绝缘配合 第1部分:原理要求和试验;

(GB/T 16935.1—1997 低压系统内设备的绝缘配合 第一部分:原理、要求和试验)

IEC 60747-5 半导体装置——分离装置和集成电路 第1部分:光电配置。

(GB/T 15651—1995 半导体器件 分离器件和集成电路 第5部分:光电子器件)

CENELEC 协调文件

HD21.1S3 额定电压不大于450/750 V聚氯乙烯绝缘电缆 第1部分:一般要求;

(GB 5023.1—1997 额定电压450/750 V及以下聚氯乙烯绝缘电缆 第1部分:一般要求)

HD 21.3S3 额定电压不大于450/750 V聚氯乙烯绝缘电缆 第3部分:适用于固定布线的非屏蔽电缆;

(GB 5023.3—1997 额定电压450/750 V及以下聚氯乙烯绝缘电缆 第3部分:固定布线用无护套电缆)

HD 21.4S2 额定电压不大于450/750 V聚氯乙烯绝缘电缆 第4部分:适用于固定布线的屏蔽电缆;

(GB 5023.4—1997 额定电压450/750 V及以下聚氯乙烯绝缘电缆 第4部分:固定布线用护套电缆)

HD 21.5S3 额定电压不大于450/750 V聚氯乙烯绝缘电缆 第5部分:柔性

电缆;

[GB 5023.5—1997 额定电压450/750 V及以下聚氯乙烯绝缘电缆 第5部分:软电缆(软线)]

HD 22.4S3 额定电压不大于450/750 V橡皮绝缘电缆 第4部分:电线和柔性电缆;

(GB 5013.4—1997 额定电压450/750 V及以下橡皮绝缘电缆 第4部分:软线和软电缆)

HD 21.4S2 在潮湿条件下固态绝缘材料对照跟踪指数决定的推荐方法;

HD 323.2.14S2 基本环境试验程序 第2部分:试验 试验N:温度的改变;

(GB/T 2423.22—2002 电工电子产品环境试验 第2部分:试验方法 试验N:温度变化)

HD 360S2 正常使用的橡胶绝缘电梯电缆;

HD 384.4.41S2 建筑物的电气安装 第4部分:安全保护 第41章:防电击保护;

HD 384.5.54S1 建筑物的电气安装 第5部分:电气设备的选择和安装 第54章:接地配置和保护导体;

(GB 16895.3—2004 建筑物电气装置 第5-54部分:电气设备的选择和安装 接地配置、保护导体和保护联结导体)

HD 384.6.61S1 建筑物的电气安装 第6部分:验证 第61章:初次校验。

ISO 标准

ISO 7465:1997 客梯和服务梯 电梯和对重导轨(T型)。

(JG/T 5072.1—1996 电梯T型导轨)

3 定 义

下列定义适用于本标准。

3.1 护脚板 apron

从层站地坎或轿厢入口向下延伸的具有光滑垂直部分的板。

3.2 轿厢有效面积 available car area

地板以上1.0 m高度处测量的对运送乘客或货物有效的轿厢面积，扶栏忽略不计。

3.3 平衡重 balancing weight

为节能而设置的平衡全部或部分轿厢自重的质量。

3.4 缓冲器 buffer

在行程端部的一种弹性止停装置，包括采用液体或弹簧的制动装置(或其他类似装置)。

3.5 轿厢 car

运载乘客和/或其他载荷的电梯部件。

3.6 对重 counterweight

为保持曳引能力的质量。

3.7 电气安全链 electric safety chain

串联所有电气安全装置的回路。

3.8 货客梯 goods passenger lift

以运货为主，且一般有人伴随运行的电梯。

3.9 导轨 guide rail

为轿厢、对重或平衡重提供导向的刚性部件。

3.10 顶层空间 headroom

轿厢最高服务层站与井道顶之间的空间。

3.11 瞬时式安全钳 instantaneous safety gear

几乎能瞬时完全夹紧在导轨上的安全钳。

3.12 具有缓冲作用的瞬时式安全钳 instantaneous safety gear with buffered effect

几乎能瞬时完全夹紧在导轨上的安全钳。但是由于有中间缓冲系统，轿厢、对重或平衡重的反作用力将限制在一定范围内。

3.13　夹层玻璃　laminated glass

二层或更多层玻璃之间用塑料膜组合成的玻璃。

3.14　平层　leveling

提高轿厢在层站停靠精度的一种操作。

3.15　电梯主机　lift machine

包括电机在内的用于驱动和停止电梯的机器。

3.16　机房　machine room

主机和/或主机关联设备存放的房间。

3.17　钢丝绳的最小破断载荷　minimum breaking load of a rope

钢丝绳公称截面积(mm^2)和钢丝的名义拉伸强度(N/mm^2)以及对应钢丝绳结构型式系数的积。

3.18　限速器　overspeed governor

电梯达到预定的速度时,能使电梯停止,且必要时可使安全钳动作的一种装置。

3.19　乘客　passenger

电梯轿厢内运送的人员。

3.20　底坑　pit

井道中位于轿厢服务的最低层站以下的部分。

3.21　强制驱动电梯(包括卷筒驱动)　positive drive lift

用链或钢丝绳悬吊的非摩擦方式驱动的电梯。

3.22　渐进式安全钳　progressive safety gear

该安全钳能使电梯有效减速制停在导轨上,由于采取了特殊措施,使作用在轿厢、对重或平衡重上的反作用力限制在允许范围内。

3.23　滑轮间　pulley room

不装电梯驱动主机,仅装设滑轮、限速器或电气设备的房间。

3.24　额定载荷　rated load

制造电梯所依据的载荷。

3.25　额定速度　rated speed

制造电梯所依据的轿厢速度,单位为m/s。

3.26　再平层　re-leveling

轿厢停止后,允许在装载或卸载期间进行校正轿厢停止位置的一种动作,必要时可使轿厢连续运动(自动或点动)。

3.27 安全钳 safety gear

轿厢对重或平衡重运行超速或悬挂装置失效情况下，使其保持驻停在导轨上的一种机械制停装置。

3.28 安全绳 safety rope

系在轿厢、对重或平衡重上的辅助钢丝绳，在悬挂装置失效情况下，可触发安全钳动作。

3.29 轿架 sling

携带轿厢、对重或平衡重且与悬挂装置连接的金属架，轿架也可以与轿厢的围封制作成一体。

3.30 曳引驱动电梯 traction drive lift

依靠主机的驱动轮绳槽与提升绳的摩擦力驱动的电梯。

3.31 随行电缆 traveling cable

轿厢和一个固定点之间的柔性电缆。

3.32 开锁区域 unlocking zone

停层地面上、上延伸的一段区域，在此区域内轿厢能使该层的层门开锁。

3.33 使用者 user

利用电梯为其服务的人。

3.34 井道 well

轿厢、对重或平衡重运行的空间，这个空间通常由底坑底、井道壁和顶所围封。

解读 本章所列的术语及说明与 GB/T 7024—1997《电梯、自动扶梯、自动人行道术语》的说明略有差异。

单位和符号

4.1 单位

本标准采用国际单位制(SI)。

4.2 符号

符号在相应使用的公式中解释。

5 电梯井道

解读　井道是电梯的轿厢、对重或平衡重运行的空间。一般要求井道是封闭的，为防火及承载需要，井道壁应用实体墙。消防员用电梯的井道、机房与相邻电梯井道、机房之间应用耐火极限不低于 2.50 h 的墙隔开。井道有单梯井道、多梯公用井道，井道的底坑深度、顶层高度及横截面积都是涉及电梯安全的重要数据，应按规范要求设计。

ISO 4190-1:1999(E)和 ISO 4190-2:2001(E)分别推荐了不同电梯和不同参数的井道型式和尺寸。我国 GB/T 7025.1—1997 等效采用 ISO 4190-1:1990 版，ISO 4190-1:1999(E)是经 2001 年修正后的版本，在规定尺寸上与 1990 版有较大差异。

ISO 将电梯分成六类：

Ⅰ类电梯——为运输人而设计的电梯；

Ⅱ类电梯——主要为运输人设计，但也可以是载货的电梯(常称客货电梯)；

Ⅲ类电梯——为病人设计的电梯，包括在医院和护理院里的电梯；

Ⅳ类电梯——主要为运输货物设计，但一般也伴乘人的电梯(常称货客电梯)；

Ⅴ类电梯——服务电梯(即杂物电梯)；

Ⅵ类电梯——为大客流的建筑特殊设计的电梯，如电梯速度在 2.50 m/s 以上。

不同类的电梯其推荐的土建尺寸各不相同。表 5-1 和表 5-2 分别给出了几类电梯轿厢的功能性尺寸。

表 5-1　Ⅰ、Ⅱ和Ⅵ类电梯轿厢的功能性尺寸　　mm

<table>
<tr><th rowspan="3">参　数</th><th rowspan="3">额定速度
V_n/(m/s)</th><th colspan="4">住宅电梯</th><th colspan="4">一般用途电梯</th><th colspan="4">大客流电梯</th></tr>
<tr><th colspan="12">额定载荷(质量)/kg</th></tr>
<tr><th>320</th><th>450</th><th>630</th><th>1 000</th><th>630</th><th>800</th><th>1 000</th><th>1 275</th><th>1 275</th><th>1 600</th><th>1 800</th><th>2 000</th></tr>
<tr><td>轿厢高度</td><td></td><td colspan="6">2 000</td><td colspan="2">2 300</td><td colspan="4">2 400</td></tr>
<tr><td>门的高度</td><td></td><td>2 000</td><td colspan="11">2 100</td></tr>
<tr><td rowspan="11">底坑深度[a]</td><td>0.40[b]</td><td colspan="4">1 400</td><td colspan="8">c</td></tr>
<tr><td>0.63</td><td colspan="8" rowspan="2">1 400</td><td colspan="4" rowspan="4">c</td></tr>
<tr><td>1.00</td></tr>
<tr><td>1.60</td><td>c</td><td colspan="7">1 600</td></tr>
<tr><td>2.00</td><td colspan="2">c</td><td colspan="2">1 750</td><td>c</td><td colspan="3">1 750</td></tr>
<tr><td>2.50</td><td colspan="2">c</td><td colspan="2">2 200</td><td>c</td><td colspan="7">2 200</td></tr>
<tr><td>3.00</td><td colspan="8" rowspan="5">c</td><td colspan="4">3 200</td></tr>
<tr><td>3.50</td><td colspan="4">3 400</td></tr>
<tr><td>4.00[d]</td><td colspan="4">3 800</td></tr>
<tr><td>5.00[d]</td><td colspan="4">3 800</td></tr>
<tr><td>6.00[d]</td><td colspan="4">4 000</td></tr>
</table>

续表 5-1

mm

参数	额定速度 V_n/(m/s)	住宅电梯				一般用途电梯				大客流电梯			
		额定载荷(质量)/kg											
		320	450	630	1 000	630	800	1 000	1 275	1 275	1 600	1 800	2 000
顶层高度[a]	0.40[b]	3 600				c							
	0.63	3 600				3 800			4 200	c			
	1.00	3 700											
	1.60	c		3 800		4 000			4 200				
	2.00	c			4 300	c	4 400						
	2.50	c			5 000	c	5 000		5 200	5 500			
	3.00	c								5 500			
	3.50									5 700			
	4.00[d]									5 700			
	5.00[d]									5 700			
	6.00[d]									6 200			

a 有些国家要求另外的顶层高度和底坑深度。

b 仅适用于液压电梯。

c 非标。

d 假设优先考虑采用减行程缓冲器。

表 5-2 Ⅳ类电梯轿厢的功能性尺寸

mm

参数	额定速度 V_n/(m/s)	额定载荷(质量)/kg						
		630	1 000	1 600	2 000	2 500	3 500	5 000
轿厢高度		2 100				2 500		
门的高度		2 100				2 500		
底坑深度	0.25 0.40 0.50 0.63 1.00	1 400	1 600					

续表 5-2　　mm

<table>
<tr><td rowspan="2">参　数</td><td rowspan="2">额定速度 V_n/ (m/s)</td><td colspan="7">额定载荷(质量)/kg</td></tr>
<tr><td>630</td><td>1 000</td><td>1 600</td><td>2 000</td><td>2 500</td><td>3 500</td><td>5 000</td></tr>
<tr><td>顶层高度</td><td>0.25
0.40
0.50
0.63
1.00</td><td colspan="2">3 700</td><td colspan="2">4 200</td><td colspan="3">4 600</td></tr>
<tr><td colspan="2">曳引电梯机房尺寸</td><td>2 500×
4 900</td><td colspan="3">3 200×4 900</td><td colspan="3">3 000×5 000</td></tr>
<tr><td colspan="2">液压电梯机房尺寸</td><td colspan="7">井道的宽度或深度×2 000</td></tr>
</table>

5.1　总则

5.1.1　本章各项要求适用于装有单台或多台电梯轿厢的井道。

5.1.2　电梯对重或平衡重应与轿厢在同一井道内。

解读　GB 7588 将 5.1.2 修订为"电梯对重(或平衡重)应与轿厢在同一井道内(观光电梯可除外)"。允许观光电梯的轿厢和对重在两个井道内。

5.2　井道围封

5.2.1　电梯周围应由下述给予分隔:

a) 井道壁、底板和井道顶;或

b) 足够的空间。

5.2.1.1　全封闭的井道

要求建筑物中的井道有助于防止火焰蔓延,因此井道应由无孔的墙、底板和顶板完全封闭起来。

只允许有下述开口:

a) 层门开口;

b) 通往井道的检修门、安全门以及检修活板门的开口;

c) 火灾情况下,排除气体和烟雾的孔;

d) 通风孔;

e) 井道与机房和滑轮间之间必要的功能性开口;

f) 根据 5.6 条,电梯之间隔板上的开孔。

解读 电梯的层门开口将由建筑物功能和电梯用途决定。如有些乘客(病床)电梯或载货电梯,在同一层站开有贯通的两个门,以方便人员(病床)进出或货物的装卸,此时该层站就有二个层门开口。有些特殊的建筑结构,要求轿厢直角向开两扇门。从安全角度,客梯一般不宜设两个门。对于区间性服务的电梯,并非每个层站设层门开口,往往在非服务楼层(也称盲层)不开设层门。为了考虑电梯故障时营救轿厢内的乘客,若相邻两层门地坎间的距离超过 11 m 时其间应设安全门(见 5.2.2.1.2 条)。

如果底坑深度超过 2.5 m 且建筑物的布置允许的话,可设置进底坑的门。但必要时,应设有证实这个门关闭状态且与安全回路相连的电气装置(见 5.2.2.2 和 5.7.3.2)。e)条所述的功能性开口,一般指曳引钢丝绳孔、限速器钢丝绳孔、电线(缆)的穿孔、导向轮安装孔、选层钢带孔等。这些都是电梯机房(或滑轮间)部件与井道部件连接用的电梯永久性开口。必要时井道还专设通风孔。

5.2.1.2 部分封闭的井道

并不要求防止火焰蔓延的场合,如与瞭望台、竖井、塔式建筑物连接的观光梯等,不必要求井道全封闭,但要提供:

a) 在人员入口地围封的高度,应足以防止人员:

——遭受电梯运动部件危害;

——直接或用手持物触及井道中电梯设备并影响电梯的安全运行。

如果这个高度足够高,符合图 1 和图 2 要求,即:

1) 在层门侧高度至少有 3.5 m;

2) 在其余侧,电梯运动部件至围封的距离为 0.5 m 时,高度至少为 2.5 m。若该水平距离大于 0.5 m 时,围封高度可随着这个距离的增加而减小。当该距离等于 2 m 时,高度可减小至 1.1 m。

b) 围封应该是无孔的。

c) 围封应位于离地板、楼梯或平台边缘最大为 0.15 m 的距离之内(见图 1)。

d) 应采取措施防止由于其他设备干扰电梯的运行[见 5.8 中 2)和 16.3.1 中 c)]。

e) 对露天电梯,应采取特殊的防护措施(见 0.3.3),如在建筑物外安装的附壁梯。

注:只有在充分考虑环境/位置条件后,才允许部分封闭的井道中安装电梯。

解读 部分封闭井道的电梯,由于它的部分运动部件直接暴露在外,因此,它比全封闭井道的电梯要考虑更多的安全防护措施。如果井道尺寸及围封高度不符合安全规范的要求,应事先进行风险评估,必要时报政府的主管部门审定。

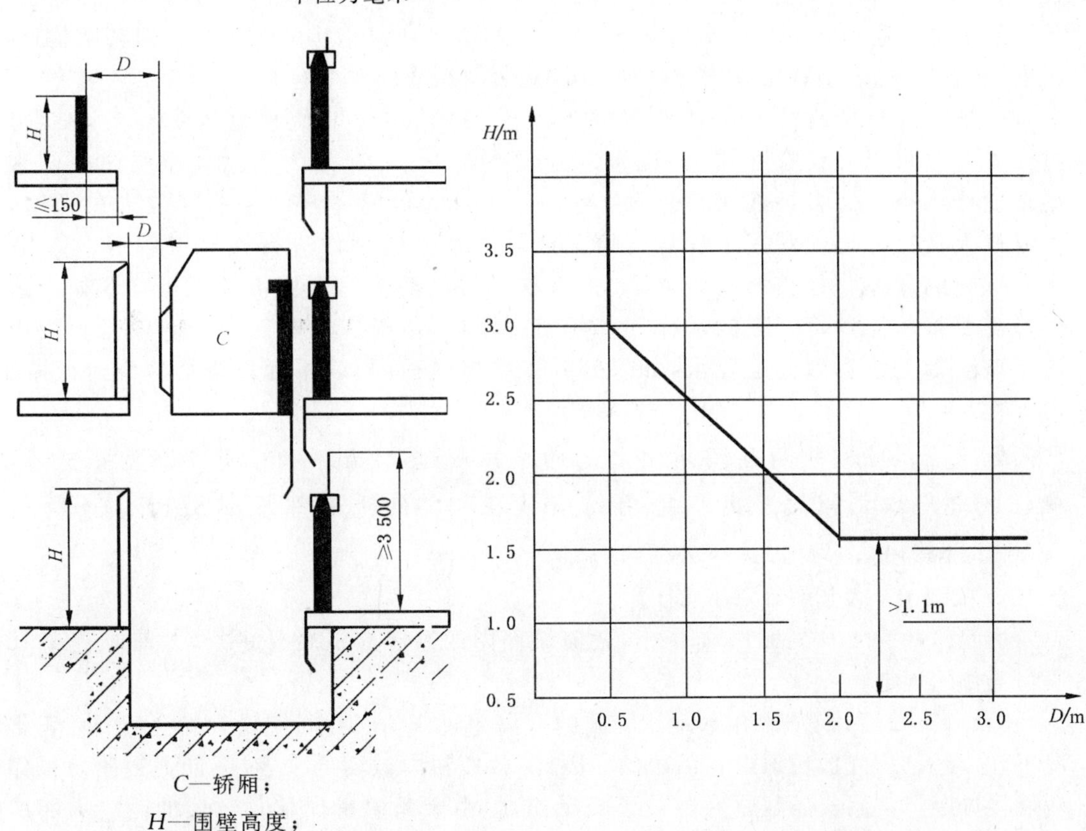

图 1 部分封闭的井道示意图

图 2 部分封闭的井道围壁高度与距电梯运动部件距离的关系图

5.2.2 检修门、安全门和检修活板门

5.2.2.1 通往井道的检修门、安全门和检修活板门，除了为使用者安全或检修需要外，一般不应使用。

5.2.2.1.1 检修门的高度不得小于 1.4 m，宽度不得小于 0.6 m。

安全门的高度不得小于 1.8 m，宽度不得小于 0.35 m。

检修活板门的高度不得大于 0.5 m，宽度不得大于 0.5 m。

【CEN/TC 10/WG 1 解释，No. 58】

询问(1983-01-03)：对照 15.5.1(井道检修门旁应设须知)及本条款的第三句话，对检修活板门没有要求提供这样的须知。这是否由于检修活板门的尺寸原因可省去设须知？

答复(1983-04-19)：是的。

解读 一般情况下，按电梯制造商提供的土建布置图设计的井道，均不需在井道上设检修门、安全门和检修活板门，只有在建筑上布置电梯部件有困难，或有特殊设计需要时，为了使用者安全或检修需要才开设这些门，它们虽是建筑结构的一部分。但其结构尺寸、强度、开关门方式、门联锁等均与电梯的检修、紧急援救的安全有关。

检修门一般是通往底坑或滑轮间的通道门，其尺寸能使检修人员略低头就可通过。安全门可以开设在井道上，也可以开设在轿厢上，都是为了撤离轿厢内被困乘客用。检修活板门大多设在机房地面，是向上开启的板门。该门限制一般人员通过，仅供检修人员在井道外观察电梯运行情况或对触及到的部件进行检修工作用。1985 版中有这样的叙述："检修操作期间，允许电梯在检修活板门开启情况下运行。如果这种运行需要某一器件不间断的动作，这时允许短接该活板门的电气安全装置。"本版中删去了该段话。按本版标准要求，如果打开了检修活板门，就不允许进行检修运行操作。

5.2.2.1.2　当相邻两层门地坎之间的距离超过 11 m 时，其间应设置安全门，以确保相邻地坎之间的距离不超过 11 m。在相邻的轿厢都装有 8.12.3 条所述的安全门措施时，则不需执行本条款。

【CEN/TC 10/WG 1 解释，No. 216】

询问(1992-12-10)：8.12.1 指出，救援轿厢内的乘客应从轿外进行，尤其应遵守 12.5 紧急操作的规定。

5.2.2.1.2 要求，如果相邻地坎之间的距离超过 11 m，其间应设置安全门。在正常情况下，轿厢入口有门，轿顶没有活板门。因此，救援轿内被困的乘客，只能通过紧急操作使轿厢接近层门。倘若强制原因装设了安全门，但由于紧急操作移动轿厢的距离不能达到 11 m；还有，为了考虑维修人员的通道，建立带有楼梯的安全门也许需要很高的成本。此外，电梯的业主为了避免这种人为的入口也不想要这些安全门。

请问，在轿顶没有应急活板门的情况下，提供安全门是必须的吗？

答复(1993-06-30)：5.2.2.1.2 要求的安全门只能在装设了符合 8.12.4 规定的应急门的情况下才可以省去。

解读　有的建筑物根据其功能和用途，将电梯分区运行，有的因建筑结构的特殊设计需要，设置的电梯层站的间距会超过 11 m。如观光塔、瞭望台、观光梯、还有超高的主大厅的建筑等，其电梯相邻地坎之间的距离都有可能超过 11 m。为了在紧急情况下快速救出困在轿厢内的乘客，因此在 11 m 之间再设安全门。在某些特殊情况下，如果层门地坎间距离很大时，其间可能需要设置多个安全门才能满足需求。

当在井道上开设安全门有困难，且有并列的两台电梯运行，轿厢间水平距离不超过0.75 m，可考虑在两相邻轿厢上增设安全门。如果一梯故障困人，则另一梯运行至故障梯，通过安全门营救被困的乘客。这种情况下，电梯两相邻层站之间距离允许超过 11 m。

由于建筑结构的原因，在电梯层站间距 11 m 之间确实不能开设安全门时，建议作多方参与的风险评估分析，使救援轿内被困乘客的风险降低至可接受的程度。

5.2.2.2 检修门、安全门和检修活板门均不应向井道内开启。

5.2.2.2.1 门和活板门均应装设用钥匙操作的锁。当门和活板门开启后，没有钥匙也能将其关闭和重新锁住。

检修门和安全门即使在锁住情况下，也应能不用钥匙从井道内部将门打开。

5.2.2.2.2 只有检修门、安全门以及检修活板门均处于关闭状态时，电梯才能运行。为此，应采用符合14.1.2条规定的电气安全装置。

对通往底坑中的门（见5.7.3.2），在其入口没有危险区域情况下，可不必要求设置电气安全装置。这种情况下，若电梯是在正常运行，轿厢/对重，包括导靴、护脚板等的最低部分和底坑之间的自由垂直距离至少为2 m。

电梯的随行电缆、补偿绳/链及其附件、限速器张紧轮和类似装置，认为并不构成危险。

5.2.2.3 检修门、安全门和检修活板门均应是无孔的，应具有与层门一样的机械强度，且应符合有关建筑防火规范的要求。

解读 这些门的耐火等级按相应的建筑物耐火要求定。其材料至少是阻燃的，且不会释放有害的气体和烟雾。

5.2.3 井道的通风

井道应适当通风，井道不能用于非电梯用房的通风。

注：在没有相应的规范或标准情况下，建议井道顶的通风面积至少为井道截面积的1%。

解读 1985版中“井道顶的通风面积至少为井道截面积的1%”是正文的条款，是规定值。本版作为建议值。建筑师和电梯设计者均应关注这个要求。因为它不但与电梯的乘坐舒适性有关，而且涉及建筑的整个防火系统。

井道的通风是必须的，而且应是专用的。一般设在井道顶部，通风的面积至少是井道截面积的1%。可直接通向井道外，或借助通风道（管）通过机房或滑轮间通至室外。有文献建议，电梯速度大于2.5 m/s时，通风的面积至少为0.30 m^2。对于有2台或3台电梯共用一个井道且电梯速度大于2.5 m/s的情况，也将要求通风面积至少为0.30 m^2，如果是4台、5台或6台电梯共用井道情况的，则分别要求通风口面积至少为0.40 m^2、0.50 m^2或0.60 m^2。

通风口应有遮挡措施，防止雨、雪或鸟类进入井道。

井道截面积的确定与电梯的额定速度是密切相关的。一般井道截面积至少为轿厢底面积的2倍以上。对于额定速度大于5 m/s以上的电梯，速度每增加0.5 m/s，井道截面积应增加5%。即使按这样的比率增大井道截面积，有时电梯仍有较大的运行噪声。据国外研究资料表明，如一台电梯载重1 600 kg，速度为7 m/s，在一个单梯井道中运行，或者同样的参数有二台在同一个井道中运行，则在电梯正常运行时，将使井道产生平均为12.5 m/s的风速，这样的风速在每次轿厢互穿或与对重互穿运行时，或在轿厢穿过层站地坎时，会对轿厢壁产生一个压力，这个压力均会使轿厢产生一个令人不适的噪声。轿厢经过层站时，对层门也将产生一个向外的压力，当轿厢通过层站后，由于压力变化，使层门有回拉的趋势。这种活塞现象在高层建筑中是普遍存在的。在电梯向下运行时，这种状态更为明显。

因此高速或超高速电梯的井道通风问题应引起建筑师和电梯制造者的重视。如果随意改变井道截面积和通风口面积，将会影响电梯乘坐舒适感及层门的正常使用。

5.3 井道壁、底板和顶板

井道结构应符合国家建筑规范的要求，并应至少能承受下述载荷：主机施加的；轿厢偏载情况下安全钳动作瞬间通过导轨产生的；缓冲器动作产生的，由防跳装置动作的；以及轿厢装卸载过程中产生的载荷等。

解读 电梯承包商提供的土建图上，均有上述各类载荷的具体数值及作用位置。

5.3.1 井道壁的强度

5.3.1.1 为了保证电梯的安全运行，井道墙应有这样的强度，即当一个 300 N 的力，均匀分布在 5 cm^2 的圆形或方形面积上，垂直作用在井道壁的任一点上，应

a) 能承受没有永久变形；

b) 能承受且弹性变形不大于 15 mm。

解读 1985 版中要求弹性变形不大于 10 mm。本版修改后，井道壁的强度要求与层门、轿壁的要求是一样的。

5.3.1.2 位于正常入口处的玻璃门扇、玻璃面板或玻璃成形板，均应由夹层玻璃制成，其高度应达到 5.2.1.2 的要求。

【CEN/TC 10/WG 1 解释，No. 518】

询问：根据 EN 81-1/2 的 5.3.1.2，位于正常入口处的玻璃门扇、玻璃面板或玻璃成形板，均应由夹层玻璃制成，其高度应达到 5.2.1.2 的要求。

在 5.2.1.2 a)条中，对半封闭的井道壁，在层门侧围封高度至少应达到 3.5 m。

根据上述条款，在层门侧使用玻璃其高度应达到 3.5 m。

我们认为，在 3.5 m 高度以上应该允许使用普通的玻璃(浮法玻璃)，因为：

——在 3.5 m 高度以上，破碎的危险已非常小；

——人员不可能遭受电梯运动部件的伤害；

——人直接或手持异物也不可能触及电梯运动部件而影响电梯的安全运行。

答复(2001-04-15)：根据 5.3 条的第一句，井道壁设计成由玻璃制成，则 5.2.1.2 条规定的区域外必须符合国家的建筑规范。

井道壁强度如果满足了 5.3.1.1 条的要求，认为已将在维修工作中可能发生无意的坠

落工具对井道壁造成损伤的危险减小至一个可接受的水平。

【CEN/TC 10/WG 1 解释，No. 567】

询问：5.3.1.2 条要求，“位于正常入口处的玻璃门扇、玻璃面板或玻璃成形板，均应由夹层玻璃制成”。

“正常入口”是否意味着有两种含义(一般的人从外边进入，或批准的人员从井道内出去)？

如果是的话，井道壁用夹层玻璃或轿顶使用 1.10 m 高度的护栏，人员进入轿顶时能防止跌入玻璃面板的井道吗？

答复(2002-12-31)：井道内不是“正常入口”。井道内仅由被批准的人员可以进入。关于机械强度的要求将在下版标准中予以考虑。

5.3.2 底坑底面的强度

5.3.2.1 底坑的底面应能支撑每根导轨的作用力(悬空导轨除外)：

由导轨自重加安全钳动作瞬间的反作用力，单位为 N(见 G2.3 和 G2.4)。

5.3.2.2 底坑底面应能承受轿厢缓冲器的作用力，即满载轿厢静载荷的 4 倍：

$$4g_n(P+Q)$$

式中：P——空轿厢和由轿厢支撑的部件质量，如部分随行电缆、补偿绳/链(如果有的话)等的质量，kg；

Q——额定载荷(质量)，kg；

g_n——自由落体的标准加速度，9.81 m/s^2。

5.3.2.3 底坑的底面应能承受对重(或平衡重运行区域)缓冲器支座作用的力，即静载荷为对重或平衡重的 4 倍：

$$4g_n(P+qQ) \qquad (对重)$$

$$4g_nqP \qquad (平衡重)$$

式中：q——平衡系数(见 G2.4)。

【CEN/TC 10/WG 1 解释，No. 517】

询问：在缓冲器的计算载荷上有些不太清楚：

——德文版的 EN 81-1/2，要求 4 倍的满载轿厢静载荷作用在每一个轿厢缓冲器上；

——而英文版的 EN 81-1/2，要求 4 倍的满载轿厢静载荷作用在所有轿厢缓冲器上，究竟如何计算？

这个问题也与对重的计算有关。

答复(2001-04-15)：EN 81-1/2 的意思是底坑的地面应能支承 4 倍的满载轿厢静载荷，该载荷应分布在底坑中所有的轿厢缓冲器上。即按 5.3.2.2 和 5.3.2.3 计算的作用力均除以所用缓冲器的个数。

解读 轿厢的位置不同，轿厢支撑部件的质量也不同，如轿厢在顶层站时，轿厢将支撑随行电缆、补偿绳的全部质量；在中间位置时，将支撑一半的随行电缆、补偿绳的质量；在最底层站时，轿厢支撑悬挂件的质量几乎很小。因此计算上述作用力时，可考虑忽略轿厢的悬挂部件的质量(一般不考虑随行电缆、补偿绳/链断裂情况)。

那么，为什么取4倍的静载作为缓冲器的作用力呢？根据10.4.1.1.2，蓄能型缓冲器的设计载荷为轿厢质量与额定载荷之和(或对重质量)的2.5～4倍，因此取最大值。对耗能缓冲器，10.4.3.3规定，轿厢撞击缓冲器过程中，平均减速度不大于$1.0g_n$，$2.5g_n$以上的作用时间应不大于0.04 s。如果轿厢撞击后的减速度是2.5 g_n，则相对于缓冲器的反力为3.5倍的撞击载荷。从安全考虑，将系数3.5取为4，即4倍的自由坠落重量。事实上超过$2.5g_n$以上的峰值减速度一般作用时间都非常短，撞击过程中，其部分能量由轿厢架、轿厢的减震元件及缓冲器耗散了。

5.3.3　顶板强度

对不承受6.3.1和/或6.4.1规定负载要求的，在悬挂导轨情况下，悬挂点应至少能承受符合G5.1要求的载荷和力。

5.4　电梯井道壁结构和面对轿厢入口的层门

5.4.1　下面关于面对轿厢入口的层门、井道壁或部分井道壁的要求，适用于井道的整个高度。有关轿厢与面对轿厢入口的电梯井道壁之间的间距要求，见11章。

5.4.2　由层门和面对轿厢入口的井道壁或部分井道壁组成的组合体，应在轿厢整个入口宽度上形成一个无孔表面，门的动作间隙除外。

5.4.3　每个层门地坎下的电梯井道壁应符合下列要求：

a) 应形成一个与层门地坎直接连接的垂直表面，它的高度至少为1/2的开锁区域再加50 mm，宽度至少是门入口的净开宽度两边再各加25 mm。

b) 这个表面应是连续的，由光滑而坚硬的材料构成，如金属薄板，它能承受垂直作用于井道壁任何点上均匀分布在5 cm^2圆形或方形截面上的300 N的力，该力作用后：

1) 没有永久变形；

2) 没有大于10 mm的弹性变形。

c) 任何凸出物均应不超过5 mm，超过2 mm的凸出物应倒角，使其与水平夹角至少为75°。

d) 此外，井道壁应是：

1) 连接到下一门的门楣；或

2) 采用坚硬光滑的斜面向下延伸，斜面与水平角的夹角至少为60°，斜面在水平面上的投影应不小于20 mm。

解读　本条是对建筑结构在层站处的要求，如图5-1是建筑牛腿结构示意图。b)、c)条款是本版标准新增的，b)明确了层站护脚板的强度要求。

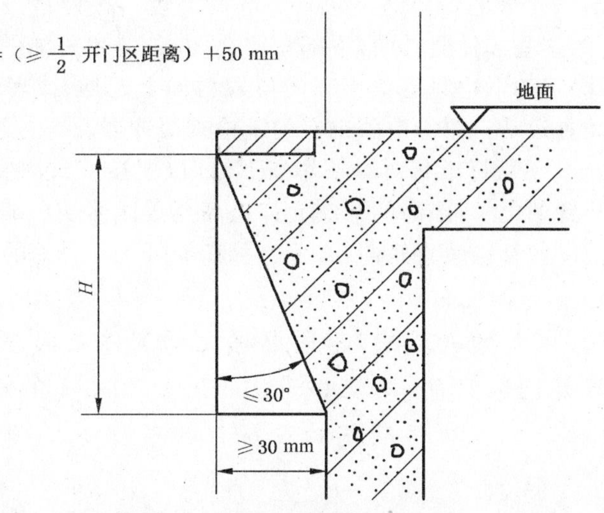

图 5-1 建筑牛腿结构示意图

5.5 位于轿厢/对重或平衡重下的空间的防护

如果轿厢、对重或平衡重之下确有人能够到达的空间存在，井道底坑的基础至少应按 5 000 N/m^2 载荷设计，且

a) 将对重缓冲器(或平衡重运行区域下边的基础)安装在一直延伸到坚固地面上的实心桩墩上；

b) 对重或平衡重上装设安全钳装置。

注：电梯井道最好不设置在人们能到达的空间上面。

解读 本条款在建筑设计时往往被忽视。高层建筑中，为了充分利用地下空间，一般总有地下层，将电梯底坑下的空间利用为存车或过人通道是常有的事。如果该空间非用不可，则要求电梯制造商必须在对重或平衡重上装设安全钳装置。

5.6 井道内的防护

解读 本节将原标准中规定的多台电梯之间运动部件的保护要求，扩展到单台电梯运动部件之间的保护。5.6.1 是新增的条款，明确了对重或平衡重运行区域需采用的隔障要求。

5.6.1 对重或平衡重的运行区域应采用刚性隔障的防护，该隔障从电梯底坑底面上不大于 0.3 m 处延伸到至少 2.5 m 的高度。

宽度应至少等于对重或平衡重宽度两边各加 0.1 m。

如果这种隔障是网孔型的，则应该遵循 EN 2944-5-1 的规定。

【CEN/TC 10/WG 1 解释，No. 501】

询问：在 5.6.1 中，要求对重或平衡重的运行区域应采用刚性隔障的防护，该隔障从电梯底坑底面上不大于 0.3 m 处延伸到至少 2.5 m 的高度。按照该条规定，如有补偿绳/链的情况，因为底坑中的这些部件要转向，下部只留 0.30 m 是不可能的。

在这种情况下，隔障的下边只能从更高的位置再向上延伸；或者隔障上开一个足够宽度的开口提供补偿装置运动。留的空隙也有助于检查缓冲器。

答复(2001-04-15)：下版标准将对本条作如下修改(但按 CEN 内部规定需要有投票表决程序)：带有补偿装置的电梯，隔障的下端允许提高至缓冲器全压缩的高度。如果这个附加的自由高度还不足以使补偿装置转向，必要时可在隔障上开另外的口。

5.6.2 在装有多台电梯的井道中，不同电梯运动部件之间应设置隔障。

如果这种隔障是网孔型的，则应该遵循 EN 2944-5-1 的规定。

5.6.2.1 这种隔障应至少从轿厢或对重行程的最低点延伸到最低层站楼面以上 2.5 m 高度。

宽度应能防止人从一个底坑到另一个底坑去，满足 5.2.2.2.2 的条件外。

5.6.2.2 如果轿厢顶部边缘和相邻电梯的运动部件(轿厢、对重或平衡重)之间的水平距离小于 0.5 m，这种隔障应该延长贯穿整个井道的高度。

隔障的宽度应至少等于运动部件的宽度，或运动部件被保护部分的宽度再每边各加 0.1 m。

【CEN/TC 10/WG 1 解释，No.568】

询问：上述条款(5.6.2.2)要求设对重的隔障，底坑中的隔障和/或同一井道中贯穿整个高度的隔障，5.6.1 要求刚性隔障，而 5.6.2 并没有提这一点。这些隔障应该考虑机械强度吗？我们提出，隔障的机械强度等于 5.3.1.1 规定的井道壁机械强度是否就可以了？

我们认为，5.6.1 要求设刚性隔障的目的是防止底坑中的人员无意进入对重的运行路径之下，因此不要求机械强度。另外，我们认为底坑中的隔障和/或同一井道中贯穿整个高度的隔障，其目的为了防止人员从一个井道的底坑进入相邻井道的底坑，防止相邻电梯运动部件的撞击和/或一个井道的异物坠入另一井道，因此不要求机械强度。

上述理解正确否？

答复(2002-12-31)：5.6.1 和 5.6.2 均未规定机械强度。在前面的假设中[0.3.9 a)]有一个指导性规定(译注：对水平力)。设计的刚性隔障应能支承一个 300 N 的水平力，作用在 10 cm×10 cm 的面积上，隔障没有变形，满足本标准的要求，不会有危险状态出现。

解读 从上述两条解释的内容可以看出，隔障的机械强度和保护空间未作明确规定。但其机械强度可参考 0.3.9a)条的规定。设计的屏障应能在 10 cm×10 cm 的面积上承受 300 N 的水平力，且该屏障没有诱发危险状态的外形，就认为是满足本标准要求。

不考虑坠落物体造成的伤害。

5.7 顶层空间和底坑

5.7.1 曳引驱动电梯的顶部间距

曳引驱动电梯的顶部间距应满足下列要求，图例见附录K。

5.7.1.1 对重完全静止压缩在缓冲器上时，下列四个条件应同时满足：

a) 轿厢导轨长度应能提供不小于 $0.1+0.035v^2$ 的进一步制导行程。

b) 符合8.13.2尺寸要求的轿顶最高面积的水平面[不包括5.7.1.1 c)所述的部件面积]，与位于轿顶投影部分井道顶最低部件的水平面(包括梁和固定在井道顶下的部件)之间的自由垂直距离应至少是 $1.0+0.035v^2$。

c) 井道顶最低部件与

1) 固定在轿厢顶上的设备的最高部件之间的自由距离[不包括下面2)述及的]，应不小于 $0.3+0.035v^2$；

2) 导靴或滚轮、钢丝绳附件和垂直滑动门的横梁或部件的最高部分之间的自由距离应不小于 $0.1+0.035v^2$。

d) 轿厢上方应有足够的空间，该空间的大小以能容纳一个不小于0.5 m×0.6 m×0.8 m的长方体为准，可以任何平面朝下放置。对于用钢丝绳直接连接的电梯，悬挂钢丝绳和它的附件可以包括在这个空间内，只要钢丝绳中心线距长方体的一个垂直面(至少一个)的距离不超过0.15 m。

【CEN/TC 10/WG 1 解释，No.122】

询问(1985-11-15)：轿顶的站立区域[8.13.1 b)]在矩形块的垂直投影内[5.7.1.1 d)]至少需要0.12 m^2 吗？

答复(1986-11-25)：是的。

【CEN/TC 10/WG 1 解释，No.212】

询问(1992-07-16)：意大利规范的主管部门不考虑2∶1的绕法的绳轮为绳的固定件，要求最小垂直距离 $0.3+0.035v^2$[根据5.7.1.1 c)第一款]替代 $0.1+0.035v^2$[根据5.7.1.1 c)第二款]。这样的解释对否？

答复(1993-01-20)：对的。

【CEN/TC 10/WG 1 解释，No.565】

询问：EN 81-1/2的5.7.1.1 d)[即EN 81-1中的5.7.2.2 c)]对顶部空间要求：

“轿厢上方应有足够的空间，该空间的大小以能放进一个不小于0.5 m×0.6 m×0.8 m的长方体为准”。

而5.7.3.3 a)[EN 81-2中的5.7.2.2 c)]对底坑的要求是：

“底坑中应有足够的空间，该空间的大小以能放进一个不小于0.5 m×0.6 m×1.0 m的长方体为准”。

问题1：这样的长方体的尺寸足以容纳一个人吗？

问题2：为什么轿顶和底坑空间规定的尺寸不一样？

答复(2002-12-31)：

对问题1：没有规定在足够的长方体的空间内供容纳一个人。但是，本条款组合了

5.7.1.1 b)和 5.7.2.2 a)和 b)后，其有效的安全空间是足够的。这一点也可以由已有的事故记录予以证明。

对问题 2:有效而实用的安全空间是多个要求组合的结果。轿顶的 0.5 m×0.6 m×0.8 m的长方体空间与轿顶站立面上至少有 1 m 垂直距离组合在一起，底坑中 0.5 m×0.6 m×1.0 m的长方体与最小垂直距离 0.5 m 组合在一起，两者的组合要求就可得出足以安全的结论。

解读 原文对 a)中的 $0.035v^2$ 有一个注：$0.035v^2$ 表示为 115%额定速度时的重力制停距离的一半，即$\frac{1}{2}\times\frac{(1.15v)^2}{2g_n}=0.0337v^2$，圆整为 $0.035v^2$。

b) 中的“轿顶最高面积的水平面”指的是轿顶上为站人设计的那块面积。轿厢架的上横梁是不允许站人的。

c) 中“井道顶最低部件”指安装井道顶部的导向轮、复绕轮，安装主机的横梁(如主机上置式无机房电梯)等部件。

5.7.1.2 当轿厢全部压在它的缓冲器上时，对重导轨的长度应能提供不小于 $0.1+0.035v^2$ 的进一步的制导行程。

5.7.1.3 当电梯的减速是按照 12.8 的规定被监控时，5.7.1.1 和 5.7.1.2 中用于计算行程的 $0.035v^2$ 的值可按下述情况减少：

a) 电梯额定速度不大于 4 m/s 时，可减少到 1/2，且应不小于 0.25 m；

b) 电梯额定速度大于 4 m/s 时，可减少到 1/3，且应不小于 0.28 m。

解读 电梯在端站设置的强迫减速装置，使减速监控的一种方式，它能使轿厢在进入端站时有效地减速。

条款 a)中规定了最小的行程为 0.25 m，事实上，若按减少 1/2 计算行程讨论，由 $\frac{1}{2}\times0.035v^2=0.25$ m 计算得到 $v=3.78$ m/s，即意味着速度已接近 4 m/s。此外，如果电梯未采用减速监控装置，当缓冲器行程为 0.25 m 时，其适用电梯的额定速度为 1.93 m/s，因此在该速度以下考虑减行程缓冲器的计算是无意义的。

5.7.1.4 对具有补偿绳并带补偿绳张紧轮及防跳装置(制动或锁闭装置)的电梯，计算间距时，$0.035v^2$ 这个值可用张紧轮可能的移动量(随使用的绕法而定)再加上轿厢行程的 1/500 来代替。考虑到钢丝绳的弹性，替代的最小值为 0.2 m。

解读 对于高速、大行程的电梯，一般均采用带导向槽的大质量补偿绳张紧轮(靠导向轮自重起张紧补偿绳作用)。这种情况下钢丝绳的弹性伸长不可忽视。因而用张紧轮的可移动量再加上轿厢行程的 1/500 取代 $0.035v^2$ 更符合实际情况。一般张紧装置的最低部件尚需留有一定的自由空间，考虑钢丝绳使用后的自然伸长。一旦伸长超过设定的最小张紧位置，就应动作一个符合 14.1.2 规定的电气安全装置使电梯停止运行[参见 9.6.1e)]。

5.7.2 强制驱动电梯的顶部间距

5.7.2.1 轿厢从顶层向上直到撞击上缓冲器时的行程应不小于 0.5 m，轿厢上行至缓冲器行程极限位置时应仍被导向。

5.7.2.2 当轿厢完全压在上部缓冲器上时，应同时满足下列三个条件：

a) 符合 8.13.2 尺寸要求的轿顶最高面积的水平面[不包括 5.7.2.2 b)述及的部件面积]，与位于轿顶投影部分的井道顶最低部件的水平面(包括梁和固定在井道顶下面的部件)之间的自由垂直距离，应不小于 1.0 m。

b) 井道顶的最低部件与：

1) 固定在轿厢顶上的设备的最高部件之间的自由距离[不包括 2)所述及的]应至少为 0.3 m；

2) 导靴或滚轮、钢丝绳连接件、横梁或垂直滑动门的部件的最高部分之间的自由距离应至少为 0.1 m。

c) 轿厢上方应有足够的空间，该空间的大小以能放进一个不小于 0.5 m×0.6 m×0.8 m 的长方体为准，可以任何平面朝下放置。对于用钢丝绳、链直接连接的电梯，悬挂钢丝绳和它的附件可以包括在这个空间内，只要钢丝绳中心线距长方体的一个垂直面(至少一个)的距离不超过 0.15 m。

解读 5.7.1.1 条中序号为 No.565 的 CEN/TC 10/WG 1 的解释，对本条的自由距离及安全空间同样适用。

5.7.2.3 当轿厢完全静止压缩在缓冲器上时，平衡重(如果有的话)导轨的长度应能提供不小于 0.3 m 的进一步的制导行程。

5.7.3 底坑

5.7.3.1 井道下部应设置底坑，除缓冲器座、导轨座以及排水装置外，底坑的底部应光滑平整，底坑不得作为积水坑使用。

在导轨、缓冲器、栅栏等安装竣工后，底坑不得漏水或渗水。

5.7.3.2 除层门外，如果有通往底坑的门，该门应符合 5.2.2 的要求。

如果底坑深度超过 2.5 m 且建筑物的布置允许，应设置进底坑的门。

如果没有其他通道，为了便于检修人员安全地进入底坑，应在底坑内设置一个从层门进入底坑的永久性装置，此装置不得凸入电梯运行的空间。

【CEN/TC 10/WG 1 解释,No. 539】

询问:EN 81-1 的 5.7.3.2(EN 81-2 的 5.7.2.2)涉及到底坑入口的安全要求。

如果不能由一个特殊的门入底坑,入底坑必须通过楼梯或扶梯进入。如果使用扶梯到达底坑,经常会碰到这样的问题:从层站地坎到底坑底太高;扶梯的横档与井道壁之间的间距太小;扶梯的前面有限速器绳或控制电缆妨碍;如果在合适点设置永久性的扶梯,井道又太小;这样“容易而又安全的入口”就会有许多不同的方案了。

答复(2001-04-15):标准的 5.7.3.2 和 5.7.2.2 经过考虑后有意不叙述解决方案。

解读 从本条的解释我们可以体会到,标准的条款要求只应该强调其对客观事物的要求。安全标准只是叙述了要达到的安全目标,只提出应该做到的“目标是什么”,而并没有规定“如何”去完成这个目标。电梯的设计和制造者应该证明选择的部件和功能具有足以消除和减少安全风险的能力就可以了。这样才能允许技术创新和进一步的技术发展。

5.7.3.3 当轿厢完全静止压在缓冲器上时,应同时满足下列三个条件:

a) 底坑中应有足够的空间,该空间的大小以能放进一个不小于 0.5 m×0.6 m×1.0 m 的长方体为准,可以任何平面朝下放置。

b) 底坑底和轿厢最低部件之间的自由垂直距离不小于 0.5 m,下列之间的水平距离在 0.15 m 之内时,这个距离可最小减少到 0.1 m。

1) 垂直滑动门的部件、护脚板和邻近的井道壁;

2) 轿厢最低部件和导轨。

c) 底坑中固定的最高部件,如位于最高位置的补偿绳张紧装置和轿厢的最低部件之间的自由垂直距离应不小于 0.3 m, b)所述的除外。

【CEN/TC 10/WG 1 解释,No. 157】

询问(1988-08-23):本规定要求,底坑底与导靴或滚轮、安全钳楔块、护脚板或垂直滑动门的部件之间的净距离至少为 0.1 m,那么,如果轿厢护脚板与井道壁之间的距离超过了 0.3 m,类似 5.7.1.1 c),轿厢缓冲器完全被压缩,轿厢护脚板最低边缘与底坑底的最低距离至少应为 0.3 m。如果距离 A 为 0.3 m(见图 5-2),则 B 的距离也应至少 0.3 m。

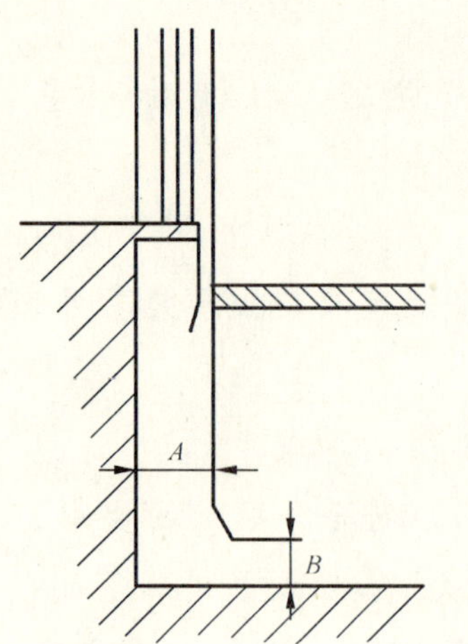

图 5-2 轿厢最低部件与井道底和井道壁之间间距

这样的解释对否?

答复(1989-02-03):不对。如果尺寸 A 超过了 150 mm(根据 5.4.3.2),B 尺寸应至少是 0.5 m[根据 5.7.3.3 b)第一款]。

【CEN/TC 10/WG 1 解释,No. 547】

询问:EN 81-1/2 的 5.7.3.3 b)要求:“底

坑底和轿厢最低部件之间的自由垂直距离不小于0.5 m,下列之间的水平距离在0.15 m之内时,这个距离可最小减少到0.1 m。1)垂直滑动门的部件、护脚板和邻近的井道壁;2)轿厢最低部件和导轨”。

请问b)中的水平距离0.15 m如何测量?

答复(2002-12-31):b)的表述不是非常清楚,可能会导致不同的解释。对护脚板,在解释条款No.157中已阐明。对设置在导轨邻近的那些轿厢部件(如导轨、安全钳、制动爪等),其水平向距离大于一定值,如0.15 m时,就有挤压人的危险,见附录A。1985版没有规定这些部件的水平方向距离的限制。实际的产品说明,有些部件有大于0.15 m的水平延伸件,但没有严重的和致命的事故报道。为此专家组有下列可接受的意见:当安全钳、导靴和制动爪等装置必须设置在附录B所示导轨周围的水平区域内。除了护脚板或垂直滑动轿门外,轿厢的其他部件均应有一个0.5 m的最小垂直距离。这一点将在标准的下版中再考虑。

解读 a)要求的安全空间在5.7.1.1中已有解释。本版对b)条款作了修改,c)条款是本版新增的内容。

b)条的规定,在某种场合下电梯的部件安装尺寸能满足下限条件的话,可以进一步减小底坑的深度。如图5-3中的护脚板,若A大于0.15 m,则B至少为0.5 m,若A不大于0.15 m,则B可以减少为0.1 m。

c)条是本版新增的条款,部件之间有0.3 m以上的自由垂直距离,这是维修空间的要求。如6.3.2.3主机旋转部件上方的垂直净空距离,6.4.2.2.1的滑轮上方的净空高度,都要求至少是0.3 m。

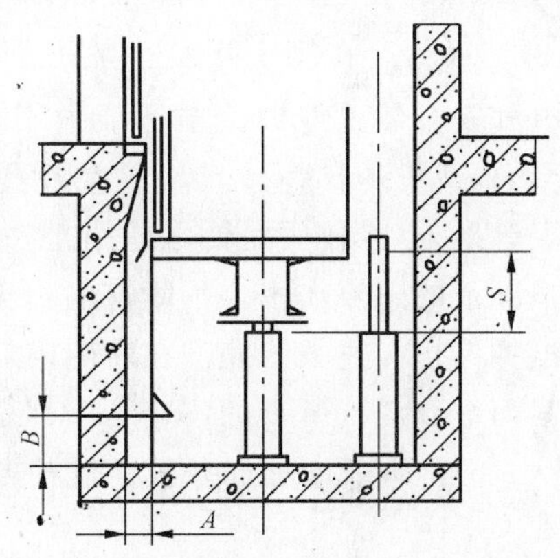

图5-3 底坑中相关部件的相对位置

5.7.3.4 底坑内应有:

a)停止装置,该装置应在打开门去底坑时和在底坑地面上容易接近,且应符合14.2.2和15.7的要求;

b)电源插座(见13.6.2);

c)开井道灯的开关(见5.9),在开门去底坑时应易于接近。

【CEN/TC 10/WG 1解释,No.121】

询问(1985-02-28):

(1)什么时候要求停止开关(a stop switch)用作紧急停止开关(emergency stop switch)?

(2)如果图5-4所示的三种开关型式a)、b)、c)都满足双稳态,可以使用其中的任一种吗?

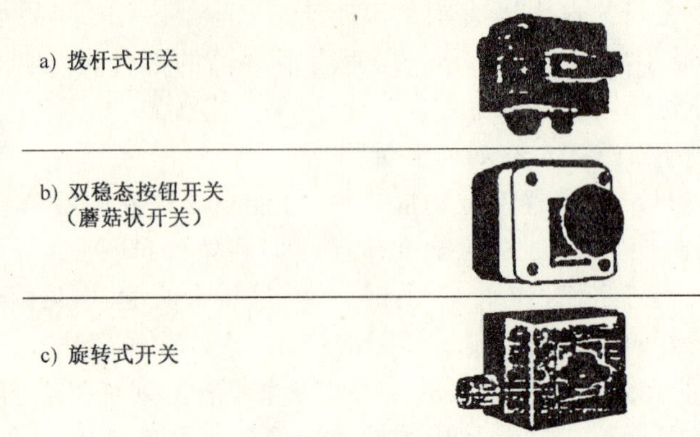

图 5-4 三种型式的停止开关

答复(1986-11-25):对问题(1),在本标准中不使用紧急停止开关(emergency stop switch)的表述;对问题(2),如果三种型式开关都符合 14.2.2 的要求,则均可用。

解读 在停止装置上应有清晰的"停止"字样,且是双稳态的,应由符合 14.1.2 规定的电气安全装置组成。本标准中用"停止装置"(stopping device),实际是紧急停止开关(emergency stop switch)。该类装置装在底坑中、滑轮间、轿顶上、对接运行的轿厢内、检修盒上等地方,其作用是使电梯停止,并使电梯保持在静止状态。这个停止装置也起到在紧急情况下的急停作用。一般在电梯正常运行速度下,发生紧急情况时,使用紧急停止开关使电梯停止。过去曾允许在轿厢内设置停止按钮,后因容易被犯罪分子利用轿内急停开关作案而被取消。所有的停止开关都是串接在电气安全回路中。

c)是本版增加的条款。这样方便维护保养工作。

5.8 电梯井道的专用

电梯井道应为电梯专用,井道内不得装设与电梯无关的设备、电缆等。井道内允许装设取暖设备,但不能用蒸汽和高压水作热源。取暖设备的控制与调节装置应装在井道外面。

电梯根据 5.2.1.2 设置的井道,这种情况中认为的"井道",根据其围封:

1) 有围封:指围封内的区域;

2) 没有围封:指距电梯运行部件 1.50 m 水平距离内的区域(见 5.2.1.2)。

【CEN/TC 10/WG 1 解释,No. 22】

询问(1979-12-01):G5(译注:指 1985 版的附录 G 防火建议中的 G5 条款。1998 版修订时已删去该附录)建议,电梯井道中应禁止安装喷淋装置或其他类似装置,因为井道内几乎很少有易燃物,井道本身应由阻燃材料建造,且耐火性能应符合当地的规定。

根据 0.1.4 条(译注:指 1985 版),G5 将被删去。然而,在 5.8 中要求,电梯井道应为电梯专用,井道内不得装设与电梯无关的设备、电缆等,有的电梯井道为非阻燃材料建成,按建筑规范就应安装喷淋设施,而喷淋设施又是与电梯无关的设备。因此英国要求解释委员会考虑，与电梯无关的设备中是否不包括喷淋设施？

答复(1980-06-17)：喷淋设施不应该安装在井道内，这是符合电梯井道专用的要求。

【CEN/TC 10/WG 1 解释，No. 231】

询问(1994-01-17)：按 5.8 要求，大楼的接地电缆采用适当的防护后可以安装在井道内吗？至房间的哪一类连接在每层楼从井道外是可检查的？

答复(1994-09-13)：不可以。

5.9 井道照明

井道应设置永久性的电气照明，当所有的门关闭时，在轿顶面和底坑地面以上 1 m 处的照度至少为 50 lx。

照明装置这样设置：井道最高和最低点 0.5 m 以内各设置一盏灯。再设中间灯。对于采用 5.2.1.2 提供的部分封闭式井道，如果井道周围有足够的照明，井道内可不设照明装置。

【CEN/TC 10/WG 1 解释，No. 516】

询问：根据 5.9 的要求，在井道中设置永久性照明灯，实际上要在井道中的任何地方得到 50 lx 的照度是困难的，因为照度不仅取决于安装的灯，而且也取决于井道壁的面和所用的涂料。是否允许在轿顶上安装一盏(或多盏)中间灯以保证照度要求？当然这个灯有符合 13.4.1 的电源和符合 13.6.3.2 的开关。

答复(2002-12-31)：允许的。允许在轿顶安装永久性附加的灯。且应：

a) 这个灯是井道照明的一部分。

b) 应考虑到顶层空间的自由距离(见 5.7)。但标准的原意是：

1) 测量规定的 50 lx 照度与井道中轿厢的位置无关：

——轿顶上的 1 m 处，在轿顶的垂直投影内；

——底坑地面以上 1 m 处，人可站立，工作，和/或工作区域之间移动的任何位置。

2) 允许人从安全通道进入井道。假定所有层门都关闭，在层门的上横梁和地坎上有 50 lx 是足够的。

3) 井道中 1)和 2)规定的区域之外应保持至少 20 lx。

这些将在下版标准修订中考虑。

【CEN/TC 10/WG 1 解释，No. 551】

询问：5.9 条要求“井道应设置永久性的电气照明，当所有的门关闭时，在轿顶面和底坑地面以上 1 m 处的照度至少为 50 lx”。我们理解这样的照度为：轿顶的投影以上的 1.0 m处和底坑中站立区域以上的 1 m 处，这样的理解对否？

答复(2001-12-14)：标准规定照度要求是：

——在垂直投影的轿顶以上的 1 m 处；

——人可站立、工作和/或工作区域之间移动的底坑地面以上 1 m 处。

解读 本版中对井道照明提出了定量要求。lx为照度单位,定义为单位面积物体在光源照射下获得的光通量。一般20 lx~100 lx是读书工作的必须照度。在晴朗夏日,采光良好的室内照度可达100 lx~500 lx。

另外,本版去掉了井道内每隔7 m的间距灯要求,这是合理的条款修改。因为光照度不仅与距离有关,而且还与光源的功率有关。

5.10 紧急释放

如果人员在井道中工作时,有被困危险,且从井道或轿厢无法逃生的话,应在存在这种危险处设置报警装置。

这种报警装置应符合14.2.3.2和14.2.3.3的要求。

【CEN/TC 10/WG 1解释,No.534】

询问:针对本条款,我们通过风险分析,检验底坑中的报警装置是必要的还是不必要的。我们得出的结论是:

——如果电梯维修仅有一人,且喊叫声在大楼内可到达的范围内又没有人,此时报警装置是必要的;

——如果维修人员通过技术措施不能开锁解困,此时报警装置是必要的;

——如果报警装置设置在轿厢的下边,那并不是在所有情况下都是适用的;

——如果提供一个报警装置,它的动作按钮不应该有与停止按钮混淆的可能。

请问,CEN/TC 10/WG 1支持这些想法吗?

答复(2001-04-15):不支持。确定是否存在困人的危险,取决于现场的各种条件以及客户和供应商之间的协商(见0.2.5)。

解读 这是本版增加的条款。根据大楼和电梯系统的条件,应该考虑井道中多种情况下困人的危险。但不可能都规定为统一标准。笔者理解为,电梯井道中困人的情况有多种可能,不可能对每一种困人危险都在标准中规定解救方案。大楼管理系统有条件的话,可增加语音、图像监控等设施,以利更加快速地解救被困人员。

6 机房和滑轮间

解读 目前大多电梯还是有专用的机房，用于安装电梯驱动主机、控制屏、限速器、主开关等重要部件。常称机房是电梯的指挥所，所以对其面积、高度、照明、湿度、通风、承重等诸多方面提出了要求，以保证电梯的正常运行以及安全地实施维修、检验和试验工作。但随着电梯技术的发展，驱动主机和控制屏呈小型化，因此推出了无机房电梯和小机房电梯。这样，本章中有关对机房要求的规定已不适应这类电梯。关于无机房电梯的相关规定见本标准的修正案 A2。本章的要求仍限于有机房的电梯。机房的型式和尺寸可参考 GB/T 7025(也可参考 ISO 4190-1 和 ISO 4190-2)。

滑轮间一般设置在电梯井道顶板与电梯机房之间，用于安装电梯的导向轮或复绕轮用。当驱动主机设在楼层中间或底层时，滑轮间设在井道的顶部。滑轮间在现有的电梯中已很少采用，除非是建筑上机房布置有困难时。一般，建议导向轮也布置在机房中，且最好在井道的顶部有机房，以方便安装和维保。

6.1 总则

6.1.1 电梯主机及其附属设备和滑轮应放置在由实体的墙、顶、地板以及门和/或活板门组成的专用房间内，只有经过批准的人员(维修、检查和营救人员)才能进入。

机房或滑轮间不应作为电梯以外的其他用途，也不应设置非电梯用的线槽、电缆或装置。但这些房间可设置：

a) 杂物电梯或自动扶梯的驱动主机；

b) 这些房间的空调设备或取暖设备，但不包括以蒸汽和高压水为热源的取暖设备；

c) 火灾探测器和灭火器，具有高的动作温度，适用于电气设备，能稳定一段时间且有防止意外碰撞的适当防护。

【CEN/TC 10/WG 1 解释，No. 234】

询问(1994-01-13)：根据 6.3.5.2 要求，在许多情况下，在机房中要安装空调。

空调维修必须在室外进行。而且只能由电梯维修人员在里面协助或他们在场的情况下进行维修。这里有两个问题：

(1) 我们的这种解释对否？

(2) 如果机房温度超过了规定值，电梯完成当前运行后，应该自动停止运行吗？

如果是的话，电梯投入服务只能由称职人员来恢复吗？

答复(1990-09-13)：问题(1)对的。问题(2)不停止运行。EN 81-1 和 EN 81-2 标准中

没有规定电梯机房温度超过规定值应停止电梯运行。

解读 No.234 解释是针对 1985 版的 6.1.2.3 b)，现修订为本条。机房应设计成能防风、雨、雪，防止飞鸟进入。条款规定了机房由实体的墙、顶、地板以及活板门组成。说明不允许用网格或栅栏制作，可以在墙上开窗。对安全要求高的建筑，其电梯机房为了防暴力入侵，只设通风口，而不设窗户。

从电梯安全使用角度考虑，电梯机房必须专用。

另外，在本标准中，有多个条款提到了在电梯特殊情况下可以操作电梯的几种人。如 6.1.1 条中，进机房只能是经过批准的人员(authorized persons)，7.7.3.2 条和 14.2.1.5 条中管开锁钥匙的负责人(a responsible person)，9.8.5.1 条和 9.10.6 中安全钳和上行超速保护动作后进行释放和复位的称职人员(competent persons)。笔者认为这三种人是有区别的。

经过批准的人员(authorized persons，approved persons)

经过培训，有足够专业知识和实践能力，可以派遣其执行特定任务，这些人员具有减小风险，规避潜在危险的能力。如检验人员，维修人员，紧急救援人员等。被批准的人员可以进入电梯的限制区域，如机房、井道、底坑及轿顶，进行检验、试验和维修电梯，或因电梯故障救援被困乘客。

称职人员(competent persons)

称职人员是具有一定专业知识和实践能力的人。简单地说，称职人员是知道怎么去做的人。如一个从事电梯职业的工程技术人员或富有经验的技工，他们可以从事电梯的设计、制造、装配等工作，作为电梯企业的雇员是称职的。他们可以从事一般的工作，但不能承担特殊的任务。特殊任务的执行是需要培训和批准。如紧急救援工作，不是所有从事电梯工作的相关人员都能去做的。一个电梯的职业人员，但他并非一定是被批准的人员，因为被批准人员必须是经过专业培训的，有执行特定任务的执业资格。如英国的 BS 755 标准的 5.8.1.1 条规定："只有经过培训且被批准的人员才能执行电梯困人的救援任务。"因为其他人员做此事不懂救援规范和程序，可能是危险的。

负责人(a responsible person)

这里说的负责人可以是上述两类人以外的人员。一般是电梯业主或电梯的管理者指定管理电梯的人。这类人员并不要求有足够的专业知识，但他们是具体管理电梯使用的负责人，如管电梯三角钥匙的人。

6.1.2 导向滑轮可以安装在井道的顶部空间，其条件是它们位于轿顶投影部分的外面，并且检查和测试、维修工作能够完全安全地从轿顶或从井道外进行。

而为对重(或平衡重)导向的单绕或复绕的导向滑轮可以安装在轿顶的上方，其条件是从轿顶上能十分安全地触及它们的轮轴。

【CEN/TC 10/WG 1 解释，No.73】

询问(1982-11-23)：我们想严格按 EN 81-1 要求及 CEN/TC 10 N 57 文件精神，设计带导向轮的电梯，导向轮置于轿架上梁的垂直上方。

检验机构在检查电梯的设计图时提出，这样的设置仅在 5.7.1.1 b)的规定也适用于 6.1.2.1.1时才是允许的。因此法国委员会希望知道 CEN/TC 10/WG 1 对这个问题的意见。

如果我们考虑一个规定的定义，在正文中应该始终是一致的。但注意到，5.7.1 和 6.1.2都是处理轿顶上人的安全，如人站的工作区域上。这个工作区域是由 8.13.1 b)所定义。在这个工作区域上从绳到对重设置导向滑轮同样是允许的。5.7.1.1 b)清楚地指出，悬挂轿厢的上横梁不应考虑作为工作区域的部分。因此它们不是作为轿顶考虑。5.7.1.1 c)确认 6.1.2.1.1 所述的滑轮可以属于固定在井道顶部底下的最低部件。轿厢设备上部的滑轮，导靴，绳端接装置等只能按上述的要求去排列。

答复(1983-04-18)：写标准时，实际上对 6.1.2.1.1 的用词已经推敲考虑，这里轿顶(roof of the car)意思是轿厢的轮廓(the contour of the car)。5.7.1.1b)中使用的悬挂架的上横梁(the upper beams of the sling)和轿顶(the roof of the car)之间的区别只是为了区域定义的需要，那么，上述哪一个至井道顶部的最低部件之间的自由距离应该是 1.0 m+0.035v^2 呢？

基于悬挂架上横梁的上方的空间也处于轿顶的上方，从 5.7.1.1 c)可以得出这样结论："5.7.1.1 c)，井道顶的最低部件和：1) 固定在轿顶设备的最高部件之间的自由距离……"。参考 6.1.2.1.1 所述的导向滑轮，符合 5.7.1.1 b)和 5.7.1.1 c)要求，相应的单个滑轮是允许设在轿顶的上方，如滑轮朝向对重。因此，草图(图 6-1)中的布置是不允许的。

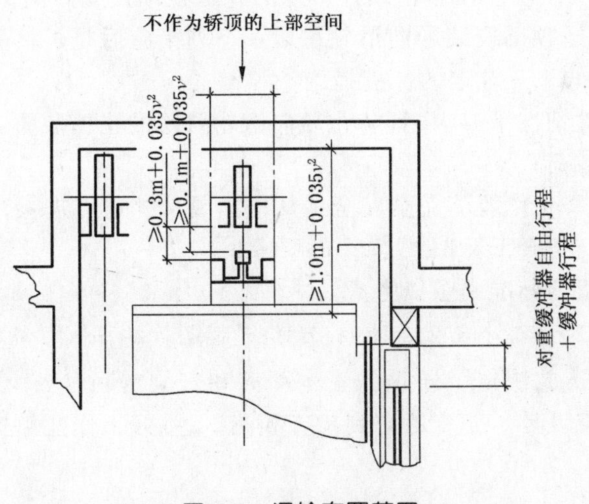

图 6-1 滑轮布置草图

【CEN/TC 10/WG 1 解释，No.239】

询问(1994-03-08)：在有机房的某些布置中，通向轿厢的导向滑轮设在底坑中，且在轿厢的投影内。因为底坑中保护所要求的空间是要利用的，在底坑的地面上对上述滑轮维修作业应没有危险地进行。我们相信，这样的设置是符合 6.1.2.1.1。虽然本条款认为从轿顶或井道外进行维修操作，它大多指的滑轮只是在井道的上部。

问题是：6.1.2.1.1 中这样的偏离也适用于导向滑轮安装在底坑中吗？

法国委员会的建议解释:上述的滑轮设置是符合本标准精神的。法国委员会希望这样的设置方式在 EN 81-1 的下版中考虑。

答复(1994-09-13):不适用。底坑中安装导向滑轮与本标准不符。导向滑轮安装在底坑中的可能性将在下版标准修订时再考虑。

【CEN/TC 10/WG 1 解释,No. 248】

询问(1994-09-21):本条款允许对安装在井道上部的导向滑轮的检验、试验和维修操作在轿顶上完成,要能达到十分安全。

同样地,我们认为,绳固定端(在井道边)和导向滑轮的检验、试验及维修操作,无论怎样两者都是在电梯井道中,而且有足够的高度和在轿厢及它的辅助设备投影的外侧,也可以从轿顶上完成,而且达到十分的安全。

我们的解释对否?

答复(1995-09-13):对的。

【CEN/TC 10/WG 1 解释,No. 566】

询问:本条规定,为了完全安全地从轿顶或从井道外进行检查和测试、维修工作,导向滑轮可以安装在井道的顶部空间,其条件是它们位于轿顶投影部分的外面。如果已按 9.7.1条规定对滑轮采取了防止对人伤害的保护措施,其支撑的设计也具有良好的工程实践,且 No. 565 解释中要求的空间足够,那么 1998 版中的要求未必一定合理。

请问,如果在轿顶投影内的井道顶部安装滑轮,还需要哪些更多的预防保护措施?

答复(2002-12-31):在轿顶投影内或投影外的井道顶部设置导向滑轮的风险是类似的。为此,轿顶投影内的井道顶部安装导向滑轮采取了下列措施后是可接受的:

a) 具有 EN 81-1 的 9.7 规定的保护措施;

b)在机械失效事件情况下,应设置防止导向滑轮跌落的止挡装置。这个装置应能支撑滑轮的重量和悬挂的载荷;

c)检查和测试、维修工作能够完全安全地从轿顶或从井道外进行;

d)井道顶的间距应符合 EN 81 中 5.7 的要求。

这些要求将在下版的标准中予以考虑。

解读 解释文件 No. 73,No. 239 原对应 1985 版条款的 6.1.2.1.1,后 1998 版修订为 6.1.2。导向轮的布置方式决定了轿顶的安全距离和安全空间,电梯设计者应严格按照规范规定进行电梯的系统设计。充分考虑到检查和测试、维修工作能够完全安全地从轿顶或从井道外进行。

6.1.3　曳引轮可以安装在井道内,其条件是:

a) 能从机房进行检查、测试和维修工作;

b) 机房与井道间的开口应尽可能的小。

【CEN/TC 10/WG 1 解释,No. 113】

询问(1984-06-28):在应用本条款时,要求“机房与井道间的开口应尽可能的小”,必须能保证在机房中进行检验和试验。

能否详细解释这个要求的目的，并能告诉最大允许的开口尺寸？

答复(1984-09-18)：开口小的目的是保护机房中的人员，对机房与井道的间隙尺寸设置极限值是不太实际的，因为电梯的结构各不相同。

解读 解释文件 No.113，原对应 1985 版条款 6.1.2.1.2 b)，1998 版调整为 6.1.3。导向轮的布置可以有多种方案，导向轮装在机房楼板下，好处在于可降低主机的安装位置，即可降低对机房高度的要求，但增大了导向轮的安装工作量，且不易调整曳引轮与导向轮平行度。

6.2 通道

6.2.1 机房和滑轮间的通道应：

a) 设永久性电气照明装置，以获得适当的照度；

b) 任何时候都能完全安全、方便地使用，而不需经过私人房间。

6.2.2 应提供人员去机房和滑轮间的安全通道。应优先考虑全部使用楼梯，如果不能安装楼梯，可以使用满足下列条件的梯子：

a) 进入机房和滑轮间的通道不应设在高于楼梯口平面 4 m 处；

b) 梯子应固定在通道上，不能被移动；

c) 在通道位置中，梯子高度超过 1.5 m 时，梯子应被置于与水平夹角呈 65°～75°之间，应不易滑动或翻转；

d) 梯子的净宽度应不小于 0.35 m，梯子踏步深度不小于 25 mm，对垂直梯子，踏板和梯子后边墙壁之间的距离应不小于 0.15 m。踏板的设计载荷应为 1 500 N；

e) 近梯子顶端，至少应设置一个容易握持的把手；

f) 梯子周围 1.5 m 的水平距离内，应能防止来自梯子上方坠落物的危险。

【CEN/TC 10/WG 1 解释，No.536】

询问：本条款中，要求“梯子应固定在通道上，不能被移动”，对“梯子固定在通道上”的说法可能有多种技术方案(如梯子勾绊在固定的杆上，但可移动。活板门带有可伸缩的梯子等)。

我们的理解是，在通道上的梯子为电梯专用，称职人员使用应没有任何障碍，梯子的定位和投入使用均能容易做到。对于建筑中会出现通道接近于某个专门楼层的场合，按本要求不可能有特别的争议。

恰恰相反，在许多情况中，在住宅楼中安装电梯时，这个要求受美学和实际情况的限制；经常地，居住者或承租人不能接受在通往他们家的走道上永久安装梯子。

答复(2001-04-15)：标准的条款可理解为，如通过链或绳的方式将梯子固定在通道上。

解读 通道照明应是永久性的，其开关应设在通道入口易触及的位置，为安全起见，通道内最好设置应急照明装置，使维修人员在没有外电时能安全撤离。与 1985 版相比，本版中对通道中使用的梯子作了详细的规定，保证维修人员安全使用梯子。采用梯子进入机房是可以接受的。

6.3 机房的结构和设备

6.3.1 机房强度、地面

6.3.1.1 机房结构应能承受预定的载荷和力。

机房要用经久耐用和不易产生灰尘的材料制造。

解读 机房承受的载荷由电梯制造者向土建设计人员提供，包括：

(1) 机房吊钩的承载。为了设备的搬运，在机房顶板或上横梁的适当位置上应设置一个或多个金属支架吊钩。吊钩承重一般应是被升机器重量的2倍以上。如额定载重不大于1 000 kg的电梯，吊钩承重至少为20 kN。

(2) 承重梁支点的反力。承重梁的总载荷应包括两部分：一部分为静载 R_s，包括曳引机、导向轮、控制屏、限速及所有支承在机房地板上设备的重量之和；另一部分是动载 R_0，取运动部件重量的2倍，运动部件包括轿厢、额定载荷、对重、补偿绳(缆)和随行电缆等。

此外，机房地板应能承受6 000 Pa以上的压力。承重梁的变形应控制在两支承点距离的1/1 500以下。

6.3.1.2 机房地面应采用防滑材料，如抹平的水泥地、波纹铁板等。

6.3.2 尺寸

6.3.2.1 机房应有足够的尺寸，以允许人员安全和容易地对有关设备作业，特别是电气设备。

特别是应提供至少2 m净高的工作区域，且：

a) 在控制屏或控制柜前有一块净空面积，此面积：

1) 深度，从屏或柜的外表面测量时不小于0.7 m；

2) 宽度，为0.5 m，或控制屏或控制柜的全宽度，取两者中的较大者。

b) 为了对各运动部件进行维修和检查，在必要的地点以及需要人工紧急操作的地方(见12.5.1)，要有一块不小于0.5 m×0.6 m的水平净空面积。

【CEN/TC 10/WG 1解释，No.3】

询问(1979-08-01)：我们对上述b)条有些不清楚，运动部件邻近的最小区域是多少？这个要求似乎不太合理。

答复(1980-05-12)：原则上所有运动部件需要维修的这个表面起测量这个最小区域，当然，部件互相接近的表面可以是全部或部分相同的面起考虑最小区域。

解读 控制屏或柜前的净空面积以保证检修和更换部件用。运动部件的周围，特别是曳引机周围，应保证盘车部位和制动器旁边应有畅通区域，以供紧急救援用。

6.3.2.2 供活动的净高度应不小于1.8 m。

通往6.3.2.1所述的净空场地的通道宽度应不小于0.5 m，在没有运动部件的地方，此值可减少到0.4 m。

供活动的净高度从屋顶结构横梁下表面起测量到下述两地面：

a）通道场地的地面；

b）工作场地的地面。

6.3.2.3 电梯驱动主机旋转部件的上方应有不小于0.3 m的垂直净空距离。

6.3.2.4 机房地面高度不一且相差大于0.5 m时，应设置楼梯或台阶，并设置护栏。

6.3.2.5 机房地面有任何深度大于0.5 m，宽度小于0.5 m的凹坑或任何槽坑时，均应盖住。

解读 机房的尺寸在GB/T 7025中有参考的尺寸，一般要求机房的面积至少是井道截面积的1.5～2倍。这主要是为维修和检查提供必要的空间，并没有严格的规定。随着驱动主机的小型化，电机绝缘性能的提高，机房也向小型化发展。有的电梯制造厂提供的小机房电梯在保证维修空间和机房温度的前提下其设计的机房的面积不大于井道的截面积。

机房地面应平整、防滑，可自由通行而没有障碍物。对宽度大于0.5 m的凹坑，应将其盖住，或在其周围设置高度不低于1.2 m的护栏。

6.3.3 门和检修活板门

6.3.3.1 通道门的宽度应不小于0.6 m，高度应不小于1.8 m，且门不得向房内开启。

6.3.3.2 供人员进出的检修活板门，其净通道应不小于0.8 m×0.8 m，且开门后能保持在开启位置。

所有检修活板门处于关闭位置后，均应能支撑两个人的重量，每个人按在0.2 m×0.2 m面积上作用1 000 N计算，该力作用在门的任何位置，门没有永久变形。

检修活板门不得向下开启，除非它们与可伸缩的梯子连接。如果门上装有铰链，应属于不能脱钩的型式。

当检修活板门在开启位置时，应采取预防措施（如设置护栏）防止人员坠落。

【CEN/TC 10/WG 1解释，No. 105】

询问(1983-11-02)：

(1) 活板门必须要平衡吗？为了使门易开闭，例如采用弹簧或配重；

(2) 如果是的话，强迫平衡后的最小力是多少？

(3) 是否必须在活板门的周围提供防护栏杆？是否同样可以不与可伸缩的梯子连接。但无论怎样，是否需要提供“关闭活板门，有坠落危险！”的须知(15.4.1)？

或是否理解为，在任何情况下为了在搬运物料时保护人员，入口处提供活板门的必须设置固定的护栏？

(4) 是否必须在活板门开口周围提供一个止挡的基座，以防止从开口跌落异物？

答复(1984-01-10)：问题(1)，是要平衡的。问题(2)，标准中没有确定这个最小值。问题(3)和(4)，标准要求的为防止人和异物坠落的防护措施应符合国家规范的规定。

6.3.3.3 门或检修活板门应装有带钥匙的锁，它可以从机房内不用钥匙打开。

只供运送器材的活板门，只能从机房内部锁住。

解读 门不得向房内开放，只能朝房外开。这是考虑在紧急情况下，机房内的人员可推门而出。如果门朝内开，人员推门时，有可能门撞击正在机房内工作的人员。另外很明显，门朝内开将占用一定的机房空间。

关于门的承载，在1985版中，规定“在门的任何位置上，均能承受2 000 N的垂直作用力而没有永久变形”，2 000 N相当于2个人的重量。但没有规定力的作用面积，这样不易计算门的强度。本版中明确了一个人的重量(相当于1 000 N力)作用于0.2 m×0.2 m(一个人两脚并拢站立的面积)上，门应没有永久变形。

6.3.4 其他开口

楼板和机房地板的开口尺寸，在满足使用前提下应减至最小。

为了防上物体通过位于井道上方的开口，包括通过电缆用的开孔并坠落的危险，必须使用圈框，此圈框应凸出于楼板或完工地面至少50 mm。

6.3.5 通风

机房应该适当通风，必须考虑井道通过机房通风。从建筑物其他处抽出的陈腐空气不得直接排入机房内。应保护诸如电机、设备以及电缆等设施，使它们尽可能不受灰尘、有害气体和潮气的损害。

解读 机房可以采取自然通风，但要根据当地的气候环境及周围空气是否有有害气体存在，必要时应有防护措施。

对于井道的通风开口经机房流通出去的场合，应注意机房的开口尺寸，应不影响井道的通风流量。

对多台电梯在同一机房中的，建议配置空调设备。如果是采用大楼的集中通风系统，应考虑到休息日，通风关闭状态下电梯运行的可能性。

6.3.6 照明和电源插座

机房应设有永久性的电气照明，地面上的照度应不小于200 lx。照明电源应符合 13.6.1 的要求。

在机房内靠近入口(或多个入口)的适当高度处设有一个开关,控制机房照明。

机房内应至少提供一个电源插座(见 13.6.2)。

【CEN/TC 10/WG 1 解释,No. 550】

询问:6.3.6 条规定的"机房应设有永久性的电气照明,地面上的照度应不小于 200 lx"的要求,是否意味着对进入机房的入口地面也必须有效?

我们认为,这个照度仅仅指人员可能工作的和可移动到的区域(即工作区域和移动区域),这样的解释对否?

答复(2001-12-14):机房中人能站立、工作和在工作区域内移动的任何区域上均应提供这个照度。

解读 机房的照明开关设在靠近入口(可设在入口外,也可设在入口内),机房门外也应有照明。如果机房照明开关设在机房内的,在机房门外应能开关机房内的一盏灯,以使人员进入机房时能有照明。

机房照明应与电梯驱动主机电源分开(见 13.6.1),一旦主机供电回路有故障,机房照明仍有供电。

6.3.7 设备的搬运

在机房顶板或横梁的适当位置上,应装备一个或多个具有安全工作载荷提示的金属支架或吊钩,以便吊运笨重设备(见 0.2.5 和 0.3.14)。

【CEN/TC 10/WG 1 解释,No. 220】

询问(1993-03-18):本条要求在机房中安装提升重物的装置(只供电梯使用),如果吊钩不是固定在机房的天花板上,而是一个可移动的结构件,可以吗?

答复(1992-11-04):可以的。应保证重载设备的安全搬运,这种结构件应始终在机房中,并保持有 6.3.2.1 所述的区域。

解读 金属支架或吊钩也可以是其他型式的起重设备。

6.4 滑轮间的结构和设备

6.4.1 强度和地面

6.4.1.1 滑轮间必须能承受正常所受的载荷。滑轮间应使用经久耐用和不易产生灰尘的材料建造。

6.4.1.2 滑轮间的地板应采用防滑材料,如抹平的水泥地、波纹铁板等。

6.4.2 尺寸

6.4.2.1 滑轮间应有足够尺寸,以便维修人员能安全和容易地接近所有设备。其尺寸可符合 6.3.2.1 b)和 6.3.2.2 关于通道的规定。

6.4.2.2　滑轮间房顶以下的高度不应小于1.50 m。

6.4.2.2.1　滑轮上方应有不小于0.3 m的净空高度。

6.4.2.2.2　如滑轮间内有控制屏或控制柜，则也应符合6.3.2.1和6.3.2.2的规定。

解读　前面已说过，电梯制造商一般不推荐具有滑轮间的电梯布置方案。如果有滑轮间的话，电梯设计人员也应向土建设计人员提供滑轮间的载荷分布（一般载荷应在电梯的土建图上标注）。

6.4.3　门和检修活板门

6.4.3.1　通道门的宽度不得小于0.6 m，高度不得小于1.4 m。这些门不得向房内开启。

6.4.3.2　供人员进出的检修活板门，应有不小于0.8 m×0.8 m的净通道，开门后能保持在开启位置。

检修活板门处于关闭位置后，均应能支撑两个人的重量，每个人按在门的任意0.2 m×0.2 m面积上作用1 000 N的力，门应没有永久变形。

检修活板门不得朝下开启，除非它们与可伸缩的梯子连接。如果门上装有铰链，应属于不能脱钩的型式。

当检修活板门在开启位置时，应采取预防措施（如设置围栏）防止人员坠落。

6.4.3.3　门或检修活板门应装有带钥匙的锁，门锁可以在滑轮间内不用钥匙将其打开。

解读　滑轮间的门和检修活板门，除了高度外，与机房要求基本相同。

6.4.4　其他开口

楼板和滑轮间地板上的开口尺寸，在满足使用前提下应尽量减至最小。

为了防止物体通过位于井道上方的开孔，包括通过电缆用的开孔而坠落的危险，必须采用圈框，此圈框应凸出于楼板或完工地面至少50 mm。

6.4.5　停止装置

在滑轮间内靠近入口处应装设一个符合14.2.2和15.4.4要求的停止装置。

解读　停止开关的要求可参见5.7.3.4说明。在停止开关旁应标有“停止”字样。

6.4.6　温度

如果滑轮间内有霜冻和结露的危险，应采取预防措施保护设备。

如果滑轮间设有电气设备，环境温度与机房的要求相同。

6.4.7 照明和电源插座

滑轮间应设置永久性的电气照明，在滑轮间至少有 100 lx 的照度，照明电源应符合 13.6.1 的要求。

在滑轮间内接近入口处的适当高度应设置一个开关，以控制滑轮间的照明。

滑轮间内至少应设置一个符合 13.6.2 要求的电源插座(也见 6.4.2.2.2)。

如果在滑轮间有控制屏或控制柜，则 6.3.6 的要求同样适用。

【CEN/TC 10/WG 1 解释，No. 569】

询问：对维修和检查人员，他们必须用机房的正常操作控制来移动轿厢。

我们认为在机房中应该有措施进行轿厢的正常移动。

问题 1：CEN/TC 10/WG 1 是否同意在 6.3 条中增加一个要求，这样的措施设在机房中?

问题 2：CEN/TC 10/WG 1 是否同意在 6.4 条中增加一个要求，这样的措施也应设在滑轮间中?

答复(2002-12-31)：这样的装置可能对检查和维修是有助的，然而，问题 1 和问题 2 不是安全必须考虑的问题，因此 EN 81-1 中不增设附加要求。

7 层门

【CEN/TC 10/WG 1 解释，No. 269】

询问(1997-01-09)：按照 EN 81-1 和 EN 81-2，是否可以有这样的设置，即一个或多个手动操作的层门打开后进入私人房间，而且有附加的安全锁以防未经同意的人进入？

意大利的观点是，EN 81-1/2 标准趋于排除私人房间的使用(如进入机房和滑轮间)。然而标准并不排除层门入口或到达入口通道的地方用于私人房间，而且也不排除层门使用安全锁。在任何情况下，电梯业主有责任通过建筑机构去保证必要的措施，纵观其他的法律和法规，要考虑：

——从层站入口的维修操作；

——从层门的救援操作；

——以及由电梯到达房间后的人员可能被困在房间的可能性。

这样的解释对否？

答复(1997-09-02)：这样的解释是对的。

解读 电梯层门既是进入电梯轿厢的入口，也是大厅或层站的装饰件。层门也是属于电梯的安全部件。由于门的原因而造成电梯的伤亡事故约占 40%以上。因此它对电梯的安全运行具有举足轻重的作用。

ISO/TC 178/WG 4 在它的技术报告(ISO/TR 11071-1)中提及门系统时这样评述："每个国家的电梯安全标准都承认层站上电梯入口的关闭与锁紧是电梯使用者安全的首要条件。"

所有国家电梯的安全规范中都有规定门的锁闭装置、门扇和门扇的连接方式的要求。尤其对水平滑动门规定的条款居多。

7.1 总则

进入轿厢的井道开口应装设无孔的层门，门关闭后，门扇之间及门扇与立柱、门楣和地坎之间的间隙应尽可能小。

当运行间隙不超过 6 mm 时，可认为满足此条件。由于磨损，这个值可容许达到 10 mm。如果有凹进部分，这些间隙从凹底处测量。

【CEN/TC 10/WG 1 解释，No. 50】

询问(1981-06-11)：多扇水平滑动的自动层门，这个门与符合 8.5.2 要求的电梯相配，电梯的每扇层门都有本身的门工作器(door operator)，根据 7.5.1，自动操作滑动门的外表面不应有大于 3 mm 的凹进或凸出部分，这意味着使用凹陷的手柄是不允许的。根据 7.7.3.2，每扇层门应能借助特殊的钥匙从门外开锁。显然这是可以手动开门。问题是：没有手柄怎么能手动打开多扇滑动门。如果这个门的尺寸是适宜在开门方向作用力，在门工作器自由状态时达到最大值(如 500 N),考虑在门的井道侧上允许使用凹陷的手柄,门扇的速度必须限制不超过 0.30 m/s。请问,这种型式的层门侧允许安装凹陷的手柄吗?

答复(1982-01-19):本条款的目的是避免剪切事故。凹陷的手柄只允许设置在手柄与门扇位置无关,且始终保持在两个门扇的可动的净距离之内的场合。

【CEN/TC 10/WG 1 解释,No. 170】

询问(1989-05-22):7.1.1 所述的只提到剪切危险的要求(见 No. 50 的解释条款),我们认为,动力操作的两扇垂直滑动门在使用者的持续控制下关闭,如图 7-1 所示的投影 A,有成型边缘是允许的,因为它不会产生剪切的危险。同样原因,标准允许所有的动力操作门其成型边缘不是全圆的。

请问我们的解释对吗?

答复(1990-01-13):标准的本意是将门运动过程中剪切和挤压的危险减少至最小。上述建议的解释只考虑了门的关闭,在自动开门情况下,投影 A 是不允许的(7.1.1)。

【CEN/TC 10/WG 1 解释,No. 192A】

询问(1991-01-08):7.1.1 的目的是防止剪切,7.5.1 规定层门的结构应使损坏和伤害乘客的危险减至最小。然而,可能有必要设计有交叠门的刚性边缘(可能碰撞乘客的),如为防雨或防火。(1)我们希望知道图 7-2 中哪一种的设计是允许的,哪一种是不允许的;(2)我们认为,边缘带圆弧的 r 是重要的,委员会能否给出最小圆弧的半径是多少?

答复(1992-08-02):门关闭边缘所用的材料和设计型式与门关闭的力和动能相关。任何情况下,应满足 7.5.2 的要求。

解读 GB 7588—1995 版对本条的第二段作了这样的修改:"对于乘客电梯,此运行间隙不得大于 6 mm;对于载货电梯,此间隙不得大于 8 mm。由于磨损,间隙值允许达到 10 mm。如果有凹进部分,上述间隙从凹底处测量。"

10 mm 是假设手指不能通过的尺寸,如果一台电梯的门扇之间或门扇与立柱之间的间隙已达到 10 mm 的话,这对小孩来说是件危险的事,因此减小门之间间隙的要求有利于提高门运行的安全性。

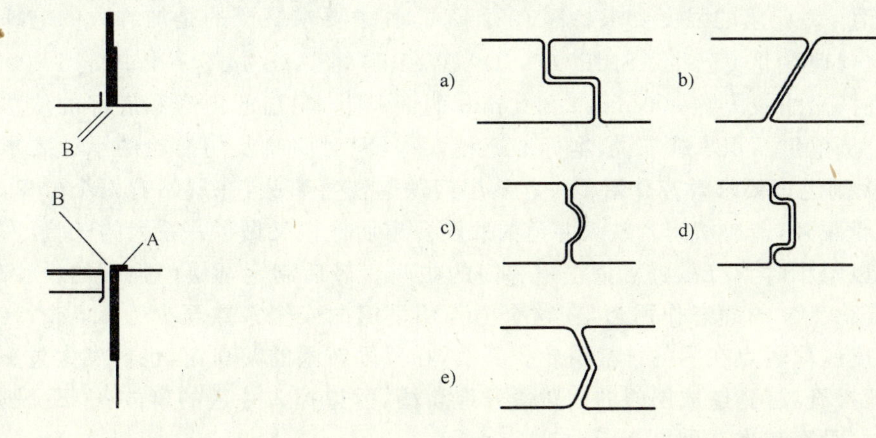

图 7-1 垂直门投影　　图 7-2 门边缘示意图

7.2 门及其框架的强度

7.2.1 门及其框架的结构应在使用一定时间后不产生变形，为此建议采用金属制造。

解读 只要满足强度要求，也允许用玻璃制作门扇(见 7.2.3.3)。

7.2.2 火灾情况下的性能

层门应符合相应大楼有关防火要求的规定(PrEN 81-8 叙述了层门防火试验方法)。

解读 我国在 1995 年就制定了公共安全行业标准 GA 109《电梯层门耐火试验方法》，规定了电梯层门耐火试验的试验设备、试验条件、试验要求、试验程序和耐火时间判定条件等项内容。该标准适用于候梯一侧受火的电梯层门的耐火试验。英国的 BS 476 是国际上早期有关门耐火试验的权威标准。2003 年 4 月 CEN 正式公布了电梯层门防火试验规范，调整了标准的编号，即 EN 81-58:2003《Safety rules for the construction and installation of lifts—Examination and tests—Part 58: Landing doors fire resistance test》。

7.2.3 机械强度

7.2.3.1 层门及门锁在锁住位置应有这样的机械强度，用 300 N 的力垂直作用在该层门的任何一个面上的任何位置，且均匀地分布在 5 cm^2 的圆形或方形面积上时，应能：

a) 承受后无永久变形；

b) 承受后弹性变形不大于 15 mm；

c) 试验期间和试验后，门的安全功能不受影响。

解读 对门扇的强度要求各国有所不同，其中要求最严的是加拿大的电梯安全规范 CSA/B 44(现在北美已将 ASME/ANSI A 17.1 和 CSA/B 44 合并)，规定 5 000 N 的力垂直作用在门扇中央大约 300 mm×300 mm 的面积上，门扇的顶部和底部的位移应不大于 20 mm。从单位面积承载来说，本标准还稍大些，但对门靴及门滑轮的承载要求就不一样了。CSA 制定该要求时曾介绍了一起从层门跌落伤害事故：在层站有两个醉鬼嬉闹，撞层门后，门靴脱开，造成嬉闹者跌入井道的悲剧。事后他们又做了一系列的试验，采用 200 kg 的软体，以每小时 10 km 速度撞击电梯门的中间。最后制定了层门强度的设计准则，门要经得起 5 000 N 的静态作用力，在这个力作用下门的安全系数至少为 1.5～2.0。门试验中，其强度的薄弱点在门的挂板滑轮。其实，在我国新疆的某宾馆，也曾发生过一起一个醉鬼用屁股撞开层门，造成层门的门靴脱开地坎槽，醉鬼掉入井道的事故。CEN 制定层门强度要求时，没有考虑这种鲁莽行动。

从电梯防暴要求出发，最好使用单扇门，不使用复杂的连杆，驱动机构直接驱动门。但这种结构一般只能用于宽度不大于800 mm的门。门宽尺寸小了会影响电梯的交通流量。BS 5653:Part 13建议对具有暴力潜在危险环境的电梯，其层门增加防暴措施:(1)限制门扇数量;(2)使用更为有效的门扇间联接件;(3)采用适当的定位和遮盖措施，使暴力者不易接近门扇的装置(如这种场合可不装层门的三角钥匙锁)。

7.2.3.2 在水平滑动门和折叠门主动门扇的开启方向，以150 N的人力(不用工具)施加在一个最不利的点上时，7.1规定的间隙可以超过6 mm，但不得超过下列值:

a) 对旁开门，300 mm;

b) 对中分门，总计45 mm。

解读 150 N是一个人下蹲时可能施加的力。这里的"最不利的点"是指水平滑动门的下端部。对旁开门，其间隙是单向的;而对中分门。施力后，两个门扇反向移动，因此其间隙应计两个方向位移的总和。

7.2.3.3 由玻璃制成的门扇，应能承受本标准规定的作用力，在规定的力作用下，应不损伤玻璃的固定件。

玻璃尺寸大于7.6.2所述的玻璃门，应使用夹层玻璃，且能承受附录J所述的冲击摆试验。试验后门的安全功能不应受影响。

7.2.3.4 门中玻璃的固定件，即使在玻璃沉陷的情况下也应保证玻璃不会滑出。

7.2.3.5 玻璃门扇上应有下列的标记:

a) 供应商的名称和商标;

b) 玻璃的型式;

c) 厚度(如8/8/0.76 mm)。

解读 为了配合大楼的景观设计，很多公共场合需要设计玻璃门，有的还要求轿厢也是全透明的。这样对玻璃门的强度提出了具体要求(见附录J)。1985版中规定:玻璃或塑料材料只能作为门扇的一部分，如窥视窗。本版中允许使用整扇的玻璃门，但要符合规定的强度要求。

玻璃作为门扇，有三种情况的固定方式可以被考虑:两边固定(如上下两边)、三边固定及四边固定，在这三种情况中，玻璃门扇高度均应不大于2.1 m。两边固定的门扇宽度可取360 mm~720 mm，夹层玻璃厚度至少16 mm(如8 mm+0.76 mm+8 mm);三边(上、下及一个旁边)固定的门扇宽度可取360 mm~720 mm，夹层玻璃厚度至少16 mm(如8 mm+0.76 mm+8 mm)，四边固定的门扇宽度可取300 mm~800 mm，夹层玻璃厚度至少为10 mm(6 mm+0.76 mm+4 mm或5 mm+0.76 mm+5 mm)。

7.2.3.6 为避免拖曳孩子的手,对动力操作的自动水平滑动玻璃门,若玻璃尺寸大于7.6.2所述的规定,应采取使危险降至最小的措施,例如:

a) 减少手和玻璃之间的摩擦系数;

b) 使玻璃不透明部分高度达到1.1 m;

c) 感知手指的出现;或

d) 其他等效的方法。

解读 在正常的使用中,纯透明的玻璃层门是不可取的,容易使人造成视觉判别错误而撞头。因此一般希望在人视觉高度的一定范围内有一些提示性标记,如横条、印花、文字、警示标记等。

7.3 层门入口的高度和宽度

7.3.1 高度

层门的最小净高度为2 m。

7.3.2 宽度

层门净入口宽度比轿厢入口净宽度在任一侧方向上均不应超过50 mm。

解读 图7-3所示的是层门净入口宽度、轿厢入口净宽度的要求。

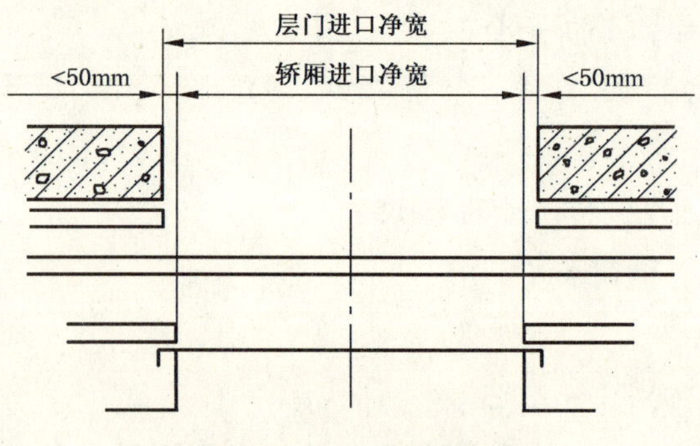

图7-3 层门宽度示意图

7.4 地坎、导向装置和门悬挂装置

7.4.1 地坎

每个层站入口均应装设一个具有足够强度的地坎,以承受进入轿厢的载荷。

注:建议在各层站地坎前面应有少许坡度,以防洗刷、洒水时,水流进井道。

7.4.2 导向装置

7.4.2.1 层门应设计成能在正常运行中防止脱轨、机械卡阻或行程终端时错位。

由于磨损、锈蚀或火灾原因,可能使导向装置失效时,应设有应急的制导装置使层门保持在原有位置上。

解读 本条的第二段要求是本版标准新加的。门的导向装置有吊板滚轮、反滚轮及门靴等部件，这些部件的失效，会导致门扇的错位或脱轨，甚至发生门扇掉入井道的可能性。特别在火灾情况下，一般滚轮的工程塑料外缘及门靴的非金属外包层有可能烧熔掉，此时应急制导装置仍能使层门保持在原有位置上。

7.4.2.2 水平滑动层门的顶部和底部都应设有导向装置。

7.4.2.3 垂直滑动层门应在两边设有导向装置。

7.4.3 垂直滑动门的悬挂结构

7.4.3.1 垂直滑动门扇应固定在两个独立的悬挂部件上。

【CEN/TC 10/WG 1 解释，No. 132】

询问(1986-12-10)：垂直滑动的轿门扇和层门扇均应固定在两个独立的悬挂部件上。

这对于具有多扇机械连接的垂直滑动门情况，似乎不能被理解每扇门"应固定在两个独立的悬挂部件上(悬挂绳、链、杆……)。

因为对一个相同的层站开口：

——无论是一扇门还是多扇门，门扇在关闭开口过程中的重量实际上是相同的。

——在有几扇门情况时，在较低停站有多门扇跌落的可能会大大减少。

因此，这似乎意味着垂直滑动门的组件必须保持有两个独立的悬挂装置。这样的解释对否？

答复(1987-05-12)：本标准的要求是仅有一个悬挂部件破断时不会引起一扇门整个和部分跌落，和门扇的部件跌落。在层站入口的宽度方向不产生超过 30 mm 的间隙，和轿厢入口上不超过 60 mm，见图 7-4。

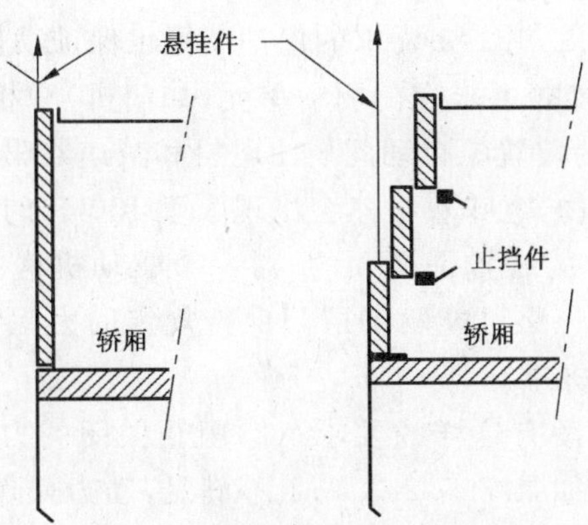

图 7-4 垂直滑动门的悬挂

7.4.3.2 悬挂用的绳、链、皮带，其设计安全系数至少为 8。

7.4.3.3 悬挂绳滑轮的直径应至少是绳直径的 25 倍。

7.4.3.4　悬挂绳和链应加以保护，以免脱出绳轮槽或链轮。

7.5　有关层门运行的保护

7.5.1　通则

层门及其周围的设计应尽量减少由于人员、衣服或其他物件被夹住而造成损坏或伤害的危险。

为了避免运行期间发生剪切的危险，动力驱动的自动滑动门外表面不应有超过 3 mm 的凹进或凸出部分，这些凹进或凸出部分的边缘应在开门运行方向上倒角。

这些要求不适用于附录 B 所规定的三角钥匙开锁入口处。

解读　本条的第二段文字是从 1985 版的 7.1.1 条中移至本条，其内容更适合层门的运行保护。

7.5.2　动力驱动门

动力驱动门的设计应尽量减少门扇撞击人的有害后果。为此应满足下列条件。

7.5.2.1　水平滑动门

7.5.2.1.1　动力驱动的自动门

7.5.2.1.1.1　阻止门关闭的力应不大于 150 N，这个力的测量不应在关门行程开始的 1/3 之内进行。

【CEN/TC 10/WG 1 解释，No. 49A】

询问(1981-06-11)：

(1) 是否可能考虑 7.5.2.1.1.3 要求的保护装置也保证动作时的力不大于 150 N?

(2) 如果不可能的话，能否要求在门驱动单元(如门机)和相应的机构之间设置标定限制为 150 N 的力矩(或力)的装置。自动门扇由电机和减速器驱动，没有传感保护装置的功能，如果门关闭时碰到障碍物，意味着必然会出现大于 150 N 的力。

(3) 如果我们承认这样的装置是必须的，对一个驱动机构本质的结构、尺寸在运行中就有大于 150 N 的作用力，怎么可能驱动层门保持规定的力呢? 我们的结论是，禁止安装这样的门，因为它不符合本标准。

答复(1986-11-25)：(1)没有这样的要求；(2)阻止关闭的力不超过 150 N 不能满足的话，限制装置是必须的；(3)如果 7.5.2.1.1.1 不满足，动力操作的水平滑动门只允许由使用者在连续控制下关闭(7.5.2.1.2)。

【CEN/TC 10/WG 1 解释，No. 197】

询问(1991-04-18)：No. 49A 的解释是清楚的，对水平滑动门应有两种不同的装置：

——符合 7.5.2.1.1.1 要求的限制关闭力不大于 150 N 的装置；

——以及符合 7.5.2.1.1.3 要求的自动重开门保护装置。

解释条款 No.187 答复中提到，任何装置限制 50 N(译注：应是 150 N)的关闭力是适用的(我们理解，这可能是电气、机械的，按标准的精神作为安全的，或是不安全)。必要的是，通过移动质量的动能正确测量这个力。问题：

(1) 下列方法正确否？

——使 7.5.2.1.1.3 和 8.7.2.1.1.3 保护装置失效；

——安放测量装置(如标准脚注所述的装置)于 7.5.2.1.1.2 的行程点做测量；

——用手移动至快门扇的边缘，直至接触测量装置。对非折叠式门，测量应在其中的一扇门上；

——给出关闭指令；

——在门停止(或重开)后，注意达到最大行程，关闭力可以借助弹簧参数来计算。

(2) 如果这种方法不对，应用何种方法？

答复(1992-03-17)：(1)这种方法是对的。

解读 本规定是指门在关闭过程中有阻止门关闭的力存在(如人通过门时与门撞击或人体被夹持)，且当这个阻止门关闭的力超过 150 N 时，门应该停止运转或反向开门，以免继续关门夹伤人。美国和加拿大的标准规定的阻止关门力与本标准基本相同(阻止门关闭的力为 135 N)。这个力的测量是在 1/3～2/3 的门行程内进行。对动力驱动的折叠门的测量行程见 7.5.2.1.1.5。门行程的示意图见图 7-5，图 7-6 是人进轿厢时碰门的示意图。

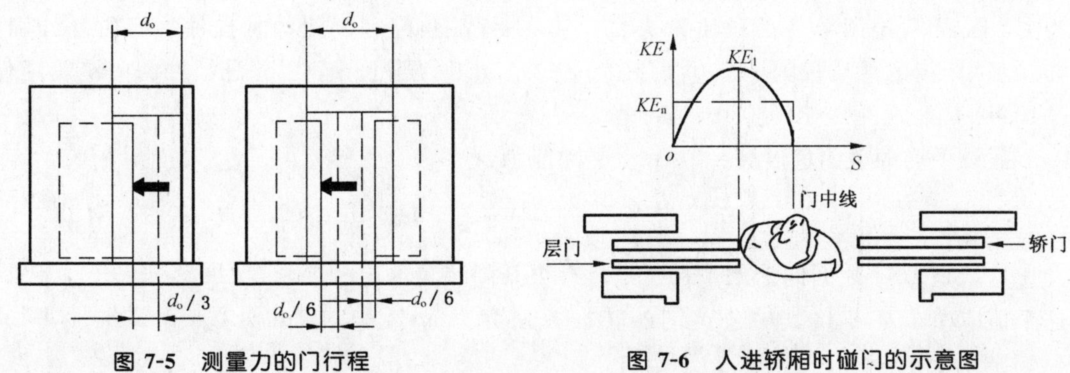

图 7-5 测量力的门行程

图 7-6 人进轿厢时碰门的示意图

7.5.2.1.1.2 层门及其刚性连接的机械零件的动能，在平均关门速度下的测量值或计算值不应大于 10 J。

滑动门的平均关门速度是按其总行程减去下面的数字计算：

a) 对中分式门，在行程的每个末端减 25 mm；

b) 对旁开式门，在行程的每个末端减 50 mm。

注：例如：测量时可采用一种装置，该装置包括一个带刻度的活塞。它作用于一个弹簧参数为25 N/mm的弹簧上，并装有容易滑动的圆环，以便测定撞击瞬间的运动极限点。通过所得极限点对应的刻度值，可容易地计算出动能值。

解读 图 7-7 是测量装置的示意图。关于动力驱动门的安全判定问题，研究比较多的是美国。美国的 ASME A 17.1 规范的 1931 版本中就提出了“阻止关门力 30 lb(133 N),门关闭过程中动能不超过 5.0 ft·lb”的要求。因为当时已有动力操作的轿门,层门采用手动操作的电梯。1952 年后,A17 技术委员会对动力驱动的门的安全性又研究了三年,1955 版 ASME A 17.1最终重新审定了原来规定的两个参数:动能,反映移动质量的冲击;阻止关门力,反映门关闭过程中挤压乘客的位能。1931 版中 5.0 ft·lb(7 J)动能仅考虑轿门的质量。因此组合层门和轿门的一起运动质量,允许动能增加 40%,即 7 ft·lb(10 J)动能,关门阻止力不变。这两个参数一直使用至今,且被各国规范所引用。

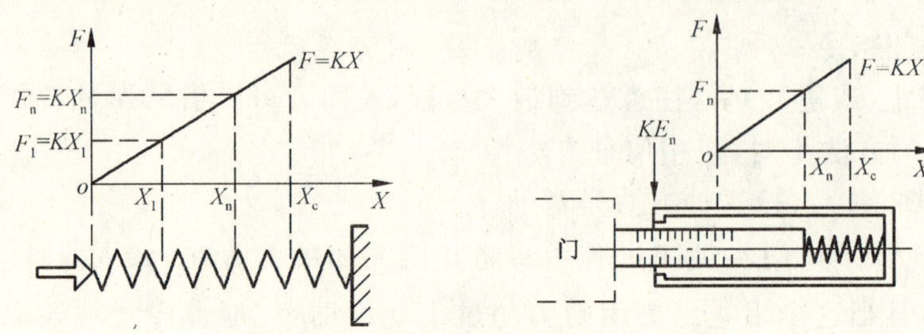

图 7-7 测量装置示意图

ASME A 17 委员会在确定动能时,以一个典型的工业标准门,42 in 宽,84 in 高,包括门楣和侧框,大约还有 25.0 ft^2,根据通常的门扇结构,如有加强筋,假定轿门单位面积质量为5.0 lb/ ft^2,层门单位面积质量为 2.0 lb/ ft^2,轿厢门和层门的悬挂件每组质量分别为 25.0 lb,则门的总质量为 125.0 lb(轿门)+175.0 lb(层门)+50 lb(悬挂件和门滑轮组件)+10 lb(其他附件)=360.0 lb。

假设平均的关门速度为 1.0 ft/s,则动能为:

$$KE_{\mathrm{n}} = \frac{1}{2}\frac{(360)(1.0)^2}{32.2} = 5.6\ \mathrm{lb\cdot ft}$$

这就是 10 J 数据的由来。10 J 是对有重开门装置的电梯要求,如果没有重开门装置则这个值应减小至 4 J(其中公英制的转换关系为:1 in=2.54 cm,1 ft=0.305 m,1 lb=4.45 N)。

这里还有一个平均关门速度的取值问题,实际动能是与关门速度密切相关的,与其值的平方成正比。本标准的注中建议用图 7-7 所示的测量装置来测量动能,当弹簧的刚度系数已知时,其动能为:

$$KE_{\mathrm{n}} = \frac{1}{2}Kx_n^2$$

关于弹簧刚度参数 25 N/mm 的取值问题,CEN 曾作过研究,测量二个人前臂对碰,考察臂肌肉的弹性,测量结果为 140 N 时,变形 8 mm,相应的动能为 0.4 J。这是弹簧参数 25 N/mm的取值基础。

另外,为了能测量最大动能值 10 J,如果选用的弹簧系数为 25 N/mm,则对应的最大力为 707 N,对应的位移为 28.3 mm,所以若选用弹簧秤作为动能的测量装置时,应注意秤的标称范围。

图 7-8 给出了计算平均关门速度的示意图，图 7-9 是关门时的非保护区。

关于本条款，ISO 专家有这样的评说（ISO/TR 11071-1）：

（1）电梯门的动能值与电梯的运行效率是相关的参数，动能减少了，关门时间增加（平均速度降低），则运行效率降低，据统计，多用 1 s 的关门时间，电梯的交通流量将减少 5%，这也是值得权衡的问题。

（2）应该注意到计算的动能值往往比测量值要大，因为测量中没有考虑门悬挂件和耦联件的弹性，因而用计算的动能值作为依据评价门时更为安全。

（3）“高质量”的门，其驱动装置、轿门、层门之间的联结尽可能是刚性的，弹性要小，但会增加门的阻力。

（4）即使控制了门的力和动能，仍会存在伤人的危险，这主要是来自人体各部位弹性的限制。根据有关报告，各种人的骨头的强度是有差异的。对老年人的手指和手臂没有伤害的动能，其差异从 0～10 J，而年青人的差异值更大，从 0.7 J～100 J。一个成年人的头盖骨可以承受 45 J～100 J，而对一个小孩的头骨可能仅在 4.5 J 动能下就会有裂。另外，实验证明，在下列动能下人就有痛感：0.2 J（手指），0.8 J（手），1 J（头），3 J（臂）。

（5）由于门的关闭过程并不是恒速的，而且人步入轿厢时，往往以相对速度与门缘相碰，因此应有一个瞬时动能的规定值，尤其是接近关闭位置时。有可能瞬时动能是平均动能的 2.5 倍以上。

单位为毫米

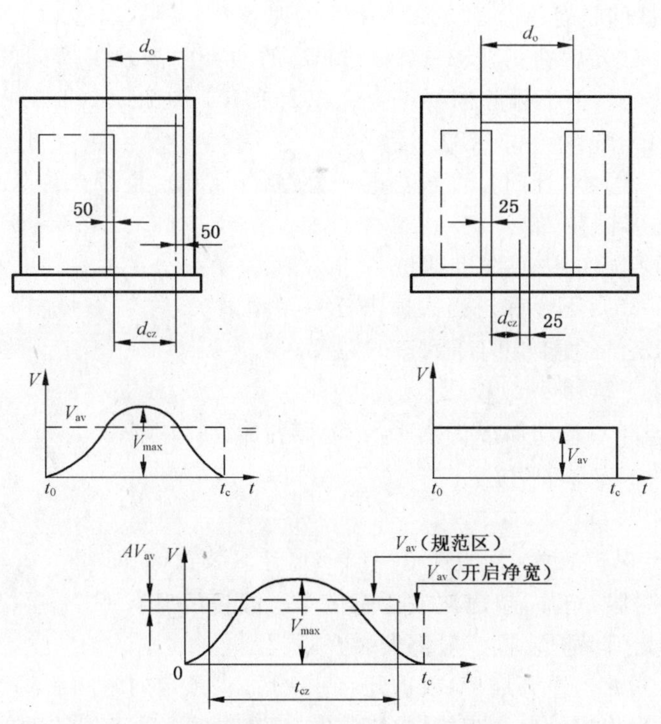

图 7-8 计算平均关门速度的示意图

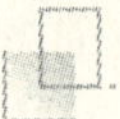

单位为毫米

图 7-9 关门时的非保护区

7.5.2.1.1.3 当乘客在层门关闭过程中，通过入口并被门扇撞击或将被撞击时，一个保护装置应自动地使门重新开启。这种保护装置可以是轿门的保护装置(见 8.7.2.1.1.3)。

这种装置的作用可在每个主动门扇最后 50 mm 的行程中被消除。

对于这样的一种系统，即在一个预定的时间后，它使保护装置失去作用以抵制关门时的持续阻碍，则门扇在保护装置失效下运动时，7.5.2.1.1.2 规定的动能应不大于 4 J。

【CEN/TC 10/WG 1 解释，No. 106】

询问(1983-11-17)：有一种铰接侧开的层门，由压缩空气自动操作，现设置了由光电控制的重开门装置，请问是否符合 7.5.2.1.1.3 的要求？

答复(1984-01-10)：曾在 EN 81-1(Doc N57)的注释中涉及了所问的内容，光电控制是可以作为保护装置的。但不排除需要符合 7.5.2.1.1.1 和 7.5.2.1.1.2 要求的保护措施。

【CEN/TC 10/WG 1 解释，No. 128】

询问(1986-05-20)：对开门宽度较小的中分门(如 1 m)，是否允许只在其中的一扇门的边缘上安装一个重开门装置？

假定人大约在门口的中心线上通过。

答复(1986-11-25)：不允许。当人撞击任一门扇时(或左右被撞击)，保护装置应动作，使门自动重开。无论是怎样的门净入口的宽度。

【CEN/TC 10/WG 1 解释，No. 158】

询问(1988-08-23)：自动操纵的水平滑动门，符合 7.5.2.1.1.3 和 8.7.2.1.1.3 要求的保护装置动作的最大力是多少？

答复(1989-02-08)：150 N。

解读 门安全保护装置，有的规范叫门的重开启装置(a reopening device)。如机械式安全触板、光电检测器、光幕、超声波或磁感应等。因轿门只有一个，层门有多个，且轿门一般都是主动门，因此门保护装置一般都安装在轿门上。

有些门系统经过多次重开启后，或重开启一次后，在预定的时间后仍受阻不能关门，此时门会强迫关门并会发出警示声，此时保护装置失效，在失效下运动门的动能应不超过 4 J。

不论是乘客电梯，还是客货两用梯或货梯，只要是动力驱动的自动门，都应安装门入口的安全保护装置。对由人工持续揿压关门的动力门(见 7.5.2.1.2)或者是手动门，可不设门入口保护装置。

7.5.2.1.1.4 在轿门和层门联动的情况下7.5.2.1.1.1和7.5.2.1.1.2要求对连接门的机构也是有效的。

7.5.2.1.1.5 阻止折叠门开启的力应不大于150 N。这个力的测定应在门处于下列折叠位置时进行，即：折叠门扇的相邻外缘间距或等效件(如门框)距离为100 mm时进行。

解读 折叠门阻止力测量与普通的水平滑动门不同，不是在关门行程的1/3至全行程内，而是接近闭合位置的100 mm时测量。

7.5.2.1.2 动力驱动的非自动门

在使用人员的监视和连续控制下，通过持续揿压按钮或类似装置(持续作运行控制)进行关闭门时，当按7.5.2.1.1.2计算或测量的动能大于10 J时，最快门扇的平均关闭速度应不大于0.3 m/s。

【CEN/TC 10/WG 1解释，No.171】

询问(1989-05-22)：由于意大利有附加要求，所有电梯必须有轿门(译注：1985版允许有无轿门电梯)。我们碰到了下面的问题：

(1) a) 在大功率动力操作的层站上的水平滑动门，并不是由轿门驱动，当轿门是符合本标准的无孔门时，轿内使用者怎么可能去控制层门的关闭呢？

b) 当关闭指令从轿厢给出时，一般应该在关闭层门后才能关闭轿门，而当关闭指令从层站给出时，那将只能在关闭轿门后才能关闭层门了？

c) 或者两种门的任一种采用符合8.6.1特殊情况下要求的有孔门，这样可以吗？

d) 这似乎应该根据0.4条的精神，使用有孔的手动操作的水平滑动门(译注：1985版0.4条款的内容：当进行设计时，不应考虑这是仅有的设计，如果电梯运行具有同等安全，那么任何其他导致相同结果的解决办法都是可以使用的)。

(2) 再有一个问题，在大功率动力操作的层门与轿门并不同时关闭，在轿门打开轿厢离开开锁区域时，是否有必要提供7.7.3.2要求的装置(译注：强迫关门装置)使层门关闭？由于这些门的质量大，这个装置将产生大的挤压危险。

我们的意见，对于手动操作的门以及使用者持续控制下关闭的动力操作门均不要求使用7.7.3.2的装置，对这两种型式的门，标准要求有一个说明[15.2.4 c)]，指出在电梯使用后门应被关闭。我们的解释对否？

答复(1990-01-31)：(1)a)上述提到的轿门、层门顺序关闭的问题应该是一个没有争议的事；(1)b)如果轿门和层门关闭的速度实际是相等的，则同时关闭是允许的；(1)c)如果动力操作的轿门满足7.5.2.2 d)，则符合8.6.1的轿门或层门是允许使用的；(1)d)由于存在挤压危险，网孔结构的水平滑动门是不允许使用的。基于这样的危险，这种型式的门1985版标准中仅限用于向上开启的垂直滑动门。(2)在EN 81-1的1985版和EN 81-2的标准中已明确规定,自闭合装置仅在轿门驱动层门的情况下才有要求。

解读 对信号或按钮控制方式的载货电梯,经常有这种动力驱动的非完全自动门,电梯的门是由司机持续控制下关闭。动力驱动的非自动门是否需要设置门保护装置呢?对照7.5.2.1.1条,结论是明确的,对持续揿压按钮操作关门的电梯,可以不设门保护装置,因为关门时是由司机操作,门的运行是可控的。另外,平均关门速度也被限制了。

另外解释文件清楚地说明了,强迫关门装置(即自闭合装置)在轿门驱动层门的情况下是必须设置的。

7.5.2.2 垂直滑动门

这种型式的滑动门只适用于货客梯。

如果能同时满足下列条件,则动力关闭门才能使用。

a) 门的关闭是在使用持续控制和监视下进行的;

b) 门扇的平均速度不大于0.3 m/s;

c) 轿门是8.6.1规定的结构;

d) 层门开始关闭之前,轿门至少已关闭到2/3。

【CEN/TC 10/WG 1解释,No.23】

询问(1979-12-01):对本条款,在动力关闭的情况下,轿门是有孔的或网状结构。条款也参考8.6.1,规定轿门应该是无孔的。但实际上,货梯垂直滑动门是特殊情况,它们可能是网孔型式。8.7.2.2覆盖了动力操作的垂直滑动门,事实上市场上没见过网孔的门扇。

对同时动作的垂直中分门,要达到标准要求的等效安全,可用不同的方式。因此我们建议,考虑正文修订如下:

"这种型式的滑动门只允许用于主要运货,一般有人伴随的电梯,或非商用汽车梯"。如果下列条件满足,允许使用动力闭合门:

a) 关门是在使用者持续控制下进行;

b) 门扇的平均关闭速度被限制在0.30 m/s以下;

c) 轿门是8.6.1特殊情况,即有孔或网状结构,层门关闭之前,轿门至少已关闭了2/3;或者轿门与层门具有同样的无孔结构,且是由轿门驱动的同时动作的垂直滑动中分门。

答复(1980-06-17):当前修订标准的正文是不可能的。

【CEN/TC 10/WG 1解释,No.172】

询问(1989-05-22):对带有动力操作垂直滑动门的货客梯,标准只允许用符合图7-10的轿门方案。

我们认为,实施这种方案的原因是,关门过程中使用者容易观察。但区域A存在较大的剪切危险。

我们感到,按标准的0.4条的精神,应允许在使用者持续控制下垂直滑动的轿门和层门同时关闭的方案。特别地,本方案与标准规定的方案,能保证更好的观察,不产生剪切的危险。我们的解释正确否?

答复(1990-01-31):不对,标准只允许方案1。标准的修订只能在下版再考虑。

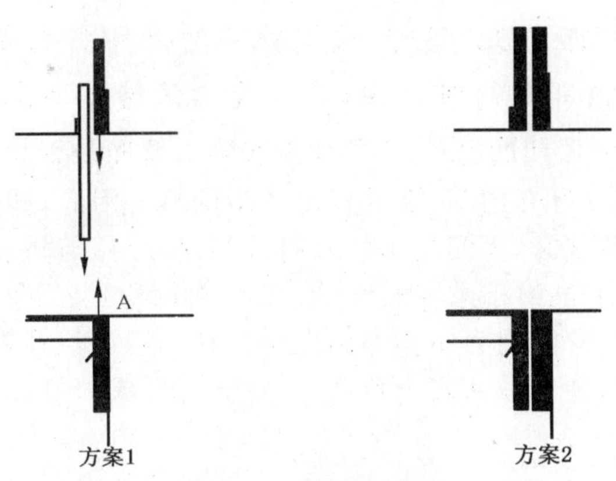

图 7-10 垂直滑动门

解读 垂直滑动门大多用在开门宽度较大的载货电梯及汽车梯，服务梯中常用手动的垂直滑动门。按 a)款规定，采用这种门的电梯，其操制方式只能是按钮控制。

7.5.2.3 其他型式的门

在采用其他型式的动力驱动门，如旋转门，当开门或关门有碰撞使用者的危险时，应采取类似动力驱动滑动门规定的保护措施。

解读 在客流较少、建筑空间受限制的场合，可以使用旋转门，如果是动力驱动的门，则 7.5.2.1.1 条的规定同样适用。

7.6 局部照明和"轿厢在此"信号灯

7.6.1 局部照明

在层门附近，层站上的自然或人工照明在地面上的照度至少为 50 lx，以便使用者在打开层门进入轿厢时，即使轿厢照明发生故障，也能看清其前面的区域(见 0.2.5)。

7.6.2 "轿厢在此"指示

如果层门是手动开启的，使用人员在开门前，必须能知道轿厢是否在那里。为此应安装下列之一：

a) 符合下列全部条件的一个或几个透明窥视窗：

1) 除冲击摆试验外，还应满足 7.2.3.1 规定的机械强度；

2) 最小厚度为 6 mm；

3) 每扇层门装玻璃的面积不小于 0.15 m^2，每个窥视窗的面积不小于 0.01 m^2；

4) 宽度至少为 60 mm，最大为 150 mm。宽度超过 80 mm 的窥视窗其下沿距地面应不小于 1 m。

b）一个发光的“轿厢在此”信号，它只能当轿厢即将在或已经停在特定的楼层时燃亮。在轿厢留在那里的时间内，该信号应保持燃亮。

解读 对于手动打开层门的电梯，必须使乘客确认轿厢是否在此层，因为电梯轿厢不在当前层，而乘客又能擅自打开层门，那是相当危险的事。因此，即使是手动操作的层门，当轿厢不在该层的开锁区域时，层门是不能被打开的，即层门与轿厢（轿门）是有机械联锁的。“轿厢在此”的指示，起到警示乘客的作用。方法有两种，层门上开透明的窥视窗，或层站上有燃亮的信号指示。有的动力驱动的门在层门和轿门上均开设透明的窥视窗。如国外的住宅楼中的电梯。这主要是从安全角度，使轿厢内也成为可视空间，层站上的人能了解轿内人员的活动。

7.7 层门锁紧和闭合的检查

7.7.1 对坠落危险的保护

在正常运行时，应不能打开层门（或多扇层门中的任意一扇），除非轿厢在该层门的开锁区域内已停止或在停站位置。

开锁区域不应超过层站地面上下 0.2 m。

在用机械操作的轿门和层门同时动作的情况下，开锁区域可增加到不大于层站地面上下的 0.35 m。

解读 在电梯的事故中曾有多起开门走车，层门开着，但轿厢不在本层站位置而造成人员坠落事故。所以在正常情况下，电梯轿厢不在当前层站，本层是不能开门的。而且，即使在基站，为安全起见，电梯也只能“闭门候客”，不应“开门候客”。各国标准中规定的开锁区域距离有一定差异，如 ASME 规定为±254 mm（手动平层），±762 mm（自动平层）。USSR 规定为±150 mm。

7.7.2 对剪切的保护

7.7.2.1 除了 7.7.2.2 情况外，如果一个层门或多扇层门中的任何一扇门开着，应不能以正常操作方式启动或继续运行电梯，然而可以进行为轿厢运行的预备操作。

【CEN/TC 10/WG 1 解释，No. 196】

询问（1991-04-10）：安全规范的 7.7.2.2 a）和 14.2.1.2 允许在两种特殊情况下在开门情况下轿厢可以运行，第一种情况是在开锁区域内的再平层。

7.7.2.1 和 14.1.2.4 条禁止层门开着启动电梯，但可以进行为轿厢运行的预备操作。

这里不太清楚“预备操作”的含义是什么，因此我们提出如下的问题希望答复：

（1）当控制系统已经发出启动指令时，在安全链（safety chain）闭合之前，门关闭运行在任一位置，是否允许给制动器部分或全部上电[比较 7.7.2.2 a）]，再平层？

（2）如果允许的话，门在哪一个位置时可以给制动器上电？

（3）是否允许给提升电机上电（在安全链闭合之前）？

a）在启动方向以不超过限定的再平层速度[14.2.1.2 c)]启动轿厢的运行（如果安全链没有构成，轿厢将停止在开锁区域的末端）；

b）保持轿厢静止在层站的平层位置。

(4) 3 a)和 3 b)可以的话，门关闭在什么位置时提升电机可以上电？

答复(1991-08-02)：根据现在的标准内容可以得出下列答复：

(1) 安全链断开时不允许给制动器上电；

(2) ……；

(3) 安全链断开时不允许给提升电机上电；

(4) ……。

安全链闭合之前可能给制动器和/或提升电机上电，其必须的预防措施将在标准的下一版本中引入。

7.7.2.2 下列区域内，允许开门运行：

a）在开锁区域内，如果满足 14.2.1.2 的要求，允许在相应的楼层高度处进行平层和再平层。

b）如果满足 8.4.3、8.14 和 14.2.1.5 的要求，允许在层站向上延伸到高度不大于 1.65 m 的区域内，进行轿厢的装卸货物操作，并且：

1）层门的上门框与轿厢地面之间的净高度在任何位置时均不得小于 2 m；

2）无论轿厢在此区域内的任何位置，必须有可能不经特殊操作使层门完全关闭。

解读 本条规定了开门运行的两个条件，即平层和再平层以及对接装卸。"平层或再平层"包括自动再平层(蠕动)和手动再平层(点动)。

b）款规定的是对接装卸的工况。如图 7-11 所示。

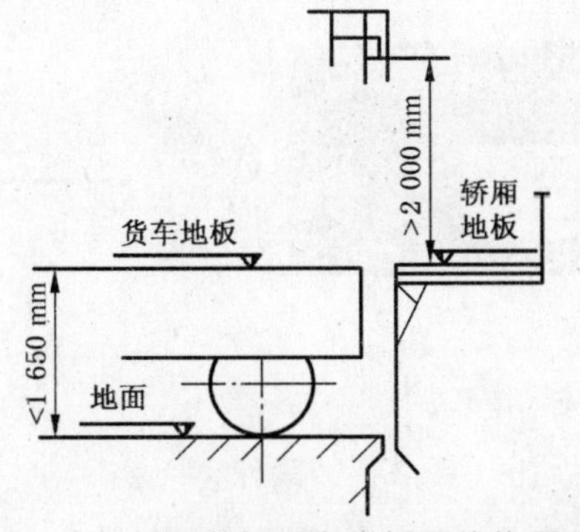

图 7-11 对接装卸操作时轿厢的位置图

7.7.3 锁紧和紧急开锁

每扇层门应设置符合 7.7.1 要求的锁闭装置，这个装置应有防止故意滥用的保护。

【CEN/TC 10/WG 1 解释,No. 222】

询问(1993-06-01):对手推旋转门的锁闭装置只要符合 EN 81-1 和 EN 81-2,按标准提供闭合位置的确认和正确的安装,就是安全的,这一点已很清楚。

我们认为,上述锁闭装置的认证包括锁闭装置和证实锁闭位置的装置这两部分的评价。为此,为了承认认证书的符合性,后者必须是锁闭装置的一部分,这样的解释对否?

答复(1993-01-04):不对。无论如何,申请者应提供所有部件给实验室,以便按照 F1 规定的型式试验规程进行试验。

【CEN/TC 10/WG 1 解释,No. 227】

询问(1994-01-18):某些层门、轿门自动联动的结构,安全电路打开后,使电梯停止运行,轿门自动打开。这种情况有可能轿厢在开锁区域外时发生。这时直接易接近的层门锁闭装置可能招致乘客试图打开层门,这个动作可能有危险的结果。

我们考虑这样的设计配置是不符合 7.7.3 的第二句话的,因为这种锁闭装置没有防止滥用的保护。问题:

(1) 上述我们的解释正确否?如果正确,电气原理图应设计成轿门在开锁区域外自动打开是不可能的。

(2) 我们的解释正确否?

答复(1994-05-18):(1)是正确的;(2)是正确的。

7.7.3.1 门锁

轿厢运动前应将层门有效地锁紧在关闭位置上,但层门锁紧之前,可以进行为轿厢运行的准备操作,层门锁紧必须由一个符合 14.1.2 要求的电气安全装置来证实。

7.7.3.1.1 轿厢应在锁紧元件啮合不小于 7 mm 时才能启动,见图 3。

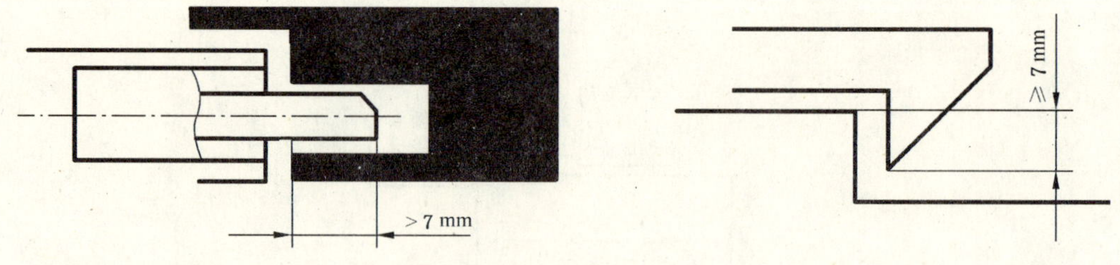

图 3 锁紧元件示例

7.7.3.1.2 证实门扇锁闭状态的电气安全装置的元件,应由锁闭元件强制操作,没有任何中间机构,锁紧元件应能防止误动作,必要时可以调节。

特殊情况:安装在潮湿或易爆炸环境中需要对危险作特殊保护的门锁装置,其连接只能是刚性的,验证处于锁紧状态的机械锁和电气安全装置元件之间的连接只能通过故意损坏锁闭装置才会被断开。

解读 “没有中间机构”是指可动锁钩连接的导电件应与电气触点在门锁闭合后直接接触。这样避免了中间机构的故障而导致门锁失效。

7.7.3.1.3 对铰链门，锁紧应尽可能接近门的垂直闭合边缘处。即使在门下垂时，也能保持正常。

7.7.3.1.4 锁紧元件及其附件应是耐冲击的，应用金属制造或加固。

7.7.3.1.5 锁紧元件的啮合应能满足在朝着开门方向作用 300 N 力的情况下，不降低锁住的效能。

解读 假定一个人在层站上用手扒门，在开门方向施加 300 N 的力，门锁应仍然是有效锁紧。

7.7.3.1.6 在进行附录 F1 规定的试验期间，门锁应能承受一个沿开门方向，并作用在锁高度处的最小为下述规定值的力，门锁应无永久变形：

a) 在滑动门的情况下为 1 000 N；

b) 在铰链门的情况下，在锁销上为 3 000 N。

7.7.3.1.7 应由重力、永久磁铁或弹簧来产生和保持锁紧动作。弹簧应在压缩下作用，且应有导向，开锁时，弹簧不会被压实并圈。

即使永久磁铁（或弹簧）不再能保持其功能时，重力也不应导致开锁。

如果锁紧元件是通过永久磁铁的作用保持其锁紧位置，则一种简单方法（如加热或冲击）不应使其失效。

解读 图 7-12a)所示的是错误的结构设计，因为永久磁铁一旦失效，由锁钩的重力作用而导致开锁。即使不用永久磁铁，换弹簧，也是不可取的。图 7-12b)是正确的结构设计。

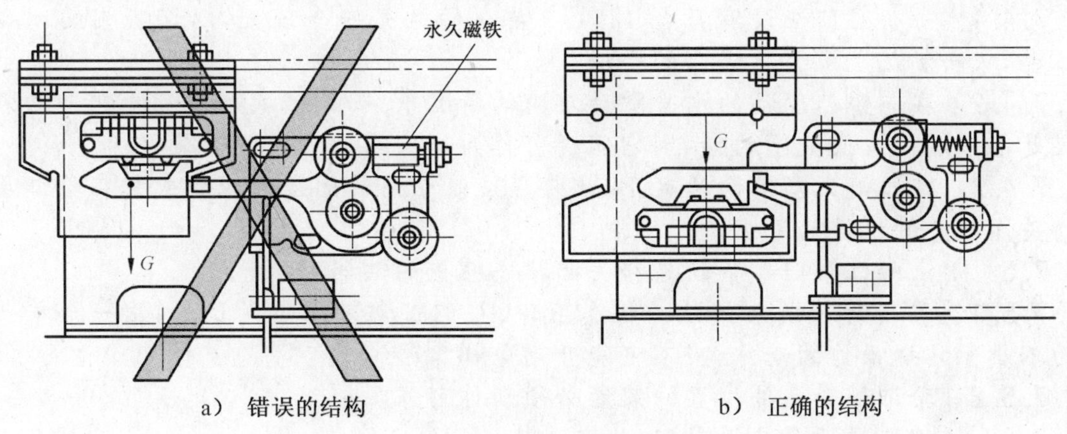

a） 错误的结构　　b） 正确的结构

图 7-12 层门锁闭装置

7.7.3.1.8 门锁紧装置应有保护，以避免可能妨碍正常功能的积尘危险。

7.7.3.1.9 应易于检查工作部件，例如可使用一块透明板以利观察。

解读 大多电梯制造商在设计时均有门锁装置的防尘保护装置，但在维修工作中，维保人员嫌麻烦，经常将其拆除。这是不可取的。

7.7.3.1.10 当门锁触点放在盒中时，盒盖的螺钉应为不可脱落式的，这样在打开盒盖时，它们仍留在盒或盖的孔中。

7.7.3.2 紧急开锁

每个层门均应能从外面借助于一个与附录B中规定的开锁三角孔相配的钥匙将门开启。

这样的钥匙应只交给一个负责人员。钥匙应带有书面说明，详述必须采取的预防措施，以防开锁后因未能有效地重新锁上可能引起的事故。

在一次紧急开锁以后，锁闭装置在层门闭合下，不应保持开锁位置。

在轿门驱动层门的情况下，当轿厢在开锁区域之外时，如层门无论因为任何原因而开启，则应有一种装置（重块或弹簧）能确保该层门自动关闭。

解读 开启层门的三角钥匙是不能随便给人的，必须由专人负责。由于缺乏了解三角钥匙开层门应注意的常识而导致开锁人员掉入井道的事故时有发生。这点应引起电梯的业主及管理者的特别重视。

三角钥匙说明书上应详述如何开锁，开锁人站立位置（注意人的重心），确认锁钩的复位，开锁后确保层门关闭并处于锁紧位置等。

用重锤或弹簧（拉簧或盘簧）确保层门自动关闭的装置，又称强迫关门装置，动力驱动的门必须配置。

7.7.3.3 锁闭装置被认为是安全部件，应按F1要求验证。

7.7.4 证实层门闭合的电气装置

7.7.4.1 每个层门应设有符合14.1.2要求的电气安全装置，以证实它的闭合位置，从而满足7.7.2所提出的要求。

7.7.4.2 在与轿门联动的水平滑动层门的情况中，如果证实层门锁紧状态的装置是依赖层门有效关闭的话，则它同样可作为证实层门锁紧的装置。

7.7.4.3 在铰链式层门的情况下，此装置应装于门的闭合边缘处或装在验证层门关闭状态的机械装置上。

7.7.5 用来验证层门锁紧状态和关闭状态装置的共同要求

7.7.5.1 在门打开或未锁住的状态下，从人们正常可接近的位置，用一个单一的不属于常规操作的动作，应不可能开动电梯。

7.7.5.2 验证锁紧元件位置的装置必须动作可靠。

7.7.6 机械连接的多扇滑动门

【CEN/TC 10/WG 1 解释，No. 99】

询问（1983-01-03）：

a）一般门扇之间的连接方式：

——直接固定的连接（如伸缩式结构）；

——直接在行程的末端连接(如钩联);

——间接连接(如绳索)。

它们都应能承受 7.7.3.1.6 所述的 1 000 N 的力,甚至能承受同时作用 7.2.3 所述的 300 N 的力。这似乎是合乎逻辑的,因为连接件是锁闭装置的一部分。

b)另外一种考虑,这种连接的设计基于 8.7.2.1.1 所述的 150 N 力,再规定安全系数。假如这样的话,应采用哪一种方法?

然而注意到,150 N 作用在 a)所述的反方向,且并不都是在行程的末端钩联。

答复(1983-04-19):对 a)和 b):根据 F1.3.1,门扇之间的连接件考虑为锁闭装置的一部分。因此,F1.2.2.2 的静态试验和 F1.2.2.3 动态试验也适用于门的这些连接件。

7.7.6.1 如果滑动门由数个直接机械连接的门扇组成,允许:

a) 7.7.4.1 或 7.7.4.2 要求的装置装在一个门扇上;

b) 对折叠门,若只锁紧一扇门,则这扇门的单独锁紧能防止其他门扇的打开,使它们钩联在闭合位置。

7.7.6.2 如果滑动门是由数个间接机械连接(如绳、带或链)的门扇组成,允许只锁一扇门,其条件是,这个门扇单独的锁紧将防止其他门扇的打开,且这些门扇均未装设手柄。未被锁住的其他门扇的闭合位置应由一个符合 14.1.2 要求的电气安全装置来证实。

【CEN/TC 10/WG 1 解释,No. 100】

询问(1983-01-03):

a) 一个折叠门的每扇门板的回折构成密封式结构,当门在关闭位置时快门和慢门钩联,这种型式可以考虑为子条款意义上的“直接机械连接”方式吗?

b) 是否认可一种简单的钩联,其方式是,实施在门扇一个或几个确定的点上钩联?

c) 这样的连接是同时承受 7.7.3.1.6 所述的 1 000 N 的力和 7.2.3.1 所述的 300 N 力,还是仅承受 7.2.3.2 所述的 150 N 的力?

答复(1983-04-19):a)是的;b)认可;c)见 No. 99 解释文件。

解读 这里“直接机械连接”指门扇之间用杠杆、连杆等机械部件直接连接门扇。“间接机械连接”指用钢丝绳、皮带或传动链等连接门扇。显然直接机械连接比间接机械连接更安全。间接连接的门扇中,一般将带门锁装置的那个门扇称为主动门,其他称为被动门,这些被动门均应装设一个电气安全装置(也称被动门电气安全触点)来证实门扇的闭合位置。

7.8 动力驱动的自动门的关闭

正常操作中,若电梯轿厢没有运行指令,根据所用电梯客流量确定的必要的一段时间后,动力驱动的自动层门应被关闭。

解读 集选自动控制的电梯,在停站后的一定时间内,若无运行指令,则应“关门候客”,不宜长时间开门待客。一般这一段时间最多为几十秒钟。

8 轿厢、对重和平衡重

解读　在曳引电梯中，轿厢和对重悬挂于曳引轮两侧。轿厢是运送乘客或货物的承载部件，也是乘客直接感受乘座舒适性的电梯结构部分。为保持电梯的曳引能力，必须使用对重。对强制式驱动和液压驱动的电梯，有时采用平衡重来平衡全部或部分轿厢的自重，达到节能的效果。

8.1　轿厢高度

8.1.1　轿厢内的净高度应不小于2.0m。

【CEN/TC 10/WG 1 解释，No. 140】

询问(1987-04-08)：我们的问题主要集中在电梯和服务电梯的内净高度上。8.1.1 要求客、货电梯轿厢内净高度至少 2.0 m，服务电梯的定义(译注：1985 版的条款 3)中规定内净高度不大于 1.2 m，问题：

(1) 这两条的组合可以得出这样的结论，一个固定式提升设备轿厢的内净高度应不大于 1.2 m 或不小于 2.0 m，这样的解释对吗？

(2) 对一台主要运送货物(不载人)的固定式提升设备，货物的加载和卸载由高度为 1.6 m 的滚轮车(或高度在 1.2 m 和 1.8 m 之间)完成。那么轿厢的内净高度也必须要遵守至少是 2.0 m 的要求吗？

(3) 只运货物(不载人)的固定式提升设备在轿厢中也必须安装带有层楼登记指令按钮的操作箱吗？

(4) 如果问题(3)是否定的话，那允许在层站上安装指令按钮箱和显示按钮吗？

答复(1989-02-08)：问题(1)答复是对的。问题(2)答复是对的。本标准的第 1 章中已叙述了运货以外电梯的适用范围，规定了允许有人进入轿厢的结构和尺寸，允许人进入轿厢的电梯就归类为电梯(Lift)而不是服务电梯(Service lift)。问题(3)：答复是对的。

解读　轿厢内净高度是指从轿门地坎至轿厢内顶部最低部件(如灯具、电扇、装饰顶等)的垂直距离。

8.1.2　使用者正常出入轿厢入口的净高度应不小于 2 m。

解读　轿厢入口净高度是指轿门地坎与轿厢门楣之间的垂直距离。

8.2　轿厢的有效面积、额定载重量、乘客人数

8.2.1　一般规定

为防止由于人员超载，轿厢的有效面积应予以限制。为此额定载重量和最

大有效面积之间的关系见表1.1。

对轿厢的凹进和凸出部分，不管高度是否小于1 m，也不管是否有单独门保护，在计算轿厢最大有效面积时均应计入。

当门关闭时，轿厢在入口的任何有效面积也应计入。

此外，轿厢的超载还应由符合14.2.5要求的装置来监控。

表1.1

额定载重量/kg	轿厢最大有效面积/m^2	额定载重量/kg	轿厢最大有效面积/m^2
100[a]	0.37	900	2.20
180[b]	0.58	975	2.35
225	0.70	1 000	2.40
300	0.90	1 050	2.50
375	1.10	1 125	2.65
400	1.17	1 200	2.80
450	1.30	1 250	2.90
525	1.45	1 275	2.95
600	1.60	1 350	3.10
630	1.66	1 425	3.25
675	1.75	1 500	3.40
750	1.90	1 600	3.56
800	2.00	2 000	4.20
825	2.05	2 500[c]	5.00

a　一人电梯的最小值。

b　二人电梯的最小值。

c　额定载重超过2 500 kg时，每增加100 kg，面积增加0.16 m^2。对中间的载重量，其面积由线性插值决定

【CEN/TC 10/WG 1解释，No. 131】

询问(1986-12-10)：8.2.1的表1.1的注(译注：指1985版，1998版已改成正文条款)要求对轿厢的凹进和凸出部分，均应计算在轿厢最大有效面积内。在这种情况中，凹进和凸出部分的高度应不大于1.20 m(1985版的条款3中定义的杂物电梯，禁止人进入的高度)。

这是总的轿厢面积吗？或者，这仅仅是计算人可站立没有凹进和凸出部分的面积吗？哪一个用于确定乘客的人数？

另一种情况，对凹进和凸出部分的高度大于1.20 m，且与轿厢地板面不一样平(如高一点)：这些凹进和凸出部分的面积是否应该计入最大有效面积，然后用于确定额定载荷和乘客的人数？

答复(1988-01-26)：

(1) 根据1978版标准的表8.2.1的注，凹进和凸出部分的高度即使小于1.0 m，无论

是否有分隔门保护，均应计算在最大有效面积内。电梯的额定载荷按照最大有效面积定。这要求的目的是为了避免在凹进和凸出部分也许站人而使电梯超载。为此可以得出这样的结论，本身不能站人的凹进和凸出部分可以不计算在最大有效面积内(如电话挂壁处或折叠座位处)。乘客人数的确定，以额定载荷(kg)除于 75 向下圆整至整数。如果最大有效面积对应的载荷超过了额定载荷的 15%，应按正常使用时人占有的轿厢面积，再按表 1 确定载荷。这后者的面积也用于确定最大允许的人数。

(2) 根据 1985 版的 8.2.1 的注，凹进和凸出部分的高度即使小于 1.0 m，无论是否有分隔门保护，均应计算在最大有效面积内。电梯的额定载荷应按最大有效面积确定。目的是为了避免挤入凹进和凸出区域的附加人员而超载。因而可以得出：不能容人的凹进和凸出空间可不必计算在最大有效面积内(如电话挂壁处或折叠座位处)。

对额定载客人数的确定，只考虑正常使用中乘客在轿内占有的面积，而不考虑凹进和凸出的部分，即使这部分已经计入轿厢的最大有效面积内。

【CEN/TC 10/WG 1 解释，No. 191】

询问(1990-11-22)：计算轿厢有效面积时，是仅考虑轿厢的内净尺寸呢，还是要加上入口的门框架区域？即按图 8-3 计算有效面积的公式是：(1) $S=A\times B$，还是：(2) $S=A\times B+E\times L$ 呢？

答复(1991-03-22)：本标准讲的面积是指电梯运行中对乘客和货物可利用的面积。显然用公式(2)$S=A\times B+E\times L$。

【CEN/TC10/WG1 解释，No. 544】

询问：prEN 81-70 推荐的 450 kg 电梯的尺寸为 1 000 mm×1 250 mm。在有些情况下(与门的设计有关)包括地坎区域一起计入的总面积将超过 EN 81-1 的表 1.1 所述的最大容许值。为了允许运送 ISO 制定的 700 mm×1 200 mm 的轮椅车，选择 450 kg 电梯的尺寸。

我们假定，EN 81-1 中要求是合理的，客梯不会有人员超载，因为规定了轿厢底板面积，避免了电梯的超员。

——如果这个假定是正确的，那么一定可以避免比允许载客数多的人进入；

——其次允许有少量多余的面积，只要小于一个人所要求的面积；

——EN 81-1 中给出的一个人的最小面积是 0.115 m^2。

同时还必须注意到 EN 81-1 中要求有超载保护。请问我们的解释是否正确？

答复(2001-12-14)：不正确的。确定面积和载荷的方法在 EN 81-1 中有明确的规定。

解读 为防止轿厢的乘客超员引起事故，轿厢的有效面积必须予以限制。各国的规范中对轿厢的有效面积都有一定的限制条款。额定载重量与乘客人数、轿厢有效面积之间有一定的约束关系。额定载重量越大，容许乘客人数也越多。一般一个人站立不碰人的面积大约是 0.28 m^2，比较拥挤的每人所占面积约 0.19 m^2，如果是互相贴身的状况，则每人的面积只有 0.14 m^2，所以乘客宽松的空间变成拥挤的空间，其人数可以增加一倍多。

表 1.1 是本标准给出的额定载重量与轿厢最大有效面积之间的关系。

表 1.2 是本标准给出的是乘客人数与轿厢最小有效面积之间的关系。

CEN 规定计算轿厢有效面积时，是计算门关闭后包括入口处在内的任何有效面积，见

图 8-1 所示的阴影面积。而且轿厢内尺寸计算时是从装饰板的面开始测量的，见图 8-2。而 ISO 规定，在计算轿厢有效面积时，按图 8-3 所示的 A×B 方法计算。

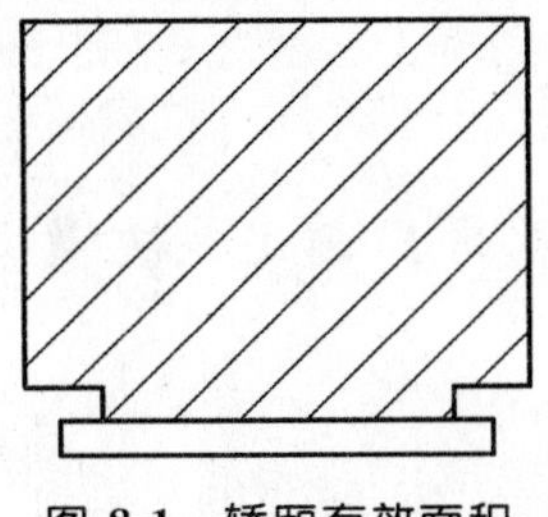

图 8-1 轿厢有效面积

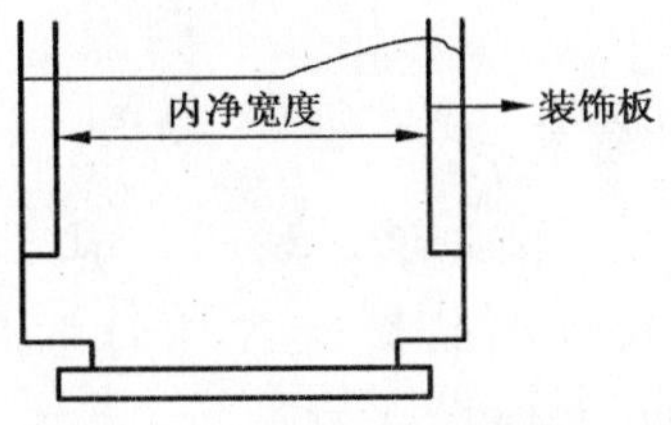

图 8-2 轿厢内净尺寸计算

我国的 GB 7588—2003 在等效采用 1998 版标准时，在 8.2.1 中增加了"为了允许轿厢设计的改变，对表 1.1 所列各额定载重量对应的轿厢最大有效面积允许增加不大于表列值 5%的面积"的内容。

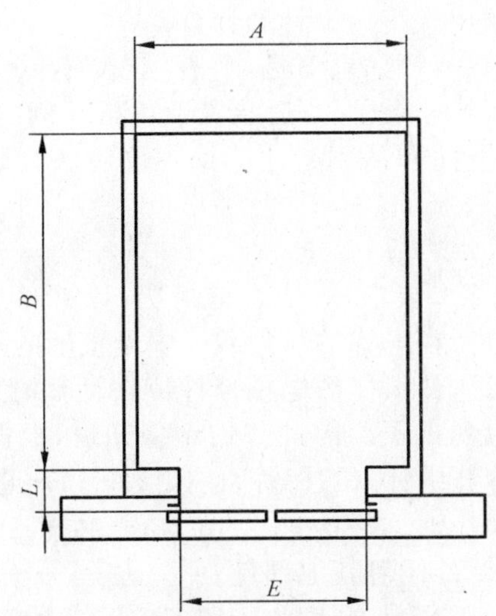

图 8-3 轿厢内净面积的尺寸标注

按 CEN 的规定，似乎轿厢的有效面积没有例外，也没有允差。其实本标准中的轿厢有效面积规定值的允差事实上是有的(4.3%)。何以见得？

按表 1.1，每增加 100 kg，可增面积 0.16 m^2，则增加一个人(75 kg)的面积为 0.12 m^2，按表 1.2 每增加一个人，可增加 0.115 m^2，两者相比的字数是 1.043，也即默认有 4.3%的面积误差。

由于本标准中规定的曳引机制动器的制停能力及钢丝绳与曳引轮的曳引能力都是按超载 25%设计计算，所以这一点超载可忽略不计。

另外，还有一个额定载重与乘客人数的标称问题。如按表 1.1 和表 1.2，对额定载重为 1 600 kg 的电梯，其轿厢有效面积可以在 3.245 m^2～3.560 m^2 之间，取小的轿厢面积，则井道面积也相应小，额定载重量为 1 750 kg 的电梯，其轿厢有效面积可以在 3.475 m^2～3.80 m^2之间，取大的轿厢面积，则允许的客流量也大。因此，对于一个有 3.56 m^2 有效面积的轿厢，其电梯可以标称是 1 600 kg/21 人(额定载重量/允许载客人数)，又可以标称 1 750 kg/23 人。尽管这样的标称并未违反标准规定，但信誉度好的电梯制造商一般不取有效面积的下限值来标称额定载重量的上限值。大多情况，乘客人数是用于电梯交通流量的计算，额定载重量是电梯的主参数，是合同认定的参数。

8.2.2 货客梯

8.2.1 的要求应适用。此外，设计计算时不仅要考虑额定载重量，还要考虑可能进入轿厢的搬运装置的重量。

【CEN/TC 10/WG 1 解释，No.63】

询问(1983-01-03)：额定载荷定义为制造电梯设备时确定的载荷，由卖主担保能正常运行的载荷。因此以我们的观点，8.2.2 说的额定载荷应该等于运送货物的重量再加可以进入轿厢的搬运装置的重量。

然而，我们有些怀疑，因为，如果我们的理解是对的，那不必做附加的计算(考虑搬运装置的重量)。电梯将按这个额定载荷做设计和计算。

解释委员会是同样的观点吗？如果不是，术语“带载”(the carried load)含义是什么？

答复(1983-04-19)：按标准的原意，搬运装置不包括在额定载荷中的。实际也说明，这样处理方法也导致了电梯制造商和使用者之间的不同看法。因此本条款在下版修订时再考虑。

【CEN/TC 10/WG 1 解释，No.206】

询问(1991-10-03)：按 8.2.2 要求，对货客梯情况，计算时必须考虑可能进入轿厢的搬运装置的重量(搬运装置不包括在电梯的额定载荷中是正确的)。

上述条款提得还是很宽泛，什么样的电梯部件应在计算时计入？在 EN 81-2 的 8.2.3 条款中，有影响的部件清楚地列出了。因此我们希望知道，根据额定载荷加搬运装置的重量，下列哪些项目应在设计计算中计入：1. 轿厢围封；2. 轿厢悬吊件；3. 绳及附件(如考虑的话，适用的安全系数为多大?)；4. 安全钳；5. 导轨；6. 主机、滑轮的副轴和其他轴；7. 制动器；8. 曳引机；9. 缓冲器；10. 任何其他部件。

答复(1993-01-20)：(1) EN 81-1 的 8.2.2 和 EN 81-2 的 8.2.3 处理的不是同一类问题；(2) 在形成这两个标准时，这是有意留给制造商要考虑的问题，他们应根据 EN 81-1 的 8.2.2 和 EN 81-2 的 8.2.3 所述的加载和卸载条件设计部件。

解读 “货客梯”(Goods Passenger Lift)实际上是载货电梯，在 GB 7588 中均改为载货电梯。

GB 7588—2003 版在等效本条款时，对载货电梯的轿厢有效面积超出表 1.1 规定值时，作了如下的补充修订：

“为了防止不可排除的人员乘用可能发生的超载，轿厢面积应予以限制。通常，额定载重量和轿厢最大有效面积的关系也应按照表 1 的规定。

特殊情况，为了满足使用要求而难以同时符合表 1 规定的载货电梯，在其安全受到有效控制的条件下，轿厢面积可超出表 1 的规定。”

这里“有效控制”的含义是指：

a) 电梯设计计算应考虑轿厢实际载重量达到了轿厢面积按表 1.1 规定所对应的额定载重量的情况下，电梯各相关受力部件(如曳引钢丝绳及端接装置、曳引轮轴、曳引机轮齿、制动器、轿厢及轿架等)有足够的强度和刚度，钢丝绳和曳引轮之间不打滑，安全钳、缓冲器能满足使用要求。

b) 轿厢超载应由符合 14.2.5 要求的装置监控；

c) 应在层站装卸区域总可见的位置上设置标志，表明该载货电梯的额定载重量(见 15.5.3)；

d) 应专用于运送轻质货物，其体积可保证在装满轿厢情况下，该货物的总质量不会超过额定载重量；

e) 电梯有专职司机操作，并严格限人员进入。

以上 a)、b)、c)由电梯制造商负责；d)、e)由电梯用户负责。

同时对于上述特殊情况所指的载货电梯的交付使用前的检验，还应分别按附录 D(标准的附录)的 D2 h)做曳引检查；按 D2 j)做安全钳检验以及按 D2 l)做缓冲器的检验。

此外，载货电梯设计计算时不仅要考虑额定载重量，还要考虑可能进入轿厢的搬运装置的质量。

专供批准的且受过训练的使用者使用的非商用汽车电梯，额定载重量应按单位轿厢有效面积不小于 200 kg/m² 计算。

这里提醒汽车电梯设计者，在标称额定载重时要慎重，如一个轿厢具有 12 m² 的有效面积，按本标准规定至少标称为 6 875 kg [按表 1.1 的规定计算，2500＋100×7/0.16＝6875(kg)]。如按 200 kg/m² 计，则只要标称 2 400 kg 即可。

在 1998 版的 EN 81-1 中去掉了非商用汽车电梯(non-commercial vehicle)的提法，CEN 准备专门起草一个关于汽车电梯的欧洲协调标准。

8.2.3 乘客数量

乘客人数应按下述方法获得：

a) 按公式$\frac{额定载重量}{75}$计算，结果向下圆整到最近的整数；或

b) 取表 1.2 中较小的数字。

表 1.2

乘客人数	轿厢最小有效面积/m²	乘客人数	轿厢最小有效面积/m²
1	0.28	11	1.87
2	0.49	12	2.01
3	0.60	13	2.15
4	0.79	14	2.29
5	0.98	15	2.43
6	1.17	16	2.57
7	1.31	17	2.71
8	1.45	18	2.85
9	1.59	19	2.99
10	1.73	20	3.13
注：乘客人数超过 20 人，每增加 1 个乘客，增加 0.115 m²。			

解读 各国电梯标准中关于一个人的质量的假设是各不相同的，如俄罗斯假设80 kg/人，CEN假设75 kg/人，CSA假设72.5 kg/人，日本假设65 kg/人，对一台额定载重量1 000 kg的电梯，相应标称的人数分别为12人、13人、14人和15人。据我国体育总局于2006年9月公布的第二次国民体质监测公报公布，我国成年男人的体重约为68 kg左右。据此，按我国成人体重计算，额定载重量1 000 kg的电梯标称15人为宜。建议我国的下版标准中应考虑适合我国国情的人体质量问题。

8.3 轿壁、轿厢的地板和轿顶

【CEN/TC 10/WG 1解释，No. 202】

询问(1991-06-24)：我们请求解答如下问题：

(1) 本标准是否允许轿厢用部分或全部木材制成？

(2) 如果允许的话，应遵循什么设计准则？

答复(1992-03-07)：(1) 允许的。(2) 应满足8.3的全部要求。

【CEN/TC 10/WG 1解释，No. 211】

询问(1992-07-16)：委员会能否说明一下，有些欧盟国家反对在轿厢中粘贴广告信息，如果可以粘贴的话，是否应该有所限制？

答复(1993-01-20)：本标准没有限制在轿厢中粘贴广告。然而如要做广告应满足下列条件：

——不能遮盖15.2的须知和操作说明；

——不能遮盖任何控制装置的操作；

——轿厢中的广告信息不易与15.2的须知和操作说明混淆；

——8.3.3的要求。

【CEN/TC 10/WG 1解释，No. 261】

询问(1995-10-26)：是否可以采用平板(如装饰板、镜子)作为无孔轿壁？如果可以，应满足什么要求？

答复(1997-01-07)：可以的。应满足8.3.2和8.3.3的要求(也见No. 211解释)。

8.3.1 轿厢应由轿壁、轿厢地板和轿顶完全封闭，只允许下列开口：

a) 使用者正常出入口；

b) 紧急活板门和其他门；

c) 通风口。

解读 紧急活板门(emergency trap doors)在GB 7588中译成轿厢安全窗。轿厢上、下部通风口有效面积应不小于轿厢有效面积的1%(见8.16.2)。

8.3.2 轿壁、轿厢地板和轿顶应具有足够的机械强度，包括轿厢架、导轨、轿壁、轿厢地板和轿顶的装配件须有足够的机械强度，以承受在电梯正常运行、安全钳

动作或轿厢撞击缓冲器时的作用力。

8.3.2.1　每个轿壁应有这样的强度：一个 300 N 的力，均匀地分布在 5 cm^2 的圆形或方形面积上，沿轿厢内向轿厢外方向垂直作用于轿壁的任何位置上，轿壁应：

a）无永久变形；

b）弹性变形应不大于 15 mm。

【CEN/TC 10/WG 1 解释，No. 24】

询问(1979-12-01)：面积“5 cm^2”是否应该是 25 cm^2。我们代表的意见这是排版错误，在起草标准时已讨论过了。

答复(1980-06-17)：面积 5 cm^2 不仅在 8.3.2.1 中，而且在 7.2.3 中也是这个值。此外，这不是排版错误。EN 81-1 开始讨论时，25 cm^2 曾出现在第一稿中，后改为 5 cm^2。因为 300 N 的力作用在 25 cm^2 上就变得没有意义了。

8.3.2.2　玻璃的轿厢壁应使用夹层玻璃，而且能承受附录 J 所述的冲击摆试验。

在试验后，轿壁的安全性能不应受影响。

距轿底 1.10 m 高度以下使用玻璃轿厢壁的，则应在 0.90 m 与 1.10 m 之间设置一个扶手，这个扶手的固定应与玻璃无关。

8.3.2.3　轿壁中的玻璃固定件应确保玻璃即使有沉陷时，也不会滑出固定件。

8.3.2.4　玻璃板上应有如下标记：

a）供应商的名称和商标；

b）玻璃的形式；

c）厚度(如：8/8/0.76 mm)。

8.3.2.5　轿顶应满足 8.13 的要求

8.3.3　轿壁、轿厢地板和顶板不得使用易燃或由于可能产生大量气体和烟雾而造成危险的材料制成。

8.4　护脚板

8.4.1　每个轿厢地坎上均须装设护脚板，其宽度应等于相应层站入口的整个净宽度。护脚板的垂直部分以下应成斜面向下延伸，斜面与水平面的夹角应大于 60°，该斜面在水平面上的投影深度不得小于 20 mm。

【CEN/TC 10/WG 1 解释，No. 193】

询问(1991-01-08)：如果允许 11.2.2 中的轿厢地坎与层站地坎之间的水平距离为 35 mm，这可能对持手杖的老年人或具有小轮子的服务小车或茶具小车均存在问题。

为了减小这个尺寸，有的借助护脚板，在地坎长度上加无障碍措施，使两地坎之间的距离小于 35 mm。如图 8-4a)所示。问题：

(1) 如图 8-4b)所示的允许吗？

(2) 如果允许的话，我们希望能指出是否尺寸 A 意味着在门区？

答复(1991-08-02)：(1) 允许的；(2) 高度 A 应足以满足 8.4.1 和 8.4.2 的要求。

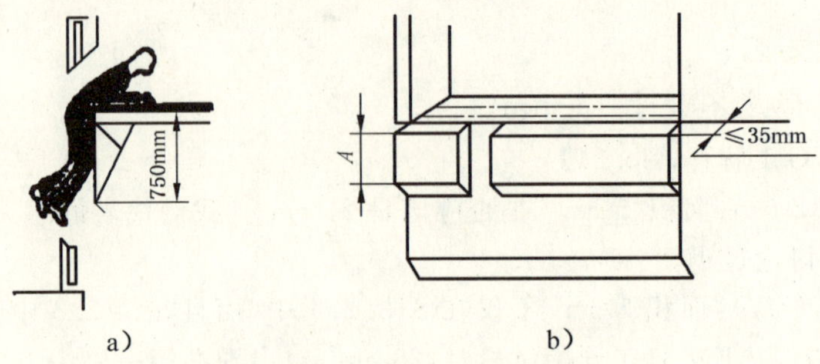

图 8-4　护脚板的设置要求

8.4.2　护脚板垂直部分的高度应不小于 0.75 m。

解读　轿厢护脚板是载人电梯必须设置的安全保护设施。护脚板正确的结构见图 8-5b)。有些特殊使用场合，护脚板下端的倾斜部分设计成自动调节型式，以满足特殊的浅底坑场合。

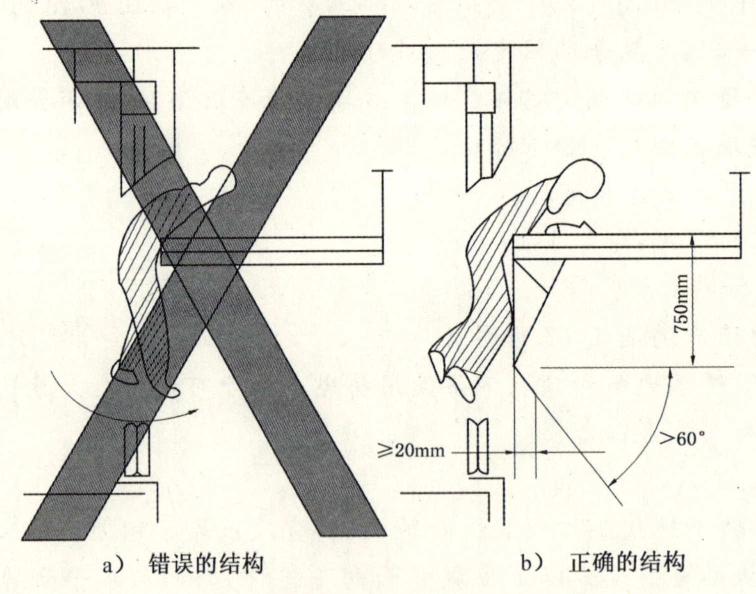

a)　错误的结构　　　b)　正确的结构

图 8-5　护脚板结构

8.4.3　对于采用对接操作的电梯(见 14.2.1.5)，其护脚板垂直部分的高度应是在轿厢处于最高装卸位置时，延伸到层门地坎以下不小于 0.10 m。

解读　图 8-6 是具有对接操作的电梯护脚板的结构要求。对接操作的电梯目前用得极少，在使用中的安全隐患较多，CEN 正准备在下版标准的修订时将取消对接装卸操作。

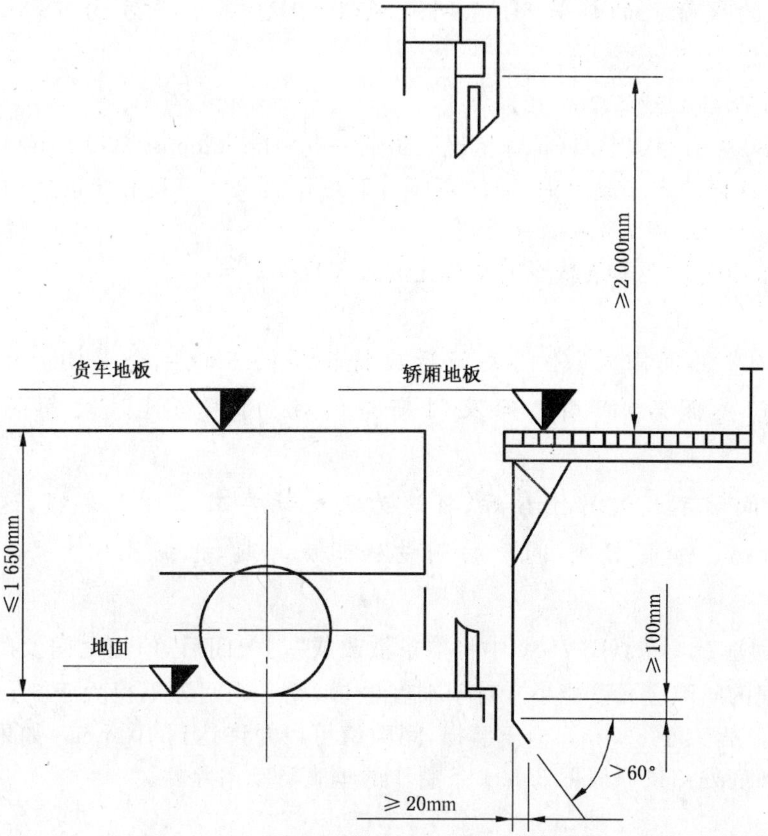

图 8-6 具有对接操作的电梯护脚板的结构

8.5 轿厢入口

轿厢入口应装设轿门。

解读 95/16/EEC 规定，电梯轿厢除了留有通风孔之外必须有全长的轿壁、轿厢地板、轿顶和轿门完成封闭。因此，本版取消了 1985 版中对货客梯可允许不设轿门的条款。我国几乎没有无轿门电梯。在欧洲也只有德国、法国、瑞士和荷兰允许无轿门电梯。据欧洲统计，无轿门电梯，每年 1 000 台有 0.3 人的事故报告。虽然这个数字并不高，但主要涉及小孩，而且都是严重的伤害，甚至是致命的事故。因此德国和法国 20 世纪 80 年代就开始敦促已有的无轿门电梯加装轿门。事实上在欧盟的成员国中，在当时讨论 EN 81-1:85 版的无轿门条款时，也只有芬兰和比利时的代表赞同无轿门的电梯。

8.6 轿门

解读 轿门和层门的要求基本类同，可参见层门部分。

8.6.1 轿门应是无孔的，只有货客梯可以采用向上开启的垂直滑动门，这种门可以是网状的或带孔的板状形式，网或板孔的尺寸，水平方向不得大于10 mm，垂直方向不得大于60 mm。

【CEN/TC 10/WG 1 解释，No. 32】

询问(1980-05-13)：8.6.1(特殊情况)：最后一句"the dimensions of the mesh shall not exceed..."。这样的定义成了钢丝网的间距，不是孔的尺寸。我们建议这句话应改成"the holes in the mesh shall not exceed..."。

答复(1980-06-17)：本条款原定义是孔的最大尺寸。

8.6.2 除必要的间隙外，轿门关闭后应将轿厢的入口完全封闭。

8.6.3 当门关闭后，门扇之间及门扇与门柱、门楣与地坎之间的间隙应尽可能小。

当运行间隙不超过6 mm时，可认为满足此要求。由于磨损，这个值可以容许达到10 mm。如有凹处，间隙的测量从凹底算起，根据8.6.1条制作的垂直滑动门除外。

解读 对应7.1条，GB 7588中将本条款改成"门关闭后，门扇之间及门扇与门柱、门楣和地坎之间的间隙应尽可能小。对于乘客电梯，此运动间隙不得大于6 mm。对于载货电梯，此间隙不得大于8 mm。由于磨损，间隙值可以允许达到10 mm。如果有凹进部分，上述间隙从凹底处测量。根据8.6.1条制作的垂直滑动门除外。"

8.6.4 对于铰链门，为防止其摆动到轿厢外面，须设撞击限位挡块。

8.6.5 如果层门有窥视窗[见7.6.2.a)]，则轿门也应设窥视窗。如果轿门是自动门且当轿厢停在层站平层位置时，轿门保持在开启位置，则轿门可不设窥视窗。

设置的窥视窗应满足7.6.2a)的要求，当轿厢在层站平层时，层门和轿门的窥视窗位置应对齐。

8.6.6 地坎、导轨和门悬挂机构

轿门的地坎、导轨和门悬挂机构应遵循7.4的有关的规定。

8.6.7 机械强度

8.6.7.1 处于关闭位置的轿门，应具有这样的机械强度：用300 N的力，沿轿厢内向轿厢外方向垂直作用在一个门扇的任何位置，且该力均匀的分布在5 cm^2的圆形或方形的面积上，轿门应能：

a) 无永久变形；

b) 弹性变形不大于15 mm；

c）试验过程中和试验后门的安全功能不受影响。

8.6.7.2 玻璃制作的门应固定住，在本标准规定的力作用下应不会损坏玻璃的固定件。

玻璃大于7.6.2所述尺寸的玻璃门应使用夹层玻璃，且应能承受附录J规定的冲击摆试验。试验后门的安全功能应不受影响。

8.6.7.3 玻璃门的固定件应保证玻璃即使有沉陷时，也不会使玻璃滑出固定件。

8.6.7.4 玻璃门扇上应有如下标记：

a）供应商的名称和商标；

b）玻璃的形式；

c）厚度（如：8/8/0.76 mm）。

8.6.7.5 为避免拖拽孩子的手，玻璃尺寸大于7.6.2所述的动力驱动的自动水平滑动门，应该采取措施，使危险降至最小，例如：

a）减少玻璃和手之间的摩擦系数；

b）使玻璃不透明部分达到1.10m的高度；

c）能感知手指的出现；或

d）其他等效方法。

8.7 轿门运行期间的保护

8.7.1 通则

轿门及其四周设计应尽可能减少由于夹住人、衣服或其他物体而造成损坏或伤害的危险。

为避免运行中发生剪切的危险，动力驱动的自动滑动门轿厢侧的门表面不得有大于3 mm的任何凹进或凸出部分，其边缘在开门运行方向上应予以倒角。对8.6.1中所述的有孔门，不要求满足本条款。

8.7.2 动力驱动门

动力驱动门应尽量减少门扇撞击人的有害后果。为此应满足下列要求。

在轿门和层门联动的情况下，对联动门的机构，下列要求也应符合。

8.7.2.1 水平滑动门

8.7.2.1.1 动力驱动的自动门

8.7.2.1.1.1 阻止关门力不应大于150 N，这个力的测量不应在开始关门行程的1/3之内进行。

8.7.2.1.1.2 轿门及其刚性连接的机械零件的动能，在平均关门速度下测量或计算时，应不超过10 J。

滑动门的平均关门速度是按门的全行程计算，但减去以下数字：

a) 对中分门情况，在行程末端减去 25 mm；

b) 对旁开门情况，在行程末端减去 50 mm。

8.7.2.1.1.3 在轿门关闭运行期间，如有人穿过门口而被门撞击，或即将被撞击时，一个保护装置应自动地使门重新开启。这个保护装置的作用可以在每个门扇最后 50 mm 的行程中被消除。

对于这样的一个系统，即在一个预定的时间后，它使保护装置失效以抵制关门时的持续阻碍，则门扇在保护装置失效下运行时，8.7.2.1.2 规定的动能应不超过 4 J。

【CEN/TC 10/WG 1 解释，No. 180】

询问(1989-11-24)：最近我们碰到了这样一个问题，我们对供应商提出，轿厢的自动折叠门，要有本条要求的门保护装置。但供应商告诉我们，保护装置是不需要的，因为轿门是在井道门关闭之后才关闭的。根据 EN 81-1 对门保护装置的要求："在门关闭运行期间，如有人穿过门口而被门撞击，或即将被撞击时，一个保护装置应自动地使门重新开启。"我们想知道委员会对这段话的解释，你们是否认为这种自动折叠轿门不需要保护装置？

答复(1990-10-03)：即使在折叠轿门开始关闭之前层门已关闭，8.7.2.1.1.3 要求的保护装置还是必需的。

8.7.2.1.1.4 阻止折叠门开启所需的力应不大于 150 N。这个力测量应在门折叠过程中进行，即折叠门扇的相邻外缘间距或等效件(如门框)距离为100 mm时进行。

8.7.2.1.1.5 如果折叠门是进入一个凹口内的，则折叠门的任何外缘和凹口交叠的距离应至少是 15 mm。

8.7.2.1.2 动力驱动的非自动门

由使用人员连续控制和监视，通过持续揿压按钮或类似方法(如持续操作运行控制方式)关闭门时，当 7.5.2.1.1.2 计算或测量的动能超过 10 J 时，最快门扇的平均关闭速度应不大于 0.3 m/s。

8.7.2.2 垂直滑动门

这种形式的门只能使用于货客梯。

只有同时满足下列四种条件时，才能采用动力关闭的门：

a) 是在使用者监视和持续控制下关门；

b) 门扇的平均关闭速度不大于 0.3 m/s；

c) 轿门是按 8.6.1 规定制作；

d) 在层门开始关闭之前，轿门至少已关闭 2/3。

8.8 关门运行中的逆转

如果是动力驱动的自动门，在轿厢控制板应该有一种装置，能使处于关闭运行的门逆转。

解读 这是动力操作自动门控制装置的功能。当门受阻的力大于150 N或由门保护装置感知关门过程中有物体时，门控制装置马上使门电机停转，并反向运转电机，使门重开。有的控制装置设计时，将视关门行程的距离来决定门受阻或感知物体时是否门机逆转。如在门刚开始关闭时，剩余行程足以使人通过，此时门保护装置动作，电机不一定要反转，只要停止即可，这样可以减少重开门的无效行程，以提高运行效率。

8.9 验证轿门闭合的电气装置

8.9.1 如果一扇轿门（或多扇轿门情况中的任一扇门）开着，除了7.7.2.2的情况外，应不可能以正常动作去启动电梯，也不可能使电梯保持继续运行。然而可以进行轿厢运行的预备操作。

8.9.2 每个轿门都应设有一个符合14.1.2要求的电气安全装置，用以验证轿门的关闭位置，从而满足8.9.1提出的要求。

8.9.3 如果轿门需要上锁[见11.2.1c)]，则门锁装置应被设计成与层门闭锁装置相类似的结构（见7.7.3.1和7.7.3.3）。

解读 95/16/EEC《电梯指令》规定，轿厢停在两个层站的非开锁区域打开轿门时，如有坠落危险，轿门必须被关闭并锁住，轿门需要上锁的条件见11.2.1c)。

8.10 机械连接的多扇滑动门

8.10.1 如果滑动门直接由机械连接的多个门扇组成，允许：

a) 把8.9.2条的装置安装在：

1) 一个单扇门上（对重叠式门快门扇）；或

2) 如果门的驱动元件与门扇之间是由机械直接连接的，则在门的驱动元件上，且

b) 在11.2.1c)规定的条件和情况下，只锁住一个门扇，则应采用钩住重叠式门的其他闭合门扇的方法，使这个单独锁住的门扇能防止其他门扇的打开。

8.10.2 如果滑动门由数个间接机械连接（如钢丝绳、皮带或链）的门组成，允许将8.9.2所述的装置安装在单个门扇上，条件是：

a) 该门扇不是被驱动的门扇；且

b) 被驱动门扇与门的驱动元件是直接机械连接的。

8.11 轿门的开启

8.11.1 如果电梯由于任何原因停在靠近层站的地方，为允许乘客离开轿厢，在

轿厢停止并切断电源(如果有开门机的话)的情况下,应有可能:

a) 从层站处用手开启或部分开启轿门;

b) 如果层门与轿门联动,从轿厢内用手开启或部分开启轿门以及与其相连接的层门。

解读 "靠近层站的地方"可能是在开锁区域也可能在非开琐区域。如果轿厢因故障停在靠近层站处(此时开门机失电),为允许乘客离开,可以从层站借助三角钥匙开启层门,对非联动的轿门,应有可能从层站处用手开启或部分开启轿门;对层站门联动的情况,若在开锁区域从层站可直接用三角钥匙开启轿门,且也可以从轿门内用手扒开层、轿门。这是轿厢在进入层站平层区域内的援救和自救方式。

8.11.2 在8.11.1中规定的轿门开启,应至少能在开锁区域内施行。

开门所需的力不得超过300 N。对于11.2.1c)所述的电梯应只有轿厢位于开锁区域内时才能从轿厢内打开轿门。

8.11.3 额定速度大于1 m/s的电梯在其运行时,开启轿门的力应大于50 N。

在开锁区域内不受本条要求的约束。

解读 层、轿门联动时,由于层门一般都有强迫关门装置(如重锤或弹簧),因此在开锁时开门所需的力最大。当轿厢离开层站的开锁区域后,开启轿门的力就小多了。但这个力不能太小,否则电梯轿厢在运行过程中,由于轿厢震动或其他原因会造成轿门的非正常开启,致使断开轿门电气联锁而停梯。本条规定额定速度大于1.0 m/s的电梯,在正常运行中,开启轿门的力应大于50 N,但最终在开锁区域内与层门联动时开启门的力不大于300 N。

为了保证开启轿门的力大于50N,有的开门机构在带(或链)传动的轮上,另设置一个偏心质量块,使其在轿门闭合位置时,质量块造成的力矩使轿门处于关闭的趋势。

8.12 应急活板门和安全门

解读 "应急活板门"即是轿厢的安全窗,一般开在轿厢顶上。"安全门"一般开设在轿壁上,且只有电梯层站间距超过11 m时才需要设置(见5.2.2.1.2)。轿厢安全窗在本标准中没有强制规定要设。如果要设,则需要满足下述的规定要求。ASME A 17.1中规定轿厢安全窗是一定要设置的,部分封闭井道中的轿厢除外。规定其窗口面积不小于0.26 m^2,任何一个窗口边长度不小于406 mm,如果轿厢有天花板吊顶,应是可以移动的或者应有不影响人出去的开口。

8.12.1 援救轿厢内乘客应从轿外进行,尤其应遵循12.5的紧急操作的规定。

8.12.2 如果轿顶有援救和撤离乘客的应急活板门,其尺寸应不小于0.35 m×0.50 m。

8.12.3 在有相邻轿厢的情况下，如果轿厢之间的水平距离不大于0.75 m(见5.2.2.1.2)，可使用安全门。有安全门尺寸应至少为高1.8 m，宽0.35 m。

【CEN/TC 10/WG 1解释，No.31】

询问(1980-04-28)：(1) 8.12.4(译注：在1998版中已将1985版中的8.12.4调整为8.12.3)规定“在有相邻轿厢的情况下，如果轿厢之间的水平距离不大于0.75 m，可使用安全门”；(2) 对1 000 kg的客梯，ISO标准规定的轿厢和井道的宽度分别为：轿厢为1.60 m，井道为2.40 m。若作下列假定：轿壁的厚度为30 mm，标准的隔梁为200 mm，我们可以得出相邻电梯轿厢之间的距离有0.94 m。

请问，是否允许通过轿厢上固定的地坎来减少这个距离？

答复(1980-06-17)：允许的。

8.12.4 如果装设有应急活板门或安全门，则它们应符合8.3.2和8.3.3条的规定，并遵循下列条件。

8.12.4.1 应急活板门或安全门应设有手动上锁装置。

8.12.4.1.1 应急活板门应该能在不用钥匙的情况下从轿厢外开启，在使用附录B规定的三角钥匙的情况下，也能从轿厢内开启。

应急活板门不得向轿内开启。

应急活板门的开启位置，不得超过电梯轿厢的边缘。

8.12.4.1.2 安全门应该在不用钥匙的情况下，从轿厢外开启，在使用附录B规定的三角钥匙的情况下，也能从轿厢内开启。

安全门不得朝轿厢外开启。

安全门不得设置在对重或平衡重运行的路径上，或设置在防碍乘客从一个轿厢通往另一个轿厢的固定障碍物(分隔轿厢的横梁除外)的前面。

8.12.4.2 在8.12.4.1条中要求的锁紧应通过一个符合14.1.2条规定的电气安全装置来验证。

如果锁紧失效，该装置应使电梯停止。只有在确认重新锁紧后，电梯才有可能恢复运行。

8.13 轿顶

除了8.2条外，轿顶应满足下列要求：

8.13.1 在轿顶的任何位置上，应能支撑两个人的重量，每个人按照0.20 m×0.20 m面积上1 000 N作用力，应无永久变形。

8.13.2 轿顶应具有一块至少为0.12 m^2 的站人用的净面积，其短边至少为0.25 m。

解读 轿顶是维修的工作区域，轿顶板除满足强度要求外，还要有一个工作空间。

1985 版中要求轿顶位置能承受 2 000 N 的垂直力而无永久变形。计算时有困难，因为 2 000 N按集中载荷计算时有可能产生塑性变形。本标准的规定，相当于轿顶按 25 000 Pa 承载设计。

8.13.3 离轿顶外侧边缘有水平方向距离超过 0.30 m 的自由距离时，轿顶应装设护栏。

自由距离应测量至井道壁，井道壁上有宽度或高度小于 0.30 m 凹坑时，允许在凹坑处有稍大一点的距离。

护栏应满足下列要求。

8.13.3.1 护栏应由一个扶手，0.10 m 高度的护脚板和在护栏高度的一半有中间栏杆组成。

8.13.3.2 考虑到护栏扶手的边缘水平方向的自由距离，扶手高度至少是：

a) 0.7 m，自由距离不大于 0.85 m 时；

b) 1.10 m，自由距离超过 0.85 m 时。

8.13.3.3 扶手外缘和井道中的任何部件(对重或平衡重、开关、导轨、支架等)之间的水平距离应不小于 0.10 m。

8.13.3.4 护栏入口应使人安全和容易地通过，进入到轿厢顶。

8.13.3.5 护栏应装设在离轿顶边缘最大为 0.15 m 之内。

8.13.4 在有护栏时，应有一关于斜靠护栏有危险的警示性符号或须知，固定在护栏的适当位置。

解读 按轿厢外侧的自由距离确定是否需要装设护栏，这是从实际出发提出的合理的安全要求。而不是一律要求装设，目前有很多电梯的驱动主机和悬挂系统结构紧凑，轿厢和井道壁之间的距离很小，均可以满足不装轿顶护栏的要求。

关于轿厢外缘的自由距离不大于 0.85 m 时，扶手高度至少是 0.7 m 的规定，欧洲曾有专家提出高度太低，认为均应提高到 1.10 m。因为 0.7 m 的高度正是人习惯依坐的高度，容易产生危险。

另外，对于无机房电梯，为了使护栏高度不影响顶部间距(5.7.1)要求，可将护栏设计成可折叠(或可伸缩、可翻转)的形式。

8.13.5 轿顶用的玻璃应是夹层玻璃。

解读 玻璃轿顶也应满足 8.13.1 的强度要求。

8.13.6 固定在轿顶上的滑轮和/或链轮应按 9.7 要求加以保护。

8.14 轿厢头部护板

当层门打开时，如果层门和门楣与轿顶之间存在空隙，应在轿厢入口的上部用一刚性垂直板向上延伸，覆盖层门的这个宽度，将其挡住。对具有对接操作的电梯（见 14.2.1.5）特别有这种可能。

解读 对一般用途的电梯，可不设轿厢头部护板。

8.15 轿顶上的装置

轿顶上应安装下列装置：

a) 符合 14.2.1.3 条要求的控制装置（检修操作）；

b) 符合 14.2.2 和 15.3 条要求的停止装置；

c) 符合 13.6.2 条要求的电源插座。

8.16 通风

8.16.1 无孔门轿厢应在其上部及下部设置通风孔。

8.16.2 位于轿厢上部及下部通风孔的有效面积应不小于轿厢有效面积的 1%。

轿门四周的间隙在计算通风孔面积时可以考虑进去，但不得大于所要求的有效面积的 50%。

8.16.3 通风孔应这样设置：用一根直径为 10 mm 的硬棒，不可能从轿厢内经通风孔穿过轿壁。

解读 每一个轿厢必须设通风孔，在电梯故障关人时以保证被困乘客的呼吸需要。95/16/EEC 规定，即使电梯在长时间停止运行的情况下，应保证轿厢内乘客有足够的通风，因此，轿厢通风孔的有效面积是一个安全要求。

8.17 照明

8.17.1 轿厢应装备永久性的电气照明，在控制装置上和在轿厢地板上应该保证有不小于 50 lx 的照明。

【CEN/TC 10/WG 1 解释，No. 260】

询问（1995-03-31）：(1) 背景情况，三种语言版本的 8.17.1（英、法、德）内容都不一样，导致了不同的解释；(2) 市场/实际的要求，如果一个行程完成后，没有进一步的召唤登记，门关闭后，在一个可调的时间（如 30 s～1.5 h）后关灯。可调的时间由客户要求定（永久开着，或减少照明按特殊客户要求选定）。(3) 问题：根据本条，在行程完成后没有进一步的召唤登记，门在关闭过程中是否允许轿厢灯关闭？

答复（1996-03-06）：不允许。

8.17.2 如果照明是白炽灯，至少要有两只并联的灯泡。

8.17.3 使用中的电梯，轿厢应有连续照明。对动力驱动的自动门，当轿厢停在层站上时，按7.8门自动关闭后，则可关断照明。

8.17.4 要有可自动再充电的紧急照明电源，在正常照明电源被中断的情况下，它们至少供1 W灯泡用电1 h。在正常照明电源一旦发生故障的情况下，应自动接通紧急照明的电源。

【CEN/TC 10/WG 1 解释，No.130】

询问(1986-03-27)：本条规定，在轿厢中应提供能自动再充电的至少1 W的应急照明。这样的灯提供的照度是次要的，我们想把它设置在一个半透明的报警按钮内，这样既使乘客平静，又有照明功能，灯罩的位置可直接对着乘客。这样符合本标准否？还需要提供第二个独立的灯吗？如果提供，这个独立的灯应设在何处？

答复(1987-01-29)：符合本标准。

【CEN/TC 10/WG 1 解释，No.549】

询问：本条要求在正常照明供电故障情况下，要有可自动再充电的紧急照明电源，它们至少供1W灯泡用电1 h。但并没有规定照度的要求，1985版的解释条款No.130叙述了相关的其他事项，"紧急照明必须满足两个功能，按钮的照明和使乘客平静。这个灯可以放在半透明的报警按钮内，这样报警装置总是可以被识别的"。

如果报警按钮、电话以及联系的信息都辨认出来，是否所有现代电梯轿厢设计就不一定具备这样照度的紧急照明了？

答复(2001-11-26)：8.17.4条款最后的句子需要一个延伸，应为：目的是在正常照明供电失效时应急照明自动供电，在紧急报警装置(报警按钮和说明，如有的话)上至少有1 lx的照度。

8.17.5 如果8.17.4所述的电源同时也供给14.2.3要求的紧急报警装置，其电源应有相应的额定容量。

8.18 对重和平衡重

平衡重的使用按12.2.1条规定。

8.18.1 如对重或平衡重由对重块组成，应防止它的移位，为此应采取下列措施：

a) 对重块固定在一个框架内；或

b) 如果是金属对重块，且额定速度不大于1 m/s，则至少要用两根拉杆将对重固定住。

解读 a)的框架应是金属的，对重可以是非金属的。b)指的是金属制成的对重。已有的非金属对重块也应满足b)的要求。

8.18.2 装在对重或平衡重上的滑轮或链轮均应设有符合9.7条规定的保护

装置。

【CEN/TC 10/WG 1 解释,No. 141】

询问(1987-05-27):(1985 版)的 8.18.2 规定,如果对重上有滑轮,应安装有一种装置,避免悬挂绳松弛时脱槽。问题是,有两个切点的保护装置,如绳进入槽和出槽点保护[见图 8-7 a)]。或者,是否有必要设计成在滑轮的底部再直接加一点的保护装置[见图 8-7 b)]?

答复(1988-01-27):图 8-7 b)更好一点,但图 8-7 a)已满足标准的要求。如果在方案中使用杆,可认为是一个满意的装置。杆设置时,应接近滑轮的表面,杆和滑轮外径之间的距离应小于绳的直径。

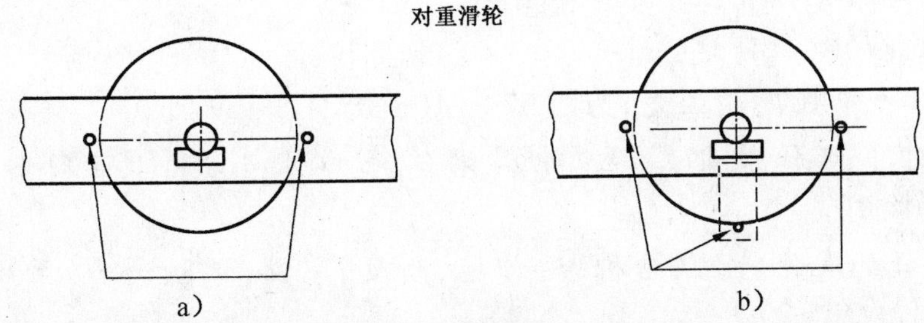

图 8-7 用于对重的滑轮

解读 解释文件 No. 141,原对应 EN 81-1:1985 版的条款 8.18.2 a)的对重滑轮的防护。

悬挂装置、补偿装置和超速保护装置

9.1 悬挂装置

9.1.1 轿厢和对重或平衡重应用钢丝绳或平衡链节所组成的刚质链条或滚子链条悬挂。

9.1.2 钢丝绳应符合下列条件：

a）钢丝绳的公称直径不小于 8 mm；

b）钢丝绳的抗拉强度：

1）对于单强度钢丝绳，为 1 570 MPa 或 1 770 MPa；

2）对于双强度钢丝绳，外层钢丝绳为 1 370 MPa，内层钢丝绳为 1 770 MPa；

c）钢丝绳的其他特性（结构、延伸率、圆度、柔性、试验……）至少应符合有关欧洲标准的规定。

解读 电梯钢丝绳是专用钢丝绳。我国已有国家标准 GB 8903《电梯用钢丝绳》、YB/T 5198—2004《电梯钢丝绳用钢丝》。故 GB 7588 将 c)条改成“钢丝绳的其他特性（延伸率、圆度、柔性、试验等）应符合 GB 8903 的规定”。

电梯使用钢丝绳的有悬挂绳、限速器绳及补偿绳。本条指的是悬挂绳。

目前各国的电梯用钢丝绳规格并不一致。表 9-1 是各国钢丝绳系列中优先采用的直径和法定的最小直径。

表 9-1 有关国家采用的钢丝绳直径

国家	悬挂绳优先用直径/mm	法定的最小直径/mm	强度级别/(N/mm^2)
法国	10	8	1 570
德国	13	8	1 770
英国	11	8	1 180/1 770
美国	12.7(1/2")	9.5(3/8")	1 180/1 770 (1 570/1 770)
日本	12	8	1 320/1 620 1 620

钢丝绳选择时，还应注意到：(1) 尽量采用韧性好、强度级别适中的钢丝组成的钢丝绳；(2) 钢丝绳直径的收缩率要小，尤其是制造商能担保正常使用一年后钢丝绳直径最大收缩率不大于 5%的应首选。(3) 天然绳芯，储油性好，但容易造成钢丝绳起鼓。人造绳芯

难保持稳定的物理和化学特性。利弊兼有的情况，应考察后取相对有利的条件。

影响钢丝绳寿命的因素很多，如钢丝的材质强度、承载密度、曲率半径、曳引轮的材料和槽型、包角、丝和股的捻绕方式、腐蚀、润滑、维护保养等。提高钢丝绳的使用寿命应从多方面去考虑。

这里值得一提的是，由于电梯驱动主机的成本与驱动主机的驱动力矩是成比例的，而驱动力矩与曳引轮的直径成正比，曳引轮的直径受绳径比必须大于 40 的约束，所以很多电梯公司在研究使用曳引钢带、直径小于 8 m 的钢丝绳以及强度很高的非金属悬挂绳。由于悬挂绳强度(抗拉强度和疲劳强度)是关键的技术指标，对于这些突破现有规范规定的新产品的应用，应有高度可靠的试验数据验证并经等效性安全评价后才能投入市场使用。

9.1.3　钢丝绳(或链条)最少有两根，每根钢丝绳或链条应是独立的。

9.1.4　若采用复绕法，应考虑钢丝绳或链条的根数而不是其下垂的根数。

9.2　曳引轮、滑轮和卷筒的绳径比，钢丝绳/链条的端接装置

9.2.1　不论钢丝绳的股数多少，曳引轮、滑轮(或卷筒)的节圆直径与悬挂绳的公称直径之比应不小于 40。

9.2.2　悬挂绳的安全系数应按附录 N 计算，在任何情况下其值不应小于下列值：

a) 对于用三根或三根以上钢丝绳的曳引驱动电梯为 12；

b) 对于用两根钢丝绳的曳引驱动电梯为 16；

c) 对于卷筒驱动电梯为 12。

安全系数是指装有额定载荷的轿厢停靠在最底层站时，一根钢丝绳的最小破断负荷(N)与这根钢丝绳所受的最大力(N)之间的比值。

解读　这里请注意的是，9.2.2 所说的“悬挂绳的安全系数应按附录 N 计算”实际应理解为“悬挂绳的许用安全系数应按附录 N 计算”，a)、b)、c)规定的许用安全系数 12 或 16 是标准设定的最小值。如果按附录 N 的公式计算得到(许用)安全系数大于 12 或 16，则许用安全系数取大者。如果按附录 N 的公式计算得到(许用)安全系数小于 12 或 16，则许用安全系数取值不应小于 12 或 16。例如，有一采用 4 根复绕的电梯，按附录 N 的公式计算得到许用安全系数为 17，而计算安全系数，即装有额定载荷的轿厢停靠在最底层站时，一根钢丝绳的最小破断负荷(N)与这根钢丝绳所受的最大力(N)之间的比值为 14，虽然该值满足大于 12 的条件，但小于按附录 N 计算的值 17，故不满足本标准的规定要求。又如，一台采用 5 根单绕钢丝绳的电梯，按附录 N 的公式计算得到许用安全系数为 10，则计算的安全系数必须大于 12，许用安全系数取 12 而不是 10，因为已规定最小的许用安全系数为 12。

因此曳引钢丝绳安全系数实际值 S 应大于按 GB 7588—2003 的附录 N 得到的曳引钢丝绳许用安全系数计算值 S_f，且不应小于 12 或 16。

另外，直径比与安全系数是相关联的参数，EN 81 参照了 VDI 2358 标准中的试验结

果，确定了直径比及安全系数。图 9-1 是 VDI 2358 的试验结果曲线，试验虽不是以电梯使用条件为准，但仍是很有参考价值的。图中的阴影是 1 千万次以上弯曲寿命的区域，试验寿命很长。

在电梯的实际使用条件下，由于有很多因素影响钢丝绳的的使用寿命，其寿命要短得多。一般出现破断危险之前，通过观察钢丝绳的断丝数及公称直径的减少，钢丝绳就被报废了。阴影中的另一部分是本标准 9.2.1 和 9.2.2 允许的适用范围(除只有两根钢丝绳的曳引电梯)。

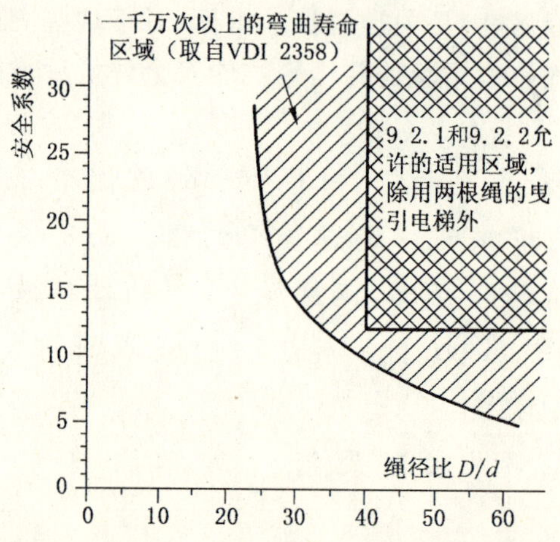

图 9-1　绳径比、安全系数与弯曲寿命的关于曲线

美国 ASME A 17.1 规定的钢丝绳最小安全系数是根据轿厢额定速度对应的绳速和梯种来决定。对于乘客电梯，其安全系数比同样速度的载货电梯稍大些。如对于绳速为 7.0 m/s～10.0 m/s 的钢丝绳，ASME A17.1 规定的安全系数最小值为 11.9(对客梯)或 10.55(对货梯)，而绳速为 1.75m/s 的钢丝绳安全系数为 9.50(对货梯)或 8.45(对货梯)，都比本标准规定的 12 要小。

9.2.3　钢丝绳与其端接装置的结合处按 9.2.3.1 的规定，至少应能承受钢丝绳最小破断负荷的 80%。

解读　端接装置指的是 9.2.3.1 所述的各种形式的与钢丝绳固定联结的部件。端接装置的强度应至少不低于相应的钢丝绳的最小破断载荷值。

钢丝绳与端接装置联结后，常称为绳头组合件。本条指的是绳头组合件的结合处的强度至少不低于相应钢丝绳最小破断载荷的 80%。

9.2.3.1　钢丝绳末端应固定在轿厢、对重、平衡重或系结钢丝绳固定部件的悬挂部位上。固定时，须采用金属或树脂填充的绳套、自锁楔形绳套、至少带有三个合适绳夹的鸡心环套、手工捻接绳环、套管压紧式绳环或具有同等安全的任何其他装置。

9.2.3.2 钢丝绳在卷筒上的固定，应采用带楔块的压紧装置，或至少用两个绳夹或具有同等安全的其他装置，将其固定在卷筒上。

9.2.4 悬挂链的安全系数应不小于10。

悬挂链安全系数的定义与9.2.2中所述钢丝绳的安全系数的定义相似。

9.2.5 每根链条的端部应用合适的端接装置固定在轿厢、对重或平衡重或系结链条固定部件的悬挂装置上，链条和端接装置的结合处至少应能承受链条最小破断载荷的80%。

9.3 钢丝绳曳引力

钢丝绳曳引应满足以下三个条件：

a) 轿厢加载至125%额定载荷(按照8.2.1和8.2.2规定)的情况下保持平层并不打滑；

b) 必须保证在任何紧急制动的状态下，不管轿厢内是空载还是满载，其减速度的值不能超过缓冲器(包括减行程的缓冲器)作用时减速度的值；

c) 当对重压在缓冲器上而曳引机按电梯“上行”方向旋转时，应不可能提升空载轿厢。

设计依据参见附录M。

【CEN/TC 10/WG 1 解释，No. 33】

询问(1980-05-13)：我们建议在9.3条款中增加下列内容：用于传递动力的曳引轮槽可以使用非金属材料作衬垫。提供的这种衬垫应在125%的额定载荷下不打滑，在衬垫失效情况下应仍有足够的曳引力，使载有125%额定载荷的轿厢安全制停并保持停止状态。

答复(1980-06-17)：解释委员会没有权利对现有的文本作修改。因此对可能的新技术只能包括在下一版标准的修订中。

【CEN/TC 10/WG 1 解释，No. 165】

询问(1989-03-03)：轿厢的超行程运行时有一段很重要的曳引绳长度是几乎不常与曳引轮接触。使用一定时间后，这段直径不磨损的绳与曳引轮槽的形状并不相匹配，因此这段绳的曳引比率(traction ration，指 T1/T2)要比频繁使用绳段的曳引比率高得多。试验[附录D2 h)2)]是在绳的非磨损段进行的，这将可能导致出现相反的结果，也许会过早地更换钢丝绳和曳引轮。实际上，由电机驱动的曳引轮一般运行在上下限位开关(limit switches)之间和电气故障情况下的上下极限开关(final limit switches)之间。

请问：(1) 9.3.1(1985版)和D2 h)2)的原意是否只考虑极限开关之间曳引轮上这段绳的曳引力？(2) 如果不是的话，委员会将在下版标准修订时考虑这个问题吗？

答复(1989-10-18)：(1)不是的。(2)不考虑修订。9.3.1的要求必须满足，以保护轿顶上的人，即使在14.2.1.4.4c)[译注：1998版的14.2.1.4 c)4)]提到的条件下。

【CEN/TC 10/WG 1 解释，No. 270】

询问(1997-11-03)：本条要求，当对重压在缓冲器上而曳引机按电梯上行方向旋转时

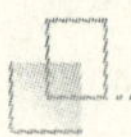

应不可能提升空载轿厢。实际上对这个试验必须作多长时间似乎存在不同的看法。请问这个试验应该进行多长时间?

荷兰的建议性回答(译注:本问题由荷兰提出):

在 1997 年 3 月的 prEN 81-1 中提到过上述所说的时间,意思是:

下列两个时间的最小值:a) 45 s;b) 全行程的时间加 10 s,若全行程运行时间小于 10 s,则至少 20 s。

答复(1998-09-24):该试验是检验正确的曳引条件,根据 D2 h)2),当对重静止压在缓冲器上时,必须保证不能提起空轿厢。这个试验的时间应尽可能地短,以免不必要的磨损,引起曳引轮局部过热。试验时间应能足以说明轿厢保持静止(至少曳引轮相对静止的钢丝绳旋转一圈)。

解读 曳引式电梯应须同时满足 9.3 的三个条件。

a) 条是静态承载条件。即轿厢载有 125%额定载荷,在井道中的位置应是最不利工作位置(一般是在最低层站)。此时电梯应能保持平层且不打滑(静载不打滑的条件,大多国家取 125%额定载荷,只有俄罗斯要求 200%额定载荷)。

b) 条是紧急制停条件。即在紧急情况下,不论轿厢是空载还是满载,轿厢在井道中的最不利位置(如空载向上近顶层,满载下行近底层时)以额定速度运行时突然制停,此时轿厢的减速度应不大于 1.0 g(见 10.4.1.2.1 和 10.4.3.3),且不应小于下列值(见附录 M2.1.2):0.5 m/s^2(正常情况);0.8 m/s^2(使用减行程缓冲器情况)。由此我们可以得出紧急制停条件下允许轿厢制停的最大和最小距离(假设是匀减速),如表 9-2 所示。

c) 条是电梯运行的极端条件。一旦上端站的限位、极限都不起作用,空载的轿厢继续被向上提升,当对重完全被压在缓冲器上后,应不能提升空轿厢。如果电机继续运转,运行一定时间后,运行时间保护装置起作用,使电机停止运转。

表 9-2 紧急情况下允许轿厢的制停距离 m

额定速度/(m/s)	最大允许制停距离		最小允许制停距离
	正常情况	使用减行程缓冲器	
1.0	1.00	—	0.05
1.6	2.56	—	0.13
2.0	4.00	—	0.20
3.0	9.00	5.63	0.46
4.0	—	10.00	0.82
5.0	—	15.63	1.28
6.0	—	22.50	1.84

9.4 强制驱动电梯钢丝绳的卷绕

9.4.1 在 12.2.1b)规定条件下使用的卷筒,应加工出螺旋槽,该槽应与所用钢丝绳相适应。

9.4.2 当轿厢停在完全压缩的缓冲器上时，卷筒的绳槽中应至少保留一圈半的钢丝绳。

9.4.3 卷筒上只能绕一层钢丝绳。

9.4.4 钢丝绳相对于绳槽的偏角（放绳角）不应大于4°。

【CEN/TC 10/WG 1 解释，No. 264】

询问(1995-09-12)：(1) 本条要求钢丝绳的最大偏角是对卷筒而言，对曳引轮没有要求。(2) 关于悬挂绳之间有相对运动的电梯设备，存在悬挂绳之间最小距离问题，本标准中没有规定。我们认为，(1) 对曳引轮的偏角，和(2)对悬挂绳间距要求，对任何特定的安装都应由制造商予以规定。我们的解释对否？

答复(1997-01-28)：对的。

9.5 各钢丝绳或链条之间的载荷分布

9.5.1 至少在悬挂钢丝绳或链条的一端应设有一个调节装置用来平衡各绳或链的张力。

9.5.1.1 与链轮啮合的链条，在它们与轿厢及平衡重相连的端部，也应设有这样的平衡装置。

9.5.1.2 多个换向链条在同一轴上时，各链轮均应能单独旋转。

9.5.2 如果用弹簧来平衡张力，则弹簧应在压缩状态下工作。

9.5.3 如果轿厢悬挂在两根钢丝绳或两根链条上，则应设有一个符合14.1.2规定的电气安全装置，在一根钢丝绳或链条发生异常相对伸长时电梯应停止运行。

【CEN/TC 10/WG 1 解释，No. 70】

询问(1983-01-03)：在用两根以上的钢丝绳或用两根以上的链的场合，可以省去电气安全装置吗？

答复(1983-04-19)：可以的。

9.5.4 调节钢丝绳或链条长度的装置经过调节后，工作时不应自行松动。

解读 一般电梯的每根钢丝绳的两端都设调节装置，用于调节钢丝绳的张力均衡。钢丝绳之间的载荷分布的均匀问题，实际上是一个值得引起注意的问题，它将直接影响钢丝绳的使用寿命。有专家在专门研究多绳曳引驱动的钢丝中不均匀载荷分布问题后指出，尽管影响钢丝绳寿命的因素有钢丝绳的材料、结构、制造工艺、与钢丝绳直接接触的部件直径与形状、运行的环境条件、载荷等因素，但经研究表明，钢丝绳之间载荷的不均匀问题是影响钢丝绳寿命的主要因素。

另外，钢丝绳直径的减少，或曳引槽的磨损都会改变钢丝绳之间的张力，张力的不均匀又会加剧曳引槽的磨损。因此张力的不均匀问题,在初始安装调节后,在日常保养中还应经常检查调节。

9.6 补偿绳

9.6.1 补偿绳使用时必须符合下列条件:

a) 应使用张紧轮;

b) 张紧轮的节圆直径与补偿绳的公称直径之比应不小于30;

c) 张紧轮应根据9.7设置保护装置;

d) 应由重力保持补偿绳的张紧状态;

e) 应借助一个符合14.1.2规定的电气安全装置来检查补偿绳的最小张紧位置。

9.6.2 若电梯额定速度大于3.5 m/s,除满足9.6.1的规定外,还应增设一个防跳装置。

防跳装置动作时,一个符合14.1.2规定的电气安全装置应使电梯驱动主机停止运转。

【CEN/TC 10/WG 1 解释,No. 537】

询问:以我们的观点,在EN 81-1中有一个错误。根据9.6.2条对额度速度大于3.5 m/s的电梯,补偿绳应带有防跳装置。这意味着对额定速度不大于3.5 m/s的电梯,没有张紧装置的补偿方式也可以用,例如,补偿链。

对速度大于2.5 m/s的电梯,在安全钳动作情况下有一定的风险,由于对重弹跳,可能会出现或多或少的松绳量,绳子可能勾绊井道附件,引起严重损伤,甚至悬挂绳的破断。

在美国标准ASME A17.1中,对3.5 m/s速度以内的电梯也作了规定,而且通常将安全钳动作时的减速度值也调整得比EN 81-1要求的低。因为这个减速度值越低,对重弹跳量越小,出现的松绳也越少。

答复(2001-04-15):这个问题在下版标准的修订时再考虑。

解读 笔者认为,额定速度增大后,防跳装置是必须的。对于额定速度为2.5 m/s的电梯,如果空轿厢以115%的额定速度撞击缓冲器,或由渐进式安全钳紧急制停(特别是渐进式安全钳的制停力较大)时,对重弹跳高度有可能达0.30 m以上。对重的弹跳和回跌会使轿厢产生剧烈震动和冲击。补偿绳的张紧及设置防跳装置,可避免这种现象。同时也可以减小紧急制停情况下轿厢的峰值减速度(不超过1.0 g)。5.7.1.1规定的制导行程与上述弹跳量的假设直接有关。

1985版中曾规定,电梯额定速度超过2.5 m/s,应使用带张紧轮的补偿绳。本版中取消了速度限制。

9.7 曳引轮、滑轮和链条的保护

解读 对曳引轮的保护要求是本版的新要求。1985 版只规定对导向轮、复绕轮、补偿绳轮的保护。

9.7.1 曳引轮、滑轮和链条应根据表 2 设置保护装置，以避免：

a）人身伤害；

b）钢丝绳或链条因松弛而脱离绳槽或链轮；

c）异物进入绳（或链）与绳槽（或链轮）之间。

表 2

曳引轮、滑轮及链条所处的位置			根据 9.7.1 列出的危险		
			a)	b)	c)
轿厢上	轿顶上		×	×	×
	轿底下			×	×
对重/平衡重上				×	×
机房内			×[b]	×	×[a]
滑轮间内				×	
井道中	顶部空间	轿厢上方	×	×	
		轿厢侧向		×	
	底坑与顶部空间之间			×	×[a]
	底坑		×	×	×
限速器及其张紧轮				×	×[a]

注：×表示必须考虑此项危险。

a 表明只有在钢丝绳或链条进入绳轮或链轮的方向为水平或水平线的夹角不超过 90°时，应防护此项危险。

b 最低限度应作挟人防护。

【CEN/TC 10/WG 1 解释，No. 271】

询问（1997-11-03）：要求提供避免异物进入绳与绳槽之间的装置，那么要考虑异物的尺寸为多大呢？

荷兰的建议性答复（译注：该问题为荷兰提出）：最小为 10 mm。

答复（1998-09-24）：异物的尺寸不能被规定，因为保护装置和绳的间隙与安装设计有关（绳的绕法，滑轮和曳引轮的位置等）。这个间隙应尽可能地保持小。考虑防护装置应完全满足上述 a）、b）、c）条款，必要时需采用不同的结构型式。

解读 解释文件 No. 271 原是针对 EN 81 -1：1985 版的 6.1.2.1.4 c），1998 版调整为本版的 9.7.1 c）。

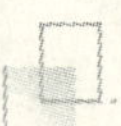

从表 2 中可以看出，如果曳引轮、滑轮和链轮在轿厢顶上、机房中、轿厢上方的顶部及低坑中，则都要提供避免 a)、b)、c)三条危险的防护措施。

9.7.2 所采用的保护装置应使旋转部件可视，且不防碍检查与维护工作。如安装网状的保护装置，则其孔口尺寸应符合 EN 294 表 4 的要求。

保护装置只能在下列情况下才能被拆除：

a) 更换钢丝绳或链条；

b) 更换绳轮或链轮；

c) 重新加工绳槽。

解读 我国已将 EN 294 等效采用，故 GB 7588 中已改为“则其孔洞尺寸应符合 GB 12265.1—1997 表 4 的要求”。

表 9-3 即是 EN 294《机械安全 防止上肢到达危险区的安全距离》的表 4。该表给出了用于 14 岁以上人的规则开口安全距离 S_r，开口尺寸 e 相应于方形开口的边长，圆形开口的直径和槽形开口的最窄边尺寸。当开口尺寸大于 120 mm 时，安全距离在 EN 294 中另有规定。

表 9-3 EN 294 的表 4 mm

身体部位	图示	开口	安全距离 S_r		
			槽形	方形	圆形
指尖		$e \leqslant 4$	≥2	≥2	≥2
		$4 < e \leqslant 6$	≥10	≥5	≥5
指至指关节或手		$6 < e \leqslant 8$	≥20	≥15	≥5
		$8 < e \leqslant 10$	≥80	≥25	≥20
		$10 < e \leqslant 12$	≥100	≥80	≥80
		$12 < e \leqslant 20$	≥120	≥120	≥120
		$20 < e \leqslant 30$	≥850	≥120	≥120

续表 9-3

身体部位	图示	开口	安全距离 S_r		
			槽形	方形	圆形
臂至肩关节		$30<e\leqslant 40$	≥850	≥200	≥120
		$40<e\leqslant 120$	≥850	≥850	≥850
注：如果槽开口长度不大于 65 mm，大拇指将充当停止点，安全距离可减小至 200 mm。					

9.8 安全钳

9.8.1 通则

9.8.1.1 轿厢应装有能在下行时动作的安全钳。在达到限速器动作速度时，甚至在悬挂装置断裂的情况下，安全钳应能夹紧导轨而使装有额定载重量的轿厢制停并保持静止状态。

根据 9.10，也可以使用上行动作的安全钳。

注：安全钳最好装在轿厢的下部。

解读 根据 9.10 规定，可以使用上行动作的安全钳，即俗称"上行安全钳"。"上行安全钳"作为上行超速保护装置，它既可以和下行安全钳制成一体，装设在轿厢的下部，也可以和下行安全钳分开制作，装设在轿厢的上部或下部。"上行安全钳"设计和制造除了要满足 9.10 相关规定外，还必须考虑其动作时对轿厢导轨等电梯部件的影响。

9.8.1.2 在 5.5 b)所述情况下，对重或平衡重也应设置仅能在其下行时动作的安全钳。在达到限速器动作速度时(或者悬挂装置发生 9.8.3.1 所述的特殊情况下的断裂时)，安全钳应能通过夹紧导轨而使对重或平衡重制停并保持静止状态。

9.8.1.3 安全钳被认定是安全部件，应根据 F3 的要求进行验证。

解读 如 5.5 条 b)所述，如果轿厢或对重之下确有人们能达到的空间存在，则对重上应装设安全钳，并应有对重限速器来控制安全钳动作。若额定速度不超过 1 m/s，对重安全钳也可借助悬挂机构的断裂或借助安全绳来动作，安全钳应能通过夹紧导轨而使对重制停并保持静止状态。对重上装设安全钳，可以防止电梯以超过限速器动作速度的速度撞击缓冲器，并保证传递到井道墙体和地坑的力限制在设计范围内，这是对底坑下通过人员的安全保护措施。

对重安全钳装置也可作为上行超速保护装置(见 9.10.4)。

9.8.2 各类安全钳的使用条件

9.8.2.1 如果电梯额定速度大于 1 m/s,轿厢应采用渐进式安全钳,此外:

a) 若额定速度不大于 1 m/s,可使用带有缓冲作用的瞬时式安全钳;

b) 若额定速度不大于 0.63 m/s,可使用瞬时式安全钳。

9.8.2.2 若轿厢装有数套安全钳,则它们应全部是渐进式的。

9.8.2.3 若额定速度大于 1 m/s,对重或平衡重安全钳应是渐进式,其他情况下可以是瞬时式。

解读 具有缓冲作用的瞬时式安全钳,在我国未见应用。这种型式的安全钳如 ASME A 17.1 所述的 C 型安全钳[即 A 型安全钳(瞬时式安全钳)再加缓冲器,见图 9-2]。轿厢架下再装一个辅助支架,瞬时式安全钳装在辅助支架上,轿厢架下边的底梁与辅助支架之间安装一个或几个缓冲器。轿厢的制停距离等于缓冲器的有效行程。这种型式安全钳装置的制停性能取决于缓冲器的性能,一般轻载制停时有较好的减速特性,据早期的美国有关文献报道,利用这一特性,特别适用于病床电梯。如病床梯的额定载荷常在 1 600 kg~2 500 kg 之间,当携带病床车及病人,再加 1~2 个监护人员,此时轿厢自重加载荷约为3 000 kg左右。如果一个刚手术完的病人,此时电梯发生突然制停情况,其安全钳动作后良好的减速特性是何等重要。ASME A 17.1 规定这类安全钳可适用于额定速度不大于2.54 m/s(500 ft/min)的电梯。由于目前已开发出很多结构紧凑、制停性能良好的安全钳,因此这类具有缓冲作用的安全钳已属历史的产品。故我国的 GB 7588 对 9.8.2.1 作了修改,将其改为“若电梯额定速度大于 0.63 m/s,轿厢应采用渐进式安全钳。若电梯额定速度小于或等于 0.63 m/s,轿厢可采用瞬时式安全钳”。

对于大吨位大面积的低速货梯,可能需要装设多套安全钳。虽然额定速度为 0.63 m/s 及以下的电梯可以采用瞬时式安全钳,但是因为安全钳夹紧件与导轨间的间隙及联杆间隙等安装调整的不完全一致,要保证数套瞬时式安全钳在同一瞬时内夹紧导轨且夹紧力均匀是很难达到的,必然会产生数套安全钳制动不同步。且瞬时式安全钳的制动距离很短,减速度较大,一般是在瞬间完成制动的。因此,对轿厢装有数套安全钳的或速度大于 1 m/s 的电梯,应采用渐进式安全钳。

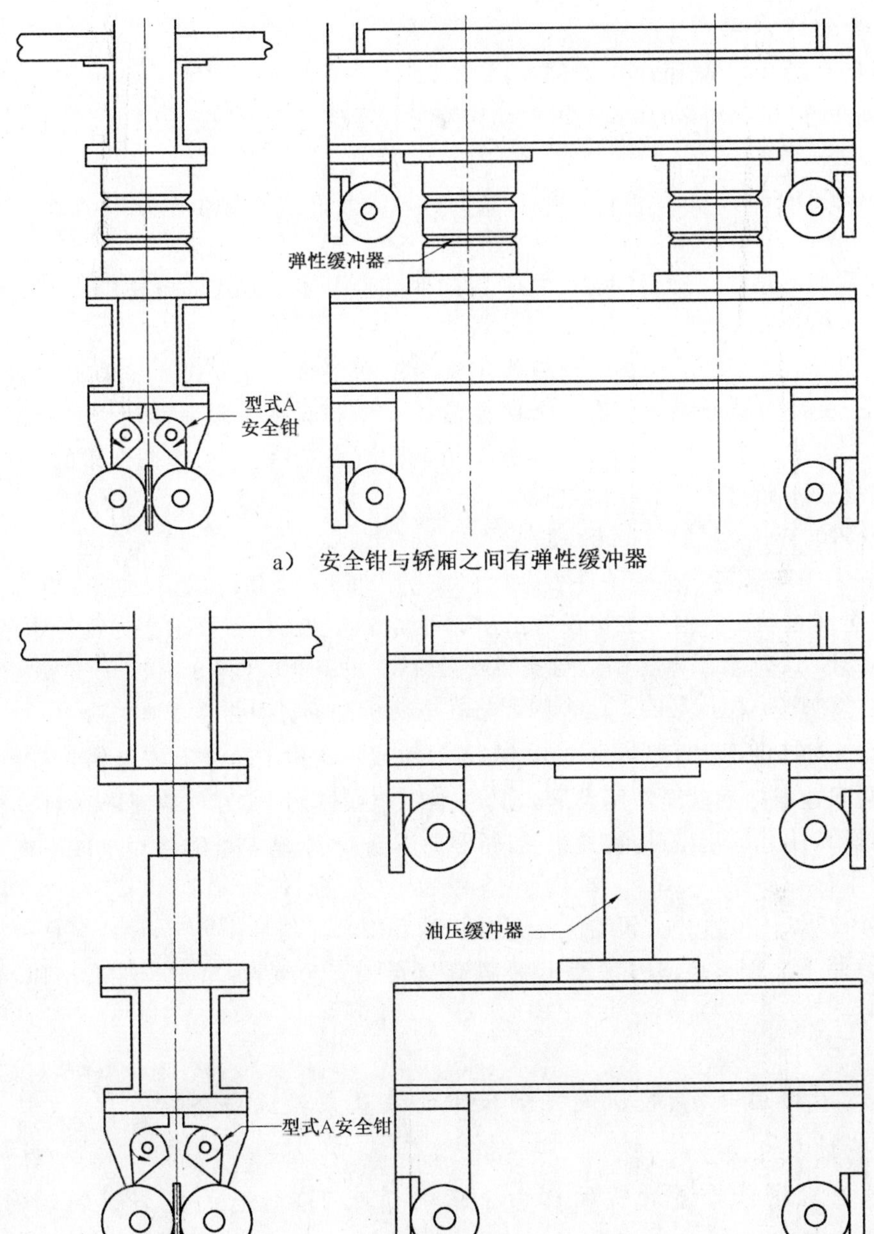

a） 安全钳与轿厢之间有弹性缓冲器

b） 安全钳与轿厢之间有油压缓冲器

图 9-2 具有缓冲作用的瞬时式安全钳

9.8.3 动作方法

9.8.3.1 轿厢和对重或平衡重安全钳的动作应由各自的限速器来控制。

若额定速度不大于 1 m/s，对重或平衡重安全钳可借助悬挂机构断裂或借

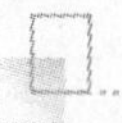

助一根安全绳来动作。

【CEN/TC 10/WG 1 解释,No. 235】

询问(1994-01-17):轿厢安全钳的动作除了标准已经提供的方式外,能否通过一根绳的破断或松弛来动作?

根据规范的 9.9.11.1 和 9.8.3.1,我们认为应允许这样的动作方式,但正常速度应不大于 1.0 m/s。

请问我们的想法正确否?有可能采用这种安全钳动作方式的电梯的正常速度是否大于 1.0 m/s?

答复(1994-09-13):(1) 标准没有规定安全钳动作的其他方式。如果所用的动作符合 9.8.3.1,这是不受影响的。但有一个检验是必须的,即证明由限速器动作安全钳时是不受影响的。(2) 请注意,对 9.9.11.1,解释委员会的观点是,使用动作安全钳的另外方式,仅限于额定速度不超过 1.0 m/s 的电梯。

【CEN/TC 10/WG 1 解释,No. 520】

询问:本条款规定在某些条件下,对重(或平衡重)安全钳可以借助悬挂机构断裂或借助一根安全绳来动作。但标准中没有给出这种装置功能的任何要求。为完善本条款,考虑采用类似 EN 81-2《液压电梯制造与安装安全规范》的 9.10.3 和 9.10.4 不是更好吗?

答复(2001-04-15):是的。这个问题将在下版标准修订时再考虑。

解读 对速度不大于 1 m/s 的电梯,若对重或平衡重上也装有安全钳,此时可用一根安全绳(与限速器的钢丝绳作用类同),其一端固定在轿厢上,另一端固定在对重或平衡重安全钳的操纵杆上,一旦悬挂装置断裂,轿厢向下超速,牵动安全绳将对重或平衡重安全钳提拉杆动作。

在 GB 7588—2003 中并没有关于悬挂机构和安全绳的具体规定,设计悬挂机构和安全绳时,可参照 EN 81-2:1998《液压电梯制造与安装安全规范》9.10.3 和 9.10.4 的相关规定。

9.8.3.2 不得用电气、液压或气动操纵的装置来操纵安全钳。

9.8.4 减速度

在装有额定载重量的轿厢自由下落的情况下,渐进式安全钳制动时的平均减速度应在 0.2 g_n~1.0 g_n 之间。

解读 本标准中对渐进式安全钳只有平均减速度要求,对最大瞬时减速度没有规定。一个 g_n 是常人能承受且一般认为不会使人受伤的减速度限值。各国的电梯规范,基本都认定此值。目前还没有事例说明这个限值对大多数人是不安全的。

本标准未对额定载荷以外的其他载荷的轿厢,在自由下落情况的减速度予以规定。但在实际使用中轿厢中的各种载荷都会出现,轿厢各种载荷自由下落时,安全钳制动的平均减速度值有可能偏离平均减速度 0.2 g_n~1.0 g_n 的规定。

9.8.5 释放

9.8.5.1 安全钳动作后的释放需经称职人员进行。

9.8.5.2 只有轿厢、对重或平衡重提起，才能使轿厢、对重或平衡重上的安全钳释放并自动复位。

9.8.6 结构要求

9.8.6.1 禁止将安全钳的制停爪或钳体充当导靴作用。

9.8.6.2 如果使用带缓冲作用的瞬时式安全钳，其缓冲系统应是具有缓冲复位的蓄能型缓冲器或耗能型缓冲器，并应能满足10.4.2或10.4.3条规定。

解读 如前所述，由于我国没有采用带缓冲作用的瞬时式安全钳，故GB 7588等效采用时略去了本条。

9.8.6.3 如果安全钳是可调节的，则其最终的调节处应加封记。

9.8.7 轿厢地板的倾斜

轿厢空载或者载荷均匀分布的情况下，安全钳动作后轿厢地板的倾斜度应不大于其正常位置的5%。

【CEN/TC 10/WG 1 解释，No. 48】

询问(1980-09-17)：上述的倾斜在预先也是允许的(它与最大值有关)。在双层轿厢情况下，是否不必考虑补偿措施？如果这些间隙不仔细研究，以及最大倾斜减少至5%以下的话，上层轿厢的位移可能会造成非常大的侧向力。

答复(1982-01-19)：双层轿厢很少使用。标准如果包括特殊情况中的特殊要求，那将变得太庞大了。在这种情况下，制造商有责任提供必要的预防措施。

解读 “正常位置”可理解为试验前测量的位置。一般设计时总是按水平位置为基准的。轿厢悬挂点一般不一定是在铅锤位置的垂心线上，有的电梯轿厢的轿底架上就设计有位置可调节的重锤，供现场调节平衡位置。但由于现场安全人员的技术水平的差异，并不一定都能将轿底板调水平。

9.8.8 电气检查

当轿厢安全钳动作时，装在轿厢上面的一个符合14.1.2规定的电气装置应在安全钳动作以前或同时使驱动主机停转。

【CEN/TC 10/WG 1 解释，No. 555】

询问：9.8.1.1、9.8.1.2、9.8.8、9.9.11.1、9.10.1、9.10.4、9.10.5(译注：每个条款的具体内容翻译时作了删节)都提到了安全钳和限速器的动作问题。9.10.4条提到上行超速装置可作用于对重，9.10.5条规定“该装置动作时，应使一个符合14.1.2规定的电气安全装置动作”。如果该装置是装在对重上的安全钳和限速器，则电气安全装置的设置是否可以选择在安全钳或限速器上，这样理解9.10.5条规定是否正确？

答复(2002-12-31):对的。对本例,电气安全装置应设置在对重的限速器上,或对重的安全钳上。

解读 本条款的所指的电气装置应为14.1.2规定的电气安全装置,标准并没有规定该电气装置必须是自动复位型或者非自动复位型,不论是哪种复位型式,只要是电气安全装置即可。而对于对重安全钳,在标准中没有明确规定在安全钳动作以前或同时要有一个由安全钳机构动作的电气安全装置使得电梯驱动主机停止转动。

9.9 限速器

【CEN/TC 10/WG 1 解释,No.148】

询问(1987-10-29):(1) 是否允许这样安装限速器,其传递至安全钳的动作机构的力依赖于在井道中张紧轮的作用?(2) 在这样的设计中,假定张紧轮的作用可以由限速器本身来达到吗?

答复(1989-02-08):(1) 可以的。(2) 可以的。但要通过试验或计算证明,限速器/安全钳系统在这样的设计中能正确动作。

9.9.1 操纵轿厢安全钳的限速器的动作应发生在速度至少等于额定速度的115%,但应小于下列各值:

a) 对于除了不可脱落滚柱式以外的瞬时式安全钳为0.8 m/s;

b) 对于不可脱落滚柱式瞬时式安全钳为1 m/s;

c) 对于带缓冲作用的瞬时式安全钳或额定速度不大于1 m/s的渐进式安全钳为1.5 m/s;

d) 对于额定速度大于1 m/s的渐进式安全钳为 $1.25v+0.25/v$ (m/s)。

注:对于额定速度超过1 m/s的电梯,建议选用接近d)规定的动作速度值。

【CEN/TC 10/WG 1 解释,No.149】

询问(1987-10-29):(1) 有些限速器的型式试验证书上指明适用的最大额定速度和最小额定速度。我们认为这个值应该理解为限速器的额定动作速度,而不是限速器安装的那台电梯的额定速度。这样的解释对吗?(2) 如果是对的,一台具有最大额定速度0.90 m/s的限速器和一台具有最小额定速度0.40 m/s的限速器都可以用于额定速度0.24 m/s的电梯,因为限速器动作的限值是0.276 m/s(0.24×1.15)~1.0 m/s(9.9.1)。

答复(1989-02-08):(1)不对。证书上指明的是限速器可适用电梯的最大和最小的额定速度[F4.3.2 c)]。然而,应注意到,根据15.6,限速器名牌数据标明的是经整定的实际动作速度。

【CEN/TC 10/WG 1 解释,No.160】

询问(1988-11-04):在电梯投入使用前,限速器的动作速度应作检验。做这个试验时,轿厢加额定载荷,手动松开机械制动器,让轿厢均匀加速,测量限速器动作速度是否符合9.9.1要求。然而存在这样两种情况,一种是电梯的行程不足以达到限速器的动作速度,另一种情况，限速器的动作速度没有预先设置好，超过了规定的动作速度后安全钳才动作，以至发生轿厢的部件被损坏。我们设想，通过提拉绳槽中的限速器绳模拟动作试验，通过一个旋转设备驱动，测量限速器动作瞬间的圆周速度。这个过程正确吗？

答复(1989-02-08)：正确的。

解读 限速器下限动作速度的取值依据见 0.3.12 条规定。各国的规范中规定的数值基本一样，都是 115%v。但奥地利国家的规范规定为 120%v。对最大动作速度，各国规范要求均有差异，如图 9-3。

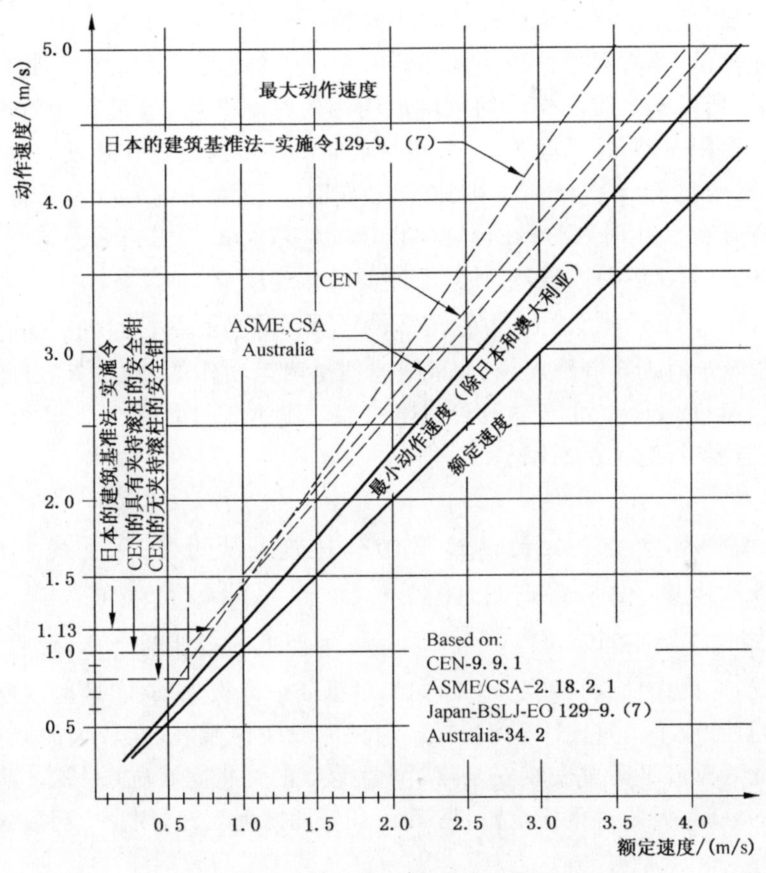

图 9-3 有关国家规定的限速器动作速度的范围

9.9.2 对于额定载重大，额定速度低的电梯，应专门为此设计限速器。

注：建议尽可能选用接近 9.9.1 示出下限的动作速度。

【CEN/TC 10/WG 1 解释，No. 559】

询问：我们有这样的观点，限速器应按 9.9.1(EN 81-2 的 9.10.2.1)定速度，与额定载荷无关。因此 9.9.2(EN 81-2 中的 9.10.2.2)应删除。我们认为 9.9.1 应修订，包括速度非常低的特殊情况。请问我们的观点对吗？

答复(2002-12-31)：9.9.1(EN 81-2 的 9.10.2.1)中已规定了限速器的要求，因此9.9.2

(EN 81-2 中的 9.10.2.2)是可以废弃。建议在下版标准中予以删除。

解读 为什么对于低速电梯用的限速器,其动作速度的整定值尽量接近其下限值呢?研究表明,目前低速梯上使用较多的是五星凸轮式(或离心的对称连杆偏心块)非连续动作式限速器,这种限速器整定时的稳态动作速度(即按尽可能低的旋转角加速度来获得的限速器动作速度)和现场安装好的限速器实际动作速度有一定的差异。现场实际的动作速度往往是具有加速的瞬态动作速度。例如,在较理想的状态,即限速器动作的瞬间,限速器甩块棘爪正好插入某一个止停爪中,此时安全钳操纵杆的响应时间与限速器的动作速度是基本一致的,即安全钳动作的初始速度即是限速器的动作速度。但若限速器甩块棘爪刚好滞后于应卡入的止停爪,此时限速器甩块棘爪就进入下一个止停爪中,然后,此期间限速器仍在继续加速运转,所以安全钳动作时间较应该动作的时间滞后了,其实际动作速度也大大提高了。如五爪型限速器,每爪间为 72°弧度。假设选用限速器动作速度 $v_r=0.72$ m/s(下限值),电梯额定速度为 0.63 m/s,限速绳轮节圆直径为 ϕ380 mm,下行的加速度为 2.0 m/s,假设限速器动作时,刚好在设定动作速度(0.72 m/s)时滞后一个棘爪,即滞后了 72°再动作。利用匀加速运动方程,可计算实际的动作速度 v'_p。

$$v'_p=\sqrt{v_p^2+2aS}=\sqrt{0.72^2+2\times2\times0.238}=1.21(\text{m/s})$$

S 是限速器绳轮的 1/5 节圆周长,如果限速器是两爪动作的,其他参数同前,则实际的动作速度为 $v'_p=1.70$ m/s。由于这种形式限速器动作速度的离散性,所以在低速梯用时,应慎重选择,甚至要专门为此设计。

9.9.3 对重或平衡重安全钳的限速器动作速度应大于 9.9.1 规定的轿厢安全钳的限速器动作速度,但不得超过 10%。

解读 本条规定轿厢的限速器要先于对重或平衡重的限速器动作,轿厢是载人部件,一旦有超速情况,应优先控制轿厢。另外,如果对重或平衡重先动作,此时附联的轿厢会出现弹跃现象,即对重或平衡重向下突然制停,而轿厢或轿内乘客,在较大的减速情况下,有可能上冲。因此对重或平衡重安装安全钳,主要是防止失速撞底坑(一般对重底坑下边如果有人能到达的空间,要装对重安全钳,见 5.5)。轿厢向上超速,则由上行超速保护装置动作(见 9.10)。

9.9.4 限速器动作时,限速器绳的张紧力不得小于以下两个值的较大者:

a) 安全钳起作用所需力的两倍;或

b) 300 N。

对于只靠摩擦力来产生张紧力的限速器,其槽口应:

a) 经过附加的硬化处理;或

b) 有一个符合 M2.2.1 要求的切口槽。

解读 这里“限速器绳的张紧力”,实际指“限速器绳在限速器动作时的提拉力”,不是限速器张紧装置作用的力。限速器绳的张紧力不要与张紧装置重量(或弹簧力)使钢丝绳产生的预张力混淆。

对于只靠摩擦力产生张紧力的限速器,其张紧力值应保证能有足够的裕度将联动机构及安全钳夹紧件提起。对于安全钳联动机构的提拉力事先应调整好,尤其是宽度较宽的载货电梯,其提拉力应充分重视,质量控制好的电梯制造商,安全钳联动机构的提拉力在车间装配时就调整好,并予以试验验证。

限速器的绳槽口经过硬化处理后,可提高摩擦力及耐摩性,槽口的型式可以是带半圆的切口槽或者 V 型槽。

另外限速器绳的张紧力也并不是越大越好,还要考虑钢丝绳的安全系数应不小于 8(见 9.9.6.2)以及 9.9.6.6 的磨损要求。

9.9.5 限速器上应标明与安全钳装置动作相应的旋转方向。

9.9.6 限速器绳

9.9.6.1 限速器应由与其相配的钢丝绳驱动。

【CEN/TC 10/WG 1 解释,No. 71】

询问(1983-01-03):允许使用链驱动限速器吗?

答复(1983-04-19):不允许。9.9.6.1 要求采用非常柔软的钢丝绳。

9.9.6.2 限速器绳的破断负荷与限速器动作时所产生的限速器绳的张紧力有关,其安全系数应不小于 8。对于摩擦型限速器,则应考虑摩擦系数 $\mu_{max}=0.2$ 时的情况。

9.9.6.3 限速器绳的公称直径应不小于 6 mm。

9.9.6.4 限速器绳轮的节圆直径与绳的公称直径之比应不小于 30。

9.9.6.5 限速器绳应用张紧轮张紧,张紧轮(或其配重)应有导向装置。

【CEN/TC 10/WG 1 解释,No. 159】

询问(1988-09-15):本条有这样一个解释是否正确,即绳的张力可以采用弹簧(带导向的压簧)代替配重?

答复(1989-02-08):作为张紧装置没有绝对要求只能采用重力方式。然而,标准条文是以重力为基础编写的,如果使用其他方法,为了保证限速器/安全钳的正确动作,可能需要附加的措施[注:德文版的 F4.2.1 c)与法文版、英文版略有不同,这将在下一版中修订]。

9.9.6.6 在安全钳装置作用期间,即使制动距离大于正常值,限速器绳及其附件也应保持完整无损。

9.9.6.7 限速器绳应易于从安全钳上取下。

9.9.7 响应时间

限速器动作前的响应时间应足够短，不允许在安全钳动作前达到危险的速度（见 F3.2.4.1）。

【CEN/TC 10/WG 1 解释，No.228】

询问（1994-01-04）：对“限速器动作前的响应时间应足够短，不允许在安全钳动作前达到危险的速度”，我们有下列问题：（1）什么是“足够短”（sufficiently short）和“危险速度”（a dangerous speed）？（2）在安全周期内的哪一个瞬间测量响应时间？（3）标准正文是否应理解为“在限速器动作以后安全钳的响应时间应是…”？（4）对给定如下的额定速度，在观察安全钳试验时，我们应该测量什么样的时间和速度值？如：

额定速度(m/s)	响应时间(s)	危险速度值(m/s)
0.63		
1.00		
2.00		
3.00		
5.00		
10.00		

答复（1994-05-18）：

（1）响应时间足够短，是指达到动作安全钳所要求力的瞬间的速度不超过安全钳已被认证过的最大速度。因此危险速度定义为超过安全钳认证的最大动作速度的任何速度。

（2）响应时间是指，达到理论动作速度瞬间至达到所要求力的时间（见 9.9.4）。

（3）不能这样理解。响应时间与限速器有关，与安全钳无关。

（4）本版标准并不要求限速器与安全钳之间直接相配（a direct compatibility），下版中对此再作进一步的修订。

解读 从上述的解释内容可以看出，对安全钳和限速器的联动响应时间应该包括两部分，一是限速器本身动作的响应时间，如 9.9.2 讨论的动作速度是不连续的限速器，有动作滞后问题，而连续动作的限速器，其动作速度比较准，响应的动作快。9.9.7 要求“限速器动作前的响应时间应足够短，不允许在安全钳动作前达到危险的速度”。另一部分是限速器动作后，连杆机构动作，提起楔块与导轨接触的响应时间。响应时间反映了限速器安全联动的灵敏性。一般无夹绳装置比有夹绳装置限速器响应时间稍长些。

9.9.8 可接近性

9.9.8.1 限速器应是可接近的，并且易于检查和维修。

9.9.8.2 若限速器装在井道内，则应能在井道外面接近它。

9.9.8.3 当下列条件都被满足时，可不必达到 9.9.8.2 的要求：

a）9.9.9 所述的限速器动作能够从井道外用远距离控制（除无线方式外）的方式来实现，这种方式应不会造成限速器的意外动作，并且它的操纵装置应不能被未经授权的人接近；

b) 能够从轿顶或底坑接近限速器进行检查和维修；

c) 限速器动作后，提升轿厢、对重或平衡重能使限速器自动复位。

如果从井道外用远距离控制的方式使限速器的电气部分复位，则这种方式应不会影响限速器的正常功能。

解读 当限速器在井道内，不易从井道外接近它时，可用远程控制方式触发其动作，且在提升时，限速器能自动复位。无机房电梯的限速器一般都装在井道内，用这种方式可以进行动态试验。

9.9.9 限速器动作的可能性

在检查或测试期间，应有可能在一个低于9.9.1规定的速度下通过某种安全的方式使限速器动作来使安全钳装置动作。

【CEN/TC 10/WG 1 解释，No. 72】

询问(1983-01-03)：当轿厢速度(或限速器的速度)和动作瞬时的时间之间没有对应关系时，用手动作安全钳是否就可以了？

CEN/TC 10/WG 1 的解释(1983-04-19)：不行。规定9.9.9的要求是为了保证检验限速器到安全钳正确功能的完整传递。

解读 为检查或测试需要，一般在不大于额定速度(或检修速度)下进行[见附录D2 J)]。这里“通过某种安全的方式”应指限速器制造商规定的人为动作方式。因为限速器的型式很多，其触发机构的类型也不尽相同。因此切记擅用手随意拨动。如果没有制造商的动作说明，也应在弄清限速器动作原理的基础上，通过某种安全方式使其动作。尤其在高速梯额定速度下的安全钳试验时更应注意安全。

9.9.10 可调部件在调整结束后应加封记。

9.9.11 电气检查

【CEN/TC 10/WG 1 解释，No. 177】

询问(1989-09-08)：对限速器的电气检查，我们有下列的理解，不知正确否？以我们的观点，在限速器动作之前，通过符合14.1.2的电气安全装置的方式检测出超速的限值是不可能的。此外，最终的安全依赖于动作速度。以一个较低速度停止电梯，不必要求一个电气安全装置来实现。如果委员会认为这样的理解是正确的，我们建议9.9.11修改成：

a) 当轿厢速度一直到制动器作用或额定速度超过1 m/s与主电源频率无关时，限速器或另一种装置应该在轿厢的向上或向下速度达到限速器动作速度之前使电梯主机停止。

b) 当轿厢速度一直到制动器作用与主电源频率无关时，通过一个独立的速度控制方式，使电梯最迟在速度达到115%额定速度应被停止。

c) 如果轿厢速度一直到制动器作用与主电源频率相关时，对额定速度不超过1 m/s的电梯，符合14.1.2的电气安全装置最迟在限速器动作速度瞬间时动作。

d) a)和b)所述的装置可以组合成c)所述的一个装置。

答复(1990-01-31):9.9.11.1要求一个符合14.1.2的电气安全装置在电梯的向上或向下方向使电梯停止。这个装置的功能已在F4.2.2.1 b)型式试验中确认了。这里仅是设定和调节电气安全装置动作的速度。因此,在限速器动作之前,通过电气安全装置的方式,在电气上确定一个速度的极限值使电梯停止是完全可能的。所以没有必要修订现有的标准正文。

9.9.11.1 在轿厢上行或下行的速度达到限速器动作速度之前,限速器或其他装置上的一个符合14.1.2规定的电气安全装置使电梯驱动主机停止运转。

但是,对于额定速度不大于1 m/s的电梯,此电气安全装置最迟可以在限速器达到其动作速度时起作用。

9.9.11.2 如果安全钳装置(见9.8.5.2)释放后,限速器未能自动复位,则在限速器处于动作状态期间,一个符合14.1.2规定的电气安全装置应阻止电梯的启动,但是,在14.2.1.4 c)2)规定的情况下,此安全装置应不起作用。

【CEN/TC 10/WG 1解释,No.241】

询问(1994-04-08):本条规定限速器处于动作状态,一个电气安全装置应阻止电梯的启动。对这条我们的理解是:

如果在限速器处于动作状态时,9.9.11.1中的电气安全装置可以手动复位能使电梯启动,而9.9.11.2要求设另一装置,防止电梯启动,只要限速器是在动作状态。问题:

(1) a) 上述我们的理解正确否?

b) 或9.9.11.1的装置就足够了吗?

(2)如果(1)b)是正确的,那将可能复位9.9.11.1中的装置,当限速器处于动作状态时启动电梯。这又如何与本条要求相符呢?

答复(1994-09-13):(1)a)是正确的。(1)b)只有9.9.11.1的装置可以满足条件:如果安全钳释放后限速器也自动释放;或只要限速器处于动作状态,9.9.11.1的装置不能复位。

解读 要求与限速器系统有关的电气安全装置有:1)上行或下行速度达到动作速度之前的电气安全装置(习惯称超速开关),这个装置大多装在限速器上,当旋转质量块的离心力大于设定的弹簧复位力时,旋转质量块向外移动,触发开关动作。这个电气安全装置也允许装在其他装置上[见F4.2.2.1b)]。2)证实限速器制停机构或夹绳复位的电气安全装置,这个电气装置一定装在与制停机构或夹绳装置相关的位置上(9.9.11.2)。3)监控限速器绳断裂或过分伸长的电气安全装置(9.9.11.3),这个装置在底坑内的张紧装置上,这三个开关都应串接在安全回路中。

9.9.11.3 限速器绳断或过分伸长,应借助一个符合14.1.2规定的电气安全装置的作用,使电动机停止运转。

9.9.12 限速器是安全部件,应根据F4的要求进行验证。

9.10 轿厢上行超速保护装置

曳引驱动电梯上应装设符合下列条件的轿厢上行超速保护装置。

解读 实际上电梯界早在1985年就讨论轿厢向上超速问题,轿厢中的乘客在向上超速时的危险要比向下超速时大,因为人的头顶要比脚底耐冲击能力差得多,所以电梯要考虑向上超速保护。

对于曳引驱动的电梯系统,上行超速和下行超速的风险几乎是一样的,正如依靠限速器-安全钳系统防止电梯的下行超速一样,也必须有专门的上行超速保护装置来防止电梯的上行超速。

在某些情况下曳引驱动电梯可能会出现上行超速的危险,这些情况至少包括:

(1) 曳引系统,如驱动主机、制动器、轴、减速齿轮、联接器等部件的失效;

(2) 驱动控制系统失控。

由于电梯悬挂钢丝绳的断裂必然导致电梯坠落下行,目前的限速器-安全钳系统已经提供了必要的保护,因此上行超速保护装置不需要考虑悬挂钢丝绳断裂的情况。

美国是较早规定必须装设上行超速保护装置的国家之一,美国电梯标准 ASME A 17.1 对上行超速保护装置有详细的规定。EN 81-1:1998 中 9.10 和附录 F7 规定了上行超速保护装置的构成、型式、设计要求、试验方法等内容,这是1998版标准相对于先前标准最重要的变化之一。

9.10.1 在轿厢上行时,这种装置包括速度监控和减速元件,应能检测出轿厢在指定范围内速度失控的状态,此范围的下限是电梯额定速度的115%,上限是9.9.3规定的速度。此装置应能使轿厢制停,或至少使其速度降至对重缓冲器的设计范围内。

解读 速度监控元件一般为限速器,其动作范围稍大于轿厢用限速器动作速度范围。对具体的产品并没有规定作为监控元件的动作速度一定要大于或者小于限速器的电气或者机械动作速度,只要其动作速度在9.10.1规定的范围内即可。

装设减速元件的目的是防止失控电梯速度继续提高,因此减速元件即使没有完全制停轿厢,只要能使电梯减速或者使得电梯速度保持在对重缓冲器能够承受的范围内即可。

9.10.2 这种装置能在没有电梯正常运行时控制速度、减速或停车的部件参与下,达到9.10.1的要求,或除非存在内部的冗余度。

该装置在动作时,可以由与轿厢联结的机械装置协助完成,而不管此机械装置是否有其他用途。

解读 轿厢上行超速保护装置动作速度的范围是与对重用限速器相同。具有使轿厢制停或减速的功能。

该装置与限速器-安全钳系统类似,是一套不依赖于正常运行控制部件的独立保护装置,即使是在电梯控制系统故障时,也能检测出轿厢的失控状态。

9.10.3　这种装置在使空轿厢制停时，其减速度不应超过 1 g_n。

【CEN/TC 10/WG 1 解释，No.535】

询问：对额定速度不大于 0.63 m/s 电梯，本条款对上行方向的减速度比下行方向提出了更加严格的要求（当设置安全钳动作时）。

上行方向：最大 1 个 g_n；

下行方向：对瞬时式安全钳没有一个最大值的要求。

我们认为这是一个错误，因为就重力和总的发生的频率，下行方向减速度产生的危险比上行的更重要。如果这不是一个错误，那么应承认这样设置的必要性，即上行方向配置渐进式安全钳，而下行方向配置瞬时式安全钳就可以了。

答复(2001-04-15)：CEN/TC 10/WG 1 的意见是限制上行方向的减速度不超过 1.0 g_n。使用瞬时式安全钳是不可能达到 9.10.3 的要求的。

解读　人体承受上行和下行减速度的能力是不同的，因此安全钳和上行超速保护装置动作时的减速度要求是不同的，上行超速保护装置减速度的值小一些，最大的减速度不允许大于 1 g_n，即在上行超速保护装置动作时，不允许乘客瞬间处于完全失重或"漂浮"状态。

因为瞬时式安全钳不能保证制停上行轿厢的最大减速度被限制在 1.0 g_n 以下，所以轿厢上行超速保护装置不能按照瞬时式安全钳动作原理设计。

9.10.4　这种装置应起作用于：

a) 轿厢；或

b) 对重；或

c) 钢丝绳系统（悬挂绳或补偿绳）；或

d) 曳引轮（例如直接作用在曳引轮，或作用于最靠近曳引轮且与曳引轮同轴的部件上）。

解读　标准规定了上行超速保护装置由两个部分构成：速度监控元件和减速元件，但是并没有规定上行超速保护装置的具体类型，这就为产品的多样化设计创造了许多空间。

上行超速保护装置的减速元件的类型多种多样，一般按照 9.10.4 规定的作用部位的不同，可以分成上行安全钳、导轨制动器、对重安全钳、钢丝绳制动器、曳引轮制动器等多种型式，速度监控元件一般为限速器，为了和减速元件的类型相匹配，限速器的种类也是多种多样，有普通单向机械动作限速器、双向机械动作限速器、单向机械动作双电气触点限速器等。下面分别按照常见的几种类型分别论述：

(1) 限速器-上行安全钳（或导轨制动器）

上行安全钳和导轨制动器都是制动在轿厢侧导轨上的上行超速保护装置减速元件，上行安全钳配用双向机械动作限速器，导轨制动器配用单向机械动作双电气触点限速器。

上行安全钳的使用工况和安全钳完全不同，因此不能简单的比照安全钳的情况来设计上行安全钳，否则可能不能满足 9.10.3 的要求。

在上行安全钳设计时，应该考虑其对电梯其他部件如轿厢和导轨的影响。若上行安全钳装在轿厢的下梁部位，则其动作时，整个轿厢承受的是拉力，而安全钳动作时轿厢承受的是压力。即使轿厢能够承受安全钳作用产生的压力，也并不表明其一定能够承受上行安全钳产生的拉力，强度是否足够应予以详细计算。另外，导轨安装时，其上端位置通常是悬空的，其位置依靠压导板的压紧力来保证。压导板压紧导轨产生的摩擦力是否能够大于上行安全钳的夹紧力，也应予以详细计算分析，从而防止上行安全钳动作时压导板的摩擦力不足，拉出导轨。

(2) 限速器-钢丝绳制动器

钢丝绳制动器，也称夹绳器，通过夹紧曳引钢丝绳或者补偿钢丝绳达到上行超速保护的目的。钢丝绳制动器一般装在机房曳引轮或者导向轮附近，若其动作后的释放和恢复不需要人员去接近钢丝绳制动器，则钢丝绳制动器也可以安装在井道内。当电梯上行超速时，限速器动作，触发夹绳器工作，夹紧悬挂钢丝绳或者补偿钢丝绳，从而制停或者至少使电梯减速至对重缓冲器设计的范围内。按照钢丝绳制动器触发方式的不同，常见的有机械触发式钢丝绳制动器(配用双向机械动作限速器)、电气触发式钢丝绳制动器(配用单向机械动作双电气触点限速器)等。对于机械触发式钢丝绳制动器，配用的限速器均应保证有足够安全的机械力和行程裕量来动作钢丝绳制动器。对于电气触发式钢丝绳制动器，也应保证有足够安全的电磁铁力和行程裕量来动作钢丝绳制动器。只是在标准中还没有这方面相关的规定。

(3) 限速器-对重安全钳

若使用对重安全钳作为上行超速保护装置的减速元件，则配用普通单向机械动作限速器即可。

若使用渐进式安全钳，则平均制停力 $1.6(P+\varphi Q)g_n$，假设不考虑曳引钢丝绳、补偿绳/链和随行电缆的影响，在安全钳减速过程中空载轿厢的平均减速度：

$$\bar{a}=\frac{1.6(P+\varphi Q)-(P+\varphi Q)+P}{P+P+\varphi Q}g_n=\frac{1.6P+0.3Q}{2P+0.5Q}g_n<g_n$$

式中：P——轿厢自重，kg；

Q——额定载重量，kg；

φ——平衡系数，取 0.5；

g_n——重力加速度。

根据上述计算，渐进式安全钳平均减速度小于 1 g_n。但由于对重安全钳的瞬间制停力会大于平均制停力 $1.6(P+\varphi Q)g_n$，轿厢瞬间的减速度值仍可能达到 1 g_n，此时钢丝绳松弛，轿厢瞬间有上抛运动，但是由于对重安全钳制停过程中超过 1 g_n 的时间一定不会超过轿厢上抛运动所需要的时间，对重将很快张紧钢丝绳，因此轿厢没有下落的过程，更不会产生回复振动，也就不会出现轿厢最大减速度超过 1 g_n 的情况。

若使用了瞬时式对重安全钳，则情况完全不同。瞬时式安全钳的平均制停力远远大于 $1.6(P+\varphi Q)g_n$，制停距离极小，轿厢侧钢丝绳会完全松弛，轿厢上抛距离可以达到 $S=\frac{v^2}{2g_n}$(其中 v 为限速器的动作速度)，上抛过程中的减速度值达到 1 g_n，然后轿厢下落，形成了回复振动，按照单自由度自由振动模型可以知道，轿厢的最大减速度：

$$a_{\max}=\frac{nKv^2}{2LiPg_n}$$

式中：K——单根钢丝绳单位长度的弹性系数，N/m^2；

n——钢丝绳的数量；

i——曳引比；

L——轿厢侧钢丝绳的长度，m。

如一台额定速度为0.5 m/s、额定载重量1 000 kg的电梯，配用动作速度为0.8 m/s的对重安全钳，轿厢的自重为1 200 kg，钢丝绳的数量为5根，曳引比为1∶1，取$K=8\times10^6$ N/m^2，假设安全钳动作时轿厢侧钢丝绳的长度为10m，则按照上式计算得：$a_{\max}=\frac{5\times8\times10^6\times0.8^2}{2\times10\times1\ 200\times9.81}=108.8\ m/s^2\approx11\ g_n$。可见瞬时式安全钳制动时，轿厢产生的最大减速度可远远大于1 g_n，从而不符合9.10.3的规定。

总之，对重若装设渐进式安全钳，则应能满足标准9.10.3的要求，可作为上行超速保护装置减速元件使用。对重若装设瞬时式安全钳，则不能满足标准9.10.3的要求，因此不能作为上行超速保护装置减速元件使用。

（4）限速器-曳引轮制动器

曳引轮制动器是指直接作用在曳引轮或作用于最靠近曳引轮的曳引轮轴上的制动器，常见的有同步无齿轮曳引机制动器、皮带传动曳引轮制动器等。常见的蜗轮蜗杆传动曳引机制动器制动在高速轴上，制动器通过蜗轮蜗杆减速箱作用在曳引轮上，这类制动器不属于本文所指的曳引轮制动器，不能作为上行超速保护装置的减速元件使用。

从结构上说，利用已有的限速器和曳引机就组成了上行超速保护装置，但这样的组合能否满足上行超速保护装置的制停性能要求，还须按F7要求进行型式试验认证。

9.10.5　该装置动作时，应能使一个符合14.1.2规定的电气安全装置动作。

解读　上行超速保护装置由速度监控和减速元件构成，因此本条款所述的电气安全装置既可以装设在速度监控元件上，也可以装设在减速元件上。在实际使用中，速度监控元件一般为限速器，限速器上已经装有符合14.1.2规定的电气安全装置，因此减速元件上可以不再装设本条款所述的电气安全装置。当然若速度监控和减速元件上都装有电气安全装置自然更好。

9.10.6　该装置动作之后，应由称职人员使其释放。

9.10.7　该装置释放时，应不需要接近轿厢或对重。

解读　上行超速保护装置动作时，电梯处于非正常运行的状态。为了保护维修人员，上行超速保护装置的释放过程中，维修人员应不需要进入轿厢或轿顶，也不应进入轿厢或对重在井道内投影区域。

9.10.8 释放后，该装置应处于正常工作状态。

9.10.9 如果该装置需要外部的能量来驱动，则能量没有时，该装置应能使电梯制动并使其保持静止状态。带导向的压缩弹簧除外。

解读 由于上行超速保护装置的结构型式多种多样，可以是机械式、电气式、气动式、液压式等多种型式，因此标准规定了这一条作为上行超速保护装置结构设计的基本要求。

外部能量就是上行超速保护装置（包括速度监控元件和执行元件）正常工作所依赖的外部能量，这种能量可以是机械能、电能、液压能等多种形式，这种能量也是速度监控元件和执行元件正常工作所依赖的能量。在有些设计中，外部能量消失时，上行超速保护装置就不再起作用了，这时若真的发生上行超速的危险，上行超速保护装置不能提供有效的保护。因此有必要规定：当这种外部能量消失时，上行超速保护装置本身应立即动作并使电梯制停和保持在停止状态上。作为世界上较早应用上行超速保护装置的先进国家，美国电梯标准 ASME A 17.1 对此也有明确的类似规定。

在上行超速保护装置的电路设计中，有一种我们称之为“得电动作”型电路，也就是说，在电梯正常运行中，这种电路本身是没有电流或仅有微弱的检测电流，只有当电梯上行超速至需要上行超速保护装置动作时，电路才会通动作电流。当外部电能消失时，由于没有动作的能量，这种“得电动作”型电路就不可能使上行超速保护装置机械装置动作，使电梯制动并使其保持停止状态。

为了提高电路的可靠性，有些“得电动作”型电路设计时会采用了一些检测的手段，试图及时发现电路的故障，并在监测到这些电路故障时，输出一个故障信号，使电梯停止运行。但是电路可能的故障时如此复杂，既有各类元器件的单个故障以及故障间组合问题，也有电压降低、无电压等问题，这些故障检测采用常规的检测手段几乎是不可能实现的，要真正做到，技术和成本的要求也很高。据了解在实际使用中，国内“得电动作”型电路往往只是检测少数几项电路的故障，并且在发现故障时，并不能使得上行超速保护装置机械装置动作，从而制停电梯。而只是发出一个报警信号，提示上行超速保护装置存在问题。试想绝大多数电梯是个全自动运行的设备，一般情况下在电梯运行时机房内并没有人会观察上行超速保护装置电路是否正常，因此上行超速保护装置发出的报警装置仅仅是个摆设，不能有效地发挥其作用。

要满足标准的要求，简单的方法是上行超速保护装置的电路设计成“失电动作”型电路，即在电梯正常运行时，这种电路线圈本身通有电流产生电磁力并和上行超速保护装置某一机械装置的力相平衡，当外部电能消失时，电路线圈失去电磁力，机械装置的力促使上行超速保护装置动作。“失电动作”型电路的设计比较简单，使用的元器件也较少。一般情况下，由于单一电气故障发生的结果均是导致电路的功能下降或者丧失，而功能下降或丧失的结果是电路输出能力的下降或者丧失，最终均导致上行超速保护装置动作。而上行超速保护装置的动作使电梯趋于安全而防止了电梯上行超速的危险，并能满足关于电梯电气安全的基本要求。

“得电动作”型电路或是“失电动作”型电路不是电梯上的新概念，比如电梯制动器在失电条件下动作（闭合），电梯安全回路在失电（断开）条件下动作等均属于“失电动作”型电路。目前在电梯与安全有关的电路设计中,还没有广泛采用的一种“得电动作”型电路设计。

实践证明,因带导向压缩弹簧失效的概率极低,可靠性极高,因此可以不必考虑压缩弹簧失效和外部能量消失的可能性。

9.10.10　使轿厢上行超速保护装置动作的电梯速度监控部件应是:

a)符合9.9要求的限速器;或

b)符合9.9.1、9.9.2、9.9.3、9.9.7、9.9.8.1、9.9.9、9.9.11.2的装置,且这些装置保证具有9.9.4、9.9.6.1、9.9.6.2、9.9.6.5、9.9.10和9.9.11.3的等效特性。

9.10.11　轿厢上行超速保护装置是安全部件,应根据F7的要求进行验证。

导轨、缓冲器和极限开关

10.1 导轨的通则

10.1.1 导轨及其附件和接头应能承受施加的载荷和力，以保证电梯安全运行。

电梯安全运行与导轨有关的部分为：

a）应保证轿厢与对重或平衡重的导向。

b）导轨变形应被限制在一定范围内，由此：

1）不应出现门的意外开锁；

2）安全装置的动作应不受影响；

3）移动部件应不会与其他部件碰撞。

根据G2、G3和G4所提供的轿厢内额定载荷的分布状况或用户与供应商商定的实际使用情况（见0.2.5），应对导轨的应力予以限制。

注：附录G提供了选择导轨的方法。

解读 电梯承受的载荷，按附录G可分类组合为：

正常运行时的载荷：运行过程中轿厢自重 P、载荷 Q、对重 G 以及附加部件引起的力 M。

装卸载荷：轿厢自重 P、装卸载荷作用在地坎上的力 F_s（与载荷 Q 有关）、附加部件引起的力 M。

如果是安装于建筑物外且井道部分封闭的电梯，还应考虑风载荷 WL。

安全钳动作时的载荷：轿厢自重 P、载荷 Q 及附加部件引起的力。

根据不同用途及不同型式的电梯，采用不同的载荷组合对导轨作验算，详见附录G。

按电梯的实际使用情况，还有一种载荷没有考虑，即由于建筑沉降而由导轨支架及压导板传给导轨的力，这个力有的可能达几万牛。

导轨的型式很多，1977年欧洲作了一个导轨截面尺寸的调查，结果有60多种，有的还是用木质制成的。这样显然不利于本地化配套，降低成本。几年以后，ISO/TC 178接受了电梯导轨标准化工作的课题，起草了ISO 7456标准（我国1987年等效采用为JJ 49-8，1996年修订改版为JG/T 5072.1—1996《电梯T型导轨》），最后归类为17种规格。根据目前实际使用的情况，T型导轨的规格尺寸还可减少。

10.1.2 许用应力和变形

10.1.2.1 许用应力可按下式计算：

$$\sigma_{perm} = R_m / S_r$$

式中：σ_{perm}——许用应力，MPa；

R_m——抗拉强度，MPa；

S_r——安全系数。

安全系数必须按表3确定：

表3 导轨安全系数

载荷情况	延伸率 A_5	安全系数
正常使用	$A_5 \geqslant 12\%$	2.25
	$8\% \leqslant A_5 \leqslant 12\%$	3.75
安全钳动作	$A_5 \geqslant 12\%$	1.8
	$8\% \leqslant A_5 \leqslant 12\%$	3.0

延伸率小于8%的材料太脆而不应被使用。

符合ISO 7465要求的导轨，许用应力 σ_{perm} 可使用表4的规定值。

表4 许用应力 σ_{perm} MPa

载荷情况	R_m		
	370	440	520
正常使用	165	195	230
安全钳动作	205	244	290

【CEN/TC 10/WG 1 解释，No. 542】

询问：EN 81-1/2：1998的德文版中，R_m 定义为屈服点(yield point)，在EN 81-1/2：1998的英文版中，R_m 表示抗拉强度(tensile strength)。在材料机械强度的专业文献中 R_m 也表示为抗拉强度(tensile strength)，即应力应变图上它定义为曲线的最高点。因此，R_m 应是应力应变曲线图上的最高点，且定义为抗拉强度(tensile strength)，这样的理解正确否？

答复(2001-04-15)：R_m 是应力应变曲线图上的最高点，且定义为抗拉强度(tensile strength)。在下版的德文标准中将考虑修订。

解读 延伸率定义为材料试样被拉断后，标注长度的增加量与原标注长度的百分比。当试样的标距等于5倍直径时的伸长率为 S_5(即上述的 A_5)，当试样的标注长度等于10倍直径时的伸长率为 S_{10}。工程上通常按伸长率的大小把材料分成两大类，$S>5\%$ 的材料称为塑性材料，如钢、铜、铝等；而把 $S<5\%$ 的材料称为脆性材料，如铸铁、陶瓷等。因此铸铁是不能用作导轨材料的。

我国的T型导轨的材料为镇静钢，大多采用机械加工方式或冷轧加工方式制作。对重用的空心导轨由板材经冷弯成空腹T型。我国对应的导轨标准有：JG/T 5072.1《电梯T型导轨》，JG/T 5072.2《电梯T型导轨检验规则》，JG/T 5072.3《电梯对重用空心导轨》。

10.1.2.2 “T”型导轨的最大的计算允许变形：

a) 对于装有安全钳的轿厢、对重导轨或平衡重导轨，安全钳动作时，在两个方向上为 5 mm；

b) 对于没有安全钳的对重或平衡重导轨，在两个方向上为 10 mm。

解读 这里说的两个方向是指垂直于导轨两侧工作面方向（*X* 向）和垂直于导轨顶面方向（*Y* 向）。导轨的变形要求也是本版标准中新增的要求，有些国家一直将此作为规定指标，如 ASME A 17.1 规定导轨的最大变形为“1/4 in”（即 6.35 mm）。BS 5655-10 规定最大变形为 6 mm（*X* 方向），9 mm（*Y* 方向）。

10.1.3 导轨与导轨支架在建筑物上的固定，应能自动地或采用简单调节方法，对因建筑物的正常沉降和混凝土收缩的影响予以补偿。

应防止因导轨附件的转动造成导轨的松动。

【CEN/TC 10/WG 1 解释，No.94】

询问（1983-01-03）：本条的内容源于文件 CIRA A.6.1.2：导轨与导轨支架在建筑物上的固定，应能自动地或采用简单调节方法，对因建筑物的正常沉降和混凝土收缩的影响予以补偿。

有的电梯制造商对本条提出的理解仅是垂直方向的调节。另外，某个国家的委员会考虑的是，应可以在水平面内调节（即纵向和横向），可调整导轨之间或对准线之间的距离。事实上，建筑的沉降不总是均匀的（如基础问题，建筑结构的不对称，建筑载荷的不对称等）。能否给出委员会对这个问题的看法。

答复（1983-04-19）：是否需要导轨固定件允许其在两个水平方向调节，本质上与大楼的建造技术有关。因此一般规范没有要求。

解读 CEN/TC 10/WG 1 对 1985 版的 No.94 解释原是针对 1985 版的 10.1.2，1998 版调整为 10.1.3。

10.2 轿厢、对重或平衡重的导向

10.2.1 轿厢、对重或平衡重各自应至少由两根刚性的刚质导轨导向。

10.2.2 在下列情况下，导轨应用冷拉钢材制成，或摩擦表面采用机械加工方法制作：

a) 额定速度大于 0.4 m/s；

b) 不管速度如何，均采用渐进式安全钳。

10.2.3 对于没有安全钳的对重或平衡重，其导轨可使用成型金属板材，它们应作防腐蚀保护。

解读 没有安全钳的对重或平衡重，导轨可用空心导轨。目前我国空心导轨表面防腐蚀措施是涂锌。

10.3　轿厢与对重缓冲器

10.3.1　缓冲器应设置在轿厢与对重的行程底部极限位置。

轿厢投影部分下面缓冲器的作用点，应设一个满足5.7.3.3的要求，且有一定高度的可见障碍物（支座）。对缓冲器，在其作用区域的中心0.15 m范围内，如导轨和类似的固定装置，不包括墙壁，则这些装置可认为是障碍物。

【CEN/TC 10/WG 1解释，No.521】

询问：本条是否仅适用于缓冲器随轿厢（或对重）一起移动的场合？（见EN 81-1的1985年12月版或EN 81-2的1987年的11月版）

答复(2001-04-15)：是的。设置障碍物的目的是使人觉察到这是危险区域。委员会考虑了一个至少为300 mm的障碍物（支座）应是可见的。设置对重隔障后，可不要求对重侧底部再设障碍物。

10.3.2　强制驱动电梯除满足10.3.1的要求外，还应在轿顶上设置能在行程上部极限位置起作用的缓冲器。

10.3.3　蓄能型缓冲器（包括线形和非线形）只能用于额定速度不大于1 m/s的电梯。

10.3.4　具有缓冲复位式的蓄能型缓冲器只能用于额定速度不大于1.6 m/s的电梯。

10.3.5　耗能型缓冲器可用于任何额定速度的电梯。

解读　弹簧缓冲器的制停特性是，其制停力随着压缩行程的增大而渐渐增大，一般压缩力与压缩行程成正比（组合弹簧除外）。而液压缓冲器在制停过程中，其设计的制停力近似常数，从而使轿厢近似匀减速，所以可适用于任何额定速度的电梯。

强制驱动电梯除了轿厢底部装设缓冲器外，还应在轿顶上装设缓冲器，以防撞顶。普通圆柱型弹簧是线性的蓄能型缓冲器，聚胺脂类、锥形弹簧或板状窝卷式弹簧是非线性蓄能型缓冲器。具有缓冲复位式的蓄能型缓冲器我国未见报导有应用例子，但可以设想它是由受压缩的弹簧和能损耗冲击瞬间部分动能，且使复位速度减慢的某种装置组合而成。GB 7588在等效采用时将10.3.4条删去了。油压缓冲器是典型的也是用得最普及的耗能型缓冲器，根据节流的介质，也可有其他型式的耗能型缓冲器。

10.3.6　非线性的和/或带有缓冲复位的蓄能型缓冲器以及耗能型缓冲器是安全部件，应根据F5的要求进行检验。

10.4　轿厢与对重缓冲器的行程

以下规定的缓冲器行程，在附录L中有图解说明。

10.4.1　蓄能型缓冲器

10.4.1.1　线性缓冲器

10.4.1.1.1　缓冲器可能的总行程应至少等于相应于115%额定速度的重力制

停距离的两倍。即 0.135 v^2(m)。无论如何，此行程不得小于 65 mm。

注：行程计算公式为：

$$S = [(1.15\ v)^2 \times 2]/(2g_n) = 0.134\ 8\ v^2 \approx 0.135\ v^2$$

式中：S——重力制停距离的两倍；

v——额定速度；

g_n——重力加速度，9.81 m/s²。

10.4.1.1.2 缓冲器的设计应能在静载荷为轿厢质量与额定载重量之和(或对重质量)的 2.5 倍～4 倍时达到 10.4.1.1.1 规定的行程。

解读 各国弹簧缓冲器适用的额定速度与行程的有关规定也各有差异，见图 10-1。

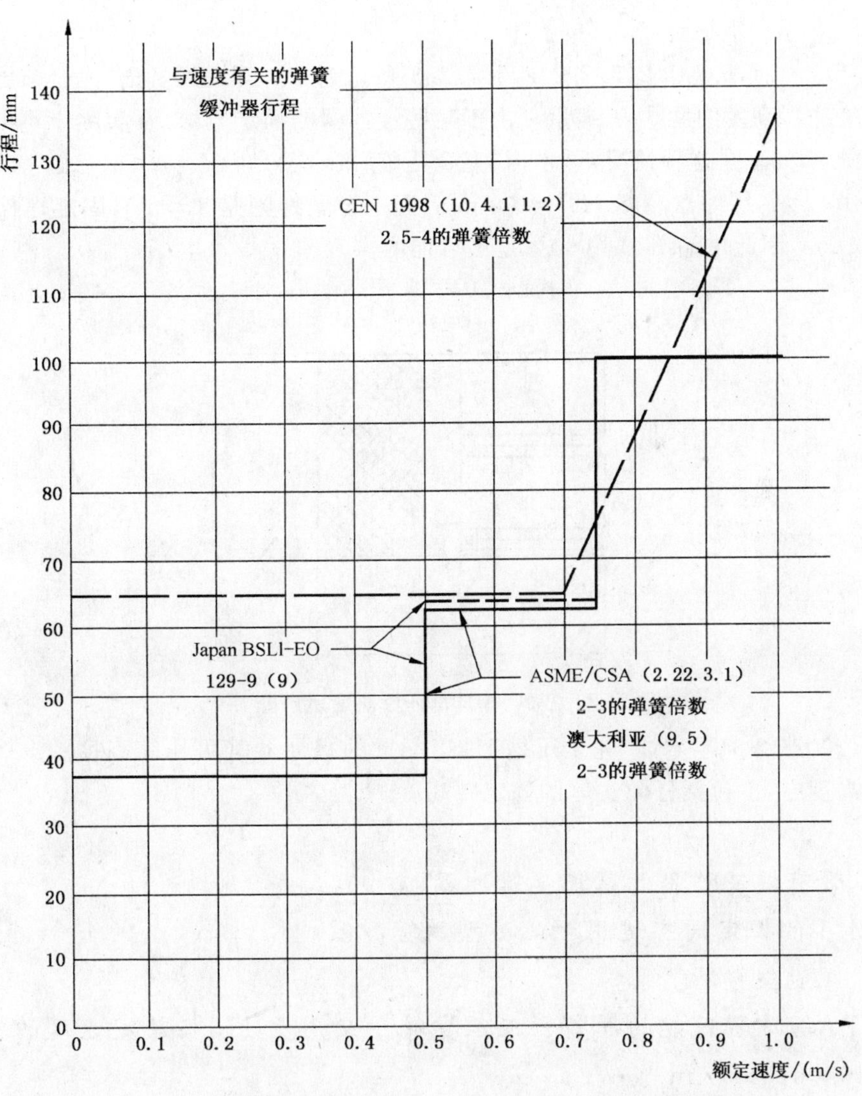

图 10-1 有关国家规定弹簧缓冲器适用的速度与行程的关系曲线

10.4.1.2　非线性缓冲器

10.4.1.2.1　非线性蓄能型缓冲器应符合下列条件：

a）当装有额定载重量的轿厢自由降落并以115%额定速度撞击轿厢缓冲器时，缓冲器作用期间的平均减速度应不大于1 g_n；

b）2.5 g_n 以上的减速度时间应不大于0.04 s；

c）轿厢弹起的速度应不超过1 m/s；

d）缓冲器动作后，应无永久变形。

10.4.1.2.2　在5.7.1.1、5.7.1.2、5.7.2.2、5.7.2.3和5.7.3.3中提到的术语“完全压缩”是指缓冲器被完全压缩掉90%的缓冲行程高度。

【CEN/TC 10/WG 1解释，No.564】

询问：5.7.1.1，5.7.1.2，5.7.2.2，5.7.2.3和5.7.3.3都提到术语“完全被压缩”，意味着装配后缓冲器高度的90%压缩量。由于某些缓冲器的固定方法，在实际中不可能压缩缓冲器高度的90%。在这种情况下，术语“完全压缩”的含义是什么？

如图10-2示，缓冲器高度 HP=100 mm，固定金属螺帽是15 mm，固定螺栓的头和垫圈另加10 mm，因此压缩 HP 的90%是不可能的。

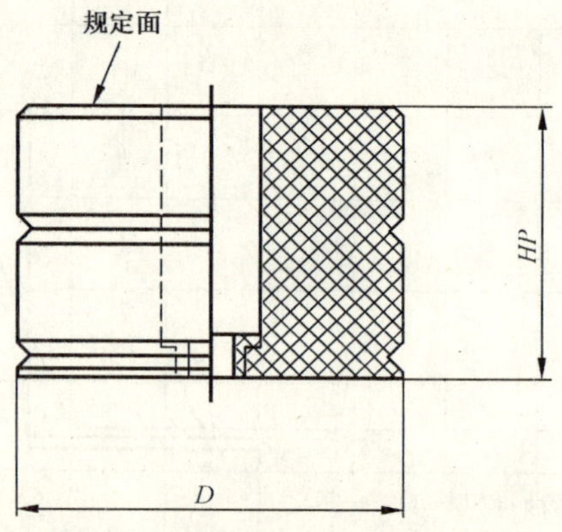

图10-2　缓冲器压缩高度示意图

答复(2002-12-31)：术语“完全压缩”是指配置的缓冲器其可压缩高度的90%被压缩。在可压缩高度中，不包括任何实体的固定件高度。

10.4.2　带有缓冲作用的蓄能型缓冲器

10.4.1的规定同样适用于此类型的缓冲器。

10.4.3　耗能型缓冲器

10.4.3.1　缓冲器可能的总行程应至少等于应用于115%额定速度的重力制停距离，即0.067 4 v^2(m)。

10.4.3.2　当按12.8的要求对电梯在其行程末端的减速进行监控时，则在按照

10.4.3.1 的规定计算缓冲器行程时，可采用轿厢(或对重)与缓冲器刚接触时的速度取代额定速度。但行程不得小于：

a) 当额定速度不大于 4 m/s 时，按 10.4.3.1 计算行程的 1/2。但在任何情况下，行程不应小于 0.42 m。

b) 当额定速度大于 4 m/s 时，按 10.4.3.1 计算行程的 1/3。但在任何情况下，行程不应小于 0.54 m。

【CEN/TC 10/WG 1 解释，No. 533】

询问：在 EN 81-1 中有叙述减速监控的内容。

10.4.3.2 考虑应用减速监控装置时的电梯额定速度是不小于 2.5 m/s，低于这个速度值是不考虑的。

12.8 定义了减速监控的基本要求，12.8.2 条指出，减速监控应保证轿厢或对重的冲击速度不超过缓冲器的设计速度。

我们设计了一种减速监控装置，根据 12.8.2 要求，可以保证冲击速度不会超过缓冲器的设计速度。问题：

(1) 如果一台电梯正常速度是 8.0 m/s，根据 EN 81-1 的附录 L，配置了一个最小行程为 1.44 m 的缓冲器，如果设置了一个减速监控装置，保证最大可能的冲击速度为 4.0 m/s，则使用一个最小行程为 0.54 m/s 的缓冲器，这样允许吗？

(2) 一台正常速度不大于 2.5 m/s 的电梯，使用减速监控装置，为了减少最小缓冲行程，根据最大可能冲击速度，不考虑 10.4.3.2 a) 中规定的缓冲行程的最小值。这样允许吗？

答复(2001-04-15)：两个问题的可能情况没有包括在本版的标准中。减速的监控与减少缓冲器的行程的组合问题将在下次标准的修订时再考虑。

解读 按 10.4.3.1 的 0.067 4 v^2 计算额定速度为 4 m/s 的缓冲器的行程约为 1.08 m，额定速度为 6 m/s 的，其行程为 2.43 m/s，缓冲器总长将接近两层楼高了。因此如果电梯采用末端减速监控时，减行程缓冲器的实际行程只是计算行程的 1/3～1/2。最小行程至少为 0.42 m 和 0.54 m，即相当于 2.5 m/s 和 2.8 m/s 速度使用的缓冲器行程。同时也应注意到，对一个额定速度为 2.5 m/s 的电梯，即使使用了端站减速监控装置，其行程还是不能减少的。

本版中对 10.4.3.2 b) 作了修订，1985 版对额定速度大于 4 m/s 时，也规定行程为 0.42 m。

10.4.3.3 耗能型缓冲器应符合下列条件：

a) 当装有额定载重量的轿厢自由下落并以 115% 额定速度撞击轿厢缓冲器时，缓冲器作用期间的平均减速度应不大于 1 g_n；

b) 2.5 g_n 以上的减速度作用时间应不大于 0.04 s；

c) 缓冲器动作后，应无永久变形。

解读 耗能型缓冲器的性能指标最早是由 ASME A 17.1 提出的，此后没有人提出过异议，目前各国的规范中都是采纳这两个减速度指标。

设计缓冲器缓冲力时，假定缓冲过程中的缓冲力是恒力，因而轿厢冲击过程中应是匀减速的。但目前大多缓冲器在受撞击过程中，初始时减速度很高，此后再有很长一段时间完成缓冲行程，虽然给出了很低的平均减速度，但其性能较差。作为一个性能良好的缓冲器，缓冲过程中应尽量均匀减速，此外应满足：轿厢在轻载(如只有 1 个人)时，也应尽量满足上述条件，瞬时减速度超过 1.5 g_n 的作用时间尽可能低，以保证缓冲过程的平稳。从这个意义讲，如果平均减速度超过 0.4 g_n(但要小于 1.0 g_n)的缓冲器是令人满意的。

10.4.3.4 在缓冲器动作后恢复至正常伸长位置后电梯才能运行，为检查缓冲器的正常复位所用的装置应是一个符合 14.1.2 规定的电气安全装置。

解读 耗能型缓冲器动作后，柱塞应在 120 s 之内回复正常的伸长位置，为了确认柱塞的回复位置，缓冲器上应安装一个电气安全开关。

ISO 的专家对国际电梯标准比较后认为，标准中应考虑由张紧及补偿装置给缓冲器带来的附加载荷。

10.4.3.5 液压缓冲器的结构应便于检查其液位。

10.5 极限开关

解读 极限开关(final limit swith)是设在井道顶部和底部位置。当轿厢运行超过端站的预定距离时切断电梯驱动主机的电源，这个开关动作后，将不能以正常的操作装置驱动电梯上行或下行。而限位开关(limit swith)也装在井道的顶部和底部，也是限制轿厢在端站位置时的行程，它在极限开关之前动作。它与极限开关功能不同的是，仅切断一个控制电路，不切断主电源；作为方向限位，如下限位开关被动作了，此时上行检修操作仍有效。

10.5.1 总则

电梯应设极限开关。

极限开关应设置在尽可能接近端站时起作用而无误动作危险的位置上。

极限开关应在轿厢或对重(如果有的话)接触缓冲器之前起作用，并在缓冲器被压缩期间保持在其动作状态。

10.5.2 极限开关的动作

10.5.2.1 正常的端站停止开关和极限开关必须采用分别动作的装置。

10.5.2.2 对于强制驱动的电梯，极限开关的动作应由下述方式实现：

a) 利用与电梯驱动主机的运动相连接的一种装置；或

b) 利用处于井道顶部的轿厢和平衡重(如果有的话)；或

c) 如果没有平衡重的话，利用处于井道顶部和底部的轿厢。

10.5.2.3 对于曳引驱动的电梯，极限开关的动作应由下述方式实现：

a）直接利用处于井道的顶部和底部的轿厢；或

b）利用一个与轿厢间接连接的装置，如：钢丝绳、皮带或链条。

该连接装置一旦断裂或松弛，一个符合14.1.2规定的电气安全装置应使电梯驱动主机停止运转。

【CEN/TC 10/WG 1 解释，No.134】

询问(1986-10-15)：对曳引驱动电梯的极限开关允许用下述方案吗？即一个轿厢上安装一个符合10.5.3.1b)2)要求的极限开关。这个极限开关通过固定在电梯行程末端的两个偏心挡块使其强制动作。

答复(1987-05-12)：允许的。

10.5.3 极限开关的动作方法

10.5.3.1 极限开关应：

a）对强制驱动的电梯，应根据12.4.2.3.2的规定，用强制的机械方法来直接切断电动机和制动器的供电回路。

【CEN/TC 10/WG 1 解释，No.219】

询问(1993-03-08)：本条要求对卷筒驱动的电梯，用强制的机械方法来直接切断电动机和制动器的供电回路。这样的装置有时不太容易安装。

设想能否按图10-3的电路，通过一个接触器断开上述的回路，且每次停站检查其作用。这样的电路可行否？

答复(1993-06-30)：不行。建议的电路是间接断开电机和制动器回路，非直接的机械方式断开。在讨论本条解释要求时，解释委员会发现本条的正文可能要作大的改写。这个工作在下版修订中再考虑。

[译注：No.219解释另有一个卷筒驱动电梯极限开关的附件说明]

卷筒驱动电梯极限开关

目的：用一个电源接触器替代机械的三相极限开关，接触器功能在每次运行后予以检查。

功能：极限开关的触点断开接触器线圈SEC的电源，接触器SEC切断电机三相供电和制动线圈的电源。

接触器SEC的监控：每次停止后，常开触点断开接触器线圈SEC的供电，SEC的常闭触点是串接于接触器脱落监控电路中。运行之后，如果接触器SEC没有脱落，电梯停止服务。

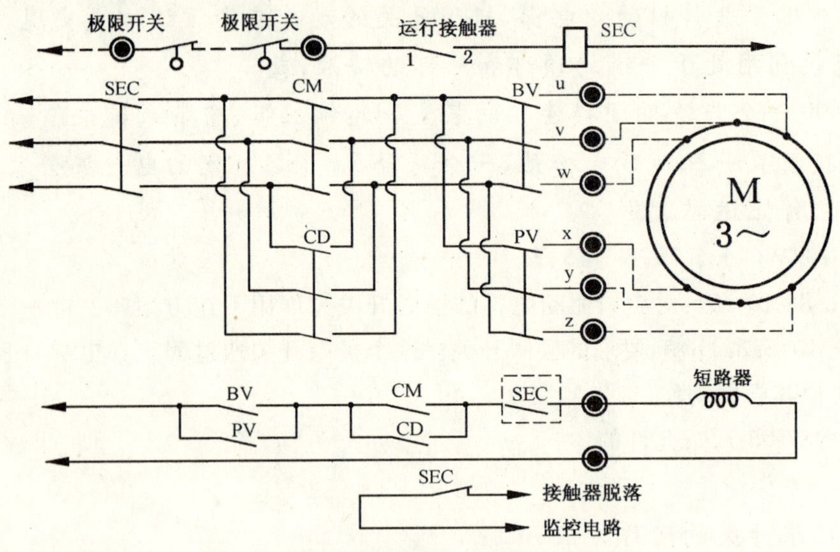

图 10-3 电机和制动器的供电回路

b) 对曳引驱动的单速或双速电梯,极限开关应能:

1) 按上面 a)要求切断电路;或

2) 通过一个符合 14.1.2 规定的电气安全装置,按照 12.4.2.3.1、12.7.1和 13.2.1.1 的要求,切断向两个接触器线圈直接供电的电路。

c) 对于可变电压或连续调速电梯,极限开关应能迅速地,即在系统所能允许的最短时间内使电梯驱动主机停止运转。

【CEN/TC 10/WG 1 解释,No. 545】

询问:EN 81-1 的 10.5.3.1 对曳引驱动和卷筒驱动对应的极限开关的动作状态要求有一些差异。

按 14.1.2 要求,井道中的极限开关是电气安全装置,根据 12.7 规定应切断主机的电源。根据 0.3.5 条,这些装置的失效是不考虑。

即使排除 0.3.5 的假定:

a) 在上面层站的主机不停止的情况下,轿厢与卷筒驱动的连接件的破断将不存在。因为:

——驱动单元的计算将考虑最终轿厢静止在它的缓冲器上(见 12.2.1);

——这些绳的安全的系数是 12[见 9.2.2c)];

——绳和绳端接装置的连接应能承受至少钢丝绳最小破断载荷的 80%;

——上述要求的组合,即连接轿厢和卷筒的安全系数是 12×80%=9.6。

b) 按 13.3 确认的过载保护,一旦轿厢由于缓冲器而被停止,不允许曳引机保持不变的剩余载荷,不管何种原因即使极限开关不动作,这样可避免主机被损坏。

——根据 12.9 规定，应提供一个电气安全装置，防止绳或链的松弛；

——轿厢静止在缓冲器上时，在卷筒槽上还有一圈半的绕绳(见 9.4.2)这意味着当主机继续松绳时，上述规定的松绳触点动作。

d) 当处于检修时，上、下极限装置可能不起作用，对卷筒驱动电梯并不引入特定的风险，因为有躲避空间的要求(见 5.7.2、5.7.3)，必须保持轿厢和平衡重的制导行程(5.7.2.1～5.7.2.3)。

e)当轿厢撞击缓冲器时，乘客(按 EN 81 的意思)和载荷被运输的风险对曳引驱动和卷筒驱动电梯是相同的。

为此我们认为，对单速或双速电梯，曳引驱动以及卷筒驱动电梯，本条规定的极限开关可能有同样的动作状态。我们的理解对否？

答复(2001-11-26)：不对。上述提出的理解导致对 EN 81-1 标准中强制驱动电梯的本质变化。这只能基于风险评估来考虑，这将在下次标准中作修订。在这种情况下，没有表明标准在这方面将会被改变。

10.5.3.2 极限开关动作后，电梯应不能自动恢复运行。

轿厢与面对轿厢入口的井道壁之间，以及轿厢、对重或平衡重之间的距离

【CEN/TC 10/WG 1 解释，No. 250】

询问(1994-09-21)：11 章中除了规定轿厢和面对轿厢入口井道壁之间及轿厢和对重之间的间隙外，对本标准的 5.6.2 和 8.12.4 没有设定轿厢与关联的部件、与井道中的其他部件之间间隙的最小值。

这些值应由制造商对应特定的安装来确定。我们的解释对吗?

答复(1995-09-13)：对的。这是对水平距离而言。

解读 CEN/TC 10/WG 1 的专家曾讨论过多种间隙要求，但有的间隙值的确定是很困难的。比如很多电梯的导轨、安全钳与导轨支架之间的间隙很小，但由于各厂商的结构型式不同就很难予以定值限制。运动部件与静止部件、其他运动部件的间隙取决于：整个系统其他部件中的间隙，各种零部件的刚性；各种零部件的耐磨性等因素。因此标准规定的间隙值都是与安全相关的，应予以遵守。图 4、图 5 是本版增加的要求，对相关间隙的要求更加清晰明了。

11.1 总则

不仅在交付使用之前的检验和试验期间，而且在电梯的整个使用寿命期中应保持本标准所规定的间距。

11.2 轿厢与面对轿厢入口的井道壁之间的间距

以下规定由图 4 和图 5 说明。

单位为毫米

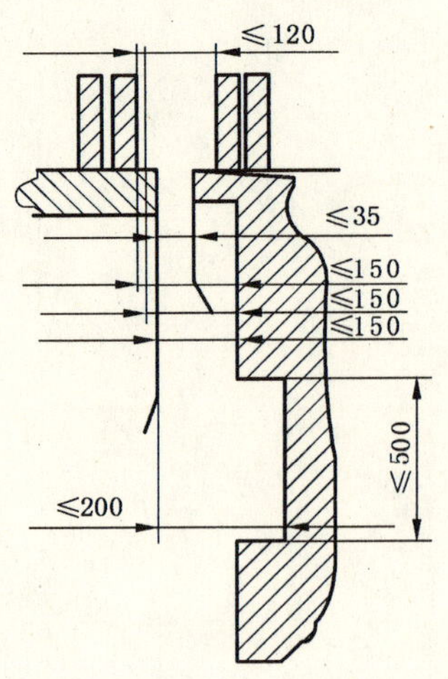

图 4 轿厢与面对轿厢入口的井道壁的间距

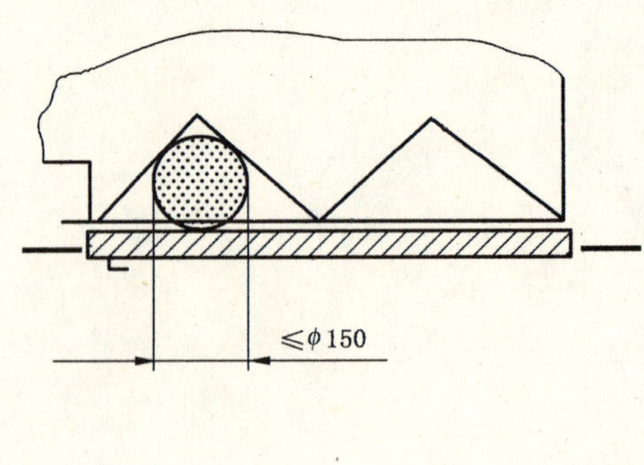

图 5 铰链层门和折叠轿门的间隙

11.2.1　电梯井道内表面与轿厢地坎、轿厢门框架或滑动门的近门口边缘之间的水平距离不应大于 0.15 m。

上述给出的间距：

a) 可增加到 0.2 m，其高度不大于 0.5 m；

b) 对于采用垂直滑动门的货客梯，在整个行程内此间距可增加到 0.2 m；

c) 如果轿厢装有机械锁闭的门且只能在层门的开锁区域内打开，除了 7.7.2.2所述情况外，轿厢的运行应自动地取决于轿门的锁紧。且轿门锁紧必须由符合 14.1.2 要求的电气安全装置来证实，则上述间距不受限制。

【CEN/TC 10/WG 1 解释，No. 156】

询问(1989-10-17)：

(1) 在垂直距离超过 0.5 m(最大)时，允许井道壁与地坎、轿厢入口框架之间的水平距离为 0.20 m。如图 11-1 所示，其垂直距离高度已大于 0.5 m，但在井道壁用足够强度的钢条将垂直高度分隔成小于 0.5 m 的距离，将所说的水平距离减少至不大于 0.1 m(井道壁与地坎、轿厢入口框架之间)，那本条要求还必须满足吗？

(2) 如果井道壁由高度至少 500 mm 的金属板作延伸，其相互的垂直距离 500 mm，水平距离减少至 150 mm 或更小，如图 11-2 所示。这样有必要吗？

答复(1990-01-31)：对问题(1)，没有必要。对问题(2)，认为有必要。围封见图 11-1 和图 11-2。

单位为毫米

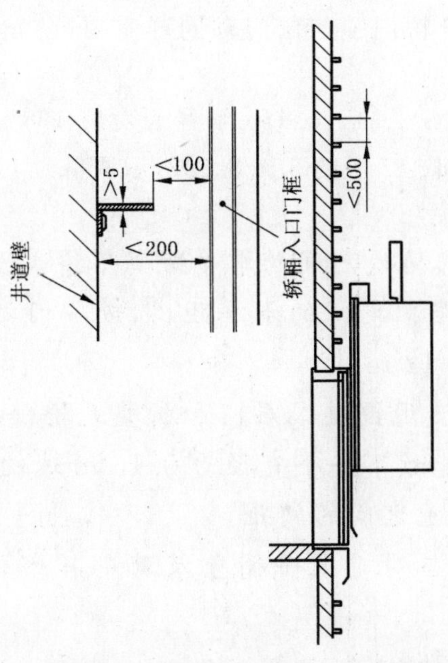

图 11-1　井道壁与地坎、轿厢入口之间的水平距离

单位为毫米

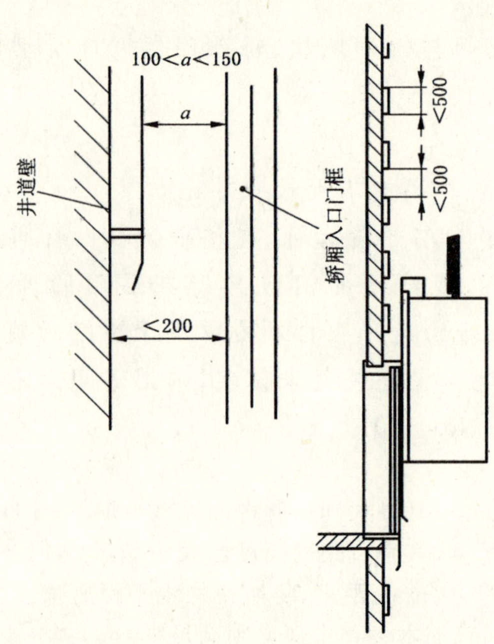

图 11-2 井道壁上钢板的分隔间距图

【CEN/TC 10/WG 1 解释,No. 25】

询问(1979-12-01):7.7.3 提到了锁紧和紧急开锁,讲了这种装置应防止滥用,第 8 章中与轿厢入口有关,但又重复了第 7 章的条款。8.9.2 中又援引了 7.7.3 的内容,而 BS 2655-1中,只用一个条款覆盖了上述两个条款,这是为什么?

答复(1980-06-17):由于轿门锁与层门锁同样重要,防止滥用的保护要求两者是相同的。

解读 CEN/TC 10/WG 1 的 No. 156 解释原对应 1985 版 5.4.3.2.1a),后调整为 11.2.1a)。No. 25 解释原对应 85 版的 5.4.3.2.2,后调整为 11.2.1c)。

11.2.2 轿厢地坎与层门地坎之间的水平距离不得大于 35 mm。

11.2.3 轿门与闭合后层门之间的水平距离,或各门之间在整个正常操作期间的通行距离,不得大于 0.12 m。

11.2.4 如果电梯同时使用铰链式层门和折叠式轿门,则在关闭后的门之间的任何间隙内都不应有可能放下一个直径为 0.15 m 球的空间。

11.3 轿厢、对重或平衡重之间的间距

轿厢及其邻接部件与对重或平衡重及其邻接部件之间至少有 50 mm 的间距。

【CEN/TC 10/WG 1 解释,No. 217】

询问(1992-12-10):本条要求轿厢及相邻部件与对重之间至少有 0.05 m 的距离。

假定这个要求是为了避免人体的挤压和剪切,我们认为,这样的危险只存在于轿顶的外边缘,测量 0.05 m 应从轿顶的边缘起。委员会同意这个观点吗?

答复(1993-06-30):不同意。这个距离在轿厢和对重的整个高度上均有效。

解读 CEN/TC 10/WG 1 的 No.217 解释原针对 85 版的 11.4,后调整为 11.3。

12 电梯驱动主机

12.1 总则

每部电梯至少应有一台专用的电梯驱动主机。

解读 本条是否意味着有两台主机驱动一台电梯呢？答复是肯定的。在半世纪以前，高速电梯的额定速度只能在1.2 m/s～1.6 m/s，为了达到平稳的启动和减速特性，两个驱动主机采用不同速比的减速箱。用开关切换高低速电机，这样可以达到满意的平层精度。自从双速电机问世后，这种系统就被淘汰了，但随着电机驱动控制技术的发展，已有电梯制造商将两个（甚至多个）电机驱动一个曳引轮的组合型主机用于高速、大容量的电梯。

在国外的有些观光地，有的电梯只是在顶层与底层站之间直驶，为了减少能耗，增加客流量，这种电梯的对重就是另一个轿厢，即两个轿厢由一个主机驱动，上、下对开。这是电梯的特例，即一个电梯两个轿厢。95/16/EC 中指出，电梯应具有各自的驱动主机，但这一要求不适用于对重由另一个轿厢代替的电梯。

12.2 轿厢和对重或平衡重的驱动

12.2.1 允许使用两种驱动方式：

a) 曳引式（使用曳引轮和曳引绳）。

b) 强制式，即：

1) 使用卷筒和钢丝绳；或

2) 使用链轮和链条。

强制驱动的电梯额定速度不应大于0.63 m/s，不能使用对重，但可使用平衡重。

在计算传动部件时，应考虑到对重或轿厢压在其缓冲器上的可能性。

【CEN/TC 10/WG 1 解释，No. 164】

询问（1989-04-10）：我们准备采用下述原理实施曳引电梯的救援（见图 12-1）：

传统曳引绳的两端分别由一个自由旋转的滑轮和由一个小的卷筒装置代替。绕在卷筒上绳的长度是对应楼层间距的两倍。在电梯故障时，卷筒电机和制动器由电池供电。整套装置符合 EN 81-1 的要求，且在轿厢和对重侧还配有松绳传感器。

我们认为8.18.3和12.2.1b)1)中禁止卷筒驱动的电梯使用对重不适用于救援操作装置。我们的解释正确否？

答复（1989-10-18）：解释是正确的。这套装置除了对重禁用外，都应符合曳引电梯和卷筒电梯的要求。

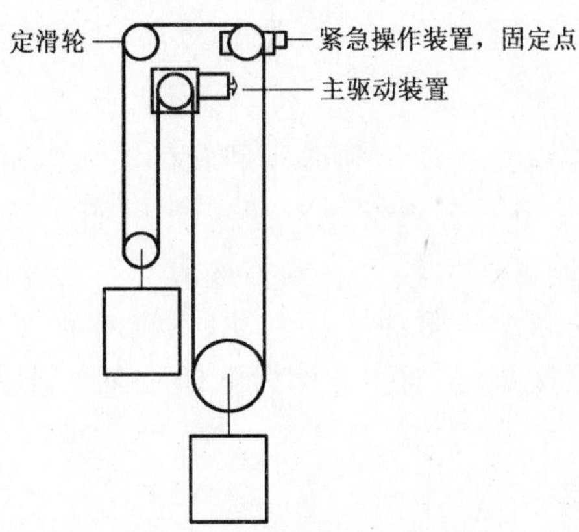

图 12-1　紧急救援装置示意图

解读　本标准只涉及两种驱动方式：曳引驱动和强制驱动。强制驱动包括了卷筒驱动和链条驱动。强制式电梯使用时有两个限制：一是额定速度不大于 0.63 m/s，另一个不能使用对重，但可使用平衡重。因为平衡重只平衡轿厢的部分自重，而对重将平衡轿厢全部自重再加部分额定载荷。

强制驱动是电梯早期使用的一种驱动方式，随着技术的进步，特别是无机房电梯的普及使用，这类电梯几乎已没有市场需求。因此，CEN 准备在下版的标准修订时将考虑取消强制驱动的电梯。

12.2.2　可以使用皮带将单台或多台电机连接到机电式制动器（见 12.4.1.2）所作用的零件上。皮带不得少于两条。

12.3　悬臂式滑轮或链轮的使用

应装设符合 9.7 要求的防护装置。

12.4　制动系统

12.4.1　通则

12.4.1.1　电梯必须设有制动系统，在出现下述情况时能自动动作：

a）动力电源失电；

b）控制电路电源失电。

解读　事实上，在下述三种情况下制动系统均应动作：

（1）正常运行的每次停站后，它由井道的位置传感器和速度监控装置的信号反馈，由主控器决定制动系统失电制动，其减速度能得到有效控制；

（2）由附录 A 所列的电气安全装置检测到故障状态；

（3）本条所选的动力电源或控制电路电源失电。

一般（2）、（3）情况是在非正常情况下制动。

12.4.1.2 制动系统应具有一个机-电式制动器(摩擦型)。此外,还可装设其他制动装置(如电气制动)

解读 电梯主机的机-电式制动器是必须装设的。如电磁力驱动的鼓(抱闸)式的、盘式的制动器等。高速大吨位电梯要求有较大的制动力,此时如果用电磁力驱动的话,体积会很庞大。因此用液压驱动可产生较大的复位推力。而其他电气制动装置只能作为制动前的辅助减速,如调压调速系统中附加能耗制动、涡流制动以及反接制动等。这种附加的电气制动装置,只能控制电梯减速,而不能作为电梯的安全制停装置。

12.4.2 机-电式制动器

12.4.2.1 当轿厢载有125%额定载荷并以额定速度向下运行时,操作制动器应能使曳引机停止运转。在上述情况下,轿厢的减速度不应超过安全钳动作或轿厢撞击缓冲器所产生的减速度。

所有参与向制动轮或盘施加制动力的制动器机械部件应分两组装设。如果一组部件不起作用,应仍有足够的制动力使载有额定载荷以额定速度下行的轿厢减速。

电磁圈的铁芯被视为机械部件,而线圈则不是。

【CEN/TC 10/WG 1 解释,No.244】

询问(1994-09-21):本条要求制动器能制停载有125%额定载荷并以额定速度向下运行的轿厢。然而制停试验时,在这样的载荷和速度下,要求电梯有一个低的制停减速度,可能有下述不同的结果(下述情况下上限的减速度没有超过):

a) 轿厢在较高楼层向下运行,制动器动作,轿厢在撞击缓冲器之前,制动器能制停轿厢。因为轿厢制停时至缓冲器的距离足够长。

b) 轿厢在较低楼层向下运行,制动器动作,不能制停轿厢,轿厢撞击缓冲器。因为轿厢制停时至缓冲器的距离太短。

如果仅要求减速制停试验,具有较低的制停距离(例如减速度有上限),那么上述试验时,制动器应能停止主机。虽然载荷、速度及制动器设置相同,但从制动器的有效性看将得出完全不同的试验结果。我们要求委员会能给予说明这种不规则的现象。

答复(1995-11-08):与解释文件No.139一起颁布的CEN/TC 10 N79文件中没有规定最小减速度。这说明,当轿厢撞击缓冲器时。主机将可能仍在运转。

解读 制动器的制停力是可以由制动臂的压缩弹簧来调节,但轿厢的制停减速度不仅与制停力有关,还与钢丝绳,绳槽的形状及表面硬化程度等有关。因此,一旦轿厢减速度超标,应从多方面查找原因。

通过试验应须确认,轿厢载有125%额定载荷以额定速度向下运行,制动器应能制停驱动主机。制动器应使轿厢以不大于安全钳和缓冲器动作所要求的减速度减速。如果只有一个制动部件动作,这个制动部件产生的制停力也应足以使载有额定载荷以额定速度下行的轿厢减速。对单臂制动时轿厢的减速度没有具体要求,只要足以使载有额定载荷以额定速度下行的轿厢减速即可。解释文件中提到，对于短距离试验，当轿厢撞击缓冲器时，主机可能不出现停顿，由于没有规定减速度值，难于判定制停有效。实际上比较好的方法是，制停试验时在轿厢中安放加速度传感器，记录制停减速度，这样能定量地说明制停有效。

进行125%额定载荷以额定速度向下运行的制停试验，实际上也是检查电梯的曳引能力(见9.3)。附录M的曳引力计算中的M2.1.2紧急制动工况计算时要求，空轿厢或装有额定载荷的轿厢在井道的不同位置紧急制停时，在任何情况下，减速度应不小于下列数值：0.5 m/s^2(正常情况)；0.8 m/s^2(使用了减行程缓冲器情况)。笔者认为，该减速度值可作为125%额定载荷动态减速制停试验时的计算参考值。

1985版中对“制动器机械部件应分两组装设”要求作暂缓执行。单线圈、单铁芯的制动器在我国的电梯上应用广泛，由于其存在铁芯在导向套内卡阻的危险，因此制动器除了考虑制动臂分组装设，铁芯必须有两个。欧洲在本条款讨论时，曾有人提出，认为一个线圈应对应一个铁芯，即要有两个独立的线圈，但CEN最终协调意见是铁芯必须是两个。单线圈、单铁芯的制动器由于铁芯在导向套内卡阻，导致制动器失电后铁芯不能复位，制动臂不能抱制动轮，这在我国已有多起事故发生。制动器机械部件分组装设要求，目前国内主机都能满足要求，但电梯线圈的铁芯分两组装设的要求，还有很多在用的主机还不满足，维保单位对此应引起足够重视。

12.4.2.2 被制动部件应以直接和刚性的机械方式与曳引轮或卷筒、链轮连接。

解读 本版标准中，强调被制动部件与曳引轮、卷筒、链轮应是直接和刚性连接，这意味着，制动轮和曳引轮之间不允许有柔性的机械部件(如绳、链或带等)。

12.4.2.3 正常运行时，制动器应在持续通电下保持松开状态。

12.4.2.3.1 切断制动器电流，至少应有两个独立的电气装置来实现，不论这些装置与用来切断电梯驱动主机电流的电气装置是否为一体。

当电梯停止时，如果其中一个接触器的主触点未打开，最迟到下一次运行方向改变时，应防止电梯再运行。

解读 制动器的供电回路中至少应用两个独立的电气装置来切断制动器回路的电流，每次停站制动时，这些独立的电气装置的触点应释放断开。如果其中有一个主触点未打开，则在电梯的换向运行时应释放。应有监控电路、监控触点的动作，如仍未释放，电梯应不能再起动。

12.4.2.3.2 当电梯的电动机有可能起发电机作用时，应防止该电动机向操纵制动器的电气装置馈电。

解读 电梯的轻载上行或重载下行，电机均处于发电状态，驱动电路中应有措施防止电机馈电给制动器回路。

12.4.2.3.3 断开制动器的释放电路后，电梯应无附加延迟地被有效制动。

注：使用二极管或电容器与制动器线圈两端直接连接不能看作延时装置。

12.4.2.4 装有手动紧急操作装置(12.5.1)的电梯驱动主机应能用手松开制动器并需要以一持续力保持其松开状态。

12.4.2.5 制动闸瓦或衬垫的压力应有导向的压缩弹簧或重坠来施加。

12.4.2.6 禁止使用带式制动器。

12.4.2.7 制动衬应是不易燃的。

解读 按 0.3.1 规定，制动衬不能用石棉材料制作。石棉是致癌物质。

12.5 紧急操作

【CEN/TC 10/WG 1 解释，No. 147】

询问(1987-10-29)：在电梯投入运行之前，进行试验和检验，根据 12.5.1.1 要求，安装可拆卸的盘车手轮，检验必要的提升功能。但要卸除部分固定件，例如在电机的轴端用内六角圆柱螺钉固定测速发电机(a tachometer dynamo)。

这样的设置有碍于快速加入紧急操作。要求称职人员参与。这不符合本标准的本意。我们的解释正确否?

答复(1989-02-08)：正确的。如果电梯没有紧急电动操作，应能不使用工具就能安装可拆卸的盘车手轮。

12.5.1 如果向上移动载有额定载荷的轿厢所需的操作力不大于 400 N，电梯驱动主机应装设手动紧急操作装置，以便借用平滑且无辐条的盘车手轮能将轿厢移动到一个层站。

12.5.1.1 对于可拆卸的盘车手轮，应放置在机房内容易接近的地方。对于同一机房内有多台电梯的情况，若盘车手轮有可能与相配的电梯驱动主机搞混时，应在手轮上做适当的标记。

一个符合 14.1.2 规定的电气安全装置最迟应在盘车手轮装上电梯驱动主机时被动作。

解读 盘车手轮固定在驱动主机的轴上不可拆卸的，可不需要另设电气安全装置。

12.5.1.2 在机房内应易于检查轿厢是否在开锁区。例如，这种检查可借助于悬挂绳或限速器绳上的标记。

12.5.2 如果 12.5.1 规定的力大于 400 N，则机房内应设置一个符合 14.2.1.4 规定的紧急电动运行的电气操作装置。

解读 95/16/EC 的 A4.4 规定：电梯应具备能够使困于轿厢内的人员被解救和撤离

的手段。因此，紧急操作是每台电梯应须具备的功能。其实施方式可以是通过驱动主机上的盘车手轮，或采用紧急电动操作装置，具体由移动额定载荷轿厢的操作力来决定。一般采用无齿轮曳引机的电梯，较难满足12.5.1条要求，因此要执行本条款。

本版标准中，对可拆卸的盘车手轮提出了要加设确认盘车手轮已装好的电气安全装置，以防盘车手轮正在安装过程中电机启动运转。

12.6 速度

当电源为额定频率，电动机施以额定电压时，电梯轿厢在半载向下运行至行程中段（除去加速和减速段）的速度，不应大于额定速度的105%。

注：实践证明，在上述条件下，速度误差的下限不大于额定速度的8%为好。

这个允差值同样也适用于下列情况的速度：

a) 平层[14.2.1.2b)]；

b) 再平层[14.2.1.2c)]；

c) 检修运行[14.2.1.3d)]；

d) 紧急电动运行[14.2.1.4e)]；

e) 对接运行[14.2.1.5c)]。

解读 “额定速度”按GB/T 7024定义为电梯设计所规定的速度。计算允差时可以合同约定的速度为准。一般合同不包括a)～e)所述的速度，此时可查阅其他的明示担保文件，如安装调试手册，使用维护说明书等。

12.7 停止电梯驱动主机以及检查其停止状态

使用符合14.1.2规定的电气安全装置使电梯驱动主机停止，应按下述各项进行控制。

12.7.1 由交流或直流电源直接供电的电动机

必须用两个独立的接触器切断电源，接触器的触点应串联于电源电路中。电梯停止时，如果其中一个接触器的主触点未打开，最迟到下一次运行方向改变时，必须防止轿厢再运行。

【CEN/TC 10/WG 1解释，No. 108】

询问(1983-12-12)：我们注意到不同制造商的某些电梯，采用一个或两个接触器控制电机的供电，但并不切断所有三相的供电。我们想了解这样的设置是否符合：

a) 电气安装规范和标准；

b) 本条款的“必须用两个独立的接触器切断电源，接触器的触点应串联于电源电路中。”

答复(1984-04-04)：标准规定采用两个独立的接触器是为了保证通过电气安全装置的动作使供电的中断，即使其中的一个接触器不断开。对采用没有零线的星形或三角形连接的三相电机，断开两相已足以切断供电，所以不要求切断所有三相线。

【CEN/TC 10/WG 1 解释，No. 552】

询问：关于两个独立的接触器中断电机电流的问题(由静态元件控制，如频率逆变器)，两个主接触器的功能确认(在正常控制后的释放)通常由(电子)处理器输入端(the processor-entrance)来完成，主接触器的两个常闭触点串接于处理器输入端，对处理器输入端是否要求设一个独立的监控装置?

如果是的话，这个监控装置将在处理器输入端完成主接触器的功能确认使电梯立即停止/中断。这样不是作为功能，而是作为一个故障的结果吗?

答复(2001-11-26)：不是的，独立的监控装置对处理器输入端是不要求的。处理器输入端的故障本身不能导致一个危险状态。故障最迟在下次运行方向改变之前检测到，并应防止电梯的任何运行。

12.7.2　采用直流发电机-电动机组驱动

12.7.2.1　发电机的励磁由传统元件供电

两个独立的接触器应切断：

a) 电动机发电机回路；或

b) 发电机的励磁；或

c) 电动机发电机回路和发电机励磁。

电梯停止时，如果其中一个接触器的主触点未打开，最迟到下一次运行方向改变时，必须防止轿厢再运行。

在 b)和 c)情况下，应采取有效措施防止发电机中产生的剩磁电压使电动机转动(例如防爬行电路)。

12.7.2.2　发电机的励磁由静态元件供电和控制

应采用下述方法中的一种：

a) 与 12.7.2.1 规定的方法相同。

b) 一个由以下元件组成的系统：

1) 用来切断发电机励磁或电动机发电机回路的接触器。至少在每次改变运行方向之前应释放接触器线圈。如果接触器未释放，应防止电梯再运行。

2) 用来阻断静态元件中电流流动的控制装置。

3) 用来检验电梯每次停车时电流流动阻断情况的监控装置。

在正常停车期间，如果静态元件未能有效阻断电流的流动，监控装置应使接触器释放并应防止电梯再运行。

应采取有效措施防止发电机产生的剩磁电压使电动机传动(例如防爬行电

路）。

解读 直流发电机-电动机所驱动的电梯已很少了，因其能耗大，故障率高，维修费用昂贵而被淘汰，我国在20世纪80年代初就明令禁止所谓“小直流”机组（$v\leqslant 2.0$ m/s）用于电梯。

一些高速直流梯，也逐渐被三相可控硅直接供电及变频调速系统代替。

12.7.3 交流或直流电动机用静态元件供电和控制

应采用下述方法中的一种：

a）用两个独立的接触器来切断电动机电流。

电梯停止时，如果其中一个接触器的主触点未打开，最迟到下一个运行方向改变时，必须防止轿厢再运行。

b）一个由以下元件组成的系统：

1）切断各相（极）电流的接触器。至少在每次改变方向之前应释放接触器线圈。如果接触器未释放，应防止电梯再运行。

2）用来阻断静态元件中电流流动的控制装置。

3）用来检验电梯每次停车时电流流动阻断情况的监控装置。

在正常停车期间，如果静态元件未能有效阻断电流的流动，监控装置应使接触器释放并应防止电梯再运行。

【CEN/TC 10/WG 1解释，No.259】

询问（1995-02-09）：我们的意见是，12.7.3b）需要一个补充的解释。12.7.3b）2）的控制装置，12.7.3b）3）的监控装置都不是14.1.2.3的安全电路，应该允许实施控制装置和监控装置用一个单机或一个公共的微处理机。

在制造商和规范检验单位之间讨论时，我们得到的印象是，对此解释较困难。因此我们的观点是条款12.7.3b）需要再描述。现提交本问题给解释委员会，以期答复。

答复（1996-03-06）：12.7.3b）2）的控制装置，12.7.3b）3）的监控装置都不是14.1.2.3的安全电路。如果要满足14.1.1的要求，应使用能达到类似12.7.3a）的装置。

解读 CEN/TC 10/WG 1对12.7.1条的No.552解释对12.7.3a）同样有效。

12.7.4 在12.7.2.2b）或12.7.3b）中所述的控制装置和在12.7.2.2b）3）或12.7.3b）3）中所述的监控装置不必是14.1.2.3规定的安全电路。

只有当满足14.1.1的要求以获得与12.7.3a）类似的效果时，这些装置才能使用。

12.8 采用减行程缓冲器时对电梯驱动主机正常减速的监控

解读 CEN/TC 10/WG 1对10.4.3.2条的No.533解释对12.8同样有效。

12.8.1 在10.4.3.2情况下，在轿厢到达端站前，检查装置应检查电梯驱动主机的减速是否有效。

12.8.2 如减速无效，检查装置应以这样的方式使轿厢减速，即：如果轿厢或对重与缓冲器接触，其冲击速度不大于缓冲器的设计速度。

12.8.3 如果检查减速的装置与运行方向有关，应设置一个装置检查轿厢的运动是否与预定方向一致。

12.8.4 如果这些检查装置或其中一部分安放在机房内：

a) 它们应由一个与轿厢直接连接的装置操纵；

b) 轿厢位置的信息应不依赖与曳引、摩擦驱动装置或同步电机；

c) 如果用钢带、链条或钢丝绳作连接装置将轿厢的位置传到机房，该装置的断裂或松弛应通过一个符合14.1.2要求的电气安全装置使电梯驱动主机停止。

12.8.5 这些装置的功能及控制方式应与正常的速度调节系统结合起来获得一个符合14.1.2要求的减速控制系统。

解读 10.4.1.2条是减行程缓冲器的设计。如果缓冲器按减行程设计，则电梯应配置端站的减速监控系统，当轿厢到达端站前，应有效检测出驱动主机的减速状态。如主机未减速，则减速监控系统应以强迫的方式使轿厢减速，以使轿厢与缓冲器接触的冲击速度不超过缓冲器的设计速度。

12.9 防止松绳或松链的安全装置

强制式驱动的电梯应有一个防绳/链松弛的装置来动作一个符合14.1.2要求的电气安全装置。此装置和9.5.3要求的可以是同一个装置。

当轿厢或对重下行遇到障碍物时，防松绳/链装置动作电气安全装置，切断控制电路，使驱动主机停转。

12.10 电动机运转时间限制器

解读 电动机运转时间限制器(the motor run time limiter)是本版标准给予的新提法，其条款为1985版的10.6.2的内容。

12.10.1 曳引驱动电梯应设有电动机运转时间限制器，在下述情况下使电梯驱动主机停止转动并保持在停止状态：

a) 当启动电梯时曳引机不转；

b) 轿厢/对重向下运动时由于障碍物而停住，导致钢丝绳在曳引轮上打滑。

12.10.2 电动机运转时间限制器应在下列两个时间值的较小者之内起作用：

a) 45 s；

b) 电梯运行全程的时间再加上 10 s，若运行全程的时间小于 10 s，则最小值为 20 s。

12.10.3 恢复正常运行应只能通过手动复位。电源断开后再恢复时，不必将曳引机保持在停止位置上。

12.10.4 电动机运转时间限制器不应影响到轿厢检修运行和紧急电动运行。

解读 曳引驱动主机，除了防止轿厢/对重下行遇阻停住，钢丝绳在曳引轮上打滑外，还应防止启动电梯时曳引机不转的情况。

电动机运转时间的限制主要是靠软件来实现，每次启动后，均应由时钟计时，判别时限。电机运转的限制时间按电梯行程及运行速度事先设定好。电机启动后运转时间超过设定值，则停机并保持停止状态。这种情况出现后，必须由称职人员去检查超时运转的原因，待排除故障后，才能恢复运行。

12.11 机械设备的保护

对可能产生危险并可能接近的旋转部件，特别是下列部件，必须提供有效的保护。

a) 传动轴上的键和螺钉；

b) 钢带、链条、皮带；

c) 齿轮、链轮；

d) 电动机的外伸轴；

e)甩球式限速器。

但带有 9.7 所述保护措施的曳引轮、盘车手轮、制动轮及任何类似的光滑圆形部件除外。这些部件应涂成黄色，至少部分地涂成黄色。

【CEN/TC 10/WG 1 解释，No. 118】

询问(1984-11-23)：

(1) 在所列的要求保护的旋转部件中特别提到甩球式限速器，是否可以这样理解，其他型式的限速器就不必保护？

(2) 对“曳引轮、手动盘车轮、制动轮和任何圆形光滑的部件”没有要求保护，那么导向轮是否考虑提供保护？

答复(1985-06-25)：(1)是的，除了类似甩球式的限速器外；(2)导向滑轮的保护不在 12 章的驱动主机中，在机房或滑轮间中对滑轮的保护也没有明确的要求。

解读 CEN/TC 10/WG 1 的 No. 259 解释原是针对 1985 版的 12.9，后 1998 版调整为 12.11。

13 电气安装与电气设备

13.1 总则

13.1.1 适用范围

13.1.1.1 本标准对电气安装和电气设备组成部件的各项要求适用于：

a) 动力电路主开关及其从属电路；

b) 轿厢照明电路开关及其从属电路。

电梯应视为一个整体，如同一部含有电气设备的机器一样。

注：国家有关电力供电线路的各项要求，应只适用到开关的输入端。但这些要求也适用于机房、滑轮间、井道和底坑的全部照明和插座电路。

解读 本章是关于电梯电气安装和电气设备组成部件的规定。13.1.1.1 明确了这些规定的适用范围，即“动力电路主开关及其从属电路”与“轿厢照明电路开关及其从属电路”。

按照 13.4.1 的要求，电梯的动力电源与照明电源必须分别控制，所以每台电梯都有独立的“动力电路主开关”和“轿厢照明电路开关”。

“及其从属电路”可以理解为从“动力电路主开关”或“轿厢照明电路开关”的输出端起到由其供电的电气装置所组成的电路。

“动力电路主开关及其从属电路”与“轿厢照明电路开关及其从属电路” 直接影响到电梯的运行与使用安全，属于电梯自身电路。

本章的适用范围不包括电梯工程中涉及的“机房、滑轮间、井道和底坑的全部照明和插座电路”。这部分电路可称为电梯工程相关的电路，应遵循“国家有关电力供电线路的各项要求”。

13.1.1.2 本标准对 13.1.1.1 中所述及的开关从属电路的要求，建立在下列现行标准的基础上，同时尽可能考虑了电梯的特殊要求。

a) 国际标准：IEC；

b) 欧洲标准：CENELEC。

在采用这些标准时，都给出了出处及使用范围。如果没有给出确切资料，所用电气设备应符合可接受的通用安全法规。

解读 本条阐述了该标准制定和执行的原则。电梯属于运送人员(货物)的垂直运输设备，对运行的可靠性和运行安全性要求很高。因此，对电梯电气安装和电气设备组成部件的规定，是基于 IEC、CENELEC 等通用标准要求的基础上，又针对电梯产品的特点而作出的。对于本标准没有明确提出要求的部分，应执行现行的通用标准、规范。

IEC——国际电工委员会，是世界上成立最早的一个国际标准化机构，目前有63个成员国，中国是成员国之一。IEC下设有技术委员会(TC)，由各技术委员会负责IEC标准的制修订任务，其范围覆盖了包括电子、电磁、电工、电气、电信、能源生产和分配等所有电工技术领域。目前，IEC共有现行标准近5100个，并已被世界各国普遍采用。

CENELEC——欧洲电工标准化委员会，由欧洲28个国家的国家电工委员会组成。此外，来自东欧和巴尔干地区八个国家的电工委员会正在申请加入CENELEC。CENELEC成立于1973年，它是欧洲两大组织CENELCOM和CENEL合并而成的。

13.1.1.3 电磁兼容性应符合EN 12015和EN 12016的要求。

解读 随着电力电子技术在电梯动力装置的广泛应用，例如可控硅直流拖动系统、交流调压拖动系统、交流变频拖动系统等，其在完成电能形式变换和功率传送的同时，不可避免的会产生非正弦波，通过电源线或以电磁辐射进行传导，造成电网电压波形畸变，还会对附近的电气设备产生干扰。另一方面，现代电梯普遍应用了计算机控制和微电子技术，相对于传统的继电器控制系统更容易受到干扰。因此，限制电气设备通过电源或电磁辐射的干扰(EMI)以及提高自身抵御外界电磁干扰(EMS)的能力成为电梯产品的一项新要求，这就是本条所述的电磁兼容性(EMC)。

电磁兼容性(EMC)的定义为：设备或系统在其环境中能正常工作，且不对该环境中产生不允许的电磁骚扰的能力。EMC＝ EMI＋EMS

EN 12015和EN 12016是欧洲的两个关于电梯电磁兼容性标准，全称是：

EN 12015《电磁兼容性　用于电梯、自动扶梯和自动人行道的产品系列标准　辐射》(Electromagnetic compatibility—Product family standard for lifts, escalators and passenger conveyors—Emission)

EN 12016《电磁兼容性　用于电梯、自动扶梯和自动人行道的产品系列标准　抗干扰性》(Electromagnetic compatibility—Product family standard for lifts, escalators and passenger conveyors—Immunity)

我国的电梯标准GB 7588—2003相应条款是“电磁兼容性宜符合EN 12015和EN 12016的要求”。鉴于我国尚无电梯电磁兼容性标准等情况，在标准前言中规定本条款为推荐性的。

13.1.2 在机房和滑轮间内，必须采用防护罩壳以防止直接触电。所用外壳防护等级不低于IP2X。

【CEN/TC 10/WG 1解释，No. 263】

询问(1995-10-26)：

(1) EN 81-1/2第13.1.2条，关于机房内防护等级IP1X，我们想问，在井道内是否也应该提供相同的防护等级。

(2) 另外，我们碰到14.2.1.2的这样的情况，在每个层站对应有一个滑动触点(见图13-1)，用于井道中的再平层电路(触点B固定在轿厢上，在正常行程期间触点回缩)。元件

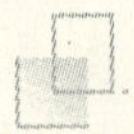

A 和 B 的供电电压是小于 60V(DC)。请问,是否也要有防护要求?

答复(1997-01-28):

(1) 井道的防护等级在 EN 81-1/2 中没有直接说明,但是,依照 13.1.1.3(编者注:当时的 13.1.1.3 是本标准 13.1.1.2),应使用 IEC 和 CENELEC 标准。至少应考虑无意中接触带电部分。

注:指令 86/312/EEC 要求机房和滑轮间有 IP2X 的防护等级。

(2) 是的,要有防护要求。

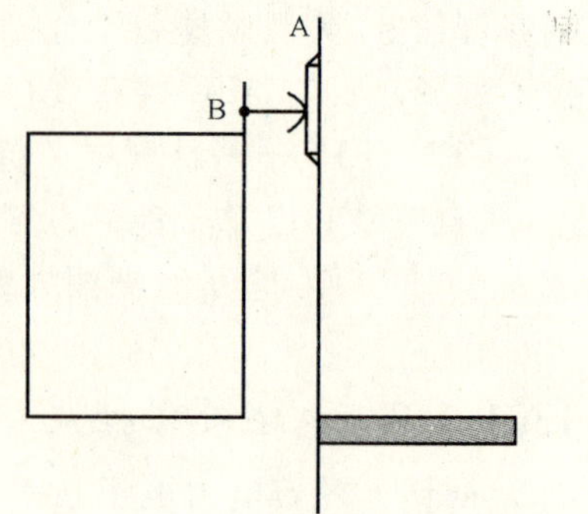

图 13-1 滑动触点示意图

解读 本条款是对机房和滑轮间内电气设备的防护等级要求。IP2X 是防护等级表征符号,具体含义是:能够防止直径大于 12 mm,长度不大于 80 mm 的固体异物进入壳内;能防止手指触及壳内带电部分或运动部件。

13.1.3 电气安装的绝缘电阻(HD384.6.61S1)

绝缘电阻应测量每个通电导体与地之间的电阻。

绝缘电阻的最小值应按照表 5 来取。

表 5

标称电压/V	测试电压(直流)/V	绝缘电阻/MΩ
安全电压	250	≥0.25
≤500	500	≥0.50
>500	1000	≥1.00

当电路中包含有电子装置时,测量时应将相线和中性线连接起来。

解读 绝缘是防止发生电气短路和直接触电事故的基本措施,本条按照电路的标称电压等级分别给出了电路的测试电压值与绝缘电阻的要求。

绝缘电阻的测试应在装置与电源隔离的条件下,在装置的电源进线端进行;如该电路中包含电子装置,测量时应将相线和中性线连接起来,然后测量其对地之间的绝缘电阻,以防止电子器件因过高的电压击穿而损坏。

与欧洲 HD384.6.61 S1 相应的中国标准为 GB/T 16895.23—2005《建筑物电气装置 第 6-61 部分:检验——初验》

13.1.4 对于控制电路和安全电路,导体之间或导体对地之间的直流电压平均值和交流电压有效值均不应大于 250 V。

【CEN/TC 10/WG 1 解释,No.255】

询问(1994-12-15):关于控制和安全电路,13.1.4 条对导体与导体之间或导体对地之间直流电压平均值或交流电压有效值，设置了一个 250 V 的限值。动力驱动自动操作的轿门的供电是否能不作为控制或安全电路，从而超出这个限制呢？

答复(1996-03-06)：是的，可以。

【CEN/TC 10/WG 1 解释，No. 257】

询问(1995-05-14)：标准 EN 60204 不适用于电梯和服务电梯，因为他们包括在标准附录 A 的表 2 中。我们认为，该标准的 9.1 条也不适用于电梯和服务电梯，而且不需要一个绝缘变压器来保证电压不超过 EN 81-1/2 第 13.1.4 条给出的电压最大值。我们的解释正确吗？

答复(1996-03-06)：是的，正确。

解读 本条对控制电路和安全电路的最高电压设置了一个 250 V 的限值要求。电压低一些对减少绝缘与触电事故较有利。对于使用开关器件组成的控制电路和安全电路，从减少触点及接线电阻对电路可靠性的影响考虑，所使用的电压值也不宜太低。推荐使用 24 V～120 V。

13.1.5 中性线 N 和保护线 PE 应始终分开。

解读 电梯行业对本条款的描述俗称为"零线和接地线应始终分开"。根据中国电工技术学会工业与建筑应用专业委员会《关于低压电网防触电设计问题的建议》中"在涉及防触电问题的名词术语中，今后应统一采用 IEC 规定的名词术语，如 TN 系统、PN 系统、N 线、PE 线、PEN 线等，不再采用保护接零、接地保护、三相五线制、零线等过时或错误的术语"的要求，应更正为"中性线 N 和保护线 PE 应始终分开"。

依据 13.1.1 关于本章适用范围的规定，本条款的要求限于"动力电路主开关及其从属电路"和"轿厢照明电路开关及其从属电路"，即电源线进入电梯电路开关以后的电路部分。"始终分开"的目的是实现电梯电气系统接地保护，保障人身和设备安全。

对于采用 TN-S(俗称三相五线制电源)供电的电梯，供电系统本身的零线和接地线是分开的，可以和电梯的电气系统直接对应连接，见图 13-2。

对于采用 TN-C-S(俗称三相四线制电源)供电的电梯，应在电梯电源进入机房后再将保护线 PE(地线)与中性线 N(零线)分开，见图 13-3。分离点的接地电阻值要求不大于 4 Ω。

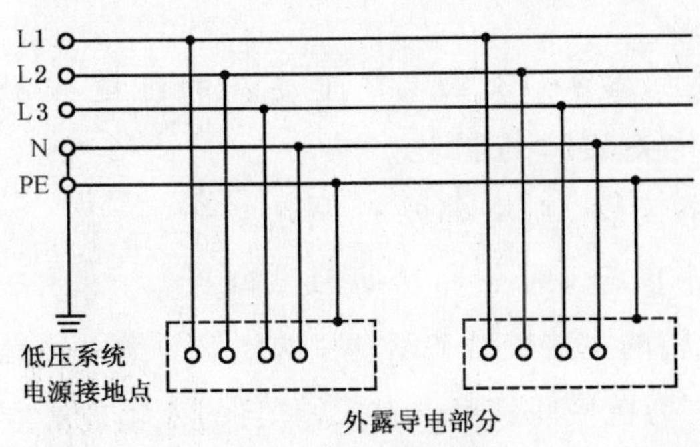

图 13-2 TN-S 系统

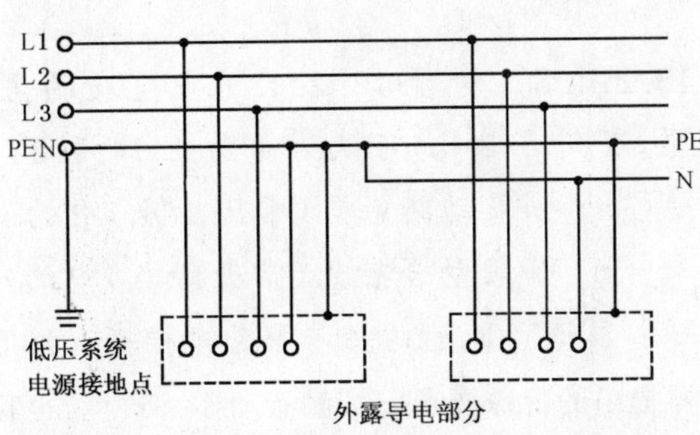

图 13-3 TN-C-S 系统

13.2 接触器、继电接触器、安全电路元件

13.2.1 接触器和继电接触器

13.2.1.1 主接触器(即按12.7要求使电梯驱动主机停止运转的接触器)应为EN 60947-4-1中所规定的下列类型:

a) AC-3,用于交流电动机的接触器;

b) DC-3,用于直流电源的接触器。

此外,这些接触器应允许启动操作次数的10%为点动运行。

13.2.1.2 由于承受功率的原因,必须使用继电接触器去操作主接触器时,这些继电接触器应为EN 60947-4-1中规定的下列类型:

a) AC-15,用于控制交流电磁铁;

b) DC-13,用于控制直流电磁铁。

解读 上述规定是对器件开关触点所承受的功率和动作的性能要求。文中的AC-3、DC-3、AC-15、DC-13并不是接触器的产品型号,而是接触器的使用类别代号,见表13-1。

按照13.2.1.2叙述,电梯产品中控制主接触器的PLC或微机输出继电器应属于"继电接触器",要符合本条及13.2.1.3的要求,同时符合EN 60947-4-1标准要求。

13.2.1.2述及的继电接触器在电梯行业也俗称为"中间继电器"。

表13-1 控制电路电器和开关元件的使用类别一览表(摘录)

电流种类	使用类别	典 型 用 途
交 流	AC-3	鼠笼型异步电动机的起动、运转中分断
	AC-15	控制容量大于72 VA(闭合状态)的电磁铁负载
直 流	DC-3	并激电动机的起动、反接制动、点动
	DC-13	控制电磁铁负载

13.2.1.3 对于13.2.1.1中述及的主接触器和13.2.1.2中述及的继电接触器,下列a)和b)可认为是防止14.1.1.1相关故障的措施。

a) 如果动断触点(常闭触点)中的一个闭合,则全部动合触点断开;

b) 如果动合触点(常开触点)中的一个闭合,则全部动断触点断开。

解读 本条款是针对控制电梯驱动主机运转的主接触器和驱动主接触器的继电接触器提出的特殊要求——触点动作一致性,也称之为机械联锁触点要求,其目的是实现对电气故障的防护,参见本标准14.1.1.1。

13.2.2 安全电路元件

13.2.2.1 当将13.2.1.2中述及的继电接触器用于安全电路时，13.2.1.3的规定也应适用。

解读 13.2.2是关于电梯安全电路元件要求的相关规定。对于13.2.2.1条款可以理解为：符合13.2.1.3要求的继电接触器可以用于安全电路。

13.2.2.2 如果使用的继电器，其动断和动合触点，不论衔铁处于任何位置均不能同时闭合，那么14.1.1.1 f) 衔铁不完全吸合的可能性可不予考虑。

解读 本条可以理解为对电梯安全电路所用继电器的特殊要求。例如采用了带强制性导向(机械牵制)接点系统的继电器，不论衔铁处于闭合或张开或半闭合状态下，常开和常闭触点均不能同时闭合。

13.2.2.3 连接在电气安全装置之后的装置(如有)应符14.1.2.2.3关于爬电距离和电气间隙(不是分断距离)的要求。

这项要求不适用于13.2.1.1、13.2.1.2和13.2.2.1中述及的器件，因为这些器件本身满足EN 60947-4-1和EN 60947-5-1的要求。

对于印制电路板适用表H1(3.6)的要求。

解读 本条是针对连接在电气安全装置之后的电气装置提出的要求。连接在电气安全装置之后的电气装置一般就是接触器、继电接触器和继电器、印制电路板或其他可编程电子系统等。如果该装置是印制电路板，应符合表H1(3.6)的要求；如果是其他装置，其爬电距离和电气间隙应符合14.1.2.2.3条的要求，即“如果保护外壳的防护等级不高于IP4X，则其电气间隙不应小于3 mm，爬电距离不应小于4 mm，触点断开后的距离不应小于4 mm。如果保护外壳的防护等级高于IP4X，则其爬电距离可降至3 mm。”

本条不适用于符合13.2.1.1要求的主接触器、符合13.2.1.2要求的继电接触器、符合13.2.2.2要求的继电器。

13.3 电动机和其他电气设备的保护

13.3.1 直接与主电源连接的电动机应进行短路保护。

解读 “直接与主电源连接”可以理解为电动机与主电源之间没有加入整流、调压、变频等电器装置。“短路保护”是当电路中发生短路时或接近于短路电流数值时立即切断电源的一种电气故障防护措施。

短路保护一般用熔断器或自动断路器实现。自动断路器的额定电流应不小于所用设备的最大工作电流，而被保护电路的单相短路电流应大于断路器瞬时脱扣电流的1.5倍。用熔断器对电动机进行短路保护时，可按电动机额定电流的1.25倍选取。

13.3.2 直接与主电源连接的电动机应采用手动复位的自动断路器(13.3.3 所述情况例外)进行过载保护,该断路器应切断电动机的所有供电。

【CEN/TC 10/WG 1 解释,No. 505】

询问:EN 60204 第 7.3 条规定,如果电机功率小于或等于 0.5 kW,就不需要过载保护。委员会是否可以接受,依据 EN 60204 第 7.3 条规定,作为 13.3.2 条的例外,仅 0.5 kW 以上的电动机才需要过载保护?

答复(2001-04-15):是的,可以接受。

【CEN/TC 10/WG 1 解释,No. 186】

询问(1990-05-16):按照 13.3.2 和 13.3.3,电机过载保护应基于测量的电流或温度。我们的委员会认为电机过载保护可以通过一个电机运转时间限制器来实现,假如轿厢不起动运行或在楼层间被阻挡,此限制器使曳引机停止运转并保持停止状态。委员会认为,上述方法比测量电流或温度更可靠。

上述电机运转时间控制器允许用作电机过载保护吗?

答复(1990-09-19):上述电机运转时间限制器在条款 10.6.2(EN 81-1)和 12.12(EN 81-2)中已有要求。它不能代替符合 13.3.2 或 13.3.3 规定的电机保护。

解读 本条款对直接与主电源连接的电动机进行过载保护以及保护方式、器件作出了规定。

13.3.3 当对电梯电动机过载的检测是基于电动机绕组的温升时,则只有在符合 13.3.6 时才能切断电动机的供电。

解读 电梯电动机过载的检测通常有监测电动机绕组的温升,监测通过电动机绕组的电流等几种。对基于电动机绕组温升的过载保护,例如电梯电动机在绕组内埋设热敏电阻方式,当温度监控装置感知到温度达到设定值动作后,应在轿厢运行到目的层站停靠或者就近平层之后才能切断电动机的供电停止运行,目的是疏散轿厢里的乘客,防止停梯关人。

13.3.4 如果电动机具有多个不同电路供电的绕组,则 13.3.2 和 13.3.3 的规定适用于每一绕组。

解读 对于有多绕组的电动机,例如具有快速绕组和慢速绕组的交流双速电动机、具有电动绕组和制动绕组的交流调速电动机,其每一个绕组都要按 13.3.2 或 13.3.3 的要求设置过载保护装置。

13.3.5 当电梯电动机是由电动机驱动的直流发电机供电时,则该电梯电动机也应该设过载保护。

解读 本条可看作是对 13.3.1 的特殊规定。由电动机驱动直流发电机供电的电梯电动机应该不是直接与主电源(电网)连接的,然而,该电梯电动机也要求设置过载保护。

13.3.6 如果一个装有温度监控装置的电气设备的温度超过了其设计温度,电梯不应再继续运行,此时轿厢应停在层站,以便乘客能离开轿厢。电梯应在充分冷却后才能自动恢复正常运行。

解读 本条要求是针对"电动机和其他电气设备"的,应包括电动机、变频器、PLC 等凡是装有温度监控装置的电梯电气设备。当温度监控装置感知到温度达到设定值时,电梯不能紧急停止,轿厢应该运行到目的层站停靠或者是就近平层,以便乘客离开轿厢。停层后电梯应不能再启动,只有在温度降下来以后才能自动恢复正常运行。

本条规定是 EN 81-1:1998 版本新增内容。早期的电梯电气系统采用热保护继电器直接切断电梯安全电路的方案较多,例如图 13-4 方案曾在电梯行业广泛应用,它由埋入定子绕组的热敏电阻 RT 检测电动机温度,当超过了其设计温度时热保护继电器常闭触点分断,切断电梯的安全电路,轿厢停止运行。这种电路不能达到本条款的要求。

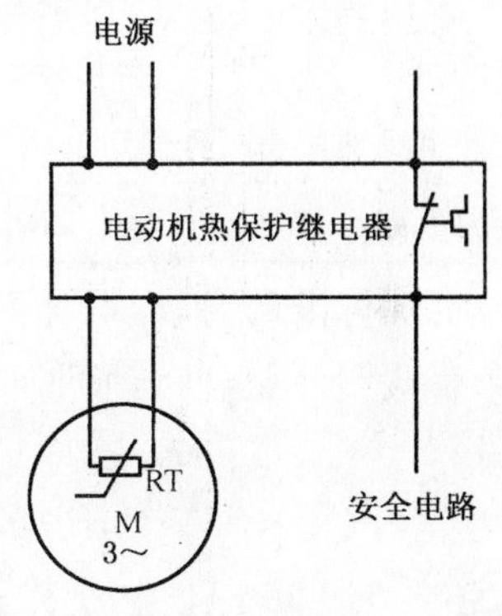

图 13-4 早期采用的电动机热保护

实现本条款要求的一种方案是,将温度监控装置的信号(可以是监控装置动作的开关信号或检测温度的模拟/数字量信号)传送到控制器(例如 PLC 或微机),由控制器的软件(程序)分析温度信号,当判断电气设备的温度超过了其设计温度时,控制器先输出轿厢运行到目的层停靠或者是就近平层指令。电梯停层后不应马上启动,要等到发热的设备充分冷却后再恢复正常运行。

13.4 主开关

13.4.1 在机房中,每台电梯都应单独装设一只能切断该电梯所有供电电路的主开关。该开关应具有切断电梯正常使用情况下最大电流的能力。

该开关不应切断下列供电电路:

a) 轿厢照明和通风(如有);

b) 轿顶电源插座;

c) 机房和滑轮间照明;

d) 机房、滑轮间和底坑电源插座;

e) 电梯井道照明;

f) 报警装置。

解读 按照本条的要求,在电梯机房中,对应每一台电梯均应设置一个能切断电梯动力电路和控制电路的主开关,该开关应具有切断电梯正常使用情下最大电流的分断能力。

为了保证 a)、b)、c)、d)、e)、f)各款中电源不被主开关切断，至少还应与主开关并列另设两个电源开关，一个控制轿厢照明电路、通风(如果有的话)以及轿顶电源插座电源(参见 13.6.3.1 条的规定)；另一个控制电梯井道内照明和底坑内照明及电源插座(参见 13.6.3.2 条的规定)。

对于机房和滑轮间内的照明，应与建筑物本身的照明电路控制相一致，遵循“国家有关电力供电线路的各项要求”，由建筑物本身的供电系统提供。

正常使用情况下的最大工作电流，对于不同参数、不同拖动类型的电梯有较大差别。表 13-2 是笔者测试的一组数据，仅供参考。

表 13-2　载荷 1 000 kg 梯速 1.0 m/s 乘客电梯运行电流　　A

类型 / 工况	交流双速蜗轮付曳引机	交流调压调速蜗轮付曳引机	交流变频调速蜗轮付曳引机	永磁同步无齿轮曳引机
满载向上稳速运行	22	24	20	14
满载向上起动运行	110	120	36	22

为实现标准的要求，电梯配件企业已经开发了电梯专用组合开关箱，箱内除设置主开关外还有轿厢照明、井道照明开关，具有 13.4.2 要求的加锁功能。这种组合开关箱已经广泛应用。

13.4.2　在 13.4.1 中规定的主开关应具有稳定的断开和闭合位置，并且在断开位置时应能用挂锁或其他等效装置锁住，以确保不会出现误操作。

应能从机房入口处方便、迅速地接近主开关的操作机构。如果机房为几台电梯所共用，各台电梯主开关的操作机构应易于识别。

如果机房有多个入口，或同一台电梯有多个机房，而每一机房又有各自的一个或多个入口，则可以使用一个断路器接触器，其断开应由符合 14.1.2 的电气安全装置控制，该装置接入断路器接触器线圈供电回路。

断路器接触器断开后，除借助上述安全装置外，断路器接触器不应被重新闭合或不应有被重新闭合的可能。断路器接触器应与一手动分断开关连用。

【CEN/TC 10/WG 1 解释，No. 506】

询问：在机房有一个以上入口的情况下，在每个机房入口处的附近都应提供一个主开关。如果主开关之一处于“断开”位置并“被锁住”，那么其他入口是不能闭合主开关的。我们的解释对吗？

答复(2001-04-15)：是的，正确。

解读　“在断开位置时应能用挂锁或其他等效装置锁住”是 EN 81-1:1998 版本新增内容，其目的是防止电梯进行维护保养等施工过程中对电源开关实施误操作。

图 13-5 是一个有 3 个入口的机房电梯电源主开关设置的方案。图中 KM1 为断路器接触器，它满足 13.4.1 对主开关规定的所有要求，并与主开关 QF1 连用。断路器接触器 KM1 受安全装置开关 SA1、SA2 控制。而 SA1、SA2 分别设置在机房其他两个入口处。

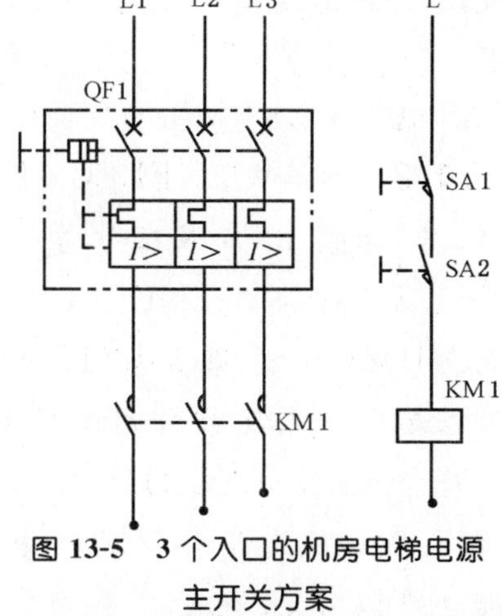

图 13-5 3 个入口的机房电梯电源主开关方案

13.4.3 对于一组电梯，当一台电梯的主开关断开后，如果其部分运行回路仍然带电，这些带电回路应能在机房中被分别隔开，必要时可切断组内全部电梯的电源。

解读 本条款所述"一组电梯"应该是指并联或群控的一组电梯，例如 A、B、C 三台电梯并联，一般并联调度部分的电路安装在 A 梯的控制柜内。而并联调度部分的电路是 3 台电梯公用的. 由单独的电源控制开关供电。这样，当 A 梯切断电源停止运行时，B、C 梯仍能并联运行。本条主要是针对并联或群控电梯中不受主开关控制的并联调度电路提出安全要求。

13.4.4 任何改善功率因数的电容器，都应连接在动力电路主开关的前面。

如果有过电压的危险，例如，当电动机由很长的电缆连接时，动力电路开关也应切断与电容器的连接线。

解读 为电梯设备装设改善功率因数的电容器并不多见。应用电容器改善电网功率因数的工作在我国通常是由供电部门完成的。按照本条款的要求，改善电梯动力电路功率因数的电容器接线位置可按图 13-6 所示。因为容器断电后还有个放电过程，要防止电梯维修人员在动力电路主开关下闸后触及电容器及其相连线路时被放电电击。

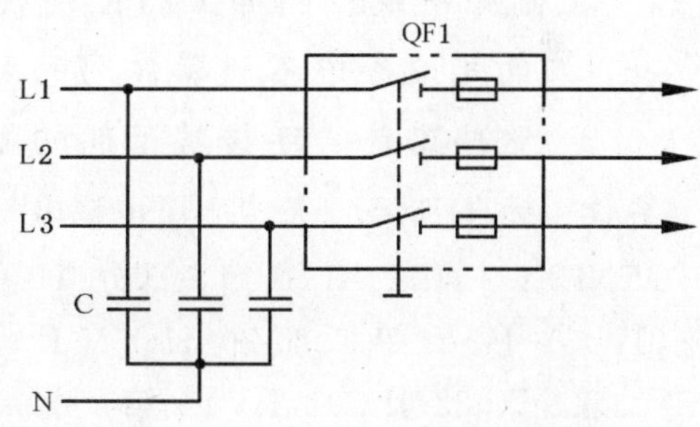

图 13-6 电力电容器连接位置

13.5 电气配线

13.5.1 在机房、滑轮间和电梯井道中，导线和电缆(随行电缆除外)应依据 CENELEC 标准选用。同时考虑到 13.1.1.2 的要求，其质量至少应等效于 HD21.3 S3 和 HD22.4 S3 的规定。

13.5.1.1 符合 CENELEC HD21.3 S3 第 2 部分(HO7V-U 和 HO7V-R)、第 3 部分(HO7V-K)、第 4 部分(HO5V-U)和第 5 部分(HO5V-K)的导线，只有当其

被敷设于金属或塑料制成的导管(或线槽)内或以一种等效的方式保护时才能使用。

注:这些规定用来替换出现在 CENELEC HD21.4 S2 附录 1 中的使用指南中的规定。

13.5.1.2 符合 CENELEC HD21.4 S2 第 2 条要求的硬电缆只能明敷在井道(或机房)墙壁上,或装在导管、线槽或类似装置内使用。

13.5.1.3 符合 CENELEC HD22.4 S3 第 3 条(HO5RR-F)以及 CENELECHD21.5 S3 第 5 条(HO5VV-F)要求的普通软电缆只有装在导管、线槽或能确保起到等效防护作用的装置中时才能使用。

符合 CENELEC HD22.4 S3 第 5 条(HO7RN-F)要求的厚皮软电缆可以像 13.5.1.2 中规定条件下的硬电缆一样使用,并可用于连接移动设备(除轿厢的随行电缆以外)或用于其易受振动的场合。

符合 EN 50214 以及 CENELEC HD380 S2 要求的随行电缆,可在这些文件的限制范围内用作连接轿厢的电缆。总之,所选用的随行电缆至少应具有等效质量。

13.5.1.4 下述情况无须执行 13.5.1.1、13.5.1.2 和 13.5.1.3 的要求:

a) 除连接层门上电气安全装置外的导线或电缆,如果:

1) 它们承受的额定输出不大于 100 VA;

2) 两极(或相)间电压,或极(或相)对地之间电压正常时不大于 50 V。

b) 控制柜中或控制屏上的控制或配电装置的配线:

1) 电气设备中不同器件间的配线;或

2) 这些器件与连接端子间的配线。

解读 标准 13.5.1 条给出了电梯电气配线的标准要求。其中;

CENELEC HD21.3 S3 第 2 部分(HO7V-U 和 HO7V-R)、第 3 部分(HO7V-K)、第 4 部分(HO5V-U)和第 5 部分(HO5V-K)对应于 GB 5023.3—1997 第 2 章[227IEC01(BV)]、第 3 章[227IEC02(RV)]、第 4 章[227IEC05(BV)]和第 5 章[227IEC06(RV)];

CENELEC HD21.4 S2 第 2 条对应于中国标准为 GB 5023.4—1997 第 2 章;

CENELEC HD22,4S3 第 3 条(HO5RR-F)以及 CENELECHD21.5S3 第 5 条(HO5VV-F)对应于中国标准为 GB 5013.4—1997 第 3 章[245IEC53(YZ)]以及 GB 5023.5—1997 第 5 章[227IEC52(RVV)];

EN 50214 以及 CENELEC HD380 S2 对应于中国标准为 GB 5023.6 以及 GB 5013.5。

13.5.1.4 条款可以理解为除电气安全装置、安全电路以外的电气配线,在符合 a)、b) 规定的条件下,可以不执行 13.5.1.1、13.5.1.2 和 13.5.1.3 的要求。因为电压不高,电流不大。

13.5.2 导线截面积

为了保证机械强度，门电气安全装置导线的截面积不应小于0.75 mm²。

解读 本条主要是考虑到导线的机械强度，而不是其流经电流之大小。通常导线的截面积是按载流量决定的，由于门电气安全装置的负载电流较小，如果按电流大小选择的话，则导线截面积会很小，容易受到机械损伤。因此，本条规定门电气安全装置导线的截面积不应小于0.75 mm²。

13.5.3 安装方法

13.5.3.1 应随电气设施提供必要的说明，以使人们懂得安装方法。

13.5.3.2 除13.1.2中规定的外，全部电线接头、连接端子及连接器应设置于柜和盒内或为此目的而设置的屏上。

13.5.3.3 如果电梯的主开关或其他开关断开后，一些连接端子仍然带电，则它们应与不带电端子明显地隔开。且当电压超过50V时，对于仍带电的端子应注上适当标记。

【CEN/TC 10/WG 1解释，No.119】

询问(1985-02-02)：我们可否认为轿厢照明用开关是主开关之一？

答复(1985-06-25)：不是。轿厢照明用开关不是"一台电梯主开关之一"。请参见13.1.1.1和13.4。

13.5.3.4 偶然互接将导致电梯危险故障的连接端子，应被明显地隔开，除非其结构形式能避免这种危险。

13.5.3.5 为确保机械防护的连续性，导线和电缆的保护外皮应完全进入开关和设备的壳体或接入一个合适的封闭装置中。

注：厅门和轿门的封闭框架，可以视为设备壳体。

但是，当由于部件运动或框架本身锋利边缘具有损伤导线和电缆的危险时，则与电气安全装置连接的导线应加以机械保护。

13.5.3.6 如果同一导管中的各导线或电缆中的各芯线接入不同电压的电路，则导线或电缆应具有其中最高电压下的绝缘。

【CEN/TC 10/WG 1解释，No.541】

询问：在电梯安装时，为了简化扁平电缆从井道到机房内控制柜的安装，剥去随行电缆HO5W-H6F(扁平电缆)的护套。独立的芯线与其他的导线在公用导管中固定。一些独立的芯线用于由主开关控制的电路中，而另一些则不受主开关的控制(轿厢照明、插座)，没有使用色标。

按照EN 81-1/2第13.5.3.6，不同电路的导线只能安装在导管里面，这里没有提到13.5.1.3条关于线槽的问题。13.1.1.1说明，电梯应被认为是一个整体，包括机器和电气设备。EN 60204-1 也包括电梯，在该标准中已说明。按照 EN 60204-1 的 14.1.3，这些电路必须分开设置，或者必须能辨别在主开关断开后哪些电路仍然有电(色码线)。

(1) 是否允许剥去护套或者还要有其他解决方案？在 EN 81-1/2 的 13.1.1.2 中提到 CENELEC 参考文件。

(2) EN 60204-1 中 14.2“导线的识别”对电梯也是有效的吗？

答复(2001-04-15)：

(1) 如果遵守 EN 81-1/2 的 13.5.3.6 条要求，剥去护套是允许的。术语导管包括线槽。

(2) 关于“导线的识别”EN 60204-1 中第 14.2 的要求是通用的。无需对继电器上每一个单根导线进行识别，由于它与安全无关。

解读 我国电梯标准 GB 50182—1993《电气装置安装工程 电梯电气装置施工及验收规范》对电梯的电气配线及安装做出了较详尽的规定，可作为 13.5.3 的参照。

13.5.3.3 条述及的“电梯的主开关或其他开关断开后，一些连接端子仍然带电”的情况，主要有电梯轿厢照明、报警以及群控/并联电梯之间的共用控制电路的接线端子等，它们应与不带电端子明显地隔开，并做出标识，参见 15.4.2。

13.5.4 连接器件

设置在安全电路中的连接器件和插接式装置应这样设计和布置，即：如果不需要使用工具，就能将连接装置拔出时，或者错误的连接能导致电梯危险的故障时，则应保证重新插入时，绝对不会插错。

解读 本条要求是针对电梯安全电路的，要求引线的接插件在结构上有防止误连接的功用。伴随着计算机控制、串行通信等现代控制技术在电梯行业的应用，电梯工程已经普遍使用电缆敷线和接插件接线工艺，极大地提高了电梯电气安装效率与质量。为了防止接线插座与插头的误接入，除对相应的插座与插头做出唯一性标识之外，可选用接线位数与排列不相同的插座与插头，可以有效地避免插错。

13.6 照明与插座

13.6.1 轿厢、井道、机房和滑轮间照明电源应与电梯驱动主机电源分开，可通过另外的电路或通过与 13.4 规定的主开关供电侧相连，而获得照明电源。

【CEN/TC 10/WG 1 解释，No. 563】

询问：条款 13.6.1 陈述，轿厢、井道、机房和滑轮间的照明电源应该和主机电源分开。

丹麦的一个电梯供应商决定由一根电源电缆给电梯供电。为了做到电缆本身和电梯主机对人员的特别保护，电源箱里安装了一个所谓的 PF1 继电器，电缆在电源箱里和大楼电源连接。当发生人对地的有害和危险的漏电至 300 mA 时 PF1 继电器将电源断开。

电缆在机房或控制柜分为两路，一路经主开关到电梯曳引机，另一路经 HPF1 继电器到机房、井道、轿厢的照明以及插座出口、控制系统等。在人体对地漏电至 30 mA 情况下

HPF1 继电器将断开电源。

电源电路中对地漏电故障将切断两个系统的电源，即电梯曳引机和照明电源均切断。

我们的问题是：用这种连接方法是否满足 13.6.1 的意思？

回答(2002-12-31)：不行。

13.6.1 要求曳引机电源和照明电源电路分开。其本意是通向电梯主开关电源缺失情况下防止照明电源断开。因此，由于为保护电梯曳引机特别装设的装置动作时，不应断开电梯设备中的照明电路电源。但是，所询问的连接方法包含了标准范围内和标准范围外的元件，即 300mA 继电器。这种方法与标准的意思不一致。但是，按 13.1.1.1 条款要求这不能被禁止。

解读 为了保证轿厢、井道、机房和滑轮间照明，电源应与电梯驱动主机电源分开。机房内还应在主开关供电侧并列另设两个电源开关，一个控制轿厢照明电路、通风电路(如果有的话)以及轿顶电源插座，另一个控制电梯井道内照明和底坑照明及电源插座。

至于机房和滑轮间内的照明，按照 13.1.1.1 的规定应与建筑物本身的照明电路控制一致，由建筑物本身供电系统提供，与电梯驱动主机电源是分开的。

13.6.2 轿顶、机房、滑轮间及底坑所需的插座电源，应取自 13.6.1 述及的电路。

这些插座是：

a) 2P+PE 型 250V，直接供电；或

b) 根据 CENELEC HD384.4.41 S2 的规定，以特别低的安全电压供电。

上述插座的使用并不意味着其电源线须具有相应插座额定电流的截面积，只要导线有适当的过电流保护，其截面积可以小一些。

【CEN/TC 10/WG 1 解释，No.173】

询问(1989-05-22)：标准条款 13.6.2 中要求两种型式插座，2P+PE 型 250 V 或者根据 CENELEC HD384.4.41 的 411 条规定，以很低的安全电压供电插座。

(1) 哪里用 a)型插座？哪里用 b)型插座？

(2) 是否允许安装一个符合 b)型要求的变压器，即使位于轿厢上？

(3) 是否仅用符合 13.6.3 的开关也可以控制滑轮间的插座和照明电路？

答复(1990-01-31)：

(1) 两种型式中自由选择。

(2) 是的，可以。

(3) 轿厢照明开关应位于接近主电源开关的地方，滑轮间的照明开关应安装在滑轮间。因此，仅用同一开关是不可能的。

13.6.3 照明和插座电源的控制

13.6.3.1 应有一个控制电梯轿厢照明和插座电路电源的开关。如果机房中有

几台电梯驱动主机,则每台电梯轿厢均须有一个开关。该开关应设置在相应的主开关近旁。

13.6.3.2　机房内靠近入口处应有一个开关或类似装置来控制机房照明电源。

井道照明开关(或等效装置)应在机房和底坑分别装设,以便这两个地方均能控制井道照明。

13.6.3.3　由13.6.3.1和13.6.3.2规定的开关所控制的电路均应具有各自的短路保护。

解读　本条与主开关部分的13.4.1条相呼应,都是说主开关不能控制轿厢照明和插座电路电源,以及对轿厢照明和插座电路、机房照明、井道照明的开关装设要求。

"井道照明开关(或等效装置)应在机房和底坑分别装设,以便这两个地方均能控制井道照明"是EN 81-1:1998版本新增内容。就控制方式而言,实现这一条要求有两种模式:井道照明在机房和底坑独立控制;或井道照明在机房和底坑双联控制。通俗来说就是可以设置为:在机房或底坑开启井道照明后,关闭照明只能在原来开启照明的位置才行;或者无论机房或底坑开启的井道照明,在底坑或机房都可以对其关闭。图13-7是实施后者的一种参考电路图。图中的"机房指示灯"安装在机房开关附近可方便操作者确定井道照明灯点亮或熄灭。

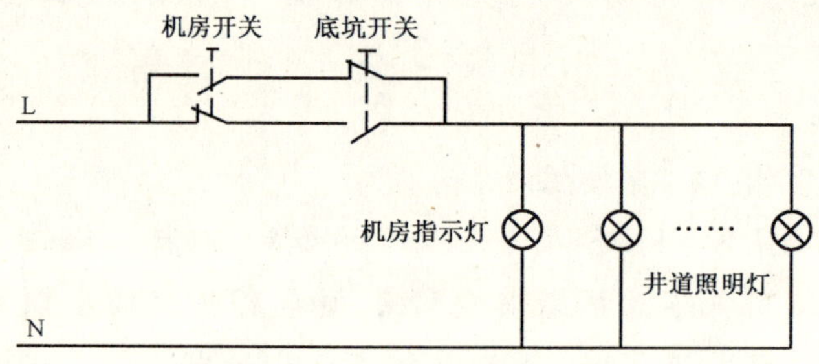

图13-7　井道照明参考电路图

电气故障的防护、控制、优先权

14.1 故障分析和电气安全装置

14.1.1 故障分析

在14.1.1.1中所列出的任何单一电梯电气设备故障，如果不能被14.1.1.2和(或)附录H描述的条件所排除，其本身不应成为导致电梯危险故障的原因。

关于安全电路见14.1.2.3。

【CEN/TC 10/WG 1解释，No.213】

询问(1992-07-16)：在电梯检修运行时，是否也应做符合14.1.1的故障分析呢？

是否任何非由操作者控制的、而由14.1.1.1中列出的一种故障导致的电梯移动都属于危险故障呢？

答复(1993-01-20)：符合14.1.1的故障分析的要求对检修运行状态同样适用。

任何非由操作者控制的、而由14.1.1.1中列出的一种故障导致的电梯移动必须被视为危险故障。

我们假定操作者在进入停止的轿顶进行工作之前按下了该处的急停开关。

解读 CEN的这个定义应该说是严密的，它包括但不限于我们通常理解的电梯开门运行、超速运行、冲顶、撞底等危险故障，还把危险故障扩展为所有的出于操作者意志之外的运行。但是，这有一个前提，即操作者必须是遵守了操作规程的。不然，如果操作者在轿顶工作时没有按下急停开关，则电梯完全可能因为响应内外召唤而运行，虽然这也是出于操作者意志之外的，但却不是本条所说的危险故障。

本条中“如果不能被14.1.1.2和(或)附录H描述的条件所排除”一句，英文原文是“if it cannot be excluded under conditions described in 14.1.1.2 and/or annex H”，意思是如果某故障属于14.1.1.2和(或)附录H中所说的“可排除”的故障，则该故障就不必考虑，否则，就要分析它的出现是否会导致电梯出现危险故障。

14.1.1.1 可能出现的故障：

a) 无电压；

b) 电压降低；

c) 导线(体)中断；

d) 对地或对金属构件的绝缘损坏；

e) 电气元件的短路或断路以及参数或功能的改变，如电阻器、电容器、晶体

管、灯等;

f) 接触器或继电器的可动衔铁不吸合或吸合不完全;

g) 接触器或继电器的可动衔铁不释放;

h) 触点不断开;

i) 触点不闭合;

j) 错相。

解读 上述故障中,c)导线(体)中断不太容易理解,原因是它所指的不是某个具体故障,而是非常广泛的一种状态,使设计人员往往顾此失彼。试举两例:

(1) 电梯中都有一个相序保护继电器,可以同时起到缺相和错相保护作用,这个继电器通常都是放在变频器输入端前面的。而输入电源缺一相时驱动主机回路有电压,并且电压也不会降低,因此只能说是导线中断故障。但是实践中一些设计人员却没有考虑到变频器输出端到驱动主机之间如果缺相,或者说导线中断了怎么办。在现场模拟此故障时,有的电梯一有内外召唤,就会发生溜车现象,这就完全符合 CEN 的“危险故障”定义了。实际上,变频器中都有输出缺相的保护功能,只不过大多数变频器厂家出厂默认值都将该保护功能设为无效,设计人员了解了这一点,只要把相应的参数设为有效就行了。

(2) 电梯都有超载保护装置,当电梯超载时,该装置的一个继电器动作,将信号输入主控 PLC 或者微机,电梯就不再运行了。至于是将该继电器的常闭触点信号输入,还是将常开触点信号输入,一些设计人员并未考虑。如果我们考虑到一旦该信号线发生中断,则电梯超载时,设计为常开触点信号输入的电梯将仍能正常运行,这显然是出于操作者意志之外的,也属于 CEN 定义的“危险故障”。而设计为常闭触点信号输入的电梯,一旦导线中断,控制系统就认为是超载,电梯就不再运行了,从而有利于及时发现故障。

至于错相故障,对以前的交流变极调速(交流双速)电梯是非常危险的,它会导致电梯朝着与操作者预期相反的方向运行,因此电梯必须要装设相序保护继电器。但是,随着交流变压变频调速(VVVF)电梯的普及,电梯系统的工作与电源的相序无关,则错相也就不会导致危险故障了。这种电梯是否要装相序保护继电器,设计人员可以自由决定。

14.1.1.2 对于符合 14.1.2.2 要求的安全触点,可不必考虑其触点不断开的情况。

解读 因为安全触点的动静触点即使熔接在一起,也能被断路装置可靠地断开,所以不必考虑触点不断开的情况。详见后面对 14.1.2.2 条的解读。

14.1.1.3 如果电路接地或接触金属构件而造成接地,该电路中的电气安全装置应:

a) 使电梯驱动主机立即停止运转;或

b) 在第一次正常停止运转后,防止电梯驱动主机再启动。

恢复电梯运行只能通过手动复位。

【CEN/TC 10/WG 1 解释，No. 240】

询问(1994-03-21)：我们认为，如果在控制回路的接触器和接地分支之间装有触点，而这些触点既非安全触点也不属于安全电路中的触点，则它仍然满足标准要求。

因为在上例中即使是由于偶然的接地故障导致电梯意外启动，则该启动不管是在正常状态(运行依赖电气安全装置的接通)还是在检修运行状态(见 No. 213 解释)都不会导致电梯危险故障。

我们的问题来源于在实践中这样的电路不被某些检查人员接受，我们想问我们的理解是否正确。

答复(1994-09-13)：是的。

解读 根据 CEN 的这个解释，控制回路的接地线前端是允许串入触点的。

在实际中，对低速电梯，在发生接地故障后可采用一种停梯方式，即电梯驱动主机立刻制停，一般可以通过最简单的熔丝作接地短路保护即可。对于中高速的电梯，宜采用另一种停梯方式，即在电气控制线路设计时，应考虑到在发生接地故障(局部接地)时能使电梯制动减速、就近停车、开门放客，以后就不允许电梯再起动运行，除非由称职的维修保养人员排除故障后方可恢复正常运行。

14.1.2 电气安全装置

14.1.2.1 通则

14.1.2.1.1 当附录 A(标准的附录)给出的电气安全装置中的某一个动作时，应按 14.1.2.4 的规定防止电梯驱动主机启动，或使其立即停止运转。

电气安全装置包括：

a) 一个或几个满足 14.1.2.2 要求的安全触点，它直接切断 12.7 述及的接触器或其继电接触器的供电。

b) 满足 14.1.2.3 要求的安全电路，包括下列一项或几项：

1) 一个或几个满足 14.1.2.2 要求的安全触点，它不直接切断 12.7 述及的接触器或其继电接触器的供电；

2) 不满足 14.1.2.2 要求的触点；

3) 符合附录 H 要求的元件。

解读 根据以上描述，电气安全装置有两种形式：安全触点(必须直接切断主接触器的供电)和安全电路。在一般的设计中，我们总是把所有的电气安全装置串联成一条电气安全回路，如果这一串电气安全装置全部由安全触点构成，那我们仍称之为安全触点，如果其中有非安全触点和其他元件(导线除外)，那就要归为安全电路了。

在已经生效的 EN 81-1:1998/A1:2005 中，本条款 b)增加了第 4)项，即“符合 14.1.2.6 要求的与安全相关的可编程电子系统”，并且增加了 14.1.2.6 条，规定了对可编程电子系统的具体要求。这说明了 CEN 明确承认了软件控制在安全电路中的合法地位。在此之前的标准中,安全电路的三类组成元件均为硬件,即使附录 H 中列出的器件之一集成电路也主要是指逻辑运算电路。现在将可编程电子系统纳入安全电路的可用元件范围,不仅是顺应科学技术发展的要求,破除了"硬件比软件安全"的观念,而且给设计人员设计某些复杂的安全电路提供了极大的便利。比如说,标准 12.8.5 中检查装有减行程缓冲器的电梯减速情况的电气安全装置,设计时很难通过安全触点或者纯硬件的安全电路来实现,现在允许使用 PLC 和单片机等可编程器件,设计起来就容易多了。

14.1.2.1.2 (略)(译注:该条在 1985 版中就已被取消)

【CEN/TC 10/WG 1 解释,No.123】

询问(1986-01-30):EEC 电梯指令呼吁本条款彻底删除,于是在 EN 81-1:1985 版中得到了回应。我们现在认为这是个错误。

我们的意见是只要供电分支的导线中有同一个电气安全装置的触点,则在返回分支的导线中就可以接入电气安全装置。当初应将本条修改为禁止在接地的连续导线中插入电气安全装置。

答复(1986-11-25):在 1979 年的一个会议上,CEN/TC 10/WG 1 的电气专家和 EEC 的代表团讨论了 14.1.2.1.2 条的内容。EEC 代表团担心,禁止在返回分支的导线和接地的连续导线中插入电气安全装置的规定可能会被这样理解,即这条禁令不适用于其他单相设备。实际上,这条禁令广泛存在于许多国家的电气标准中。该条被删除是为了避免产生任何误解。

14.1.1.1 d)和 14.1.1.3 的规定足以覆盖原有的安全要求。

解读 由于考虑到可能引起误解,CEN 接受了 EEC 的建议,在 EN 81-1:1985 版本中就删除了本条的内容。

14.1.2.1.3 除本标准允许的特殊情况(见 14.2.1.2、14.2.1.4 和 14.2.1.5)外,电气装置不应与电气安全装置并联。

与电气安全回路上不同点的连接只允许用来采集信息。这些连接装置应该满足 14.1.2.3 对安全电路的要求。

【CEN/TC 10/WG 1 解释,No.510】

询问(1998-06-16):怎样确定电气安全回路和用于采集信息的与电气安全回路上不同点的连接之间的界限?

答复(1998-11-03):在电气安全回路上不同点采集信息的监控回路不属于 95/16/EC 电梯指令附录Ⅳ所指的安全电路,但是设计者要按照 EN 81-1/2 附录 H 的要求来设计。

【CEN/TC 10/WG 1 解释,No.515】

询问(1999-09-10):

背景:用导线短接电气安全回路是不允许的,但我们知道在排查该回路中门锁触点的故障时，短接的事经常发生。

短接使维修人员和乘客都处于危险的状态之下，并且不时造成致命的事故。当维修人员在诸如轿顶等处工作时，他可能忘记门锁触点已被短接。一旦发生另一故障，被遗忘的短接线对乘客就是危险的(美国及加拿大和中国香港地区的标准要求用控制柜上的一个转换开关或接插件来进行短接)。

可能的纠正措施：有五个可能的纠正措施：

(1) 将系统设计得没有必要短接

这是不可行的。即使是要查看故障触点的确切位置，也需要将该触点短接以便将轿厢移动到该处。

(2) 避免忘记拆除短接线

操作规程只能降低忘记拆除短接线的可能性，但并不能杜绝此事。

(3) 侦测出忘记拆除的短接线

开关门之后进行真实性检查，侦测出忘记拆除的短接线，避免电梯再启动。这个措施可以在维修人员忘记拆除短接线并且离开了的情况下保护乘客。但是，它不能保护维修人员本身。

(4) 用专用开关方式(开关或接插件)来短接

它能确保当短接有效时，电梯不会发生意外移动，也就是不能进行正常运行。但是，检修运行和紧急电动运行是允许的。

这个措施既保护了维修人员也保护了乘客。

(5) 标识和警示

这是无用的。

结论：风险分析(RA)显示了不同的危险情况和可能的纠正措施。根据RA的结果，"用专用开关方式来短接"是最合适的解决方法。它通过防止电梯正常运行来保护维修人员和乘客，只要短接有效，则电梯就始终处于检修状态。

答复(2000-11-21)：根据上述结论，并且考虑到该短接装置只在修理时而非维护时使用，我们将考虑在标准的下一版本中增加如下条款：

"14.2.1.6　层门和轿门短接装置

为维修层门、轿门和门锁触点，应在控制柜内或紧急测试屏上提供一个带有警示标志[15.3 e)和15.4.7]的短接装置。

该装置应：

a) 取消：

1) 正常运行控制，包括一切自动门的操作；

2) 对接操作运行。

b) 短接检查层门闭合位置的触点(7.7.4.1)和/或检查层门锁紧状况的触点(7.7.3.1)或者检查轿门闭合位置的触点(8.9.2)。

层门触点和轿门触点不能同时被短接。

c) 是需要使用工具来操作的装置，例如螺丝起子或者紧急开锁钥匙等。

d) 允许检修运行(14.2.1.3)或者紧急电动运行(14.2.1.4)。

e) 符合 14.1.2 的要求。

f) 在轿厢运行时轿厢处发出声音信号,轿底发出闪光。

15.3 e)在检修装置上或其近旁标出'注意门锁触点被短接,检查层门关闭位置'字样。

15.4.7 在层门和轿门短接装置上或其近旁应标明'注意门锁触点被短接'字样。"

【CEN/TC 10/WG 1 解释,No.548】

询问(2000-11-12):EN 81-1/2 的 14.1.2.1.3 条规定与电气安全回路上不同点的连接只允许用来采集信息。这些连接装置应该满足 14.1.2.3 对安全电路的要求。

在 14.1.2.3.3 条规定含有电子元件的安全电路是安全部件,应按照 F6 的要求来验证。

这是否意味着采样回路也应按 F6 进行试验?

答复(2001-04-26):F6 是对含有电子元件的安全电路进行试验的程序。

与电气安全回路上不同点连接的装置不被认为是安全装置,故 F6 对其不适用。该装置在设计时应将 14.1.1 和附录 H 的要求考虑进去。

解读 根据 No.510 和 No.548 解释,我们知道,"与电气安全回路上不同点的连接"是指监控回路在电气安全回路上不同的点采集信息,这个采样电路不属于 95/16/EC 电梯指令所指的安全电路,但是设计者要按照安全电路的要求来设计。安全电路若含有电子元件,则被视为安全部件,要按照附录 F6 来进行型式试验,而这个采样电路因为不属于安全电路的范畴,所以不必进行型式试验。

我们知道,在检查电梯安全回路或门锁回路触点故障时,维修人员常常不得不短接(即并联)安全回路或门锁回路的一部分,这是一个很现实的需求,标准必须正视,而不能只规定"不应与电气安全装置并联"就万事大吉了。实际上,因为维修人员忘记拆除短接回路而造成的电梯开门运行致人伤亡的事件时有发生,这其中既有维修人员本身也有乘客。No.515 解释说明,CEN 准备借鉴美国及加拿大和中国香港地区的经验,在电梯结构上杜绝忘记拆除短接线带来的风险。电梯设计人员可以参考这些条款,尽早考虑这个问题。

14.1.2.1.4 内、外部电感或电容的作用不应引起电气安全装置失灵。

解读 我们知道,电感元件有电流不能突变的特性,电容元件有电压不能突变的特性。也就是说无论是电感或电容元件组成的电路环节均有一个充电或放电的延时过程。若它们设置在电气安全装置中,将会使电气安全装置延迟动作,起不了安全保护作用。所以,由电感或电容组成的时间继电器或其他形式的延时装置是不能作为电气安全装置的。

为了防止电气控制线路中的由电感或电容元件组成的延时环节,对控制线路中的电气安全装置产生不良影响,在设计控制线路时应采取措施避免。

14.1.2.1.5 一个电气安全装置发出的信号,不应被同一电路中设置在其后的另一个电气装置发出的无关信号所改变,以免造成危险后果。

14.1.2.1.6 在含有两条或更多并联通道组成的安全电路中，一切信息，除相同性检查所需要的信息外，应仅取自一条通道。

解读 “相同性检查”一词的英文原文是“parity”，也有“奇偶校验”的意思，但在安全电路中，需要检查的是各并联通道状态的相同性、一致性，而不是什么奇偶性。

含有两条或多条并联通道的安全电路称为冗余型安全电路，其各条通道是独立行使同一功能的，为了保证独立性，每个通道所需的输入信息，例如传感器信号，都应是各自独立的，以避免出现系统性错误。

14.1.2.1.7 记录或延迟信号的电路，即使发生故障，也不应妨碍或明显延迟由电气安全装置作用而产生的电梯驱动主机停机。即停机应在与系统相适应的最短时间内发生。

14.1.2.1.8 内部电源装置的结构和布置，应防止由于开关作用而在电气安全装置的输出端出现错误信号。

解读 本条主要是指三相动力电源线在接通电源或断开电源的瞬间所产生的干扰信号影响电气安全装置的输出状态。因此，要求在电梯电气控制柜内部的布线和安装布线时应注意各控制信号(包括电气安全装置)线不要与上述的动力电源线(或强电控制线)相平行，而应采用金属屏蔽隔离措施，或垂直交叉布置的方法。即对控制屏内的布线应采用垂直交叉方法，或是所谓的“X”布线法，均可收到良好的效果。对于用金属线槽敷设安装线时，可将三相动力线单独穿在金属软管内，再放置于金属线槽内；或在金属线槽内用金属板将动力线(或强电线)与控制信号线隔开。

14.1.2.2 安全触点

14.1.2.2.1 安全触点的动作，应由断路装置将其可靠地断开，甚至两触点熔接在一起也应断开。

安全触点的设计应尽可能减小由于部件故障而引起的短路危险。

注：当所有触点的断开元件处于断开位置时，且在有效行程内，动触点和驱动机构上承受驱动力的部分之间无弹性元件(例如弹簧)施加作用力，即为触点获得了可靠的断开。

解读 “有效行程(a significant part of the travel)”：在触点闭合的过程中，驱动机构带动动触点移向静触点。当动触点和静触点开始接触后，驱动机构还要向前走一段距离以便在动静触点之间产生一定的接触压力。但此时动触点已经不再移动了，这一段距离视作为无效行程，它不对触点的通断产生作用，只是为了使触点能够持续稳定地导通。同样在断开过程中，驱动机构开始移动，但动触点并不马上跟着移动，只是接触压力逐渐减少，直到某个临界点接触压力变为零，然后动触点就跟着驱动机构离开静触点了。因此，可以说有效行程是指在触点断开过程中，当动触点开始离开静触点时，驱动机构在此之后所走过的行程。

通常使动静触点保持接触压力的是弹簧等弹性元件。在触点闭合过程中，驱动机构在走无效行程时，其实是在压缩弹簧，而在触点断开过程中，驱动机构在走无效行程时，其实是压簧逐渐恢复至自由长度。在这个过程中使用弹簧不仅是允许的，也是必要的。标准中禁止的是在有效行程中依靠弹簧给动触点施加作用力，因为一旦触点熔接在一起，靠弹簧的拉力是无法将其断开的，另外弹簧本身也可能失效，因此使用弹簧无法做到"可靠地断开(positive separation)"。只有驱动机构与动触点之间直接、刚性连接，才能保证驱动力能完整地传递到动触点上，使其获得可靠的断开。目前电梯行业广泛使用的UKS开关就是这样一种能可靠断开的安全触点。

实践中经常有这样一种说法，某某安全触点应该用自动复位型或者非自动复位型。最常见的说法是：9.8.8条检查安全钳的动作的安全触点应该用非自动复位型，10.4.3.4条检查缓冲器的复位的安全触点应该用非自动复位型等。其实，这样的说法如果从符合标准要求的角度来看，是没有依据的。所谓自动复位型，即单稳态，触点接通是稳态，断开是非稳态，靠特殊的机械结构压住触点的驱动机构使触点维持断开。一旦机械结构撤走，则触点依靠弹簧的回复力可自行接通。这样的安全触点可以做到可靠地断开，但不能做到可靠地接通。尽管如此，却并不违背标准的要求，因为安全触点出现14.1.1.1i)列出的触点不闭合的故障时，电气安全回路不会导通，电梯不会出现危险故障。这样的安全触点使用非常广泛，最典型的如曳引式电梯中的极限开关，触点本身是完全符合标准的，至于操作触点的机械结构是否符合标准，我们将在对14.1.2.5条的解读中讨论。再回过来讲安全钳和缓冲器的安全触点，只要操作它们的机械结构设计符合标准，使用自动复位型的触点是完全可以的，并且还有着复位方便的优点。只有在标准明确提到必须用双稳态(即非自动复位型)触点的场合，如停止装置，我们才只能使用非自动复位型触点。

其实，我们不应忽略了问题的实质所在，即真正不可以自动的是安全触点的动作，或者说是触点的断开，至于复位是否自动，只要标准中没有提到，都是无所谓的。我们来看图14-1所示的例子，这是一个8.12.4.2条检查轿厢安全窗锁紧状况的安全触点。当安全窗打开时，安全触点的驱动机构自动弹起，使触点断开，这个驱动力不是外加的机械应力，而是内部弹簧的回复力，因此不是可靠的断开。相反，当安全窗关上时，安全窗上的压板将触点的驱动机构强行压下，使触点接通，倒是属于可靠的接通。因此，这样的设计将标准的要求搞反了，是错误的设计。要改正这个设计，只要换用一个插拔式的触点就可以了，如图14-2所示。

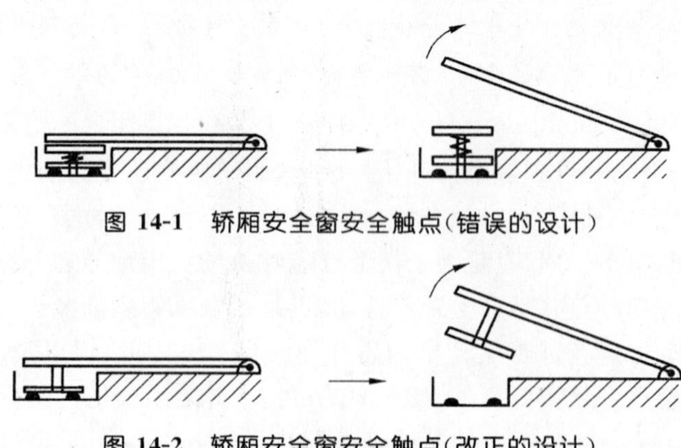

图14-1　轿厢安全窗安全触点(错误的设计)

图14-2　轿厢安全窗安全触点(改正的设计)

14.1.2.2.2　如果安全触点的保护外壳的防护等级不低于IP4X，则安全触点应能承受250 V的额定绝缘电压。如果其外壳防护等级低于IP4X，则应能承受500 V的额定绝缘电压。

安全触点应是在EN 60947-5-1中规定的下列类型：

a）AC-15，用于交流电路的安全触点；

b）DC-13，用于直流电路的安全触点。

【CEN/TC 10/WG 1解释，No. 519】

询问(2000-02-11)：条款13. 1. 2、14. 1. 2. 2. 2和14. 1. 2. 2. 3都要求外壳防护等级IPXX。

EN 60529：1992《外壳防护(IP)等级》是否是它们的引用标准？

条款16. 2a)6)和附录C4要求使用电气原理图和CENELEC符号。

EN 60617：1997《原理图绘图符号》，尤其是第7部分，是否是它们的引用标准？

答复(2000-05-04)：是的，外壳防护等级的引用标准是EN 60529：1992。

关于CENELEC符号，EN 60617：1997是一个可能的选择。

不将其列入引用标准目录是经过慎重考虑的。

解读　因为标准在第2章引用标准中并未列出外壳防护等级的引用标准，所以有人提出了上述问题。答复中所指的EN 60529：1992标准已经转化为了我国国家标准，标准号为GB 4208，外壳防护等级的定义为：IP是防护等级的表征字母，附加在后面的两个表征数字第一个表示防止固体异物进入壳内带电或运动部分的程度，第二个表示防止液体进入壳内的程度。如果仅需一个数字来表示防护等级，则另一个数字用X来代替。IP4X的含义为：能防止直径大于1 mm的固体异物进入壳内，能防止厚度(或直径)大于1 mm的工具、金属线等触及壳内带电部分或运动部件。

有一种观点认为安全触点的防护外壳若是由具有一定绝缘水平和结构强度的电胶木或ABS塑料等制成的，则其内部的安全触点只要能承受250V的额定绝缘电压即可。若其防护外壳是由金属件制成的，则其内部的安全触点应能承受500 V的额定绝缘电压。对照以上定义可以看出，这种观点是片面的。

本条中安全触点的引用标准EN 60947-5-1，其等效的我国标准为GB 14048.5。

14.1.2.2.3　如果保护外壳的防护等级不高于IP4X，则其电气间隙不应小于3mm，爬电距离不应小于4 mm，触点断开后的距离不应小于4 mm。如果保护外壳的防护等级高于IP4X，则其爬电距离可降至3 mm。

解读　这里也涉及到两个专用术语：电气间隙和爬电距离。一个开关或一个触点的爬电距离和电气间隙是指二个接线端子间的几何参数，即视线距离为电气间隙，从一个端子沿表面形状到另一个端子的轮廓则为爬电距离。爬电距离和电气间隙是电梯上使用的安全触点的重要要求，它将保障安全触点使用中的安全性。

根据本条的规定，小型或微动开关元件是绝对不能作为安全触点来使用的，因为这类开关的触点断开后的距离都达不到4mm的要求。

14.1.2.2.4 对于多分断点的情况，在触点断开后，触点之间的距离不得小于2 mm。

解读 如果一个带多分断点的开关要符合安全触点的要求，则触点断开后的距离可以降低到2 mm，此时应将至少两个分断点串联起来使用。

对于多分断点的安全触点装置除了本条款中提到的要求之外，还应考虑到各分断触点动作的同步性和一致性。

14.1.2.2.5 导电材料的磨损，不应导致触点短路。

【CEN/TC 10/WG 1 解释，No.174】

询问(1989-05-22)：什么叫做“导电材料的磨损，不应导致触点短路”？

在图14-3所示的用于层门的电气安全装置，有与门(P)保持同步的断路装置可靠断开，且在绝缘材料(CB)上滑动以实现进一步的内部的可靠断开。以我们的观点，这已经足够了。

——经过试验，在一百万次循环后触点没有发生短路现象；

——能够承受根据14.1.2.2.2条(CENELEC HD 420，IEC 337-1)进行的2 000 V或2 500 V的耐压测试。

另外：

——两个安全触点的存在，一个验证层门的锁紧，另一个验证层门的关闭，是符合7.7.5.1的要求的；

——门锁装置顶端的触点没有必要达到IP4X等级，因为当门打开时，没有带电部件。因为：

1）在盒子中已经断开；

2）它们布置在可靠断开的安全触点(CA)的下游，所以门打开时，它们已经不带电了。

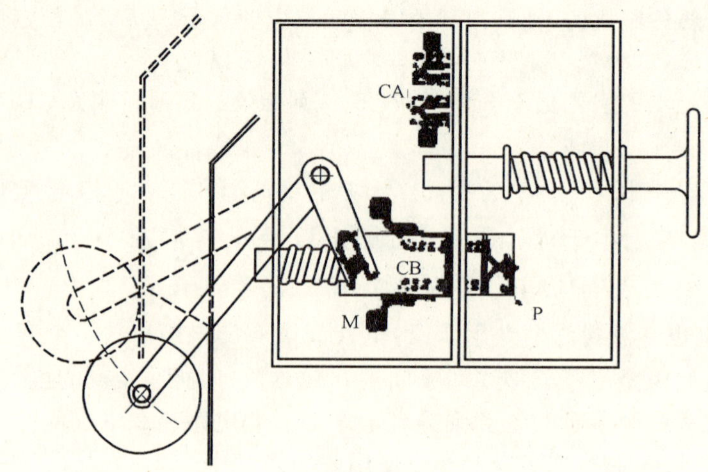

图 14-3

答复(1990-01-31):当触头在动作过程中在绝缘材料元件上滑动时,金属材料是可能发生磨损的。在上图所示例子中,这种可能性是存在的。因为门锁回路的断开仅靠锁紧元件前端的两个触点与桥P分开,但另一方面,随着触点表面插入塑料材料,滑动触头通过锁紧元件的上下表面的磨损可能仍保持金属连接。

另一个问题不做解释,因为评价详细的构造不是解释委员会的任务。

解读 按照本条的要求,作为一个安全触点系统来说,在其结构上是有特殊要求的。这一要求就是在安全触点系统的动、静触头的非接触处,应有一个绝缘的隔离小棒或绝缘的支承架。这样即使在动、静触点磨损或烧蚀后,也不会使动、静触头的导电片接触(短路)在一起。所以,不是任何一个继电器或任何一个开关的触点系统均可以作为符合上述条款要求的安全触点的。

14.1.2.3 安全电路

14.1.2.3.1 安全电路应满足14.1.1有关出现故障时的要求。

14.1.2.3.2 进一步,如图6所示,下列要求也应满足。

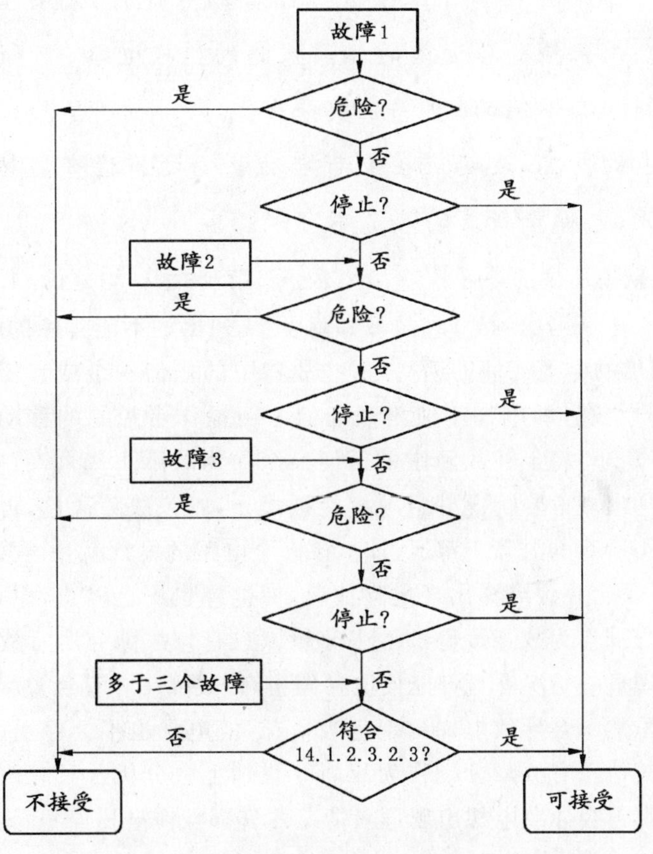

图6 安全电路评价流程图

14.1.2.3.2.1　如果某个故障(第一故障)与随后的另一个故障(第二故障)组合导致危险情况,那么最迟应在第一故障元件参与的下一个操作程序中使电梯停止。

只要第一故障仍存在,电梯的所有进一步操作都应是不可能的。

在第一故障发生后而在电梯按上述操作程序停止前,发生第二故障的可能性不予考虑。

14.1.2.3.2.2　如果两个故障组合不会导致危险情况,而它们与第三故障组合就会导致危险情况时,那么最迟应在前两个故障元件中任何一个参与的下一个操作程序中使电梯停止。

在电梯按上述操作程序停止前发生第三故障从而导致危险情况的可能性不予考虑。

14.1.2.3.2.3　如果存在多于三个故障组合的可能性,则安全电路应设计成有多个通道和一个用来检查各通道的相同状态的监控电路。

如果检测到状态不同,则电梯应被停止。

对于两通道的情况,最迟应在重新启动电梯之前检查监控电路的功能。如果功能发生故障,电梯重新启动应是不可能的。

解读　本条款中所说的第一故障、第二故障、第三故障,均是指14.1.1中的故障,具体而言,就是14.1.1.1条列出的10种故障和附录H列出的不能排除的故障(如果安全电路使用了附录H列出的电子元件的话)。这些故障中的任何一个或者任意几个的组合都不能使电梯进入危险情况,即电梯不能出现任何非由操作者控制的移动。我们在分析故障时,可以按照图6所示,将上述故障中的任何一个作为故障1代入,然后进行分析,如果故障1不会导致电梯出现危险情况并且电梯能被停止,则该故障通过,再换一个故障作为故障1进行分析。当所有的故障1都通过时,该安全电路的设计就是可接受的。如果某个故障作为故障1时,不会导致电梯出现危险情况,但电梯也不会停止,而是继续运行,那么还得再把其他故障分别作为故障2叠加上去分析。只有该故障和所有故障2的单一组合都不会导致电梯出现危险情况并且都能使电梯停止,该故障1才算通过。如果该故障和某一个故障2的组合虽然不会导致电梯出现危险情况,但电梯也不会停止,则还必须把除了这两个故障之外的其他所有故障分别作为故障3叠加上去分析。只有该两个故障和所有故障3的单一组合都不会导致电梯出现危险情况并且都能使电梯停止,该故障1和故障2的组合才算通过。依此类推。

由于某个故障发生时,电梯可能并未处于该故障元件参与的运行状态中,因此检测到该故障不能保证是实时的，也就不能保证立即使电梯停止。标准中对使电梯停止的时间规定为最迟在故障元件参与的下一个操作程序中，这在技术上是合理和必要的。但是这又带来了一个新问题，即从发生故障到故障元件参与的下一个操作程序到来之前的时间长短不一，如果在此期间又发生了新的故障(故障2)怎么办？这在实践中是可能的，但在技术上对此是无能为力的，所以标准指出该可能性不予考虑。至于两个或多个故障同时发生的情况，标准当然就更加不考虑了。

如果在进行故障分析时达到了四个故障组合的层次，那么由于故障组合的复杂化，标准要求必须改用冗余型的安全电路，这是为了优化设计，提高安全性。所谓冗余型安全电路，是指由两个或多个独立通道以及一个监控电路组成的安全电路。每个通道都可以独立执行安全电路的功能，即使有一个通道出现故障，也不会影响其余通道正常行使职能。但是故障最终会反映到通道的输出，即切断电气安全回路的触点的状态上来。一旦故障通道的输出和其余通道的输出不一致，则监控电路应能检测出来并切断电气安全回路，使电梯停止。因为监控电路不是冗余的，所以对两通道的安全电路，为了提高可靠性，标准还要求系统对监控电路要执行开机自诊断操作。

使用了冗余型安全电路之后，故障分析的工作就大大简化了，因为我们可以将每个通道作为一个黑匣子来考虑，其内部不论什么元件发生何种故障，反映到通道的输出只有两种结果：一是触点不闭合，二是触点不断开。只要故障通道的触点状态和其余通道的触点状态不一致，则监控电路就能使电梯停止。因此，由于有了冗余性，各通道的故障是不会导致电梯出现危险情况的，冗余型安全电路故障分析的关键在于监控电路元件的故障不能使电梯出现危险情况，而应使电梯停止。

14.1.2.3.2.4 在恢复已被切断的动力电源时，如果电梯在 14.1.2.3.2.1～14.1.2.3.2.3 的情况下能被强制再停梯，则电梯无需保持在已停止的位置上。

14.1.2.3.2.5 在冗余型安全电路中，应采取措施，尽可能限制由于某一原因而在一个以上电路中同时出现故障的危险。

解读 本条的要求是为了防止系统性风险导致安全电路冗余性丧失，即由于系统的原因使同一故障在一个以上的通道中同时出现，从而导致安全电路输出错误，电梯出现危险故障。为了达到这一要求，对于纯硬件组成的安全电路，其各条冗余电路中的关键部件包括传感器元件最好采用不同品牌和型号的产品。对于采用了可编程电子系统的安全电路，还应在各条冗余电路中尽量采用不同语言、不同算法来编程。图 14-4 表示的是一个可防止系统性故障同时出现的采用可编程电子系统的冗余型安全电路，它从传感器到 CPU 芯片，再到安全继电器，最后是编程语言和算法，都采用了两条回路不同的设计，这个安全电路的可靠性就大大提高了。

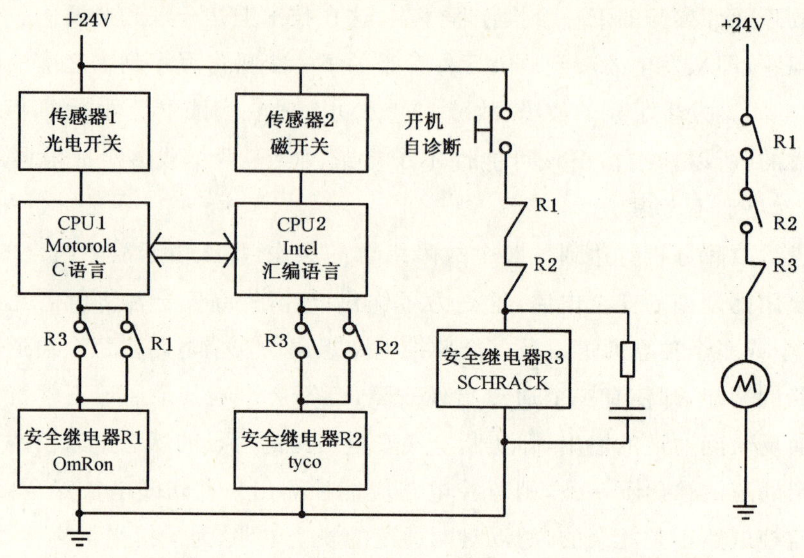

图 14-4 可防止系统性故障同时出现的安全电路

14.1.2.3.3 含有电子元件的安全电路是安全部件,应按照 F6 的要求来验证。

解读 在对 14.1.2.1.3 条的解读中已经明确,电气安全回路上的采样回路虽然应当按照安全电路的要求来设计,但其本身不是安全电路,所以不需要按照 F6 来进行型式试验。

14.1.2.4 电气安全装置的动作

当电气安全装置为保证安全而动作时,应防止电梯驱动主机启动或立即使其停止运转。制动器的电源也应被切断。

按照 12.7 的要求,电气安全装置应直接作用在控制电梯驱动主机供电的设备上。

若由于输电功率的原因,使用了继电接触器控制电梯驱动主机,则它们应视为直接控制的装置,用来控制向电梯驱动主机启动和停止供电的设备。

【CEN/TC 10/WG 1 解释,No. 553】

询问:如果为了防止电压下降太多,例如包含了门锁触点后,在"子安全回路"末端使用了继电接触器,按照 14.1.2.4 条的意思,是否这个继电接触器也被视为是直接控制的装置,用来控制向电梯驱动主机启动和停止供电的设备?

背景：

依赖于建筑高度和楼层数，安全回路可能会有可观的电压降。特别是由于数量众多的层门电气触点。用一个独立的层门触点“子安全回路”可以解决这一问题。

在 EN 81-1/2，第 3 章是这么定义“电气安全回路”的：串联所有电气安全装置的回路。

EN 81-1/2 的 14.1.2.4 条规定：当电气安全装置为保证安全而动作时，应防止电梯驱动主机启动或立即使其停止运转。制动器的电源也应被切断。

按照 12.7 的要求，电气安全装置应直接作用在控制电梯驱动主机供电的设备上。

若由于输电功率的原因，使用了继电接触器控制电梯驱动主机，则它们应视为直接控制的装置，用来控制向电梯驱动主机启动和停止供电的设备。

其他主要标准，如美国和加拿大的调和标准 ASME A 17.1—2000 允许如下解决方案。

倘若符合下述要求，则风险分析证明不存在额外风险：

层门触点“子安全回路”继电器的断开状态受到了监控；

该继电器满足 EN 81-1/2 中 13.2.1 的要求；

该“子安全回路”符合对主电气安全回路同样的要求。

答复：同样基于 14.1.2.4 条中输电功率传递的逻辑，继电接触器也可以用来代表“主”安全回路中所有的验证层门关闭触点/验证层门锁紧触点（“子回路”），只要同时满足以下要求：

每个独立的“子回路”末端都使用两个继电接触器；

这些继电接触器的断开状态都得到了监控（参考 14.1.2.3 条）；

每个继电接触器都有一个常开触点串入“主”电气安全回路；

这些继电接触器满足 EN 81-1/2 中 13.2.1 条的要求（继电接触器，根据 13.2.1.2 条，可以操控主接触器，但根据 13.2.1.1 条，不打算直接控制驱动主机的供电）。

解读 在理解 CEN 的这个解释之前，我们有必要对电梯中的电气安全装置做个简单说明。

我们知道，标准中把所有的电气安全装置都列入附录 A，在设计时它们应当串联起来，成为一个电气安全回路（electric safety chain）。当它们之中的任何一个动作时，应当按照本条款的要求，直接切断主接触器的线圈供电，主接触器的触点就会断开驱动主机的供电。至于制动器的供电，也应按同样的方式切断。这样的设计我们姑且称为标准的设计，见图 14-5 所示。图中只要有一个电气安全装置断开，主接触器 KMC 和制动器线圈的接触器 KMB 的供电就被切断，从而断开主电源和制动器的电源。

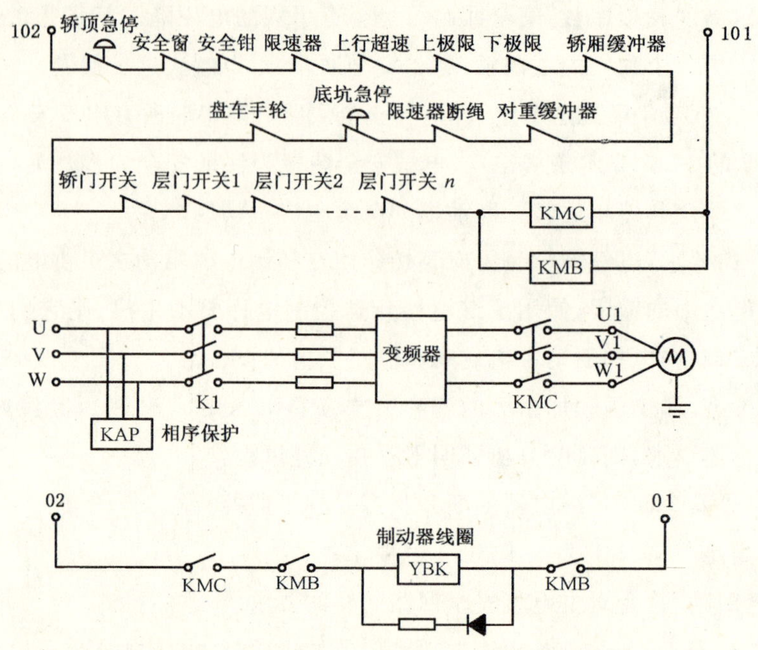

图 14-5 电气安全回路(标准原意的设计)

在上述设计中,我们没有提到安全回路、门锁回路、安全继电器、门锁继电器这些熟悉的名词,这是怎么回事呢?原来,由于输电功率的原因、电气安全回路压降的原因、监控电梯状态需要的原因等等,实践中设计人员很少采用上述标准的设计,而是把层门触点和轿门触点从电气安全回路中抽出来,另外串联成一个回路,称为门锁回路。有的还把层门和轿门触点分别串联成回路,成为层门锁回路和轿门锁回路。电气安全回路剩下的那一段,我们通常就称为安全回路。同时,安全回路和门锁回路也不再直接切断主接触器的线圈供电,而是先切断一个继电接触器的线圈供电,再由继电接触器的触点来切断主接触器的线圈供电,这个继电接触器就被分别称为安全继电器和门锁继电器。这样的设计在现实中有一定的代表性,见图 14-6 所示。

CEN 的解释认可了将电气安全回路分成门锁子回路(sub-safety-chain)和增加继电接触器的方法,但是提出了若干要求:

每个独立的子回路末端都应用两个继电接触器;

这些继电接触器的断开状态应被监控;

两个继电接触器的常开触点均应串联进“主”电气安全回路;

所用的继电接触器应满足本标准 13.2.1 的要求。

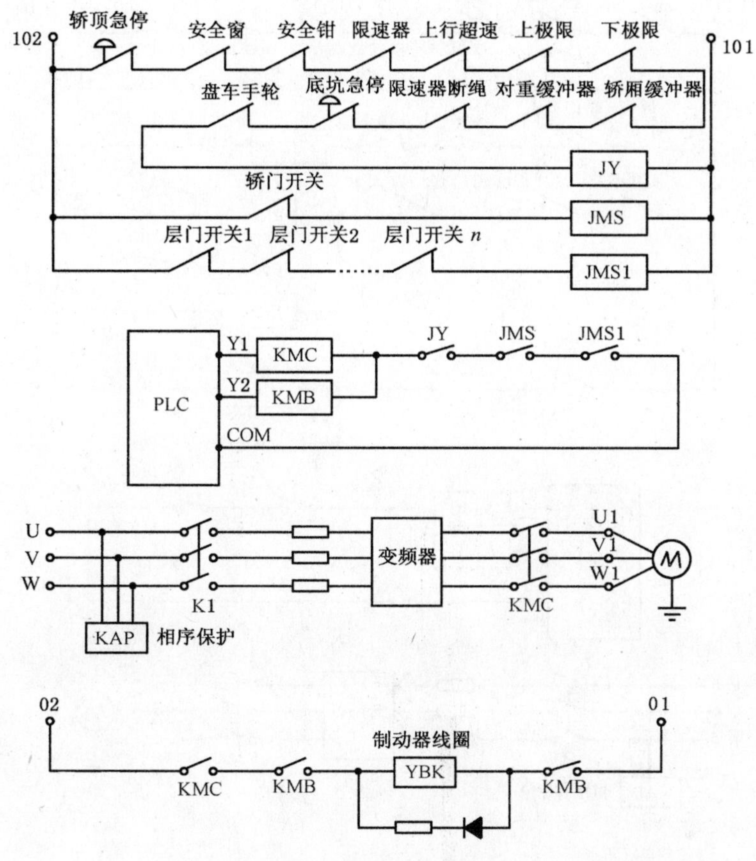

图 14-6 电气安全回路(现实中的一种设计)

这样看来,上图中现实的设计实际上是不符合这个解释的精神的。原因是电气安全回路中的所有安全触点或安全电路都可以实现可靠地断开,由它们直接切断主接触器线圈的供电可视为可靠地切断。而如果电气安全回路先切断继电接触器线圈的供电,再由继电接触器的触点来切断主接触器线圈的供电,由于继电接触器并不是安全触点,所以不能保证可靠地切断,这样就降低了安全等级。CEN 解释的核心就是按照安全电路的要求来考虑继电接触器的使用,符合这个要求的设计我们称为改进的一种设计,见图 14-7 所示。图中 JMS 和 JMS1 就是门锁子电气安全回路上的两个继电接触器,它们符合标准 13.2.1 的要求,尤其是 13.2.1.3 条,即如果有一个常开触点粘连,则所有的常闭触点都闭合。它们的常开触点均串联进了"主"电气安全回路,而它们的常闭触点被 JK 所监控。当门锁开关断开时,如果 JMS 和 JMS1 中有一个的常开触点粘连,则它的常闭触点相应地就断开,这样 JK 线圈就再也无法得电,即使门锁开关再次闭合,JMS 和 JMS1 线圈也无法得电,"主"电气安全回路就无法导通了。

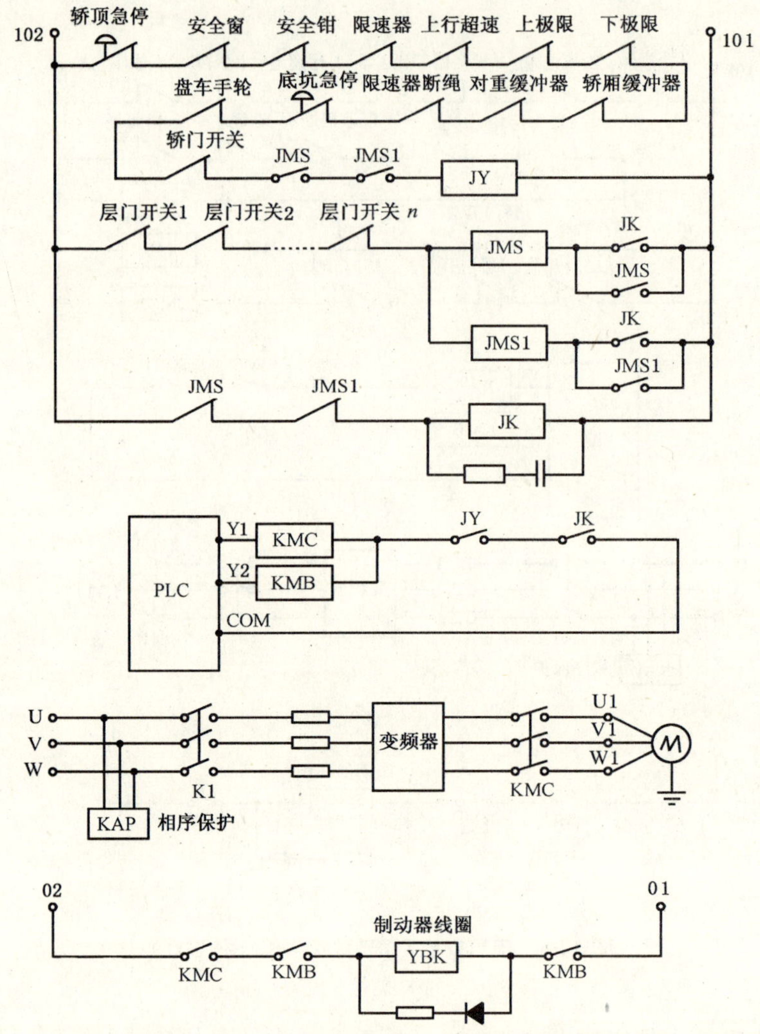

图 14-7 电气安全回路(改进的一种设计)

本条规定,由于输电功率的原因,使用了继电接触器控制电梯驱动主机,则它们应视为直接控制的装置。这里讲的继电接触器,在标准 13.2.1.2 条中又进一步明确指出应该是 EN 60947-5-1 中的 AC-15 或 DC-13 类型。EN 60947-5-1 标准在国内的等效标准是 GB 14048.5—2001,但该标准中并没有“继电接触器”一词,只有“接触器式继电器(contactor relay)”,根据其内容看,这两者的意思是完全相同的,只是表达不同而已。

14.1.2.5 电气安全装置的操作

操作电气安全装置的部件,应能在连续正常操作产生机械应力条件下,正确地起作用。

如果操作电气安全装置的装置设置在人们容易接近的地方,则它们应这样设置:即采用简单的方法不能使其失效。

注:用磁铁或桥接件不算简单方法。

对于冗余型安全电路,应用传感器元件机械的或几何的布置来确保机械故障时不应丧失其冗余性。

用于安全电路的传感器元件应符合 F6.3.1.1 的要求。

解读 操作电气安全装置的部件,也就是使安全触点或安全电路断开的机械结构,它必须正确设计,才能正确地向比如安全触点的驱动机构施加作用力,从而使触点断开。例如,设置在井道上下端的曳引式电梯极限开关,它的动作是靠设置在轿厢上的楔形碰铁。当轿厢行至上下端站时,相应的极限开关触点在楔形碰铁的垂直段施加的机械应力作用下可靠地断开,从而阻止电梯向允许范围以外继续运行。而碰铁垂直段的安装位置和长度,则必须要根据标准 10.5.1 条中“极限开关应在轿厢或对重接触缓冲器之前起作用,并在缓冲器被压缩期间保持在其动作状态”的要求来设计。

如果操作电气安全装置的装置,例如标准 7.7.3.1 中检查层门锁紧状况的安全触点,是设置在人们容易接近的位置(例如操作该安全触点动作的,是设置在水平移动的层门内侧上方的机械钩子锁)时,则必须使用专用的工具才能使该操作装置失效(例如要使层门内侧上方的机械钩子锁失效,只有使用本标准附录 B 中所示的专用三角钥匙)。当然还可以有其他很多方法使其失效,但均属不是简单的方法。

14.2 控制

14.2.1 电梯运行控制

此控制应是电气控制。

解读 根据本条的规定,电梯的运行控制只能是电气控制,而不能用气动的、液压的或机械连杆装置等来操纵电梯运行。因为电梯有很多的安全装置是电气机械所组成的。为了能使这些电气安全装置起可靠的保护作用,电梯的运行控制也必须是电气的。

14.2.1.1 正常运行控制

这种控制应借助于按钮或类似装置,如触摸控制、磁卡控制等。这些装置应置于盒中,以防止使用人员触及带电零件。

解读 过去有一部分电梯,靠轿厢内的手柄开关左右扳动来控制电梯上下运行,还有一部分防爆电梯往往是用非金属的绳、带或拉杆在轿厢内拉动,以操纵机房内的各种开关,使电梯向上或向下运行。根据本条的规定,这些控制方式将来都是不允许的。

14.2.1.2 门开着情况下的平层和再平层控制

在 7.7.2.2a)述及的特殊情况下,具备下列条件,允许层门和轿门打开时进行轿厢的平层和再平层运行。

a) 运行只限于开锁区域(见 7.7.1):

1) 应至少由一个开关防止轿厢在开锁区域外的所有运行。该开关装于门及锁紧电气安全装置的桥接或旁接式电路中;

2) 该开关应是满足 14.1.2.2 要求的一个安全触点,或者其连接方式满足 14.1.2.3 对安全电路的要求;

3) 如果开关的动作是依靠一个不与轿厢直接机械连接的装置,例如绳、带或链,则连接件的断开或松弛,应通过一个符合 14.1.2 要求的电气安全装置的作用,使电梯驱动主机停止运转;

4) 平层运行期间,只有在已给出停站信号之后才能使门电气安全装置不起作用。

b) 平层速度不大于 0.8 m/s。对于手控层门的电梯,应检查:

1) 对于由电源固有频率决定最高转速的电梯驱动主机,只用于低速运行的控制电路已经通电;

2) 对于其他电梯驱动主机,到达开锁区域的瞬时速度不大于 0.8 m/s。

c) 再平层速度不大于 0.3 m/s。应检查:

1) 对于由电源固有频率决定最高转速的电梯驱动主机,只用于低速运行的控制电路已经通电;

2) 对于由静态换流器供电的电梯驱动主机,再平层速度不大于 0.3 m/s。

解读 门开着情况下的平层功能,俗称提前开门功能,通常用于乘客电梯,其目的是为了节省时间,提高运行效率。门开着情况下的再平层功能,通常用于载货电梯,其目的是为了补偿货物或搬运车辆进出轿厢造成曳引钢丝绳伸缩导致的轿厢少量升降,使轿厢地坎和层站地坎始终保持基本水平,方便货物或搬运车辆进出。

要使电梯能够在门开着情况下运行,就必须短接层门和轿门电气安全装置。这种短接只能在开锁区域内进行,一旦轿厢离开开锁区域,就必须将短接回路断开,以防止电梯在开锁区域外也能开门运行。由于电梯在开锁区域外开门运行属于危险故障,极易产生人员伤亡的事故,所以断开短接回路时必须可靠地断开,这就需要用到安全触点或者安全电路。这里用的安全触点或者安全电路是否属于电气安全装置?标准 14.2.1.2a)2)没有明确提到,但是在附录 A 中将其列入了表 A1 电气安全装置表,对此,我们将在对附录 A 的解读中再讨论。

14.2.1.2a)1)中讲的“应至少由一个开关防止轿厢在开锁区域外的所有运行”指的是开门运行,而不应该包括正常运行、检修运行、紧急电动运行以及对接操作运行。

在实践中,由于判断电梯轿厢进出开锁区域需要用到井道中的平层传感器,所以使用安全触点来通断短接回路有困难,基本上都是采用安全电路来执行这一功能。图 14-8 是一个符合标准要求的开门平层和再平层安全电路原理图,我们对其原理做一个说明,读者也可借此对标准中安全电路的要求有更深的理解。

图中R1～R3是三个继电器，根据13.2.2.1条的规定，我们选用了安全继电器，这样，根据表H1的规定，13.2.1.3条的假设可以采用。安全继电器又称为强制断开继电器，它的结构可以保证一旦某个常开触点烧熔无法断开，则全部常闭触点都不闭合。这样的继电器用作安全电路元件，可以很方便地用其常闭触点来监控常开触点的动作，从而符合安全电路故障分析的要求。在本设计中，电梯在没有进入开锁区域时，安全继电器R1和R2的线圈都是失电的，则门锁的短接回路是断开的，而R3的线圈是得电的，从而使R3的两个常开触点接通。当电梯进入开锁区域，两个平层开关接通了，从而使R1和R2线圈得电，R1和R2的常闭触点断开，R3线圈接着失电，使R3的两个常开触点断开，但此时R1和R2的常开触点已经接通，形成了自保回路，从而R1和R2线圈可以持续得电。在这个状态下，门锁的短接回路被持续接通，电梯可以进行开门平层操作了。当电梯离开开锁区域时，平层开关断开，从而使R1和R2线圈失电，门锁的短接回路被断开，电梯又恢复到开始的状态了。如果是电梯停在层站后需要断开门锁的短接回路，则只要控制指令不给24V的输出电压就可以了。这个设计是一个典型的两通道(R1和R2)带一个监控回路(R3)的冗余型安全电路，如果R1或R2的任意一个常开触点发生烧熔无法断开的故障，则另一通道仍可正常断开门锁的短接回路，但是R1或R2的常闭触点就无法接通，则R3线圈再也无法得电，下一次电梯进入开锁区域也不能短接门锁了，所以不会导致危险故障。反之如果R3的常开触点发生烧熔无法断开的故障，则R3的常闭触点无法闭合，门锁的短接回路就无法接通，也不会导致危险故障。

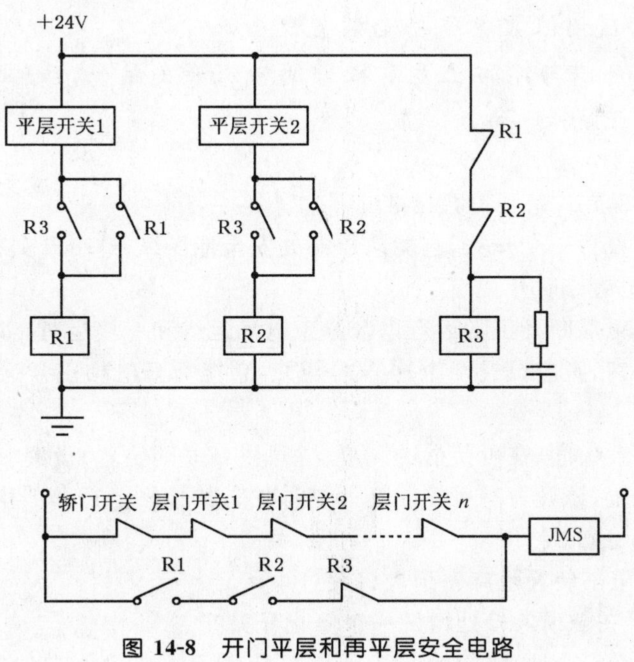

图 14-8 开门平层和再平层安全电路

14.2.1.3 检修运行控制

为便于检修和维护，应在轿顶装一个易于接近的控制装置。该装置应由一

个能满足14.1.2电气安全装置要求的开关(检修运行开关)操作。

该开关应是双稳态的,并应设有无意操作的防护。

同时应满足下列条件:

a) 一经进入检修运行,应取消:

1) 正常运行控制,包括任何自动门的操作;

2) 紧急电动运行(14.2.1.4);

3) 对接操作运行(14.2.1.5)。

只有再一次操作检修开关,才能使电梯重新恢复正常运行。

如果取消上述运行的开关装置不是与检修开关机械组成一体的安全触点,则应采取措施,防止14.1.1.1列出的其中一种故障出现在电路中时轿厢的一切误运行。

b) 轿厢运行应依靠持续揿压按钮,此按钮应有防止无意操作的保护,并应清楚地标明运行方向。

c) 控制装置也应包括一个符合14.2.2规定的停止装置。

d) 轿厢速度不应大于0.63 m/s。

e) 不应超过轿厢的正常的行程范围。

f) 电梯运行应仍依靠电气安全装置。

控制装置也可以与能防止无意操作的特殊开关结合,从轿顶上控制门机构。

【CEN/TC 10/WG 1解释,No.101A】

询问(1983-04-27):

(1) 下面的实现方式是否符合标准?

靠近轿顶入口设置一个开关,它能从层站处安全地操纵,这个开关有三种状态:

"正常—检修—检修时开关门"

这个开关用来可靠断开正常运行以及紧急电动运行和对接运行(如果有的话)的作用。如果轿顶有两个入口,则应设置两个这样的开关,它能断开电梯正常运行和动力操纵门并保持断开。

在轿厢悬吊装置中间(在可接受的高度,并可供站立的位置)设置一个带停止装置和另一个开关的控制装置,该开关有可靠断开的三种状态:"检修上行—停止—检修下行",其中只有中间的状态是稳态。

(2) 如果轿厢悬吊装置距离轿顶入口超过1 m,

a) 是否有必要在轿顶入口处增设一个停止开关?

b) 或者,不那么安全地,将控制装置移到靠近轿顶入口的地方(当轿顶有两个入口时设置两个控制装置)?

答复(1983-07-06/1987-05-12):

(1) 在这个问题中包含有三方面的问题:

a) 检修运行开关包含了第三种状态，即“检修时开关门”，这不符合标准要求，因为它不是双稳态开关。

b) 根据标准条文，检修运行控制装置包括检修运行开关、停止装置和检修上下行按钮，它们的排列顺序则在所不论。因此严格说来检修运行开关是不允许单独装在其他部件上的。至于说它的修改只能是讨论阶段。

关于它的可靠断开参看 14.2.1.3a)的最后一段。

c) 不允许将检修运行上下行按钮改成三状态的开关，这不符合标准规定。

(2) 标准中并没有明确轿厢悬吊装置与带停止装置的检修控制装置之间的位置关系。

【CEN/TC 10/WG 1 解释，No. 120】

询问(1985-03-19)：在用检修运行开关将电梯转换到检修运行状态时，电梯轿门可能会处于开启位置。

应该用哪种方法使门立即关闭？

有下列三种可能性：

a) 一转到检修运行状态门就自动关闭。

b) 当揿下检修上行或下行按钮时，门立即自动关闭，然后电梯再移动。当松开上行或下行按钮时，门仍保持关闭。

c)当揿下 14.2.1.3 最后一句提到的控制门机的特殊开关时，门立即关闭。

答复(1987-05-12)：

方案 a)不能接受。

方案 b)可以接受，前提是门的关闭必须依赖持续揿压检修上行或下行按钮。当门完全关闭后，即使松开上行或下行按钮，门也应保持关闭。

方案 c)可以接受。

【CEN/TC 10/WG 1 解释，No. 133】

询问(1986-12-10)：电梯检修运行：设置了一个计时器将单次检修运行的时间限制为 13 s。如果检修运行时间超过了，则电梯将立即停止，并不再响应检修运行操作指令。

恢复方法：将检修运行开关转回正常运行位置，然后再转到检修运行位置。

这种设置不符合标准要求，对吗？

答复(1987-05-12)：提问中所描述的检修运行方式并不违反标准。但是，不推荐采用所描述的恢复检修运行的操作步骤。

【CEN/TC 10/WG 1 解释，No. 183】

询问(1990-04-12)：14.2.1.3 条检修运行提到：

“控制装置也可以与能防止无意操作的特殊开关结合，从轿顶上控制门机构。”

(1) 这是否意味着这个特殊开关必须安装在最接近检修运行开关的地方呢？

在特殊情况下(两面开门的电梯、门机控制器装在轿底的电梯)，如果这个特殊开关装在门机控制器上似乎更便于调试。

(2) 是否这个特殊开关只应在电梯处于检修运行状态时有效呢？

答复(1990-09-26)：

(1) 不是的，这个特殊开关也可以装在门机控制器旁边。

(2) 是的。因为这个特殊开关是在“检修运行控制”的题目下提到的,所以也只能在检修运行状态下才可以起作用(如果在正常运行时,维修人员将注意力转到观察门机控制器上,这将是非常危险的)。

【CEN/TC 10/WG 1 解释,No. 265】

询问(1995-10-16):14.2.1.3 条在 a)中提到:

“一经进入检修运行,应取消:

1) 正常运行控制,包括任何自动门的操作;”

按下述方式来理解上面这句话是否正确:

a) 一经转到检修运行状态,操作门的运动就应停止。

b) 转到检修运行状态后,关门操作是允许的,之后的操作就不可以了。

哪种理解是正确的,a)还是 b)?

答复(1997-01-28):a)是正确的(参见 No. 120 解释)。

标准的制定是为了防止由于门的运动导致危险。

如果在设计上使关门过程不会导致剪切、挤压等危险,那么仅仅关门的操作也是可以接受的。

【CEN/TC 10/WG 1 解释,No. 540】

询问(2000-03-21):我们认为轿壁和/或井道壁有玻璃面板的电梯,在非电梯专业人员清洁这些玻璃时会增加额外的风险。多数情况下牵涉到两人,一人在轿顶确定位置,另一人在轿厢下面或旁边进行清洁。我们认为,随着玻璃轿壁电梯和玻璃井道壁的使用,在新标准中 CEN/TC 10/WG 1 成员或者说作为标准基础的风险分析并未充分认识到这种危险。

基于这个原因,荷兰正准备要求这种型式的电梯至少要有一个系统来保护底坑或轿厢旁边的人员免受轿厢意外移动的伤害,当电梯在检修运行后转回自动运行时,它能防止这些人员被轿厢挤压。荷兰安全委员会以及劳动部的观点是,这种型式的电梯至少要有这样一个从技术上来保护的系统,而不能只靠操作规程。

答复(2000-11-21):EN 81-1/2 是在“当底坑有电梯专业人员时,电梯不会被移动”这样的假设前提下制定的。

为了达到这一点,5.7.3.4a)条规定

“底坑内应有停止装置,该装置应在打开门去底坑时和在底坑地面上容易接近,且应符合 14.2.2 和 15.7 的要求;”

这一条款要求在开门去底坑时应有一个容易接近的停止装置,假设进入底坑的人员会触发它。

提问中的解决方案不仅偏离了 EN 81 最基本的假设,而且这一方案本身也不是安全的,因为它不是自动故障防护的。

解读 本条第二段中的“无意操作”一词,英文原文用的是“involuntary operation”,它指的是由于操作者的身体或器具等不当心触碰到开关而造成的操作,标准要求这必须要通

过开关自身的结构设计来避免,例如外面有保护圈套使开关缩入其中等等。由此可见,无意操作和我们通常所说的误操作是不同的,误操作可能是由于主观认识错误造成的,是有意的操作,而这靠开关的结构是无法防止的。

本条规定:一经进入检修运行,应取消正常运行控制,包括任何自动门的操作。这里讲的自动门,包括标准 7.5.2.1.1 条和 8.7.2.1.1 条的动力驱动水平滑动门和 7.5.2.3 条的动力驱动其他型式自动门。自动门的操作包括两类:第一类是电梯停在层站时,由控制系统发出指令自动开关层轿门;第二类是电梯停在层站时,由轿厢内的操作者通过揿压开关门按钮来开关层轿门。在实践中,有一部分电梯在检修运行至层站停止时,只取消了第一类操作,而没有取消第二类操作,根据上述 No.265 解释的精神,这种做法是不正确的。第二类操作虽然是由操作者控制的,但与动力驱动的非自动门(包括水平滑动门、垂直滑动门以及其他型式的门)仍不一样,这些门的关闭是要由操作者持续揿压按钮才能完成的,所以,第二类操作仍然属于动力驱动自动门特有的操作方式。标准要求取消任何自动门的操作,就是要取消自动门所有不同于非自动门和手动门的操作方式,此时若需开关门,应该通过安装在轿顶的能防止无意操作的开关来进行。

本条没有说明在轿顶检修操作之外,电梯其他位置能否设置检修操作,如果允许设置,则它与轿顶检修操作的逻辑关系应该怎样。我国的 GB/T 10058—1997 中规定在机房、轿厢等处都可以设置检修操作,而轿顶检修操作应当优先于这些地方的检修操作,这就是我们常说的“轿顶优先”的来源。而已经生效的 EN 81-1:1998/A2:2004 则对此做了不同的规定,具体见相应部分的解读内容。

14.2.1.4 紧急电动运行控制

对于人力操作提升装有额定载重量的轿厢所需力大于 400N 的电梯驱动主机,其机房内应设置一个符合 14.1.2 的紧急电动运行开关。电梯驱动主机应由正常的电源供电或由备用电源供电(如有)。

同时下列条件也应满足:

a) 应允许从机房内操作紧急电动运行开关,由持续揿压具有防止无意操作保护的按钮控制轿厢运行。运行方向应清楚地标明。

b) 紧急电动运行开关操作后,除由该开关控制的以外,应防止轿厢的一切运行。检修运行一旦实施,则紧急电动运行应失效。

c) 紧急电动运行开关本身或通过另一个符合 14.1.2 的电气开关应使下列电气安全装置失效:

1) 9.8.8 安全钳上的电气安全装置;

2) 9.9.11.1 和 9.9.11.2 限速器上的电气安全装置;

3) 9.10.5 轿厢上行超速保护装置上的电气安全装置;

4) 10.5 极限开关;

5) 10.4.3.4 缓冲器上的电气安全装置。

d) 紧急电动运行开关及其操纵按钮应设置在使用时易于直接观察电梯驱动主机的地方。

e) 轿厢速度不应大于 0.63 m/s。

【CEN/TC 10/WG 1 解释,No.136】

询问(1987-01-07):当要求设置紧急电动运行时,标准中对其控制装置的位置提出的唯一要求是"紧急电动运行开关及其操纵按钮应设置在使用时易于直接观察电梯驱动主机的地方"。

在满足这一要求的前提下,紧急电动运行控制装置是否可以设置在控制柜里面呢?还是要求一个独立的控制盒设置在驱动主机的旁边?

答复(1988-01-26):标准的意图是在不打开控制柜门的情况下也能接近紧急电动运行开关和操纵按钮。只要符合标准,倒没必要一定将它们设置在驱动主机的旁边。

【CEN/TC 10/WG 1 解释,No.267】

询问(1996-10-28):在 14.2.1.4 条中规定对于人力操作提升装有额定载重量的轿厢所需力大于 400N 的电梯驱动主机,其机房内应设置一个紧急电动运行开关。

我们的问题是:

(1) 对于人力操作提升装有额定载重量的轿厢所需力小于或等于 400N 的电梯驱动主机,机房设置紧急电动运行开关是否允许?

(2) 对于液压电梯,机房设置紧急电动运行开关是否允许?

(3) 如果液压电梯机房设置紧急电动运行开关是允许的,对其要求是否类似 EN 81-1 中 14.2.1.4 条的要求?

答复(1997-09-02):(1)是的,在满足 12.5.1 的要求下额外设置是允许的。

(2)和(3)在满足 EN 81-2 的 12.9 条的要求下额外提供紧急电动运行功能是不禁止的。

但是,标准没有陈述对紧急电动运行的要求。

【CEN/TC 10/WG 1 解释,No.507】

询问(1999-05-14):在 14.2.1.4b)条中写到:

"紧急电动运行开关操作后,除由该开关控制的以外,应防止轿厢的一切运行。检修运行一旦实施,则紧急电动运行应失效;"

我们可以这样来理解这一条款:一旦触发了检修运行开关,则紧急电动运行的效果,即揿压紧急电动运行按钮使电梯移动的功能就应取消,电梯应保持静止。

通过风险评价:

如果同时触发紧急电动运行开关和检修运行开关,在防止了轿厢移动的同时,将导致下列危险:

(1) 轿顶解困:这一风险已经被 EN 81-1:1998 的 5.10 条解决;

(2) 对站在轿顶上的人而言,轿厢的意外停止。

当同时触发紧急电动运行开关和检修运行开关时,对于在层站上准备进入轿顶上的人员来说是没有风险的。

答复(1999-11-22):在触发了检修运行开关后再触发紧急电动运行开关,则紧急电动运行无效,检修运行上下按钮仍然有效。

在触发了紧急电动运行开关后再触发检修运行开关,则紧急电动运行失效,检修运行上下按钮开始有效。

解读 关于检修运行控制和紧急电动运行控制之间的逻辑关系问题,在上一版标准中是有矛盾的。这一版标准在 14.2.1.4b)条中加了一句话:“检修运行一旦实施,则紧急电动运行应失效。”这样就解决了检修运行和紧急电动运行到底谁优先的问题。另外,CEN 在上述 No.507 解释中对此表述得更为明确:在触发了检修运行开关后再触发紧急电动运行开关,则紧急电动运行无效,检修运行上下按钮仍然有效。在触发了紧急电动运行开关后再触发检修运行开关,则紧急电动运行失效,检修运行上下按钮开始有效。这个解释说明,实践中与之相违背的做法(包括一部分电梯当同时操作检修运行开关和紧急电动运行开关时,两种运行都不起作用的处理方式)都是不正确的。

设计人员在按照上述逻辑进行设计时,会遇到另一个问题,那就是 14.2.1.3 f)指出,检修运行应仍依靠电气安全装置,而 14.2.1.4 c)则指出,紧急电动运行应使部分电气安全装置失效。通常的做法是用紧急电动运行开关将这部分电气安全装置短接起来,操作该开关使电梯从紧急电动运行状态恢复至正常运行状态时,再断开短接回路。问题是一旦出现紧急电动运行开关和检修运行开关都被操作的情况,标准要求检修运行应有效,紧急电动运行应失效。此时如果不对紧急电动运行的短接回路进行处理,就会出现短接着部分电气安全装置开始检修的危险情况,这显然不符合标准要求。解决问题的方法很简单,只要将检修运行开关的常闭触点串联进紧急电动运行的短接回路就可以了,具体见图 14-9 所示。

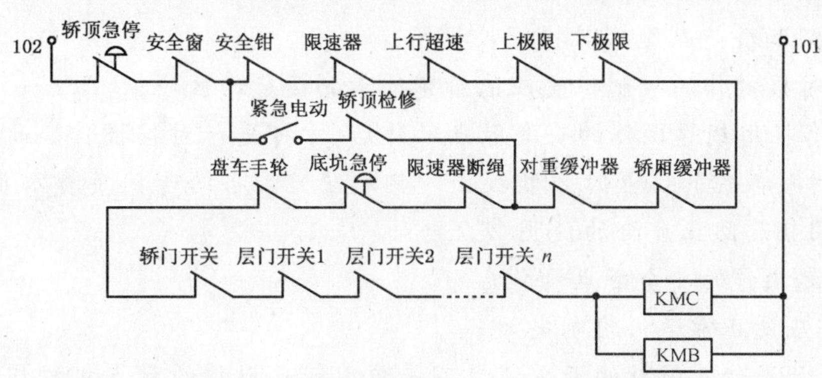

图 14-9 一种正确的紧急电动运行短接回路

还有一点需要注意,有些设计人员不用紧急电动运行开关来短接部分电气安全装置,而是用紧急电动运行上下行按钮并联起来短接。这种设计的初衷是为了安全,希望尽量缩短电梯处于短接状态的时间,殊不知却反而带来了安全隐患。因为紧急电动运行开关符合安全触点的要求,当操作它恢复到正常运行状态时,短接回路能被可靠地断开,但紧急电动运行上下行按钮却不行,当操作者撤掉持续揿压力时,它是靠弹簧回复力来断开,无法可靠地断开短接回路,因而是不符合标准 14.2.1.4c)的要求的。即使再将部分电梯紧急电动运行控制装置上的上下行公共按钮串联进短接回路，如图 14-10 所示，也是不符合标准的，因为两个非安全触点简单串联并不构成安全电路。

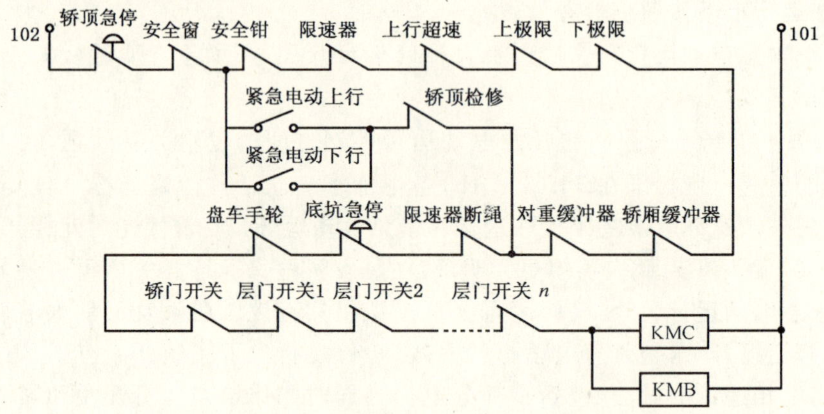

图 14-10 一种错误的紧急电动运行短接回路

14.2.1.5 对接操作运行控制

对于 7.7.2.2b)述及的特殊情况，同时满足下列条件时，允许轿厢在层门和轿门打开时运行，以便装卸货物：

a) 轿厢只能在相应平层位置以上不大于 1.65 m 的区域内运行；

b) 轿厢运行应受一个符合 14.1.2 要求的定方向的电气安全装置限制；

c) 运行速度不应大于 0.3 m/s；

d) 层门和轿门只能从对接侧被打开；

e) 从对接操作的控制位置应能清楚地看到运行的区域；

f) 只有在用钥匙操作的安全触点动作后，方可进行对接操作。此钥匙只有处在切断对接操作的位置时才能拔出。钥匙应只配备给专门负责人员，同时应供给他使用钥匙防止危险的说明书；

g) 钥匙操作的安全触点动作后：

1) 应使正常运行控制失效。

如果使其失效的开关装置不是与用钥匙操作的触点机构组成一体的安全触点，则应采取措施，防止 14.1.1.1 列出的其中一种故障出现在电路中时，轿厢的一切误运行。

2) 仅允许用持续撳压按钮使轿厢运行，运行方向应清楚地标明；

3) 钥匙开关本身或通过另一个符合 14.1.2 要求的电气开关可使下列装置失效：

——相应层门门锁的电气安全装置；

——验证相应层门关闭状况的电气安全装置；

——验证对接操作入口处轿门关闭状况的电气安全装置。

h) 检修运行一旦实施，则对接操作应失效；

i) 轿厢内应设有一停止装置[14.2.2.1e)]。

解读 本条的规定，是为了使安装于仓库、商场、工厂等场所的载货电梯装卸货物方便。电梯有了对接操作运行功能后，可以与运输车辆的货厢地面方便地找平，从而可以将货物平移出入。

对接操作运行控制，既可以在轿厢内，也可以在层站上进行，只要从对接操作的控制位置能清楚地看到运行的区域。

有一种观点认为，根据14.2.1.5b)条的要求，对接操作运行时只能让电梯由底向上运行(即不允许由上向下运行)，这种观点是不正确的。因为14.2.1.5 g)2)指出，对接操作仅允许用持续揿压按钮使轿厢运行，运行方向应清楚地标明，这就说明对接操作是可以上下两个方向运行的。实践中也确实有向下运行的需要，因为找平的过程不一定能一次完成，往往需要经过多次微调。那么，14.2.1.5 b)条应该怎样理解呢？该条指出，轿厢运行应受一个符合14.1.2要求的定方向的电气安全装置限制，这实际上是将轿厢限制在14.2.1.5 a)规定的平层位置以上不大于1.65 m的区域内运行。而所谓定方向，说得通俗一点，就类似于国内电梯中常见的限位开关的作用，当轿厢上行至1.65 m高时，该电气安全装置应禁止轿厢继续上行，但应允许轿厢下行。

对接操作运行与门开着情况下的平层和再平层有着相似的前提，即都是开着门运行。但是如果仔细研究，它们还是有着很大不同：首先，前者是由操作者手动控制，通过钥匙开关来短接和断开短接门电气安全装置，因此通常都用安全触点来实现；而后者是由控制系统自动控制，通过传感器来给出信号，因此通常都用安全电路来实现。其次，前者只能短接对接层站的，而且是对接侧的(针对两面开门的电梯)层门和轿门电气安全装置，而后者一般是短接整个门电气安全装置。还有，前者的运行区域限于对接层站之上1.65m以内，而后者的运行区域可以是任何层站的开锁区域内。

还有一点需要注意，14.2.1.5 h)指出，检修运行一旦实施，则对接操作应失效，这说明检修运行与对接操作运行的逻辑关系同前述检修运行与紧急电动运行的逻辑关系类似。在设计时也应将检修运行开关的常闭触点串联进对接操作运行的短接回路中，以防出现短接着门电气安全装置进行检修的危险情况。

14.2.2 停止装置

14.2.2.1 电梯应设置停止装置，用于停止电梯并使电梯包括动力驱动的门保持在非服务的状态。停止装置设置在：

a) 底坑[5.7.3.4 a)]；

b) 滑轮间(6.4.5)；

c) 轿顶(8.15)，距检修或维护人员入口不大于1 m的易接近位置。该装置也可设在紧邻距入口不大于1 m的检修运行控制装置位置；

d) 检修控制装置上[14.2.1.3 c)]；

e) 对接操作的轿厢内[14.2.1.5 i)]。

此停止装置应设置在距对接操作入口处不大于1 m的位置，并应能清楚地辨别(见15.2.3.1)。

【CEN/TC 10/WG 1解释，No.98】

询问(1983-01-03)：标准禁止在无孔轿门电梯的轿厢内设置停止装置。

在特殊情况下，即14.2.1.5的对接操作运行控制下轿厢内又要求设置停止装置。

那么就产生了下面的问题：

对于设置了对接操作运行功能的无孔轿门电梯，不论对接操作是在层站还是在轿厢进行控制，其轿内停止装置应该：

——在对接操作运行时和正常运行时都有效？

——只在对接操作运行时有效？

答复(1983-04-19)：设置了对接操作运行功能的电梯，即使是无孔轿门的，它轿内的停止装置应该在对接操作运行和正常运行时都起作用。

这个例外将在下一版本中被包括进14.2.2.1条中去。

解读 请读者注意，CEN的这个解释针对的是EN 81-1:1978版本，当时的14.2.2.1条没有将带对接操作运行功能的电梯的轿内停止装置列入，而现行的EN 81-1:1998版本已经将其列为14.2.2.1 e)了。另外，在EN 81-1:1978和EN 81-1:1985版本中都有非无孔轿门电梯的轿内应设置停止装置的规定(参见No.531解释)，而现行的EN 81-1:1998版本不仅不要求设置，而且是不允许设置了。

但是，这个解释的核心在今天仍然是有效的，那就是带对接操作运行功能的电梯的轿内停止装置不仅应在对接操作运行时有效，而且应在正常运行时有效。那么它在检修运行和紧急电动运行时是否也应有效呢？笔者认为根据停止装置的统一逻辑，也应是有效的。换句话说，它和设置在其他几个地方的停止装置并无二致，在不同状态下都应能使电梯停止。

14.2.2.2 停止装置应由符合14.1.2规定的电气安全装置组成。停止装置应为双稳态，无意动作不能使电梯恢复运行。

【CEN/TC 10/WG 1解释，No.223】

询问(1993-07-12)：EN 81-1和EN 81-2的14.2.2条对停止装置安装的描述有所不同。

标准对停止开关的类型没有详细的说明，我们目前使用的有“双稳态按钮(蘑菇头)”、“拨杆开关”或者有两个位置的“旋转开关”。

解释No.121(5.7.3.4)允许使用双稳态拨杆开关、双稳态按钮开关或旋转开关，但没有对开关的标记作定义。

虽然这些开关都是双稳态，但根据不同应用场合的危险和需求，我们建议要有所区分。

(1) 底坑外的停止装置

a) 在轿顶

上述解释中指出的三种开关都符合要求。

b) 在滑轮间

显然需要快速反应(紧急危险,如衣服被卷入滑轮或其他旋转部件),因此,蘑菇头的按钮开关更适合。

我们的理解是否正确?

(2) 底坑内的停止装置

a) 标准的要求

5.7.3.4 条指出:"底坑内应有停止装置,该装置应在打开门去底坑时和在底坑地面上容易接近,且应符合 14.2.2 和 15.7 的要求"。

15.7 条则指出:"在停止装置上或其近旁应标出'停止'字样,设置在不会出现误操作危险的地方"。

我们认为上面第二句话存在使人将功能标记和状态标记搞混的风险。

我们的理解是否正确?

b) 现场的情况

现场经常使用手提式的蘑菇头停止按钮,这类开关通常只在盒子上或旁边有"停止"标记。

对于在底坑或底坑入口的观察者来说,不论他相对于这个开关的距离和姿势如何,尤其是在开关前面时,如果要确知开关的状态是不可能的。

我们认为底坑停止开关应该:

——是一个蘑菇头的双稳态按钮,并且有一个功能标记"停止"(按照标准的要求),还有两个状态标记"停止"和"运行"。

基于这个目的,按下开关后应通过旋转才能使其复位,一个状态标记应该刻在开关的动作部位上。

——或者是一个有两个状态的旋转开关,有一个功能标记"停止"和两个状态标记"停止"和"运行"。

——或者是一个有两个状态的拨杆开关,有一个功能标记"停止"和两个状态标记"停止"和"运行"。

我们的理解是否正确?

注:对于双稳态的开关,其状态标记应该清楚。

答复(1994-01-19/1995-11-08):

(1)a) 解释 No.121 中提到的三种开关都是允许的。

b) 解释 No.121 中提到的三种开关都是允许的,必须在一进滑轮间时就触发该开关。

(2)a) 只要满足 15.7 的要求是没有风险的。

b) 对三种开关而言,只要正确设置了"停止"标记就足够了,在开关状态方面不存在风险。

【CEN/TC 10/WG 1 解释,No. 531】

询问(2000-02-11):EN 81-1:1985 和 EN 81-2:1987 在 14.2.2.2 条中,规定了如果轿门不是无孔的,轿厢内应设置供乘客使用的停止开关。

这一条在 EN 81-1/2:1998 中没有了。

请问这是有意的还是忘记了呢?

答复(2000-07-04):轿厢中禁止设置停止开关的规定见 14.2.2.3 条。

14.2.2.3 除对接操作外,轿厢内不应设置停止装置。

解读 正如上一条的解释 No. 531 所说,在上一版标准中,是要求非无孔轿门电梯的轿厢内设置一个供乘客使用的停止装置的,当时主要是考虑到一旦乘客的手指或其他细长的物品伸出孔外,在电梯运行过程中发生伤害或损坏时,可以及时停止轿厢运行。然而设置了停止装置后,就可能会被滥用,如被犯罪分子利用或者被小孩玩弄,反而不能保障乘客的安全。所以,在这一版标准中,CEN 取消了这一规定。

现在有些电梯,设置了轿内检修运行功能,同时也设置了停止装置,这些开关都锁在轿厢操纵面板里面,只供维修保养人员使用。这样的设置是否违反了本条的规定呢?笔者认为并不违反。因为本条的规定其实指的是供乘客使用的停止装置,而被锁住仅供专业人员使用的停止装置不存在这些风险,应当不在禁止之列。

14.2.3 紧急报警装置

14.2.3.1 为使乘客能向轿厢外求援,轿厢内应装设乘客易于识别和触及的报警装置。

14.2.3.2 该装置的供电应来自 8.17.4 中要求的紧急照明电源或等效电源。

注:14.2.3.2 不适用于轿内电话与公用电话网连接的情况。

解读 如果报警装置的供电是来自 8.17.4 中要求的紧急照明电源,根据 8.17.5 的要求,该电源应有相应的额定容量。什么是相应的额定容量,标准没有详细说明,笔者认为,这个容量应能至少保证轿厢内的乘客与救援服务持续联系 1 h,并且同时轿厢内 1W 的紧急照明灯持续点亮 1 h。

14.2.3.3 该装置应采用一个对讲系统以便与救援服务持续联系。在启动此对讲系统之后,被困乘客应不必再做其他操作。

【CEN/TC 10/WG 1 解释,No. 514】

询问(1999-08-02):EN 81-1/2 德文版使用了"Gegensprechen"一词来描述对紧急报警装置的要求。

而英文版的定义则是含糊的,只是说"该装置应采用一个对讲系统以便与救援服务持续联系"。

当翻译成德文时,这并不是"Gegensprechverbindung"所指的意思,但必须是可以对讲的装置。

如果“对讲系统”仅指“说话”，那么英文版的意思就是需要建立声音的双向联系，而不论它是“Wechselsprechen”还是“Gegensprechen”。

假设不论使用哪种系统，在轿厢内的乘客触发系统后都不需要再做其他操作。

正如上面所阐明的原因，英文版中的“对讲系统”显然是翻译错了。

名词“对讲系统”和“持续联系”仅能表示：

(1) 建立从轿厢到救援服务之间的联系；

(2) 救援服务到轿厢的通道。

我们希望澄清上面提到的这些点各自的解释。

注：

Gegensprechen，Gegensprechverbindung：允许两端同时讲话的内部通信系统

Wechselsprechen，Wechselsprechverbindung：同一时间只允许一端讲话的内部通信系统

答复(1999-11-22)：14.2.3.3 条意味着要求全双工通信系统(Gegensprechanlage)。

注：CEN/TC10/WG4 单独研究过这个问题，其形成的文件草案即将获得 CEN 通过。待 CEN/TC10/WG4 的工作结束之后，如果需要，EN 81-1/2 将会进行修正。

解读 EN 81-28:2003“乘客电梯和客货电梯远程报警”标准已经正式执行，标准中详细规定了电梯报警的要求，以取代 EN81-1:1998 中 14.2.3 条关于报警系统的规定。根据这个标准，报警系统不再局限于全双工系统。在 CEN/TC 10/WG 1 No.562 和 No.579 解释草案中明确了这点，并指出上述 No.514 解释作废，也就是说，标准不再强调一定要用全双工的通信系统了。

既然报警装置是一个对讲系统，为什么 15.2.3.1 中规定报警开关用铃形符号加以识别，而不用电话符号加以识别呢？因为上一版标准中规定报警装置可以是警铃，所以使用了铃形符号，现在虽然要求严格了，但铃形符号已被广大电梯乘客所熟知，所以就沿用下来了。

14.2.3.4 如果电梯行程大于 30 m，在轿厢和机房之间应设置 8.17.4 述及的紧急电源供电的对讲系统或类似装置。

解读 这里讲的对讲系统要求与上一条是相似的。

14.2.4 优先权和信号

14.2.4.1 对于手动门电梯应有一种装置，在电梯停止后不小于 2s 内，防止轿厢离开停靠站。

解读 本条的要求是给乘客自行打开电梯门一个合理的时间，在此期间内电梯不会被其他层站的召唤呼走。

14.2.4.2 从门关闭后到外部呼梯按钮起作用之前，应有不小于 2s 的时间让进入轿厢的使用人员能揿压其选择的按钮。

这项要求不适用于集选控制的电梯。

14.2.4.3　对于集选控制的情况，从停靠站上应可清楚地看到一种发光信号，向该停靠站的候梯者指出轿厢下一次的运行方向。

注：对于群控电梯，不宜在各停靠站设置轿厢位置指示器，推荐采用一种先于轿厢到站的音响信号来指示。

【CEN/TC 10/WG 1 解释，No.126】

询问(1986-05-20)：下面几种做法是否符合标准的要求？

(1) 在层站上设置两个发光的方向箭头，用来指示轿厢下一次的运行方向。

(2) 在轿厢内设置两个方向箭头，从层站能清楚地看到它们，可能通过轿厢的镜子等方式。

(3) 通过层站的“召唤登记”信号灭掉来表示(只对单台电梯)。

答复(1986-11-25)：方法(1)和(2)都是可以的，应用时见 ISO 4190-5。方法(3)不可以。

【CEN/TC 10/WG 1 解释，No.215】

询问(1992-12-10)：14.2.4.3 条指出，对于集选控制的情况，从停靠站上应可清楚地看到一种发光信号，向该停靠站的候梯者指出轿厢下一次的运行方向。

然而对于只有两层站的电梯，这项要求似乎是多余的，因为不管轿厢停在哪个层站，下一次运行都只有一个方向，这对候梯者来说是很清楚的。

不知解释委员会是否同意我们的意见，即 14.2.4.3 条的要求不适用于只有两层站的电梯？

答复(1993-06-30)：是的。

14.2.4.3 条是为了避免候梯者对电梯下一次运行方向搞错，而两层站的电梯则不存在搞错的可能性。

14.2.5　载重量控制

14.2.5.1　在轿厢超载时，电梯上的一个装置应防止电梯正常启动及再平层。

14.2.5.2　所谓超载是指超过额定载荷的 10%，并至少为 75 kg。

14.2.5.3　在超载情况下：

a) 轿内应有音响和(或)发光信号通知使用人员；

b) 动力驱动自动门应保持在完全打开位置；

c) 手动门应保持在未锁状态；

d) 根据 7.7.2.1 和 7.7.3.1 进行的预备操作应全部取消。

解读　目前国内的电梯超载装置一般安装在轿厢架或绳头上，工作原理有应变式和位移式等，但不论哪种位置、哪种方式，测量都有误差，此外还容易受乘客在轿厢中的分布和跳动的影响。因此，超载的判断应该在电梯门关闭之前进行，如果此时不超载，而电梯运行之后超载装置再给出超载信号，控制系统应当不予理会，以免造成中途停梯。

15 注意、标记及操作说明

15.1 总则

所有标牌、须知、标记及操作说明应清晰易懂(必要时借助标志或符号)和具有永久性,并采用不能撕毁的耐用材料制成,设置在明显位置。应使用电梯安装所在国家的文字书写(必要时可同时使用几种文字)。

解读 本章是对电梯设备所使用的标牌、须知、标记及操作说明的相关规定。与此相关的国际标准有 ISO/FDIS 4190-5:2004《电梯和服务电梯操作装置、信号和附加件》,我国有行业标准 JG 5009—1992《电梯操作装置、信号及附件》。

电梯设备所使用的标牌、须知、标记及操作说明,是对电梯的使用者和管理者的提示或需要遵照执行的规定。所以,标准要求"应使用电梯安装所在国家的文字书写(必要时可同时使用几种文字)"。显然,在我国安装使用的一部分电梯的标记及操作说明没有使用中文是不符合本条款要求的。有些厂商在电梯上使用汉语拼音作标识,不便于大多数人辨认,笔者认为没有必要也是不可取的。

"具有永久性"主要指在正常的使用过程中,不能脱落、消失或严重褪色致使其文字、标记不能正常识别。有人提及电梯零部件中使用不干胶标牌是否允许的问题,笔者认为不能一概而论,要看不干胶标签的材料质量和制作工艺,以及要贴到什么零部件上。对于安全钳、缓冲器等电梯安全零部件,使用寿命一般要达 10 年以上,普通的不干胶标签很难达到在整个使用期限内具有永久性的要求,所以,笔者不建议在其上使用。

15.2 轿厢内

15.2.1 应标出电梯的额定载重量及乘客人数。乘客人数应依据 8.2.3 来确定。

所用字样应为:

"……公斤……人"

所用字体高度不得小于:

a) 10 mm,指大写字母和数字;

b) 7 mm,指小写字母。

15.2.2 应标出电梯商名称及其识别码。

15.2.3 轿厢的其他事项

15.2.3.1 停止开关的操作装置(如有)应是红色,并标以"停止"字样加以识别,以不会出现误操作危险的方式设置。

报警开关(如有)按钮应是黄色,并标以铃形符号加以识别:

红、黄两色不应用于其他按钮。但是,这两种颜色可用于发光的“呼唤登记”信号。

【CEN/TC 10/WG 1 解释,No. 125】

询问(1986-05-20):标准要求报警开关按钮为黄色。如果需要一个牢固的按钮,其表面不全是黄色,在其金属表面刻上钟形符号,并涂上黄色。我们认为这样做是和标准一致的。

这样做符合标准要求吗?

答复(1986-11-25):是的,符合要求。

15.2.3.2 控制装置应有明显的、易于识别其功能的标志。推荐使用以下标记:

a) 轿内选层按钮宜标以—2、—1、0、1、2、3 等;

b) 再开门按钮宜标以符号:◁|▷。

【CEN/TC 10/WG 1 解释,No. 198】

询问(1991-05-15):标准要求控制装置应能清楚识别其功能,特别推荐控制按钮标识—2,—1,0,1,2,3 等。这就意味着每层有其自己的控制按钮。

在楼层数量很大情况下,轿厢操纵盘会变得很大,因为使用小尺寸的按钮和缩小距离不便于观看。

因此,我们的问题是:为登记轿厢呼叫,是否允许用 10 个数字按钮的键盘像电话机那样使用,若需要还可用一个“—”按钮来完善它?

答复(1992-03-17):可以。

15.2.4 在明显需要设置安全使用说明的轿厢中,应设置安全使用说明。

这些说明至少应指出:

a) 对于具有对接操作功能的电梯,应设有专用操作说明;

b) 对于装有电话或内部对讲系统的电梯,若使用方法并非简单明了的,则应设有使用说明;

c) 对于关闭过程始终在使用人员控制下完成的人力驱动门和动力驱动门的电梯,在使用完毕后,应将门关闭。

解读 8.3 中的 No. 211 解释对本条也适用。

15.3 轿顶上

在轿顶上应给出下列指示:

a) 停止装置上或其近旁应标出“停止”字样,设置在不会出现误操作危险的地方;

b）检修运行开关上或其近旁应标出“正常”及“检修”字样；

c）在检修按钮上或其近旁应标出运行方向；

d）在栏杆上应有警示符号或须知。

15.4　机房及滑轮间

15.4.1　在通往机房和滑轮间的门或活板门的外侧应设有包括下列简短字句的须知：

“电梯驱动主机——危险

未经许可禁止入内”。

对于活板门，应设有永久性的须知，提醒活板门的使用人员：

“谨防坠落——重新关好活板门”。

15.4.2　各主开关及照明开关均应设置标注以便于区分。

在主开关断开后，某些部分仍然保持带电（如电梯之间互联及照明部分等），应使用一须知说明此情况。

15.4.3　在电梯机房内应设有详细的说明，指出电梯万一发生故障时应遵循的规程，尤其应包括手动或电动紧急操作装置和层门开锁钥匙的使用说明。

15.4.3.1　在电梯驱动主机上靠近盘车手轮处，应明显标出轿厢运行方向。如果手轮是不能拆卸的，则可在手轮上标出。

15.4.3.2　在紧急电动运行按钮上或其近旁应标出相应的运行方向。

15.4.4　在滑轮间内停止装置上或其近旁，应标有“停止”字样，设置在不会有误操作危险的地方。

15.4.5　在承重梁或吊钩上应标明最大允许载荷（见6.3.7）。

15.5　井道

15.5.1　在井道外，检修门近旁，应设有一须知，指出：

“电梯井道——危险

未经许可禁止入内”

15.5.2　如果手动开启的电梯层门有可能与相邻的其他门相混淆，则前者应标有“电梯”字样。

15.5.3　对于载货电梯，应在从层站装卸区域总可看见的位置上设置标志，标明额定载重量。

15.6　限速器

应设有铭牌，标明：

a）限速器制造厂名称；

b）型式试验标志及其试验单位；

c）已整定的动作速度。

15.7　底坑

在停止装置上或其近旁应标出“停止”字样，设置在不会出现误操作危险的地方。

15.8　缓冲器

除蓄能型缓冲器外，在缓冲器上应设有铭牌，标明：

a)缓冲器制造厂名称；

b)型式试验标志及其试验单位。

15.9　层站识别

应设有清晰可见的指示或信号，使轿内人员知道电梯所停的层站。

【CEN/TC 10/WG 1 解释，No. 218】

询问(1992-12-10)：标准 15.9 要求应设有足够清晰的指示或信号，使轿内人员知道电梯所停的层站。

我们认为，对于只停两站的电梯，当轿厢门打开就能识别楼层的方法可以满足要求。

委员会同意上述意见吗？

答复(1993-06-30)：同意，这种方法不限于两楼层的电梯。

15.10　电气识别

接触器、继电器、熔断器及控制屏中电路的连接端子板均应依据线路图作出标记。熔断器的必要数据如型号、参数应标注在熔断器上或底座上或其近旁。

在使用多线连接器时，只需在连接器而不必在各导线上作出标记。

15.11　层门开锁钥匙

开锁钥匙上应附带一小牌，用来提醒人们注意使用此钥匙可能引起的危险。并注意在层门关闭后应确认其已经锁住。

15.12　报警装置

接受轿厢内发出呼救信号，起报警作用的铃或装置，应清楚地标明“电梯报警”字样。如果是多台电梯，应能辨别出正在发出呼救信号的轿厢。

15.13　门锁装置

应设有铭牌，标明：

a）门锁装置制造厂名称；

b）型式试验标志及其试验单位。

15.14　安全钳

应设有铭牌，标明：

a）安全钳制造厂名称；

b）型式试验标志及其试验单位。

15.15 群控电梯

如果不同电梯的部件共用一个机房和（或）滑轮间，则每部电梯的所有部件都应用相同的数字或字母加以区分（电梯驱动主机、控制柜、限速器、开关等）。

为便于维护，在轿顶、底坑或其他需要的地方也应标有同样的符号。

15.16 轿厢上行超速保护装置

应设有铭牌，标明：

a）轿厢上行超速保护装置制造厂名称；

b）型式试验标志及试验单位；

c）已整定的动作速度。

【CEN/TC 10/WG 1 解释，No. 511】

询问：按照上述条款要求，安全装置的标牌上应标明：

a）安全装置的制造厂名称。

b）型式试验标志及试验单位。

——电梯指令之要求给出“CE”标志及本机构的识别号；

——据我们所知，不存在一个官方的欧洲型式试验标志；

——按照电梯指令附录Ⅳ模式 H 建立的质量体系，不可能有型式试验标志及其试验单位；

——安全装置必须清晰标明型号名称或系列号，如何保证制造商定义的标识与其全面质量保证体系程序一致。

“型式试验标志及试验单位”的含义是用型式试验证书号、型号名称、系列名称和/或系列号的任何一种。

我们的理解是否正确？

答复（2001-04-15）：除了电梯指令 95/16/EC 的要求之外，还需要追溯到安全部件型式试验证书的识别（见 EN 81-1/2 F0）。

由于不存在一个官方的欧洲型式试验标志，b）中提到的“型式试验标志及试验单位”的含义应理解为用于安全部件识别的型式试验证书号或型号名称，或系列名称，或系列号。

【CEN/TC 10/WG 1 解释，No. 522】

询问：我们理解，含有电子元件的安全电路是安全部件，它不需要任何标记：制造商名称和型式试验标志及试验单位。见 14.1.2.3.3 和 F6。

我们的理解是否正确？为什么？

答复（2001-04-15）：很显然，含有电子元件的安全部件需要有识别其型式试验证书的方法。这很容易做到，只要有制造商名称和部件号。这将在下次修订标准时考虑。

解读 标准对轿厢内、轿顶上、机房及滑轮间、井道、限速器、底坑、缓冲器、层站识别、电气识别、层门开锁钥匙、报警装置、门锁装置、安全钳、群控电梯、轿厢上行超速保护装置 15 个位置（装置）设置标牌、标志的内容作出了规定。

对于警示语，在修订质检总局电梯检验规程时与会专家提出，本章节规定的警示语，例如通往机房和滑轮间的门或板门外侧的“电梯驱动主机——危险 未经许可禁止入内”，也可以使用内容相同且更通用的语句，例如“机房重地，未经许可禁止入内”。

15.4.3 条规定“在电梯机房内应设有详细的说明，指出电梯万一发生故障时应遵循的规程”，应包括“故障状态救援操作规程”，此项目是国家质检总局规定的电梯监督检验项目之一。

以下是建设部印发的《电梯应急指南》规定的乘客在电梯轿厢被困时的解救程序，供参考：

（一）到达现场的救援专业人员应当先判别电梯轿厢所处的位置再实施救援。

（二）电梯轿厢高于或低于楼面超过 0.5 m 时，应当先执行盘车解救程序，再按照下列程序实施救援：

1. 确定电梯轿厢所在位置；
2. 关闭电梯总电源；
3. 用紧急开锁钥匙打开电梯厅门、轿厢门；
4. 疏导乘客离开轿厢，防止乘客跌伤；
5. 重新将电梯厅门、轿厢门关好；
6. 在电梯出入口处设置禁用电梯的指示牌。

国际标准 ISO/FDIS 4190-5:2004 对电梯标志作了更为详细的规定，推荐使用的代表性符号见表 15-1。

表 15-1 代表性符号表

序号	名　称	符　号	序号	名　称	符　号
1	警铃		7	超载指示	
2	再开门		8	语音通讯已建指示	
3	关门		9	感应环助听设备指示器	
4	电话		10	无障碍通行标志	
5	禁用		11	五角星	
6	方向指示器： ——呼梯钮； ——指示器箭头； ——方向箭头		12	停止使用	

检验、记录与维护

16.1 检验

16.1.1 如申请预审核，所提供的技术档案应包括必要的资料，以审核各部分的设计是否正确，整个工程是否符合本标准。

此审核仅涉及电梯交付使用前检验内容的条款，或部分条款。

注：对那些在电梯投入使用前希望进行考察或已经考察过该电梯的人，附录C（提示的附录）可作为一种依据。

16.1.2 在电梯投入使用前，电梯应按附录D要求进行检验。

注：对未经预审核的电梯，可以要求提供附录C提及的全部或部分技术资料和计算内容。

16.1.3 应提供下述有关型式试验证书的复印件：

a）门锁装置；

b）层门耐火试验证书；

c）安全钳；

d）限速器；

e）轿厢上行超速保护装置；

f）缓冲器；

g）含有电子元件的安全电路。

【CEN/TC 10/WG 1 解释，No. 543】

询问：按照EN 81-1/2的16.1.3，应该提供每个安全部件有关型式试验证书的复印件。这要用许多纸张，却不能增加向业主提交的证明文件的任何附加价值。

电梯指令95/16/EC规定交付每个安全部件的使用说明书。还规定应准备好证书，按要求提供给欧委会、各成员国和其他授权机构。

电梯指令95/16/EC附件V第5条指出：“欧委会、各成员国和其他授权机构可获得一份证书副本，并且若需要，则可获得技术性文件副本和检测、计算和试验结果报告副本。若授权机构拒绝颁发制造商EC型式检验证书，则它必须说明具体理由。”

附件Ⅰ第6.1条指出：“附件Ⅳ中所指的安全部件必须附有用电梯安装者所在成员国的官方语言或其他可接受的欧共体语言拟订的使用手册，以便于：

——装配；

——连接；

——调整；

——维护

能够有效地、无危险地进行”。

CEN/TC 10/WG 1是否同意，标准第16.1.3条不是电梯指令的意思，因此应该删除。

答复(2001-04-15)：标准第16.1.3条述及的技术文件目录不是给业主的资料。16.1.3条涉及连同电梯一起提供给业主的使用说明书，应提供安全部件的资料，或者是型式试验证书复印件或者是电梯上所使用安全部件及其证明资料一览表。

解读 本章对电梯的检验、记录与维护提出要求并对相应内容作出了规定。

第16.1.2条关于“电梯投入使用前应按附录D要求进行检验”的论述与我国政府对电梯的管理要求相一致。中华人民共和国国务院2003年3月11日颁布的《特种设备安全监察条例》第二十一条规定：

“锅炉、压力容器、压力管道元件、起重机械、大型游乐设施的制造过程和锅炉、压力容器、电梯、起重机械、客运索道、大型游乐设施的安装、改造、重大维修过程，必须经国务院特种设备安全监督管理部门核准的检验检测机构按照安全技术规范的要求进行监督检验；未经监督检验合格的不得出厂或者交付使用。”

国家质量监督检验检疫总局2002年1月9日颁布的《电梯监督检验规程》对电梯投入使用前的检验需提供的资料和文件规定如下：

a) 装箱单；

b) 产品出厂合格证；

c) 机房井道布置图；

d) 使用维护说明书(应含电梯润滑汇总图表和电梯标准功能表)；

e) 动力电路和安全电路的电气示意图及符号说明；

f) 电气敷线图；

g) 部件安装图；

h) 安装说明书；

i) 安全部件：门锁装置、限速器、安全钳及缓冲器型式试验报告结论副本，其中限速器与渐进式安全钳还须有调试证书副本。

16.2 记录

电梯最迟到交付使用时，电梯的基本性能应记录在记录本上或编制档案。此记录本或档案应包括：

a) 技术部分：

1) 电梯交付使用的日期；

2) 电梯的基本参数；

3) 钢丝绳和(或)链条的技术参数；

4) 按要求(见16.1.3)进行认证的部件的技术参数；

5) 建筑物内电梯安装的平面图；

6) 电气原理图(使用CENELEC符号)。

电气原理图可限于能对安全保护有全面了解的范围内，缩写符号应通过术语解释。

b）要保留记有日期的检验及检修报告副本及观察记录。

在下列情况，这些记录或档案应保持最新记录：

1）电梯的重大改装[附录 E(提示的附录)]；

2）钢丝绳或重要部件的更换；

3）事故。

注：本记录或档案，对主管维修的人员和负责定期检验的人员或组织是有用的。

【CEN/TC 10/WG 1 解释，No. 519】

询问：16.2 a) 6)和附录 C4 要求电气原理图使用 CENELEC 符号，是参考 EN 60617（1997 年 3 月）的图形符号，特别是 7 部分？

答复(2001-04-15)：遵循 EN 60617(1997 年)、CENELEC 的图形符号是可行的。曾审议过，不用参考。

解读 本款的内容是关于电梯设备技术记录或档案的要求，与我国政府对电梯的管理要求相一致。中华人民共和国国务院 2003 年 3 月 11 日颁布的《特种设备安全监察条例》把电梯列入特种设备管理，第二十六条规定：

特种设备使用单位应当建立特种设备安全技术档案。安全技术档案应当包括以下内容：

（一）特种设备的设计文件、制造单位、产品质量合格证明、使用维护说明等文件以及安装技术文件和资料；

（二）特种设备的定期检验和定期自行检查的记录；

（三）特种设备的日常使用状况记录；

（四）特种设备及其安全附件、安全保护装置、测量调控装置及有关附属仪器仪表的日常维护保养记录；

（五）特种设备运行故障和事故记录。

本标准述及的"电气原理图(使用 CENELEC 符号)"，至少应包括动力线路图、安全回路线路图及符号说明，以满足使用、维修与检验工作的需要。

CENELEC 符号与我国标准对应的是 GB/T 4728 符号。

16.3 安装资料

电梯的制造或安装者应提供一本说明书。

16.3.1 正常使用

使用说明书应有电梯正常使用和救援操作的必要说明，特别是：

a）机房门保持锁紧；

b）装载和卸载的安全；

c）电梯采用部分封闭的井道[见 5.2.1.2d)]采取的防范措施；

d）主管人员需要介入的事情；

e）保留的文件；

f）紧急开锁钥匙的使用；

g）救援操作。

16.3.2　维护

说明书应提供：

a）为使电梯及其辅助设备能保持正常的工作状态，所必要的维护工作（见0.3.2）；

b）维护安全须知。

16.3.3　检验

说明书应提供下述内容。

16.3.3.1　定期检验

电梯交付使用后，为了验证其是否处于良好状态，应按附录E要求对电梯作定期的检验。

16.3.3.2　重大改装或事故后的检验

重大改装或事故后，应对电梯进行检验，以查明电梯是否仍符合本标准。此检验应按附录E的要求进行。

解读　本条是对电梯企业应提供相应产品说明书的要求，并对说明书中的主要内容分“正常使用”、“维护”、“检验”三个环节做出了规定。

通过本章节的论述可以看出，电梯交付使用前的检验、定期检验和重大改装或事故后的检验是一种国际上通用的要求。

国家质量监督检验检疫总局《特种设备监督与安全监察规定》的相关规定摘录如下：

安装、大修、改造后特种设备的质量和安全技术性能，经施工单位自检合格后，由使用单位向规定的监督检验机构提出验收检验申请，并由执行当次验收检验的机构出具检验报告，合格的，发给特种设备安全检验合格标志。

新增特种设备，在投入使用前，使用单位必须持监督检验机构出具的验收检验报告和安全检验合格标志，到所在地区的地、市级以上特种设备安全监察机构注册登记。将安全检验合格标志固定在特种设备显著位置上后，方可以投入正式使用。

在用特种设备实行安全技术性能定期检验制度。使用单位必须按期向使用特种设备所在地的监督检验机构申请定期检验，及时更换安全检验合格标志中的有关内容。安全检验合格标志超过有效期的特种设备不得使用。

在用电梯的定期检验周期为一年。

附 录 A

（标准的附录）

电气安全装置表

A1 电气安全装置表

表 A1 为电气安全装置表。

表 A1

章条	所检查的装置
5.2.2.2.2	检查检修门、井道安全门及检修活板门的关闭位置
5.7.3.4 a)	底坑停止装置
6.4.5	滑轮间停止装置
7.7.3.1	检查层门的锁紧状况
7.7.4.1	检查层门的闭合位置
7.7.6.2	检查无锁门扇的闭合位置
8.9.2	检查轿门的闭合位置
8.12.4.2	检查轿厢安全窗和轿厢安全门的锁紧状况
8.15 b)	轿顶停止装置
9.5.3	检查钢丝绳或链条的非正常相对伸长(使用两根钢丝绳或链条时)
9.6.1 e)	检查补偿绳的张紧
9.6.2	检查补偿绳防跳装置
9.8.8	检查安全钳的动作
9.9.11.1	限速器的超速开关
9.9.11.2	检查限速器的复位
9.9.11.3	检查限速器绳的张紧
9.10.5	检查轿厢上行超速保护装置
10.4.3.4	检查缓冲器的复位
10.5.2.3 b)	检查轿厢位置传递装置的张紧(极限开关)
10.5.3.1 b)2)	曳引驱动电梯的极限开关
11.2.1 c)	检查轿门的锁紧状况
12.5.1.1	检查可拆卸盘车手轮的位置

续表 A1

章条	所检查的装置
12.8.4 c)	检查轿厢位置传递装置的张紧(减速检查装置)
12.8.5	检查减行程缓冲器的减速状况
12.9	检查强制驱动电梯钢丝绳或链条的松弛状况
13.4.2	用电流型断路接触器的主开关控制
14.2.1.2 a)2)	检查平层和再平层
14.2.1.2 a)3)	检查轿厢位置传递装置的张紧(平层和再平层)
14.2.1.3 c)	检修运行停止装置
14.2.1.5 b)	对接操作的行程限位装置
14.2.1.5 i)	对接操作停止装置

【CEN/TC 10/WG 1 解释,No. 137】

询问(1987-01-07):标准要求在附录 A 列出的一系列安全部件都要有相应的电气安全装置来检查。

问题:

是一个安全部件就要有一个电气安全装置来检查呢,还是可以用一个电气安全装置来检查几个安全部件的功能,只要符合标准的要求?

实例:

将轿厢行程下部的极限开关装在底坑中轿厢侧的缓冲器上。

标准的要求得到了满足:

——极限开关在轿厢接触缓冲器之前是接通的。

——缓冲器没有恢复伸长到位之前极限开关是无法复位的。

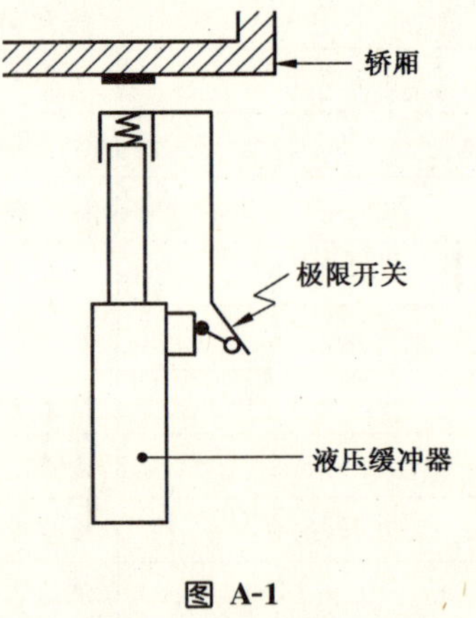

图 A-1

答复(1990-01-31):标准的精神是一个功能或者部件要用一个单独的电气安全装置来检查,除非标准中另有说明。

解读 关于电气安全装置,标准 14.1.2 从功能、结构、作用方式等都作了详细的规定,表 A1 就是把标准正文条款中要求的电梯上的电气安全装置全部列出,方便读者查阅。但是,其中有一项,即 14.2.1.2a)2)检查平层和再平层,笔者认为 CEN 将其列入表 A1 是一个错误。如前所述,电气安全装置除了在结构上必须满足安全触点或安全电路的要求外,在功能上必须如 14.1.2.1.1 所说,一旦动作,就要防止电梯驱动主机启动,或使其立即停止运转,在作用方式上必须如 14.1.2.4 所说,应直接作用在控制电梯驱动主机供电的设备上。只有在结构、功能、作用方式三个方面都符合要求的装置,才能将其定义为电气安全装置。而 14.2.1.2a)2)条所指的开关，虽然结构符合安全触点或安全电路的要求，但其功能是防止开门平层和再平层运行时电梯走到开锁区域外，其作用方式是断开门电气安全装置的桥接或旁接式电路。该开关并不防止电梯驱动主机启动，仅防止电梯在开锁区域外开着门运行，这和电气安全装置的功能大相径庭。正因为如此，14.2.1.2a)2)条并没有说该开关是电气安全装置，而表 A1 中的其他装置，在相应的条款中都明确提到其属于电气安全装置。现在表 A1 将该开关列入，在逻辑上是前后矛盾的，在实践中容易使人概念混淆，因此有必要作一个澄清。

同样的问题也存在于 14.2.1.5b)对接操作的行程限位装置上，虽然在标准正文中说它是电气安全装置，但它其实不可能执行电气安全装置的功能，即防止电梯驱动主机启动。因为一旦它动作，电梯虽然不能再向上运行，但向下运行是允许的，所以将它列入表 A1 也是不正确的。

事实上，标准中具有安全触点或安全电路结构，但是不具有电气安全装置功能的装置还有一些，例如 14.1.2.1.3 的电气安全回路上的信息采集连接装置、14.2.1.3 的检修运行开关、14.2.1.4 的紧急电动运行开关、14.2.1.5g)3)的对接操作运行钥匙开关，这些装置都不是电气安全装置。实践中有一种观点认为电气安全装置分为两类：切断驱动主机电源的和不切断驱动主机电源的，而以上几种属于后者。这种观点是不正确的，它模糊了电气安全装置的功能，它或许正是表 A1 的这个错误搞乱人们思维的一个证据。细心的人可以发现，EN 81-1 前面几版也曾将这几个装置中的一部分列入表 A1，而现在已经更正了。

在已经生效的 EN 81-1:1998/A1:2005 中，附录 A 的内容进行了修改，表 A1 被分成了两张表，新的表 A1 包括原来表 A1 的项目和 EN 81-1:1998/A2:2004 增加的项目，每个项目都给出了最低安全性等级(SIL)。增加的表 A2 包括 14.2.1.3 的检修运行开关、14.2.1.4 的紧急电动运行开关和 14.2.1.5g)3)的对接操作运行钥匙开关三项，也都给出了最低安全性等级(SIL)。由此可见，修改后的附录 A 的主要作用变成了规定各项目如果采用可编程电子系统，则其分别应达到的最低安全性等级(SIL)。但是，EN 81-1:1998/A1:2005 并未对 14.1.2.1.1 条的内容进行修改，因此，前面提到的矛盾依然存在。笔者建议将 14.1.2.1.1 的内容相应改为"当附录 A(标准的附录)中表 A1 给出的电气安全装置中的某一个动作时，应按 14.1.2.4 的规定防止电梯驱动主机启动，或使其立即停止运转。"同时，将新表 A1 中 14.2.1.2a)2)检查平层和再平层、14.2.1.5b)对接操作的行程限位装置两个项目移到表 A2 中去。

附 录 B

（标准的附录）

开锁三角孔

单位为毫米

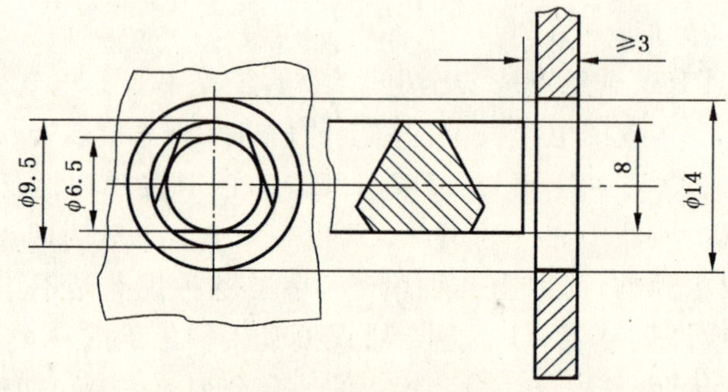

图 B1　开锁三角孔

解读　根据紧急开锁的规定，每个层门均应装设如图 B1 所示的开锁三角孔。当发生应急状况时，救援人员能借助开锁三角孔和专用钥匙，开启最接近轿厢层站的层门救援乘客。

附　录　C

（提示的附录）

技　术　文　件

C1　引言

在申请预审核时应提交的技术文件，包括下列全部或部分资料。

C2　概述

电梯安装者、所有者和（或）用户的名称和地址；

电梯安装地点；

电梯型号、额定载重量、额定速度及乘客人数；

电梯行程、服务层站数；

轿厢和对重（或平衡重）的质量；

进入机房和滑轮间（如有）的通道型式（见6.2）。

C3　技术说明和平面图

为了了解安装情况所必须的平面图和截面图，包括机房、滑轮间和设备间的内容。

这些资料不必包括结构的详细资料，但是它们应包括检查是否符合本标准所必须的资料，尤其是下列内容：

井道顶部和底坑内的净空（见5.7.1、5.7.2、5.7.3.3）；

井道下方存在的任何可进入的空间（见5.5）；

进入底坑的通道（见5.7.3.2）；

当同一井道内装有多台电梯时，相邻电梯间的防护措施（见5.6）；

固定件的预留孔；

机房的位置和主要尺寸，以及电梯驱动主机和主要部件的布置图，曳引轮或卷筒的尺寸，通风孔，对建筑物和底坑底部的反作用力；

进入机房的通道（见6.3.3）；

滑轮间（如有）的位置和主要尺寸，滑轮的位置和尺寸；

滑轮间其他设备的位置；

进入滑轮间的通道（见6.4.3）；

层门的布置和主要尺寸（见7.3），如果层门都相同，且标明相邻层门地坎间的距离时，则无须标出全部层门；

检修门、检修活板门和井道安全门的布置和尺寸(见5.2.2);

轿厢及其入口的尺寸(见8.1、8.2);

地坎和轿门至井道内表面的距离(见11.2.1、11.2.2);

轿门和层门关闭后之间的水平距离(见11.2.3);

悬挂装置的主要参数:安全系数、钢丝绳(数量、直径、结构、破断载荷)、链条(型号、结构、节距、破断载荷)、补偿绳(如有);

安全系数的计算(见附录N);

限速器绳和(或)安全绳的主要参数:直径、结构、破断载荷、安全系数;

导轨的尺寸和验算,及其摩擦面的尺寸和状况(拉制、轧制、磨削);

线性蓄能型缓冲器的尺寸及验算。

C4　电气原理图

电气原理图包括:

a) 动力电路;和

b) 连接电气安全装置的电路。

这些图均应清晰,并采用CENELEC符号。

C5　合格证书

应提供安全部件型式试验合格证书副本以及其他相关部件合格证书副本(钢丝绳、链条、防爆装置、玻璃等)。

解读　本附录提出了预审核时应提交的技术文件清单及相关要求。根据标题中"提示的附录"的引注,本附录的规定是推荐性的。

电梯交付使用前的检验,在我国称为电梯验收检验或电梯安装监督检验。国家质检总局《电梯监督检验规程》要求受检单位提供的技术资料如表C-1:

表C-1　电梯交付使用前的检验应提交的技术文件

编号	资料内容与要求	检验方法
1.1 制造资料	电梯制造单位应当提供以下中文资料和文件,并符合规定要求: (1) 产品出厂合格证,应当有制造许可证编号,主要技术参数,驱动主机、控制柜、安全部件的型号和编号,制造单位的公章或者检验合格章及出厂日期等; (2) 机房或者机器设备区间及井道布置图,其顶层高度、底坑深度,楼层间距、井道内防护、安全距离、井道下方有人可以进入的空间等设计尺寸应当满足安全要求; (3) 安装使用维护说明书,应当有使用和日常维护等方面的内容; (4) 门锁装置、限速器、安全钳、缓冲器、含有电子元件的安全电路(如果有)、轿厢上行超速保护装置的型式试验合格证书复印件; (5) 电气原理图,应当包括动力电路和连接电气安全装置的电路; (6) 紧急救援和紧急电动运行(如果有)操作说明; (7) 电梯整机产品型式试验合格证书复印件或者报告书,并经过电梯制造单位盖章确认;型式试验报告或者证书的内容应当覆盖所检电梯	电梯安装施工前审核查验相应资料,根据证书内容确认安全部件的型号规格是否满足该电梯的要求

续表 C-1

编号	资料内容与要求	检验方法
1.2　安装资料	安装单位应当提供以下资料和文件，并符合规定要求： (1) 施工方案应当满足施工活动的要求，审批程序完善； (2) 施工过程记录和自检报告，应当真实反映施工质量，施工和验收手续，签字、审查手续齐全； (3) 施工过程中的事故记录与处理报告，应当有处理结果的意见； (4) 由使用单位提出的经制造单位同意的安装中变更设计的证明文件； (5) 承重梁、导轨支架等隐蔽工程的见证材料	查阅审核资料： 第 1.2(1)项在报检时审核；其他项在施工过程中审核；第 1.2(5)项通过对施工单位的施工方案和计划审查予以确认，必要时于施工过程中进行现场检查验证

电梯业主(电梯使用单位)应该对上述“制造资料”、“安装资料”妥善保管。由于种种原因，常有在用老电梯存档技术资料遗失或没有技术资料的情况。国家质检总局《关于对特种设备普查登记整治工作有关问题的通知》二、(二)条要求：应由使用单位与制造单位联系，补齐所需资料，经检验机构检验，符合有关法规、标准的，安全监察机构办理其注册登记、制造单位已不存在或不能补办有关资料的，可由具备相应资格的检验机构，通过检验确定设备的性能参数与安全状况符合国家有关法规、标准，并补齐资料后，安全监察机构办理其注册登记。

作者认为，对于难以达到标准规定要求的在用老电梯，技术文件最低限度应满足：

1) 具有证明本设备基本技术参数的文件资料；

2) 具备能满足使用维修与检验工作需要的电气技术资料，如电梯的电气原理图、接线图(至少应包括动力线路图、安全回路线路图)；

3) 具备能满足使用维修与检验工作需要的机械技术资料，如电梯主要机构、安全装置图纸(至少应有上述部件结构简图或安装、调试及使用维修说明)；

4) 必要的设备基础图、土建图，如电梯的井道图(至少应标出轿厢、对重、导轨、曳引机的布置及底坑、各层站、顶层、机房高度)。

我国实行电梯产品的型式试验许可制度，对于每一型号的电梯产品应委托国家质检总局授权的检验机构按照安全技术规范要求的内容和方法对整机进行的全面的技术审查、检验检测和性能试验。电梯型式试验应提交的技术文件和资料见表 C-2。

表 C-2　电梯型式试验所需技术文件和资料

序号	资料名称	资料内容要求
1	概述	a) 型式试验申请方(证书和报告持有者)的名称和地址； b) 电梯制造商的名称和地址； c) 电梯样梯的安装地址； d) 电梯类别、型号、额定载重量、额定速度、乘客人数，试验样梯的行程、服务层站数； e) 轿厢及对重(或平衡重)质量； f) 电梯的拖动调速方式、控制方式和控制装置类型

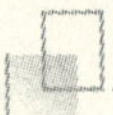

续表 C-2

序号	资料名称	资料内容要求
2	机房、井道布置图	进入机房、滑轮间(如果有的话)及底坑的通道，机房、滑轮间的位置和主要尺寸，驱动主机、控制柜、导向轮和限速器的安装布置图和维修空间尺寸示意图，检修门、检修活板门和井道安全门的布置和尺寸，井道平面布置图和井道立面图，井道顶层和底坑空间计算示意图，井道下方存在的任何可进入空间的布置图
3	机房、井道结构的受力要求	机房地板受力要求，底坑地面受力要求，使用膨胀螺栓时对井道壁的要求
4	井道内各部件之间的间隙和保护	轿厢与对重(含相关零部件)之间的水平运动间隙，井道内其他运动部件之间或运动部件与固定结构之间的运动间隙，对重(或平衡重)运行区域防护的要求和简图
5	机房、井道的其他要求	机房、井道和底坑的专用要求，同一井道内相邻电梯间的防护措施，部分封闭的井道说明，机房的温控要求，机房、井道的通风要求，机房、井道的照明要求和示意图
6	驱动主机的型式和参数	驱动主机的型号、制造商名称，驱动电机的型号、额定功率、额定电压和频率、额定转速，减速箱的类型和减速比，曳引轮的节径、绳槽数量、形状和尺寸，卷筒的节径、绳槽型式与尺寸，绳头在卷筒上的固定方式简图及说明，曳引机的选型计算(功率、输出扭矩、速度和主轴负荷)和使用说明
7	悬挂、补偿装置的技术参数和计算	钢丝绳的型号、直径、根数、破断载荷及反应性能指标的试验报告或合格证明文件，链条的型号规格、节距和破断载荷，悬挂比和绕绳方式示意图，悬挂系统端接方式、张力平衡和异常伸长检查的安装或设计图，悬挂绳或链安全系数计算，补偿绳或链的型号、规格和数量，补偿绳张紧装置安装图
8	轿厢和门系统的说明资料	轿厢内部净尺寸、轿厢面积计算，轿厢地坎和轿门至井道内表面的距离，轿厢上、下部位通风孔面积计算，玻璃门和轿壁的安装固定方式、玻璃轿壁上扶手固定方式的图示说明，轿厢安全门和安全窗的说明和简图，轿顶护栏的说明和简图，轿门上、下护板的安装和尺寸图
9	门系统的说明资料	轿门型式和开门净尺寸，层门型式、开门方式和净尺寸，轿门与关闭后的层门间的水平距离，轿厢地坎与层门地坎之间的水平距离，开锁区域的尺寸说明图示，垂直滑动门悬挂件的安全系数、悬挂绳轮直径与绳径比值的计算，门板悬挂装置和导向装置简图
10	电气资料和说明	从供电电源开关以后的所有电气原理图、接线图(包括井道照明和插座)，应急电源供电的电气原理图和接线图，电气符号说明(元器件代号表)，主机供电回路、制动器回路和安全回路所用接触器、继电接触器、继电器的型式证明文件，安全触点的额定绝缘电压和外壳防护等级等的证明文件，随行电缆结构型式的证明文件，以及针对《型式试验方法》中第7部分电气故障防护的说明

续表 C-2

序号	资料名称	资料内容要求
11	超速及其他保护装置的说明资料	a) 限速器绳或安全绳型号(直径、结构),破断载荷,安全系数计算,限速器的选型计算和使用说明等; b) 安全钳的型式和安全钳动作所需提拉力的范围,安全钳的选型计算和使用说明等; c) 缓冲器的型式、选型计算和使用说明等; d) 轿厢上行超速保护装置的类型、使用说明和选型计算; e) 层门门锁装置的结构和安装示意图,关门保护的型式及说明
12	导轨的说明资料	型号、摩擦面的尺寸和表面状态(冷拔、机加工),导轨润滑的要求,导轨强度和变形计算
13	曳引条件计算	曳引条件和绳槽比压的计算,曳引轮、滑轮或卷筒的节圆直径与钢丝绳直径的比值计算,平衡系数的计算
14	机械防护的说明或设计文件	针对《型式试验方法》中第20部分要求的机械防护的说明或设计文件
15	特别说明资料	a) 轿厢面积超标(见《型式试验方法》中第39.4条)电梯有关的设计计算和说明资料; b) 观光电梯设计和结构的特别说明资料; c) 汽车电梯设计和结构的特别说明资料
16	部件型式试验证明	a) 限速器、安全钳、缓冲器、门锁装置、曳引机、控制柜、导轨、绳头组合、曳引钢丝绳、玻璃门或轿壁以及耐火层门等部件的型式试验报告的复印件; b) 轿厢上行超速保护装置、含有电子元件的电梯安全电路的型式试验报告或证书的复印件; c) 电梯电气安装和电气设备的电磁兼容性宜符合 EN 12015 和 EN 12016 要求的试验证明文件
17	安装使用资料	安装、调试说明书,部件安装图,使用说明书,产品合格证和安装自检合格报告等
18	相关标准或产品技术条件	含有《型式试验方法》中第59.2～59.4、59.7～59.11条要求的电梯整机运行性能指标的企业标准或产品技术条件
19	可靠性运行的记录和总结	型式试验申请方自行完成的,试验样梯30 000次可靠性运行的记录和总结
20	特别说明资料	特殊环境使用要求的说明资料及申请方认为其他需要说明或提供的资料
21	规格覆盖资料	如果申请的型式试验结果要覆盖多种规格的整梯产品,则上述20条所要求提供的资料也应能覆盖对应规格的产品
22	其他必要资料	型式试验机构与型式试验申请方协商同意,要求补充的其他必要资料

附　录　D

（标准的附录）

交付使用前的检验

电梯交付使用前的检验应包括下列项目的检查及试验。

D1　检查

检查应包括下列内容：

a）按提交的文件（见附录C）与安装完毕的电梯进行对照；

b）检查一切情况下均满足本标准的要求；

c）根据制造标准，直观检查本标准无特殊要求的部件；

d）对于要进行型式试验的安全部件，将其型式试验证书上的详细内容与电梯参数进行对照。

解读　电梯设备的特点，一是工作在垂直运送人员、货物的空间，对运行的可靠性、安全性要求很高；二是产品出厂发货时还是一批零部件，只有到达用户的使用现场经过组装才成为整机产品。因此，电梯安装实际上是电梯产品的总装工序，是制造的继续，交付使用前的验收检验是保证安装质量必不可少的举措。

电梯交付使用前的检验在我国的安全技术规范中称为电梯验收检验或电梯安装监督检验。国家质检总局颁布的《电梯监督检验规则》对检验项目的技术指标和要求主要引用了本标准的规定。

D1对检查的内容做出了规定。这里的“检查一切情况下均满足本标准的要求”是一个很宽的要求，本标准涉及电梯的要求有三百余条，都要一一满足。实际的检验应有选择，例如国家质检总局颁布的《电梯监督检验规则》要求的检验项目是72个，国家标准GB 10060—1993《电梯安装验收规范》要求的检验项目是59个。条款中的“直观检查”是相对于D2述及的“试验和验证”而言，适用于本标准无特殊要求的部件即D2未包括的部分。

标准的a）与d）条款是对提交的受检设备资料进行审查的规定，要求提交的技术文件与受检设备相一致，所使用的安全部件要有型式试验证书，证书上的技术参数适用于本电梯。

D2　试验和验证

试验应包括下列内容：

a）门锁装置（见7.7）。

b) 电气安全装置(见附录A)。

c) 悬挂装置及其附件,应校验它们的技术参数是否符合记录或档案的技术参数[见16.2a)]。

d) 制动系统(见12.4):

载有125%额定载重量的轿厢以额定速度下行,并切断电动机和制动器供电的情况下,进行试验。

e) 电流或功率的测量及速度的测量(见12.6)。

f) 电气接线:

1) 不同电路绝缘电阻的测量(见13.1.3)。作此项测试时,所有电子元件的连接均应断开。

2) 机房接地端与易于意外带电的不同电梯部件间的电气连通性的检查。

g) 极限开关(见10.5)。

h) 曳引检查(见9.3):

1) 在相应于电梯最严重制动情况下,停车数次,进行曳引检查。每次试验,轿厢应完全停止,试验应这样进行:

——行程上部范围内,上行,轿厢空载;

——行程下部范围内,下行,轿厢载有125%额定载重量。

2) 应检查,当对重压在缓冲器上时,空载轿厢不能向上提升。

3) 应检查平衡系数是否如安装者所说,这种检查可通过电流检测并结合:

——速度测量,用于交流电动机;

——电压测量,用于直流电动机。

i) 限速器:

1) 应沿着轿厢(见9.9.1、9.9.2)或对重(或平衡重)(见9.9.3)下行方向检查限速器的动作速度;

2) 9.9.11.1和9.9.11.2所规定的停车控制操作检查,应沿两个方向进行。

j) 轿厢安全钳(见9.8):

安全钳动作时所能吸收的能量已经过了型式试验(见F3)的验证,交付使用前试验的目的是检查正确的安装,正确的调整和检查整个组装件,包括轿厢、安全钳、导轨及其和建筑物的连接件的坚固性。

试验是在轿厢正在下行期间,轿厢装有均匀分布的规定的载重量,电梯驱动主机运转直至钢丝绳打滑或松弛,并在下列条件下进行:

1) 瞬时式安全钳或具有缓冲作用的瞬时式安全钳，轿厢装有额定载重量，而且安全钳的动作在额定速度下进行；

2) 渐进式安全钳，轿厢装有125%额定载重量，而且安全钳的动作可在额定速度或低于额定速度下进行。

如果渐进式安全钳的试验在低于额定速度进行，制造厂家应提供曲线图，说明该规格渐进式安全钳和附联的悬挂系统一起进行动态试验的型式试验性能。

试验以后，应用直观检查确认未出现对电梯正常使用不利影响的损坏。必要时，可更换摩擦元件。

k) 对重(或平衡重)安全钳(见9.8)：

安全钳动作时所能吸收的能量已经过了型式试验(见F3)，交付使用前试验的目的是检查正确的安装、正确的调整和检查整个组装件，包括对重(或平衡重)、安全钳、导轨及其和建筑物连接件的坚固性。

试验是在对重(或平衡重)下行期间，电梯驱动主机运转直至钢丝绳打滑或松弛，并在下列条件下进行：

1) 瞬时式安全钳，轿厢空载，安全钳的动作应由限速器或安全绳触发，并在检修速度下进行；

2) 渐进式安全钳，轿厢空载，安全钳的动作可在额定速度或检修速度下进行。

如果试验在检修速度进行，制造厂家应提供曲线图，说明该规格渐进式安全钳在对重(或平衡重)作用下和附联的悬挂系统一起进行动态试验的型式试验性能。

试验以后，应用直观检查确认未出现对电梯正常使用不利影响的损坏，必要时可更换摩擦元件。

l) 缓冲器(见10.3,10.4)：

1) 蓄能型缓冲器，试验应以如下方式进行：载有额定载重量的轿厢压在缓冲器(或各缓冲器)上，悬挂绳松弛。同时，应检查压缩情况是否符合记录在C3技术文件上的特性曲线并用C5进行鉴别。

2) 具有缓冲复位的蓄能型缓冲器和耗能型缓冲器，试验应以如下方式进行：载有额定载重量的轿厢和对重以额定速度撞击缓冲器。在使用减行程缓冲器并验证了减速度的情况下(见10.4.3.2)，以减行程设计速度撞击缓冲器。

试验以后，应用直观检查确认未出现对电梯正常使用不利影响的损坏。

m) 报警装置(见14.2.3)：功能试验。

n）轿厢上行超速保护装置（见 9.10）：

试验应以如下方式进行：轿厢空载，以不低于额定速度上行，仅用轿厢上行超速保护装置制停轿厢。

解读　等效采用 EN 81-1:1998 的我国电梯标准 GB 7588—2003 对本章节的部分内容进行了修改或调整，使之更符合国情，更贴近于中国电梯工业的现状。修改或调整内容如下：

h）条款中增加了“对 8.2.2 所列特殊情况，轿厢面积超出表 1 规定的载货电梯，除按上述 1）、2）、3）要求进行曳引检查外，还须用 125%轿厢实际载重量达到了轿厢面积按表 1 规定所对应的额定载重量进行静态曳引检查”，“对 8.2.2 所列非商用汽车电梯，则须用 150%额定载重量进行静态曳引检查”。

j）条款中增加了“对 8.2.2 所列特殊情况，轿厢面积超出表 1 规定的载货电梯，对瞬时式安全钳，应以轿厢实际载重量达到了轿厢面积按表 1 规定所对应的额定载重量进行安全钳的动作试验；对渐进式安全钳，取 125%额定载重量与轿厢实际载重量达到了轿厢面积按表 1 规定所对应的额定载重量两者中的较大值，进行安全钳的动作试验”，“对 8.2.2 所列非商用汽车电梯，则须用 150%额定载重量代替 125%额定载重量进行安全钳的上述试验”，“注：为了便于试验结束后轿厢卸载及松开安全钳，试验宜尽量在对着层门的位置进行”；将瞬时式安全钳的试验由“额定速度”调整为“检修速度”。

l）条款中增加了“对 8.2.2 所列特殊情况，轿厢面积超出表 1 规定的载货电梯，上述试验的额定载重量应用轿厢实际载重量达到了轿厢面积按表 1 规定所对应的额定载重量替代”内容；将条款 2）中的“具有缓冲复位的蓄能型缓冲器”，调整为“非线性缓冲器”。

D2 是关于电梯交付使用前的检验中所包括的试验项目，从 a）～n）共 14 项，每一项试验都是对电梯某个安全功能的考核与测定。以下对其中的部分条款作一讨论，供商榷：

1. 关于 a）款“门锁装置”的检验。门锁台台有，检验人人做。然而，“首层门锁检验”常常漏检。通常，层门锁检验时检验人员站在轿顶实施，首层之外的层门锁都可以通过升降轿厢接近、检验，而首层门锁站在轿顶够不着，看不见，检验不好操做，造成漏检。据笔者调查，首层门锁漏检率在 90%以上，许多检验人员不会操作。建议按下述进行：

首先，在首层轿厢操纵盘按下非本层选层按钮（例如“2”），电梯到达所选层站后，使用专用钥匙打开首层层门，按下首层呼梯按钮“↑”，这时电梯应不能启动运行；再关好首层层门，这时电梯应启动向首层运行。符合者判定为首层门锁的机电联锁保护合格（一人操作时先选层，然后开门出轿厢）。

然后，一位检验员进入轿厢，另一人在轿顶操作检修按钮使轿厢停靠在地板至首层门锁约 1.5 m 位置，打开轿门；由进入轿厢的检验员进行首层门锁的“门锁及啮合状况”检验、“重力开锁”检验、“副门锁”检验。检测时，对门锁电触点的接合状态可通过观察触点接合时出现火花或用电仪表测试等来确认；其他操作、要求与非首层门锁检验相同，略（若轿厢内可检修操作，也可一人实施）。

2. 关于 e）款述及的电流或功率的测量。对于采用普通工频交流电源的电梯，测试方法与测试仪表都很成熟，可按相关的标准与规程操作。对于日益普及的 VVVF 电梯的电参数测量，其电源频率往往不是 50 Hz，例如通力公司的电梯，电机的电源工作频率在 0～20 Hz 变化。现测量电压、电流所使用的仪表，其标识的适用范围是工频（或 40 Hz～60 Hz）；普通工频交流电为正弦波，VVVF 拖动系统的波型为高频（2 kHz 以上）脉冲合成。用普通仪表测试 VVVF 拖动系统的电参数，得到的测示数据准确度及合法性存在疑问。

选择不同种类的计量表，测量结果会有很大差别。目前在没有专用仪表的情况下，建议使用表 D-1 所示类型的测量仪表，按图 D-1 接线图连接。

表 D-1　VVVF 电梯电参数测量用仪表

项目	输入（电源）侧			输出（电动机）侧			直流中间电压（$P(+)-N(-)$）
	电压	电流		电压	电流		
计量表名称	电流表 $A_{R、S、T}$	电压表 $V_{R、S、T}$	功率表 $W_{R、S、T}$	电流表 $A_{U、V、W}$	电压表 $V_{U、V、W}$	功率表 $W_{U、V、W}$	直流电压表 V
计量表种类	动铁式	整流式或动铁式	数字式功率表	动铁式	整流式	数字式功率表	动圈式
计量表符号							
注：用整流式表测量输出电压时，可能产生误差，为提高测量精度，应该使用数字式 AC 功率表。							

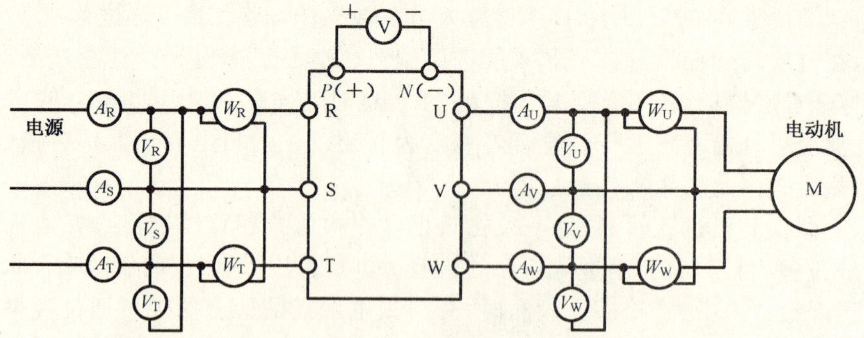

图 D-1　VVVF 电梯电参数测量接线图

3. 关于 h)款述及的平衡系数检查。标准要求"这种检查可通过电流检测并结合：

——速度测量，用于交流电动机；

——电压测量，用于直流电动机”。

国家质检总局《电梯安装监督检验及定期检验规则》(批报稿)对“电梯衡系数试验方法”规定如下：

(1) 采用绘制电流-负荷曲线确定，按 GB/T 10059 规定进行。

(2) 当需要验证平衡系数值时，可调整负荷监测电动机电流，确定平衡点：

① 通过调整轿厢的载荷(砝码)，使电梯上下运行至全程中点、工作电流相等(允差≤5%)为平衡点，以此时轿厢载荷除以额定载荷得到平衡系数；

② 以电动机交流电源或变频器电源输入端为电流检测点。

根据电梯平衡系数的定义与曳引原理，平衡系数测定还有其他方法，例如：

手感近似测定方法：轿厢加入 1/2 额定载荷的砝码并运行至与对重同一水平位置，关掉电梯电源，松开制动器，用盘车手轮左右转动。当手感用力一致时可判定曳引轮两侧平衡，通过增减砝码使之平衡。平衡系数＝砝码重量/额定载荷。

无载测定方法：通过测力传感器对钢丝绳的张力检测获得轿厢空载时曳引轮两侧的载荷，或者利用测力传感器测量曳引绳打滑时轿厢或对重的顶升力。根据平衡系数＝(对重质量－轿厢质量)/额定载荷，计算出平衡系数的数值。这两种方案都已经做成了微机控制的智能化仪器并通过了技术鉴定，据说测试精度较高。

应该指出，《电梯安装监督检验及定期检验规则》规定的检验方法主要是考虑到平衡系数测定是电梯验收检验项目，由于必须做载荷试验因而荷重砝码是必须的。在检验现场已经具备荷重砝码的条件下，《电梯安装监督检验及定期检验规则》规定的检验方法是最简单易行的，测试数据精确度与可靠性较高。如果在法定检验中使用规定之外的检测方法，应充分论证/比较，得到检验主管机构的同意。

4. 关于 n)款述及的轿厢上行超速保护装置。轿厢上行超速保护是本标准新增的设置要求，其检测检验在国家质检总局《电梯安装监督检验及定期检验规则》(批报稿)规定如下：

(1) 外观检查轿厢上行超速保护装置装设的方式、位置，应符合 GB 7588—2003 中 9.10 的要求；

(2) 轿厢空载以检修速度上行，并通过模拟方法使超速保护装置的速度监控部件动作，检查轿厢上行超速保护装置应动作，使电梯轿厢可靠制停或至少使其速度降低至对重缓冲器的设计速度范围内动作，使电梯曳引机停止转动。

5. 关于无机房电梯的检验。近年来电梯无机房技术日益普及，无机房电梯数量逐渐增多，对无机房电梯的特点及其检验的研究已经比较成熟。相对于普通曳引电梯，无机房电梯只是曳引机、控制柜的位置发生了变化，本章节的内容应该是适用的。同时，由于曳引机、控制柜的位置的变化，对设备的维护、修理、检验、救援等有其特殊的要求。国家质检总局《电梯安装监督检验及定期检验规则》(报批稿)中，对无机房电梯的检验相对于普通电梯增加项目见表 D-2：

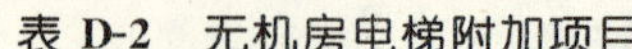

表 D-2　无机房电梯附加项目

项目	检验内容与要求	检验方法
	(1) ★在轿顶上进行机器设备的检查或维修工作时，应当符合以下要求： ① 有一个机械装置，防止轿厢的任何移动； ② 有一个电气安全装置与该机械装置联锁，停止轿厢移动； ③ 该机械装置处于工作位置时，维修检查人员能正常工作并可安全离开工作区域	对结构、装置进行目测检查，断开电气安全装置，检查轿厢是否移动，进行人员是否安全离开的试验
	(2) ★在底坑内进行机器设备的检查或维修作业时，应当符合以下要求： ① 提供一个机械装置，能机械地制停以额定载荷、额定速度运动的轿厢，使工作区域的地面与轿厢最低部件（如轿架、吊具和护板等）间的自由距离不小于 2 m。除安全钳外，其他机械装置的制停减速度不应超过缓冲器作用时的值；该机械装置应能保持轿厢停止；该机械装置可以用手动或自动进行操作。 ② 当该机械装置动作时，有一个电气安全装置防止轿厢的一切运动。 ③ 当该机械装置处于工作位置时，维修检查人员应能安全离开工作区域。 ④ 当该机械装置处于工作位置时，应当仅能从检修控制装置来控制轿厢的电动运行。 ⑤ 有一个设于井道外的电气复位装置，使电梯恢复到正常工作状态，该装置应设置在有锁的箱内	对结构、装置进行目测检查，断开电气安全装置，检查轿厢是否移动，进行人员是否安全离开的试验
▲ 机器设备间	(3) 在平台上进行机器设备的检查或者维修作业时，应当符合以下要求： ① ★该平台是永久性安装的。如果该平台位于轿厢或者对重运行的通道中，它应该能够缩回。 ② ★如果平台位于轿厢、对重运行通道中，轿厢应当用带有电气安全装置的机械装置锁定；如果平台位于需要移动轿厢的地方，应当用可移动的停止装置将轿厢的运行区间限定。可移动的停止装置应当符合以下条件： a. 能够从井道外操作； b. 有符合要求的缓冲器和只有当可移动的停止装置处于完全缩回位置时才允许轿厢移动的电气安全装置； c. 当可移动的停止装置处于工作位置时，仅能用检修控制装置来控制轿厢的电动运行； d. 如果轿厢从上而下向平台运行，应当能使轿厢至少停在上方距平台 2 m处； e. 如果轿厢从下而上向平台运行，应当能使轿厢至少停在平台下方符合本规则中井道顶部空间规定的位置。 ③ ★任何可缩回的平台应该符合以下要求： a. 设有一个能够确认平台完全缩回的电气安全装置； b. 设有一个可以使平台进入或者退出工作位置的装置，该装置可以通过在底坑或者井道外封闭的控制箱操作； c. 进入平台的通道门应有防止人员坠入井道的措施。 ④ ★平台应当有足够的机械强度，并且设置护栏。护栏设置要求应当与轿顶护栏要求相同，并且应当满足以下要求： a. 平台地板与入口通道平面间台阶高差不超过 0.50 m； b. 平台与通道门的门槛之间不能有可通过直径为 0.15 m 的球体的间隙； c. 完全打开的层门板与平台边缘之间的水平间隙不能超过 0.15 m	(1) 对结构装置进行目测检查，试验其功能；模拟操作机械装置或可移动的停止装置，检查其能否防止轿厢的危险移动。 (2) 平台机械强度要满足在任何位置可以承载两个人的质量（每人按 100 kg 计）而无永久变形。 (3) 用卷尺测量相关尺寸

续表 D-2

<table>
<tr><th>项目</th><th>检验内容与要求</th><th>检验方法</th></tr>
<tr><td rowspan="2">▲
机器设备间</td><td>(4) 机器设备间的工作区域应当安装永久性的电气照明。地面的照度应当足够，该照明可以是井道照明的一部分，在靠近工作区域入口处应当设有照明开关，在每个工作区域应当设有电源插座(2P+PE型)</td><td>试验功能，必要时用照度计测量照度值</td></tr>
<tr><td>(5) 在电梯驱动主机附近 1 m 之内，应当有可以接近的主开关或者符合要求的停止装置</td><td>目测检查</td></tr>
<tr><td rowspan="2">▲
紧急操作和动态试验装置</td><td>(1) ※用于紧急操作和动态试验(如制动试验、曳引试验、缓冲器试验及轿厢超速保护试验)所必须的装置应设置在能够从井道外对其进行操作的地方</td><td>对结构进行目测检查</td></tr>
<tr><td>(2) ★进行紧急操作和动态试验的装置，应设在封闭的紧急操作箱内，紧急操作箱门应该加锁。该装置应该能直接观察或者显示轿厢的运动方向、速度以及是否位于开锁区；该装置上应当设置永久性照明，照度足够，并设置照明开关</td><td>目测检查，试验其功能</td></tr>
<tr><td>★
副检修控制装置</td><td>(1) 除轿顶上的检修控制装置外，如果需要在轿厢内、底坑内或者平台上移动轿厢，应当在相应位置有一个符合要求的副检修控制装置，此时，应有一个符合以下要求的互锁系统：
① 如果一个检修控制装置被转换到“检修”，通过持续按压该控制装置上的按钮能够运行电梯；
② 如果两个检修控制装置被转换到“检修”位置，从任何一个检修控制装置都不可能移动轿厢；或者当同时按压两个检修控制装置上的按钮时，应该能够移动轿厢。
(2) 副检修控制装置应当满足对检修控制装置型式的要求。
(3) 每台电梯只允许设置 1 个副检修控制装置</td><td>根据电气原理图，分析、判断符合性。按说明书要求操纵该装置，逐项检查功能及安全要求</td></tr>
<tr><td>※▲
救援试验</td><td>由于停电和故障停梯使乘客被困时，能及时采取措施慢速移动轿厢就近平层，解救出被困人员</td><td>模拟停电或故障停梯试验在各工况能否慢速移动轿厢</td></tr>
<tr><td colspan="3">注 1：※项为重要项目。
注 2：▲项为定期检验项目。
注 3：★项为根据有关规定，允许按照 GB 7588—1995 生产的电梯，可以不检验的项目。</td></tr>
</table>

6. 鉴于 GB 7588—2003 对本章节的部分内容相对于 EN 81-1:1998 进行的修改或调整，国家质检总局《电梯安装监督检验及定期检验规则》(报批稿)对“限速器-安全钳联动试验”规定如下：

(1) 对于新安装的轿厢瞬时式(或者渐进式)安全钳，轿厢承载额定载荷(或者 1.25 倍额定载荷)，以检修速度做限速器-安全钳联动试验。

(2) 如果载货电梯的轿厢面积超出规定，则应当符合以下要求：

① 对瞬时式安全钳，应当以轿厢实际载重量达到了轿厢面积所对应的额定载重量进

行安全钳的动作试验；

② 对渐进式安全钳，取125%额定载重量与轿厢实际载重量达到了轿厢面积按规定对应的额定载重量两者中的较大值进行安全钳的动作试验。

(3) 对重安全钳应当以轿厢空载上行，检修速度进行试验；安全钳工作应当可靠。

相应的检验方法如下：

(1) 对于有机房电梯的轿厢安全钳，轿厢均匀布置相应载荷，短接限速器和安全钳电气的电气安全装置，在机房操纵电梯以检修速度向下运行，人为动作限速器，使安全钳动作直至钢丝绳打滑或者松弛。试验后应当确认未出现对电梯正常使用不利影响的损坏。

(2) 对于无机房电梯的轿厢安全钳，轿厢均匀布置相应载荷，应按照制造单位说明书中规定的操作方法在井道外进行试验。

(3) 定期检验时，应当做空载、检修速度的限速器-安全钳联动试验。

对“曳引及制动性能检查”规定如下：

(1) 电梯的平衡系数一般应当在0.40～0.50之间。如果制造单位提供了平衡系数值，也应当验证。

(2) 电梯承载125%额定载荷，以正常运行速度下行，在行程下部，切断电动机与制动器供电，轿厢应当被可靠制停，并且无明显变形和损坏。

(3) 电梯空载上行，分别停层3次，检查无异常后，电梯以正常运行速度上行，在行程上部切断电动机与制动器供电(不少于2次)，轿厢应当被可靠制停，并且无明显变形和损坏。

(4) 将上限位开关(如果有)、极限开关和缓冲器复位开关短接，以检修速度将轿厢提升至使对重完全压实在缓冲器上，继续提升轿厢，通过直接或者间接的方法检查空轿厢应当不能被提升。

(5) 对轿厢面积超过相应规定的载货电梯，应当以轿厢实际面积所对应的额定载重量的125%进行静态曳引试验；对非商用汽车电梯，应当以150%额定载重量做曳引静态曳引试验，历时10 min，检查曳引绳应当无打滑现象。

附 录 E

（提示的附录）

定期检验、重大改造或事故后的检验

E1 定期检验

定期检验的内容不应超出电梯交付使用前的检验。

这些反复进行的定期检验不应造成过度的磨损或产生可能降低电梯安全性能的应力，尤其是对安全钳和缓冲器部件的试验。当进行这些部件的试验时，应在轿厢空载和降低速度的情况下进行。

负责定期检验的人员应确认这些部件（在电梯正常运行时，它们不动作）仍是处于可动作状态。

定期检验报告副本应附在 16.2 规定的记录本或档案中。

解读 根据标题中“提示的附录”的引注，本章节的规定是推荐性的。

定期检验是指以一定的时间间隔对已经投入使用的电梯按照标准规定的项目和技术要求进行的检查、试验和验证。

E1 对定期检验内容及方法做了原则性论述。在定期试验中，对需要反复进行的试验项目，应注意不应造成试验件过度的磨损或产生可能降低电梯安全性能的应力。尤其是对安全钳和缓冲器部件的试验。因此，应在轿厢空载和已减速（例如检修速度）的情况下进行，主要是试验其动作灵敏度。因为这些部件的技术性能与能力已在型式试验中经过检验，并在附录 C 技术档案中的 C4 条规定由制造厂提供型式试验证书；装配和动作正确性及其功能在附录 D 中被检验过；能确认这些部件总是处于可动作状态即可。在我国，电梯的定期检验属于强制性的法定检验，间隔周期为 1 年。电梯用户在检验合格有效期届满前 1 个月提出检验申请，由国家质检总局核准的检验检测机构进行检验。国务院 2003 年颁布的《特种设备安全监察条例》第 28 条规定：未经定期检验或者检验不合格的电梯不得继续使用。

国家质检总局 2002 年颁布的特种设备安全技术规范《电梯监督检验规程》对我国实施电梯定期检验的检验内容与检验方法做出了较详尽的规定。

电梯定期检验中比较难以处理的是在用老电梯检验合格判定问题。我国有几十万台电梯是按照 GB 7588 标准的 1995 版、1987 版制造的，它的部分结构达不到 GB 7588 标准 2003 版的要求，全部按新版标准去改造这部分电梯又不现实。建议对尚不构成为安全隐患的不达标项目暂放宽要求，例如：

(1) 在用载货电梯紧急开锁装置至少要求在电梯的最低层和最高层设置。但最好每个层门都设置。

(2) 对于额定速度 1 m/s 以下的“在用载货电梯”,限速器应设有可停止轿厢向下方向运行的非自动复位的电气开关,但可以不设置上行方向运行超速保护开关。

(3) 在轿门自动驱动层门的情况下,当轿门在开锁区域以外时,每个层门都应有自动关闭层门装置,且工作有效。对于“在用载货电梯”无法达到这一要求时,则要求使用单位配备取得特种设备作业资格证的电梯司机对电梯进行监控运行。

(4)“在用载货电梯”无法达到标准对轿厢有效面积的要求时,则要求使用单位配备取得特种设备作业资格证的电梯司机对电梯进行监控运行。

(5) 切断制动器电流至少应由两个独立的电气装置实现,对“在用电梯”可不作要求。切断制动器电流器件的维修和维护保养周期不应大于一个月。

(6) 对于所需的操作力大于等于 400 N 的无齿“在用电梯”有备用电源或采用双回路以上供电的电梯,只要求维修人员能够在机房用检修速度移动轿厢,代替紧急电动运行的电气操作装置。

(7) 对于达不到“一个符合 14.1.2 规定的电气安全装置最迟应在盘车手轮装上电梯驱动主机时动作”要求的在用电梯,可以在安装手轮处贴上“装手轮前必须先断开电梯主开关”的警示标志。

关于“层门门扇由间接机械连接时,未被锁住的门扇也应有检查关闭位置的电气装置。”条款,“在用载货电梯”可不作要求,但门扇的连接装置的维修和维护保养周期不应大于一个月。

(8) 对于提升高度在 30 m 以下的“在用电梯”紧急报警装置可以是基站能听到的警铃。

(9) 对于“在用电梯”的安全钳电气开关、门锁电气开关可不要求安全触点。

(10) 对于“在用载货电梯”的门锁结构形式可不要求弹性元件失效后仍处于锁紧状态。

(11) 采用悬臂式曳引轮或链轮时,对于“在用电梯”可不加装防止钢丝绳脱槽装置。

(12) 执行 GB 7588—2003 之前安装使用的电梯,可以按照 GB 7588—1995 的要求进行重大维修、维修、维护保养和使用。

(13) 进行改造的电梯,改造部分应按改造时的标准执行,如受建筑结构的限制无法执行现行的标准,应由检验检测机构进行评估,证明改造时已采用了最安全的措施。不改造的部分也应尽量采用现行标准,除非原有结构出现限制。

E2 重大改造或事故后的检验

电梯的重大改造和事故均应记录在 16.2 规定的记录本或档案的技术部分。

特别指出,以下情况均应视为重大改造:

a) 改变:

额定速度;

额定载重量；

轿厢质量：

行程。

b) 改变或更换：

门锁装置类型(用同一种类型的门锁更换，不作为重大改装)；

控制系统；

导轨或导轨类型；

门的类型(或增加一个或多个层门或轿门)；

电梯驱动主机或曳引轮；

限速器；

轿厢上行超速保护装置；

缓冲器；

安全钳。

为了进行重大改造或事故以后的检验，应将有关文件和必要的资料提交负责检验的人员或部门。

上述人员或部门将合理地决定对已改造或更换的部件进行试验。

这些试验将不超出电梯交付使用前对其原部件所要求的检验内容。

解读　“改造”是指改变原特种设备受力结构、机构(传动系统)或控制系统，致使特种设备的性能参数与技术指标发生变更的业务(质技监局锅发[2001]57 号)。

E2 的 a)、b)两款对什么是电梯的重大改造作了陈述，简单地说就是改变电梯的主要参数或改变/更换主要零部件均视为重大改造。在我国，国家质检总局以国质检锅[2003]251 号文件印发的《特种设备安装改造维修许可规则》中以列表的形式对电梯施工的类别进行较明确的划分(见表 E-1)。

表 E-1　电梯施工类别划分表

	部　件　调　整	参数调整
改造	以下部件变更型号、规格，致使右栏列出的电梯参数等内容发生变更时，应当认定为改造作业： 限速器、安全钳、缓冲器、门锁、绳头组合、导轨、曳引机、控制柜、防火层门、玻璃门及玻璃轿壁、上行超速保护装置、含有电子元件的安全电路、液压泵站、限速切断阀、电动单向阀、手动下降阀、机械防沉降(防爬)装置、梯级或踏板、梯级链、驱动主机、滚轮(主轮、副轮)、金属结构、扶手带、自动扶梯或自动人行道的控制屏	不管左栏所列部件是否变更，致使以下参数等内容发生变更，应当认定为改造作业： 额定速度、额定载荷、驱动方式、调速方式、控制方式、提升高度、运行长度(对人行道)、倾斜角度、名义宽度、防爆等级、防爆介质、轿厢质量

续表 E-1

	部 件 调 整	参数调整
重大维修	不变更右栏列出的参数等内容，但需要通过更新或者调整以下部件(保持原规格)才能完成的修理业务，应当认定为重大维修作业： 限速器、安全钳、缓冲器、门锁、绳头组合、导轨、曳引机、控制柜、导靴、防火层门、玻璃门及玻璃轿壁、上行超速保护装置、含有电子元件的安全电路、液压泵站、限速切断阀、电动单向阀、手动下降阀、机械防沉降(防爬)装置、梯级或踏板、梯级链、驱动主机、滚轮(主轮、副轮)、金属结构、扶手带、自动扶梯或自动人行道的控制屏	额定速度、额定载荷、驱动方式、调速方式、控制方式、提升高度、运行长度(对人行道)、倾斜角度、名义宽度、防爆等级、防爆介质、轿厢质量

从上述文件理解，认定“改造”作业的主要依据是表中所列出的“额定速度”、“额定载荷”等 12 项电梯参数发生了变更和(或)表中所列出的“限速器”、“安全钳”等 24 种电梯零部件型号、规格发生变更。

“重大维修”是指需要通过拆卸或者更新主要受力部件才能完成的修理任务，亦包括对机构(传动系统)或者控制系统进行的整体修理业务，但大修后特种设备的性能参数与技术指标不应变更。

“改造”与“重大维修”的区分，一是看表中所列出的 12 项电梯参数是否变更，如果有变更即认定为“改造”；二是看表中所列出的 24 种电梯零部件是否变更规格，“大修”只能保持原规格进行更新或调整(可以改变原型号)，若变更了规格即认定为“改造”。

如何理解“保持原型号、规格”与“保持原规格”?

型号——是产品按类别、品种并遵循一定规则编制的代码，如天津 OTIS 公司的电梯曳引机型号有 17CT 、13VTR 等，日本三荣公司的电梯曳引机型号有 SKE-450F、SKE-600F、SKE-800F。

规格——是产品对不同的技术参数、性能的标注。如天津 OTIS 公司的 17CT 电梯曳引机产品，规格有额载 630 kg/梯速 1.0 m/s、额载 630 kg/梯速 1.6 m/s、额载 1 000 kg/梯速 1.0 m/s 等多种。

“保持原规格”是要求施工中更新、调整的电梯部件与原电梯部件在技术参数、性能上一致，型号允许有差别。

本章节中“重大改造或事故后的检验”述及的“事故”，是指伤害了人员或造成较大经济损失、设备发生了破坏不能正常运行，应不含一般的电梯停梯困人。事故(Accident)的定义为：个人或集体在为了实现某一意图而采取行动的过程中，突然发生了与人的意志相反的情况，迫使这种行动暂时地或永久地停止的事件(Event)。我国有关部门对事故级别的划分为：

一般事故指造成人员重伤但无死亡，设备损坏不能正常运行，直接经济损失在 50 万元以下的设备事故；

严重事故指造成死亡 1～2 人或受伤 19 人以下，直接经济损失 50 万元以上不足100 万元的设备事故；

重大事故指造成死亡3～9人或受伤20～49人，直接经济损失100万元以上不足500万元的设备事故；

特大事故指造成死亡10～29人或受伤50～99人，直接经济损失500万元以上不足1 000万元的设备事故；

特大恶性事故指造成死亡30人以上或受伤100人以上，直接经济损失1 000万元以上的设备事故。

重大改造或事故后的检验在我国现阶段执行电梯验收检验或电梯安装监督检验规定的各检验项目和检验方法（见附录D）。国家质检总局修订中的《电梯安装监督检验及定期检验规则》提出，重大改造或事故后电梯的检验，对改造项目以及相关项目按照安装监督检验的内容和要求进行检验，其他项目按照定期检验的内容和要求进行检验。这种修订更合乎情理，更易于电梯用户与电梯企业所接受。

由于电梯重大改造的技术性很强，国质技监局锅[2001]57号文件规定，“改造项目，必须提供有规定的监督检验机构出具的设计审查报告”，与本章节中“为了进行重大改造或事故以后的检验，应将有关文件和必要的资料提交负责检验的人员或部门”之要求相一致。

附　录　F

（标准的附录）

安全部件型式试验认证规程

F0　绪论

F0.1　总则

F0.1.1　本标准所规定的试验单位是一个经批准的机构，同时承担试验和签发合格证工作。该机构也可以是具有一个经批准的全要素质量保证体系的制造企业。在特殊情况下，承担试验和签发合格证的单位可以不是同一单位。在这种情况下，管理程序可以和本附录规定的有所不同。

解读　型式试验是保证电梯安全部件质量的重要保证。在我国，型式试验机构均为第三方实验室，还没有制造企业作为型式试验机构的情况出现。型式试验机构由国家质量监督检验检疫总局特种设备局批准授权，同时按照其颁布的《电梯型式试验规则》等技术法规开展型式试验活动。另外，其他标准文件，如 ISO/IEC 17025《检测和校准实验室能力的通用要求》，也是规范型式试验机构活动的重要文件。

F0.1.2　型式试验的申请书应由部件制造厂家或其委托的代理人填写，并应提交给经批准的某试验单位。

注：应试验单位的要求，提供三份必备文件，试验单位也可以要求提供试验所需的补充信息。

F0.1.3　试验样品的选送应由试验单位和申请人商定。

F0.1.4　申请人可以参加试验。

F0.1.5　如果受委托对要求颁发型式试验合格证书的某一部件进行全面检测的试验单位没有合适的设备去完成某项试验，则在该单位负责下，可安排其他试验单位去完成。

解读　要求型式试验机构完成全部部件的所有项目的检测工作往往是不可能的，因此在特殊情况下允许型式试验机构经部件制造厂家或其委托的代理人同意，将部分检测项目分包给其他实验室。当然，对被分包的实验室也有一定的要求，并在检测报告中应予以列明。即使某些项目被分包出去，型式试验机构仍应对被分包数据的真实性和科学性负责。

F0.1.6　除非有特殊规定，仪器的精确度应满足下列测量精度的要求：

a）对质量、力、距离、速度为±1%；

b）对加速度、减速度为±2%；

c）对电压、电流为±5%；

d）对温度为±5℃；

e）对记录设备应能检测到0.01 s变化的信号。

F0.2　型式试验证书的格式

型式试验证书应包括下列内容：

型式试验证书格式

经批准机构名称：

型式试验证书：

型式试验编号：

1. 类别、型号和产品或商品的名称：

2. 制造厂的名称和地址：

3. 证书持有者的名称和地址：

4. 提交型式试验日期：

5. 根据下列要求签发证书：

6. 试验单位：

7. 试验报告日期和编号：

8. 型式试验日期：

9. 上述型式证验号的证书附有下列技术文件：

10. 其他附加材料：

地点：　　　　　　　　日期：

签名：

解读　在我国，型式试验合格证的格式由《电梯型式试验规则》规定，除了本条款规定的内容外，还包括该产品经试验后允许覆盖而不必进行型式试验的产品型号、规格、技术参数范围等。

F1　层门门锁装置

F1.1　通则

F1.1.1　适用范围

本程序适用于电梯层门的门锁装置试验，所有参与层门锁紧和检查锁紧状态的部件，均为门锁装置的组成部分。

F1.1.2　试验目的和范围

应按本试验程序去验证门锁装置的结构和动作是否符合本标准的规定。

应特别检查门锁装置的机械和电气部件的尺寸是否合适以及在最后，特别是磨损后，门锁装置是否丧失其效用。

如果门锁装置需要满足特殊的要求(防水、防尘、防爆结构)，申请人对此应有详细的说明，以便按照有关的标准补充检查。

解读　层门门锁装置使用于危险性爆炸场合时，若必须采取防爆措施，则应首先获得防爆电气试验合格证书。采取了防爆措施后的层门门锁装置还应进行型式试验，并满足F1的要求。

F1.1.3　需要提交的文件

型式试验的申请书应附有下列文件：

F1.1.3.1　带操作说明的结构示意图

示意图应清楚地表明所有与门锁装置的操作和安全性有关的全部细节，包括：

a) 正常情况下门锁装置的操作情况，标出锁紧元件的有效啮合位置和电气安全装置的动作点；

b) 用机械方式检查锁紧位置的装置的动作情况(如有这样装置)；

c) 紧急开锁装置的操纵和动作；

d) 电路的类型[交流和(或)直流]及额定电压和额定电流。

F1.1.3.2　带说明的装配图

装配图应标出对门锁装置的操作起重要作用的全部零件，特别是要求符合本标准规定的零件，说明中应列出主要零件的名称、采用材料的类别和固定元件的特性。

F1.1.4　试验样品

应提供一件门锁装置的试验样品。

如果试验是用试制品进行的，则以后还应对批量产品重新试验。如果门锁装置的试验只能在将该装置安装在相应的门上(例如：有数扇门扇的滑动门或数扇门扇的铰链门)的条件下进行，则应按照工作状况把门锁装置安装在一个完整的门上。在不影响测试结果的条件下，此门的尺寸可以比实际生产的门小。

F1.2　检验

F1.2.1　操作检验

本检验的目的旨在验证门锁装置机械和电气元件是否按安全作用正确地动作，是否符合本标准的规定，以及门锁装置是否与申请书所提供的细节一致，特别应验证：

a）在电气安全装置作用以前，锁紧元件的最小啮合长度为7 mm(见7.7.3.1.1示例)；

b）在门开启或未锁住的情况下，从人们正常可接近的位置，用单一的不属于正常操作程序的动作应不可能开动电梯(见7.7.5.1)。

F1.2.2 机械试验

机械试验的目的在于验证机械锁紧元件和电气元件的强度。

处于正常操作状态的门锁装置试样由它通常的操作装置控制。

试样应按照门锁装置制造厂的要求进行润滑。

当存在数种可能的控制方式和操作位置时，耐久试验应在元件处于最不利的受力状态下进行。

操作循环次数和锁紧元件的行程应用机械或电气的计数器记录。

F1.2.2.1 耐久试验

F1.2.2.1.1 门锁装置应进行1×10^6次完全循环操作(±1%)，一个循环包括在两个方向上的具有全部可能行程的一次往复运动。

门锁装置的驱动应平滑、无冲击，其频率为每分钟60次循环(±10%)。

在耐久试验期间，门锁装置的电气触点应在额定电压和两倍额定电流的条件下，接通一个电阻电路。

解读 耐久试验的主要目的是考核电气触点的耐磨性。层门锁闭装置在电梯运行中因开关门频繁动作，电气触点在断开和闭合电路的过程中易受电弧烧损，时间一长后，触点就不能保证可靠良好的接触。在电梯发生故障中，大部分故障源在门上，而造成故障的主要部件是门锁触点开关。因此耐久试验是检查门锁质量的重要手段。

门锁耐久性试验通常需设计专用的门锁试验台，该试验台驱动门锁动作的频率应满足每分钟60次(±10%)的要求。显然在实际的门上做本试验是不太可能的，因为门扇如此大的质量造成的惯性很难满足驱动频率要求。

F1.2.2.1.2 如果门锁装置装有检查锁销或锁紧元件位置的机械检查装置，则此装置应进行1×10^5次循环耐久试验(±1%)。

此装置的驱动应平滑、无冲击，其频率为每分钟60次循环(±10%)。

F1.2.2.2 静态试验

门锁装置应进行以下试验：沿门的开启方向，在尽可能接近使用人员试图开启这扇门施加力的位置上，施加一个静态力。对于铰链门，此静态力在300 s的时间内，应逐渐增加到3 000 N。对于滑动门，此静态力为1 000 N，作用300 s的时间。

F1.2.2.3　动态试验

处于锁紧位置的门锁装置应沿门的开启方向进行一次冲击试验。

冲击相当于一个4 kg的刚性体从0.5 m高度自由落体所产生的效果。

F1.2.3　机械试验结果的评定

在耐久试验(见F1.2.2.1)、静态试验(见F1.2.2.2)和动态试验(见F1.2.2.3)后,不应有可能影响安全的磨损、变形或断裂。

F1.2.4　电气试验

F1.2.4.1　触点耐久试验

这项试验已包括在F1.2.2.1.1述及的耐久试验中。

F1.2.4.2　断路能力试验

此试验在耐久试验以后进行。检查是否有足够能力断开一带电电路。试验应按照EN 60947-4-1和EN 60947-5-1规定的程序进行。作为试验基准的电流值和额定电压应由门锁装置的制造厂家指明。

如果没有具体规定,额定值应符合下值:

a) 对交流电为230V,2 A;

b) 对直流电为200V,2 A。

在未说明是交流电或直流电的情况下,则应检验交流电和直流电两种条件下的断路能力。

试验应在门锁装置处于工作位置的情况下进行,如果存在数个可能的位置,则试验应在最不利的位置上进行。

试验样品应像正常使用时一样装有罩壳和电气布线。

解读　EN 60947-4-1已等效为GB 14048.4—2003《低压开关设备和控制设备　机电式接触器和电动机起动器》。

EN 60947-5-1已等效为GB 14048.5—2001《低压开关设备和控制设备　第5-1部分:控制电路电器和开关元件　机电式控制电路电器》。

F1.2.4.2.1　对交流电路在正常速度和时间间隔为(5～10)s的条件下,门锁装置应能断开和闭合一个电压等于110%额定电压的电路50次,触点应保持闭合至少0.5 s。

此电路应包括串联的一个扼流圈和一个电阻,其功率因数为0.7±0.05,试验电流等于11倍制造厂指明的额定电流。

F1.2.4.2.2　对直流电路在正常速度和时间间隔为(5～10)s的条件下,门锁装置应能断开和闭合一个电压等于110%额定电压的电路20次,触点应保持闭合至少0.5 s。

此电路应包括串联的一个扼流圈和一个电阻，电路的电流应在300 ms内达到试验电流稳定值的95%。试验电流应等于制造厂指明的额定电流的110%。

F1.2.4.2.3 如果未产生痕迹或电弧，也没有发生不利于安全的损坏现象，则试验为合格。

解读 断路能力试验的目的是，验证门锁触点在交流电路或直流电路中发生各种过载或短路故障后是否仍具有一定的非正常动作能力。该能力表现为闭合能力（接通能力）和断开能力（分断能力）。这种通、断能力都是以规定的电压及指定条件下电气触点所能闭合和断开的电流值来判断。在试验过程中应同时监控和测量试验电压、试验电流、功率因数、时间常数等参数。

F1.2.4.3 漏电流电阻试验

这项试验应按照CENELEC HD 214 S2 (IEC 112)规定的程序进行。各电极应连接在175 V、50 Hz的交流电源上。

解读 CENELEC HD 214 S2 (IEC 112)对应我国的标准为GB/T 4207（最新版本为2003版）《固体绝缘材料在潮湿条件下相比电痕化指数和耐电痕化指数的测定方法》。

F1.2.4.4 电气间隙和爬电距离的检验

电气间隙和爬电距离应符合本标准14.1.2.2.3的规定。

F1.2.4.5 安全触点及其可接近性要求的检验（见14.1.2.2）

这项检验应在考虑门锁装置的安装位置和布置后进行。

F1.3 某些型式门锁装置的特殊试验

F1.3.1 有数扇门扇的水平或垂直滑动门的门锁装置

按7.7.6.1规定，门扇间直接机械连接的装置或按7.7.6.2规定，门扇间间接机械连接的装置，均应看作是门锁装置的组成部分。

这些装置应按照F1.2述及的合理方式进行试验。在其耐久试验中，每分钟的循环次数应与其结构的尺寸相适应。

F1.3.2 用于铰链门的舌块式门锁装置

F1.3.2.1 如果这种门锁装置有一个用来检查门锁舌块可能变形的电气安全装置，并且在按照F1.2.2.2规定的静态试验之后，对此门锁装置的强度存有任何怀疑，则需逐步地增加载荷，直至舌块发生永久变形后，安全装置开始打开为止。门锁装置或层门的其他部件不得破坏或产生变形。

F1.3.2.2 在静态试验之后，如果尺寸和结构都不会引起对门锁装置强度的怀疑，就没有必要对舌块进行耐久试验。

F1.4 型式试验证书

F1.4.1 型式试验证书一式三份,二份给申请人,一份留试验单位。

F1.4.2 证书应标出下列内容:

a) F0.2 述及的内容;

b) 门锁装置的类型及应用;

c) 电路的类型[交流和(或)直流]以及额定电压和额定电流值;

d) 对于舌块式门锁装置:使电气安全装置动作所需的力,以便校核舌块的弹性变形。

F2 (略)

解读 1985 版 F2 的内容是关于电梯层门的耐火试验。因 CEN 已起草了EN 81-58(最新版本为 2003 版)《电梯层门防火试验》,故 F2 在 1998 版标准中删去了。

F3 安全钳

F3.1 通则

申请人应指明使用范围,即:

最小和最大质量;

最大额定速度和最大动作速度。

同时,还必须提供导轨所使用的材料、型号及其表面状态(拉制、铣削、磨削)的详细资料。

申请书还应附有下列资料:

a) 给出结构、动作、所用材料、部件尺寸和配合公差的装配详图。

b) 对于渐进式安全钳,还应附有弹性元件载荷图。

F3.2 瞬时式安全钳

解读 瞬时式安全钳的主要特点是制停距离短,轿厢减速度大。在制停轿厢过程中楔块或夹紧件将迅速地卡入导轨表面,从而使电梯停止,轿厢承受较大冲击。在楔块或夹紧件卡住导轨的同时,由于原来轿厢所具有的动能,使轿厢与楔块或夹紧件作相对运动而使钳体变形。钳体的这种变形可能是在弹性范围内,也可能已进入塑性变形状态。型式试验的目的,就是通过慢速压力机的加压,测出导轨相对钳体运行距离与压力之间函数关系的图表记录,由"距离-力"曲线上的面积积分值,即认为是安全钳钳体能够吸收的能量,再根据限速器动作速度与能量关系,换算出适用于最大动作速度对应的最大容许总质量。换算时根据钳体变形状况不同引入不同的安全系数。

F3.2.1 试验样品

应向试验单位提供两个安全钳(含楔块或夹紧件)和两段导轨。

试验的布置和安装细则由试验单位根据使用的设备确定。

如果安全钳可以用于不同型号的导轨，那么在导轨厚度、安全钳所需夹紧宽度及导轨表面情况（拉制、铣削、磨削等）相同的条件下，就无需进行新的试验。

解读　在型式试验实践中，压力试验应通过对两个（1套）安全钳成对试验来完成，所获得的“距离-力”曲线也是指两个（1套）安全钳共同受力、变形的曲线。如果导轨的厚度、安全钳所需夹紧宽度和导轨的表面情况发生了变化，申请单位应提供必要的证明材料，如计算书等，证明这些变化不会对安全钳的制停性能产生影响。经型式试验机构确认后，则不必进行型式试验，并且在型式试验合格证中予以明确。反之，则应进行型式试验。

F3.2.2　试验

F3.2.2.1　试验方法

应采用一台运动速度无突变的压力机或类似设备进行试验，测试内容应包括：

a）与力成函数关系的运行距离；

b）与力成函数关系或与位移成函数关系的安全钳钳体的变形。

F3.2.2.2　试验程序

应使导轨从安全钳上通过。参考标记应画在钳体上，以便能够测量钳体变形。

应记录运行距离与力成函数关系的曲线。

试验之后：

a）应将钳体和夹紧件的硬度与申请人提供的原始值进行比较。特殊情况下，可以进行其他分析；

b）若无断裂情况发生，则应检查变形和其他情况（例如：夹紧件的裂纹、变形或磨损、摩擦表面的外观）；

c）如有必要，应拍摄钳体、夹紧件和导轨的照片，以便作为变形或裂纹的依据。

F3.2.3　文件

F3.2.3.1　应绘制两张图表

a）第一张图表绘出与力成函数关系的运行距离；

b）第二张图表绘出钳体的变形，它必须与第一张图表相对应。

F3.2.3.2　安全钳的能力由“距离-力”图表上的面积积分值确定。

图表中，所考虑的面积应是：

a）总面积，无永久变形情况。

b）如果发生永久变形或断裂，则为：

1）达到弹性极限值时的面积；或

2）与最大力相应的面积。

F3.2.4　允许质量的确定

F3.2.4.1　安全钳吸收的能量

自由落体距离应按9.9.1规定的限速器最大动作速度进行计算，公式如下：

$$h=\frac{v_1^2}{2g_n}+0.10+0.03$$

式中：h——自由落体距离，m；

v_1——限速器动作速度，m/s；

0.10——相当于响应时间内的运行距离，m；

0.03——相当于夹紧件与导轨接触期间的运行距离，m。

安全钳能够吸收的总能量为：

$$2K=(P+Q)_1\times g_n\times h$$

式中：$(P+Q)_1$——允许质量，kg；

P——空轿厢和由轿厢支承的零部件的质量，如部分随行电缆、补偿绳或链（若有）等的质量和，kg；

Q——额定载重量，kg；

K——一个安全钳钳体吸收的能量（按图表计算），J。

解读　0.10 m和0.03 m是按照统计的数据得出的平均值，对于特殊类型的电梯，则应根据试验结果进行必要的调整。在进行安全钳型式试验时，若申请单位不能提供相关调整数据，则按照上述公式计算。考虑到响应时间以及楔块或夹紧件与导轨的接触时间的滞后性，安全钳的实际动作速度 v_2 往往会大于限速器的动作速度 v_1，即实际动作速度：$v_2=\sqrt{2g_n\left(\frac{v_1^2}{2g_n}+0.10+0.03\right)}$。对于渐进式安全钳，也有类似的情况。

安全钳能够吸收的总能量公式中允许质量 $(P+Q)_1$ 是指装设在轿厢上的安全钳情况，若是装设在对重上的安全钳，则允许质量是指对重和由对重支撑的零部件的质量。

F3.2.4.2　允许质量

a）如果未超过弹性极限：

K 按F3.2.3.2.a)规定的面积积分值计算；

安全系数取2，允许质量(kg)为：

$$(P+Q)_1=\frac{K}{g_n\times h}$$

b）如果超过弹性极限，则应按如下两种方法计算，以便选择有利于申请人的一种计算结果。

1）K_1，按 F3.2.3.2b)1)规定的面积积分值计算，取安全系数为 2，从而允许质量(kg)为：

$$(P+Q)_1=\frac{K_1}{g_n\times h}$$

2）K_2 按 F3.2.3.2b)2)规定的面积积分值计算，取安全系数为 3.5，从而允许质量(kg)为：

$$(P+Q)_1=\frac{2K_2}{3.5\times g_n\times h}$$

式中：K_1，K_2——一个安全钳钳体吸收的能量(按图表计算)，J。

F3.2.5　检查钳体和导轨的变形

如果钳体上的夹紧件或导轨的变形太大，可能导致安全钳释放困难，则必须减少允许质量。

解读　瞬时式安全钳均是通过钳体的变形来吸收能量，而不是依靠楔块或夹紧件和导轨来吸收能量。一般情况下，可以假设楔块、夹紧件和导轨吸收的能量很小，可以忽略不计。但是在型式试验时，若夹紧件或导轨的变形导致安全钳释放困难，则必须扣除楔块、夹紧件或导轨吸收的能量。

典型的瞬时式安全钳型式试验“距离-力”曲线以及计算结果见图 F-1，曲线对应的计算数据见表 F-1。

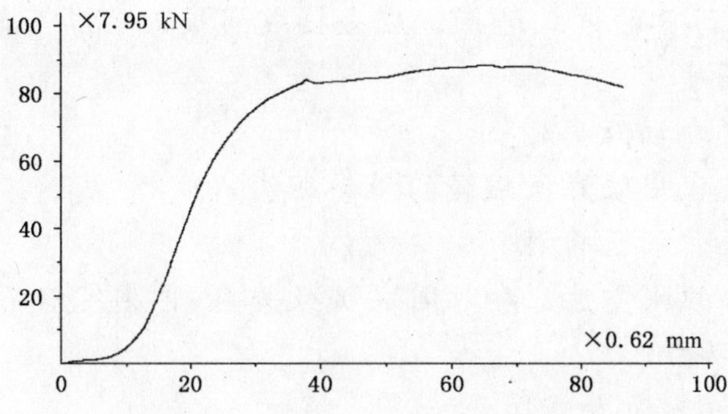

图 F-1　典型的瞬时式安全钳型式试验“距离-力”曲线

表 F-1　试验曲线对应的计算数据

项　　目	试验数据	
	与弹性极限点对应时	与最大力点对应时
制动距离/mm	21.0	48.0
制动力/kN	602.0	668.0
吸收能量/(kN·m)	5.286	22.962
计算的总容许质量/kg	1 655.0	4 107.0
总容许质量/kg	4 107.0	

F3.3　渐进式安全钳

F3.3.1　报告书和试验样品

F3.3.1.1　申请人应说明试验所需要的质量(kg)和限速器的动作速度(m/s),如果要求认证不同质量安全钳的情况,申请人必须将这些质量注明,此外,还须说明调整是分级进行,还是连续进行。

注:申请人应通过将制动力(N)除以16的方法选取悬挂质量(kg),以求得0.6g_n平均减速度。

F3.3.1.2　申请人应将一套完整的安全钳总成,按照试验单位规定的尺寸安装在横梁上,全部试验所需数量的制动板的布置方式也应按试验单位规定。同时,应附有全部试验所需要的数套制动板。对所用的导轨,除型号外,还需要提供试验单位规定的长度。

F3.3.2　试验

F3.3.2.1　试验方法

试验应以自由落体的方式进行。应直接或间接测量以下各项:

a) 下落的总高度;

b) 在导轨上的制动距离;

c) 限速器或其代用装置所用绳的滑动距离;

d) 作为弹性元件的总行程。

a)和b)所记录的测量值应和时间成函数关系,再测定以下几项:

1) 平均制动力;

2) 最大瞬时制动力;

3) 最小瞬时制动力。

解读　因为安全钳适用的总质量和平均制动力直接相关,因此在渐进式安全钳型式试验中测试平均制动力显得特别重要。目前平均制动力的测试主要基于两种原理,一种是将测得的制动力相对整个制停时间的积分,求平均值。另一种是将测得的制动力相对于整个制停距离积分，求平均值。因为在实际测试时轿厢停止的过程中，往往伴随着巨大的震动，很难正确和无异议的确定轿厢制停结束的时间，因此笔者倾向于第二种方案，该方案能较好的消除轿厢震动对测试结果的干扰。

F3.3.2.2　试验程序

F3.3.2.2.1　认证用于单一质量的安全钳

试验单位需对质量$(P+Q)_1$，进行四次试验. 在每次试验之间，应允许摩擦件恢复到正常温度。

在进行这几次试验期间，可使用数套相同的摩擦件，但一套摩擦件应能够承受：

a）三次试验，当额定速度不大于 4 m/s 时；

b）二次试验，当额定速度大于 4 m/s 时。

须对自由下落的高度进行计算，使其和安全钳相应的限速器的最大动作速度相适应。安全钳的啮合应借助于动作速度可精确调节的装置去完成。

注：例如，可使用一根装有套筒的绳，其松弛量应仔细计算，此套筒能在一根固定、平滑的绳上摩擦滑动。摩擦力应等于该安全钳相应的限速器施加于操纵绳的作用力。

解读　在渐进式安全钳试验时，类似于瞬时式安全钳试验，应该考虑到安全钳实际动作速度和限速器标称动作速度之间的速度差，往往测得的安全钳实际动作速度大于限速器标称动作速度。

F3.3.2.2.2　认证用于不同质量的安全钳（分级调整或连续调整）

应进行两个系列的试验，对申请的：

a）最大值；和

b）最小值。

申请人应提供一个公式或一张图表，以显示与某一给定参数成函数关系的制动力的变化。

试验单位应用恰当的方法（如没有较好的办法时可用中间值进行第三系列试验）去核实给出公式的有效性。

解读　在国内型式试验实践中，对于认证用于不同质量的安全钳，至少应进行最大质量值、最小质量值以及中间质量值三种质量值的系列试验。

F3.3.2.3　安全钳制动力的确定

F3.3.2.3.1　认证用于单一质量的安全钳

对给定的调整值及导轨型号，安全钳能够产生的制动力等于在数次试验期间测定的平均制动力的平均值。

每次试验均应在一段未使用过的导轨上进行。

应检查试验期间测定的平均制动力，与上面确定的制动力相比是否在±25%的范围内。

注：试验表明，如果在一根机加工导轨表面的同一区域上进行连续多次试验，摩擦系数将大大减小。这是由于在安全钳的连续制动动作期间。导轨表面的状态发生变化。

一般认为，对于一台电梯来说，安全钳的偶然动作通常都可能发生在未被使用的表面上。有必要考虑，如发生意外而不是上述情况，那么在达到未使用过的导轨表面之前，会出现较小的制动力，此时，滑动距离将会大于正常值。这就是任何调整均不允许安全钳动作开始阶段减速度太小的另一原因。

F3.3.2.3.2 认证用于不同质量的安全钳(分级调整或连续调整)

应按照F3.3.2.3.1的规定为申请的最大值和最小值计算安全钳能够产生的制动力。

F3.3.2.4 试验后的检查

a) 应将安全钳钳体和夹紧件的硬度与申请人提供的原始值相比较。在特殊情况下，可以进行其他分析；

b) 应检查变形和变化的情况(例如：夹紧件的裂纹、变形或磨损、摩擦表面的外观)；

c) 如果有必要，应拍摄安全钳、夹紧件和导轨的照片，以便作为变形或裂纹的依据。

F3.3.3 允许质量的计算

F3.3.3.1 认证用于单一质量的安全钳

允许质量为：

$$(P+Q)_1 = \frac{\text{制动力}}{16}$$

式中：制动力——根据F3.3.2.3所确定的力，N。

F3.3.3.2 认证用于不同质量的安全钳

F3.3.3.2.1 分级调整

应按F3.3.3.1的规定，为每次调整计算允许质量。

F3.3.3.2.2 连续调整

应按F3.3.3.1的规定，为申请的最大值和最小值计算允许质量，并符合中间值调整所采用的公式。

F3.3.4 调整值的修正

试验期间，如果得到的数据和申请人期望的值相差20%以上，则在必要时，征得申请人同意，可在修改调整值后另外进行试验。

注：如果制动力明显地大于申请人需要的制动力，则试验用的质量就会明显地小于按照F3.3.1计算的并将送去批准的质量。因此，此时的试验不能证明，安全钳能消耗按计算得出的质量所要求的能量。

F3.4 几点说明

a) 1) 用于某一给定的电梯时，对于瞬时式安全钳，安装者给出的质量不应大于安全钳的允许质量和所考虑的调整值。

2) 对于渐进式安全钳，给出的质量可以与F3.3.3规定的允许质量相差±7.5%。一般认为在这个条件下，不论导轨厚度的公差、表面状况等的情况如何，电梯仍能符合9.8.4的规定。

b) 为了检查焊接件的有效性，应参考相应的标准。

c) 在最不利的情况下(各项制造公差的累积)，应检查夹紧件是否有足够的移动距离。

d) 应适当地使摩擦件保持不动，以确保在动作瞬间它们各在其位。

e) 对于渐进式安全钳，应检查弹簧各组件是否有足够的行程。

解读 渐进式安全钳主要是通过弹簧的弹性变形来吸收能量，因此不允许弹簧行程不足而“压实”使得钳体变形而吸收能量的情况发生。渐进式安全钳型式试验时，每次坠落试验后均应检查弹簧的变形量，并和弹簧允许的变形量进行比较。

在国内型式试验实践中，如果导轨的厚度、安全钳所需夹紧宽度和导轨的表面情况发生了变化，申请单位应提供必要的证明材料，如计算书等，证明这些变化不会对安全钳的制停性能产生影响。经型式试验机构确认后，则不必进行型式试验，并且在型式试验合格证中予以明确。反之，则应进行型式试验。

F3.5 型式试验证书

F3.5.1 证书须一式三份，二份给申请人，一份留试验单位。

F3.5.2 证书应包括以下内容：

a) F0.2述及的内容；

b) 安全钳的型号和应用；

c) 允许质量的限值[见F3.4a)]；

d) 限速器的动作速度；

e) 导轨型号；

f) 导轨工作面允许厚度；

g) 夹紧面的最小宽度；

对渐进式安全钳还应说明：

h）导轨表面状况（拉制、铣削、磨削）；

i）导轨润滑情况，润滑剂的类别和规格（如果需要润滑）。

解读 典型的渐进式安全钳型式坠落试验的加速度、速度曲线如图 F-2 所示：

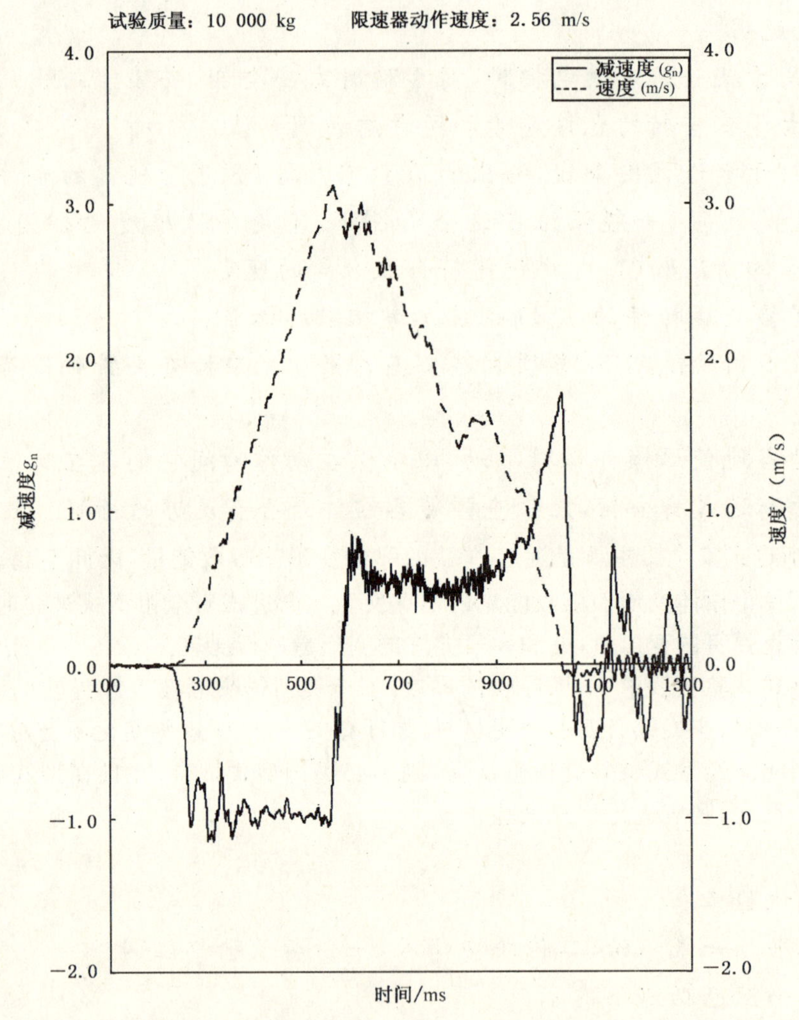

图 F-2 典型的渐进式安全钳型式坠落试验的加速度、速度曲线

F4 限速器

F4.1 通则

申请人应向试验单位表明：

a）由限速器操纵的安全钳的类型；

b）采用该限速器的电梯之最大和最小额定速度；

c）限速器动作时所产生的限速器绳张力的预期值。

申请书还应附有下列文件：

给出结构、动作、所用材料、构件的尺寸和公差的装配详图。

F4.2　限速器的性能检查

F4.2.1　试验样品

应向试验单位提供下列样品：

a）一套限速器；

b）用于该限速器的一根绳子，其条件与正常安装时相同，长度由试验单位确定；

c）用于该限速器的一套张紧轮装置。

F4.2.2　试验

F4.2.2.1　试验方法

应检查下列各项：

a）动作速度；

b）按 9.9.11.1 的规定，使电梯驱动主机停止运转的电气安全装置的动作（如此装置装在限速器上）；

c）按 9.9.11.2 规定的电气安全开关的动作，此装置在限速器动作时，能防止电梯的全部运动；

d）限速器动作时钢丝绳的张力。

F4.2.2.2　试验程序

在限速器动作范围内[与 F4.1b)述及的电梯额定速度范围相对应]，应至少进行 20 次试验。

注 1：这些试验可以由试验单位在制造厂进行。

注 2：大多数试验应按速度范围的极限值进行。

注 3：应以尽可能低的加速度达到限速器动作速度，以便消除惯性的影响。

解读　根据以上规定的精神，CEN 是允许限速器型式试验时进行连续调整的，换句话讲，同一系列的限速器，试验后可以出具适用于一个额定速度范围电梯的型式试验合格证。依据有二：一是 F4.1b)规定，申请人应向试验单位表明采用该限速器的电梯之最大和最小额定速度，这说明系列设计的限速器应提供设计适用的速度范围。二是 F4.2.2.2 注 2 规定，大多数试验应按速度范围的极限值进行，这说明试验时应验证其设计适用的最大和最小额定速度是否动作可靠。不过，与安全钳和轿厢上行超速保护装置不同，标准中对限速器试验时的速度调整方法表述比较模糊，只是说在限速器动作范围内[与 F4.1b)述及的电梯额定速度范围相对应]，应至少进行 20 次试验，而大多数试验应按速度范围的极限值进行，至于最大、最小和中间速度的试验各进行几次则未明确。但有一点应该是明确的，即因为申请单位只向试验单位提供一套限速器，所以速度调整工作必须在同一台限速器上进

行,而这对考察限速器是否是系列设计是必要的。

目前国内的限速器型式试验只针对单一额定速度进行,因此同一系列的限速器需要进行多个额定速度的试验,而不能进行覆盖,将来应探讨按适用速度范围进行一次试验的可行性。

本附录条款还有一点没有表述清楚,即 9.9.11.1 规定的电气安全装置是电梯上行和下行两个方向都要动作的,上行方向的试验应该进行几次?笔者认为也进行对应的 20 次比较恰当,这样,如果该限速器同时用作轿厢上行超速保护装置的速度监控元件与同步电机制动器相配,则 20 次试验也与附录 F7.3.2.3 条的要求相吻合,这一点在下面一段详述。

目前的限速器设计有一个趋势,即限速器同时也是标准 9.10.1 条所指的轿厢上行超速保护装置的速度监控元件。这样的话,限速器的型式试验就应把附录 F7.3.2.3 条的试验内容也包括进来。为与传统的限速器相区别,通常把这类限速器称作双向动作限速器(Bi-directional overspeed governor)。有一种观点认为,所谓双向动作限速器,仅指机械动作(即按 9.9.1 条的动作)能够双向进行的限速器,因为电气动作(即按 9.9.11.1 条的动作)本来就是双向的。笔者认为,这种观点是片面的,它未能认识到限速器双向动作的目的是为了充当轿厢上行超速保护装置的速度监控元件,而轿厢上行超速保护装置的减速元件类型是多种多样的。例如针对电气触发的钢丝绳制动器,限速器可以通过增加一个上行动作的电气开关来与之匹配,而这个电气开关的动作速度是需要按附录 F7.3.2.3 条的要求额外进行试验的,这种限速器就不宜再称为单向限速器,而应称为双向动作限速器。反过来讲,传统的单向限速器其实也可以直接与某种类型的轿厢上行超速保护装置减速元件,即同步电机制动器相匹配,但因此就将其改称双向动作限速器似乎也不妥当。所以,如果我们以是否需要按附录 F7.3.2.3 条进行额外试验作为标志,似乎可以对双向动作限速器下一个相对明确的定义:双向动作限速器是指可作为轿厢上行超速保护装置的速度监控元件与一种或几种类型的减速元件相匹配,除了需按附录 F4 进行型式试验外还需按附录 F7.3.2.3 进行额外型式试验的限速器。

根据与不同类型的减速元件匹配的不同要求,我们可以把限速器的结构型式列成表 F-2 进行比较。

表 F-2　限速器的类型比较

序号	作为轿厢上行超速保护装置速度监控元件的特点	单向或双向	配用减速元件类型	设计注意事项
1	传统限速器	单向	同步电机制动器	需将电气开关的动作速度下限提高到额定速度的 115%,上限不变
2	将限速器电气开关改为双触点,上下行均动作的触点串入电气安全回路,仅上行动作的触点触发减速元件	单向	电气触发钢丝绳制动器	需将电气开关的动作速度下限提高到额定速度的 115%,上限不变

续表 F-2

序号	作为轿厢上行超速保护装置速度监控元件的特点	单向或双向	配用减速元件类型	设计注意事项
3	增加一个仅上行动作的电气开关	双向	电气触发钢丝绳制动器	增加的电气开关的动作速度下限是额定速度的115%，上限是9.9.3规定的速度。该开关必须是下行不能动作的。如果下行能动作，即使将动作速度调整到上限，安全钳动作时钢丝绳制动器仍可能被误触发
4	增加上行机械动作装置	双向	双向安全钳或机械触发钢丝绳制动器	上行机械动作装置动作时产生的力应大于等于300 N且大于等于使上行安全钳或机械触发钢丝绳制动器起作用所需力的两倍

F4.2.2.3 对试验结果的说明

F4.2.2.3.1 在20次试验中，限速器的动作速度均应在9.9.1规定的极限值内。

注：如果超过规定的极限值，可由制造厂进行调整，并再作20次试验。

F4.2.2.3.2 在20次试验中，F4.2.2.1b）和c）要求的电气安全装置应在9.9.11.1和9.9.11.2规定的极限值内动作。

F4.2.2.3.3 限速器动作时，限速器绳的张力至少应为300 N或申请人给定的任何一个较高值。

注1：在制造厂无特殊要求，试验报告也无其他说明的情况下，包角应为180°。

注2：对于通过将绳夹紧而起作用的限速器的情况，应检查绳是否产生永久变形。

F4.3 型式试验证书

F4.3.1 证书须一式三份，二份给申请人，一份留试验单位。

F4.3.2 证书应包括以下内容：

a）F0.2述及的内容；

b）限速器的型号及应用；

c）使用本限速器的电梯之最大和最小额定速度；

d）限速器绳的直径和结构；

e）带有曳引滑轮的限速器的最小张紧力；

f) 限速器动作时能产生的限速器绳张力。

解读 上述带有曳引滑轮的限速器就是9.9中所指的摩擦型限速器，这种限速器动作时，钢丝绳上的力完全是绳槽与绳之间的摩擦力，而摩擦力的大小与绳与绳槽之间的正压力成正比，正压力又是由限速器张紧装置的重力提供的，因此，有必要将试验时钢丝绳的张紧力(即正压力的分支)标明以明确工况。而另一种通过将绳夹紧而起作用的限速器，因为动作时夹紧力远远大于摩擦力，所以可以忽略试验时钢丝绳的张紧力。

F5 缓冲器

F5.1 通则

申请人应说明使用范围(最大撞击速度、最小和最大质量)。申请书还应附有：

a) 详细的装配图，该图应显示结构、动作、使用的材料、构件的尺寸和公差。对液压缓冲器，要特别将液体通道的开口度表示成缓冲器行程的函数。

b) 所用液体的说明书。

F5.2 试验的样品

应向试验单位提供：

a) 一个缓冲器；

b) 对液压缓冲器，所需的液体应单独发送。

解读 缓冲器可以分为线性蓄能型缓冲器(弹簧缓冲器)、耗能型缓冲器(液压缓冲器)、非线性缓冲器(聚氨酯缓冲器)等三种型式，按照标准，这三种型式的缓冲器均应进行坠落试验，但EN 81标准在转化为GB 7588时，删除了F5.3.1.1.2、F5.3.1.3等条款，也就是说对于线性蓄能型缓冲器(弹簧缓冲器)，在我国不进行重物坠落试验，而只是进行静压试验。

F5.3 试验

F5.3.1 线性蓄能型缓冲器

F5.3.1.1 试验程序

F5.3.1.1.1 应确定完全压缩缓冲器所需的质量。例如：借助于在缓冲器上加重块来确定。

缓冲器只能用于：

a) 额定速度 $v=\sqrt{\dfrac{F_L}{0.135}}$ (见10.4.1.1.1)

且 $v\leqslant 1$ m/s(见10.3.3)

式中：F_L——总的压缩量，m。

b）质量的范围

1）最大$\frac{C_r}{2.5}$

2）最小$\frac{C_r}{4}$

式中：C_r——完全压缩缓冲器所需的质量，kg。

解读　对线性蓄能型缓冲器（弹簧缓冲器）进行两次试验，取其平均值。根据设计（和实际）的压缩量确定缓冲器的适用电梯速度范围，根据设计压缩量对应的压力确定线性蓄能型缓冲器（弹簧缓冲器）的适用电梯质量（$P+Q$）范围。

F5.3.1.1.2　应借助于重块对缓冲器进行撞击试验。重块的质量应分别等于最小和最大质量，自由落体的高度应为$0.5F_L=0.067v^2$。最迟应从重块撞击缓冲器瞬间起记录速度，直至试验结束。重块的反弹速度不应大于1 m/s。

F5.3.1.2　使用的设备

设备应满足下列条件。

F5.3.1.2.1　自由落体的重块

对应于最大质量和最小质量的重块精度应满足F0.1.6的要求，安装时应有垂直方向的导向并使导向摩擦力尽可能的小。

F5.3.1.2.2　记录设备

记录设备精度应满足F0.1.6的要求。

F5.3.1.2.3　速度测量

速度测试的仪器精度应满足F0.1.6的要求。

F5.3.1.3　环境温度

环境温度应为（15～25）℃。

F5.3.1.4　缓冲器的安装

缓冲器应按正常工作的方式予以安放和固定。

F5.3.1.5　试验后对缓冲器状况的检查

在进行两次最大质量压实试验之后，缓冲器的任何部件不得有影响正常工作的损坏。

F5.3.2　耗能型缓冲器

解读　根据申请单位提出的最小最大质量和最大撞击速度分别进行两次撞击试验，若试验合格，则确认申请单位提出的质量和速度范围。

F5.3.2.1　试验程序

应借助于重块对缓冲器进行撞击试验。重块的质量应分别等于最小和最大质量，并通过自由落体，在撞击瞬间达到所要求的最大速度。

最迟应从重块撞击缓冲器瞬间起记录速度。在重块的整个运动过程中，加速度和减速度应采用与时间成函数关系的形式加以确定。

注：本试验程序适用于液压缓冲器，其他类似的缓冲器，可类似进行。

F5.3.2.2 所用的器材

所用的器材应满足下述要求：

F5.3.2.2.1 自由落体的重块

重块的质量应符合最大和最小质量，其精度应符合 F0.1.6 的要求。应在摩擦力尽可能小的情况下，垂直地导引重块。

F5.3.2.2.2 记录设备

记录设备应能在 F0.1.6 规定的精度内检测信号。所设计的测量链（包括记录和时间成函数关系的测量值的记录装置），其系统频率不应小于 1 000 Hz。

F5.3.2.2.3 速度测量

最迟从重块撞击缓冲器瞬间起应记录速度或记录重块在整个行程中的速度，其精度应符合 F0.1.6 的要求。

F5.3.2.2.4 减速度测量

测量装置（如有）（见 5.3.2.1）应尽可能地放在靠近缓冲器的轴线上，测量精度应符合 F0.1.6 的要求。

F5.3.2.2.5 时间测量

应记录到 0.01 s 脉宽的时间脉冲，测量精度应符合 F0.1.6 的要求。

F5.3.2.3 环境温度

环境温度应为(15～25)℃。

液体温度应按 F0.1.6 规定的精度进行测量。

解读 因液压油的阻尼系数等性能参数和环境温度有关，因此不同的环境温度下测得的液压缓冲器的性能可能有所区别，因此应在环境温度(15～25)℃的条件下进行测量。测试温度不符合此条件，应证得申请单位的同意，并据实记录在试验报告中。

F5.3.2.4 缓冲器的安装

缓冲器应按正常工作的同样方式予以安放和固定。

F5.3.2.5 缓冲器的灌注

向缓冲器灌注液体时，应达到制造单位说明书所规定的标记。

F5.3.2.6 检查

F5.3.2.6.1 减速度检查

选择重块的自由落体高度时，应使撞击瞬间的速度与申请书内规定的最大撞击速度相等。

减速度应符合10.4.3.3的规定。在进行第一次试验时应使用最大质量，在进行第二次试验时应使用最小质量，两次试验均应检查减速度。

F5.3.2.6.2　缓冲器复位的检查

每次试验后，缓冲器应保持完全压缩状态5 min，然后放松缓冲器，使其恢复至正常位置。

如果缓冲器是弹簧复位式或重力复位式，缓冲器完全复位的最大时间限度为120 s。

在进行下一次减速试验之前，应间隔30 min，以便使液体返回油缸并让气泡逸出。

F5.3.2.6.3　液体损失的检查

在按照F5.3.2.6.1的要求进行两次减速试验之后，应检查液面。隔30 min之后，液面应再次达到能确保缓冲器正常动作的位置。

解读　撞击试验时液压油允许有少数喷漏，但是撞击试验30 min后，缓冲器内的液体应返回油缸，确保液面达到能保证缓冲器正常动作的位置。

F5.3.2.6.4　试验后对缓冲器状态的检查

在按照F5.3.2.6.1的要求进行两次减速试验后，缓冲器的部件不得有任何永久变形或影响正常工作的损坏。

F5.3.2.7　当试验结果与申请书规定的质量不相符合时的规定

当试验结果与申请书中的最大和最小质量不相符合时，在征得申请人同意后，试验单位可确定能接受的极限值。

解读　典型的液压缓冲器撞击试验曲线见图F-3。

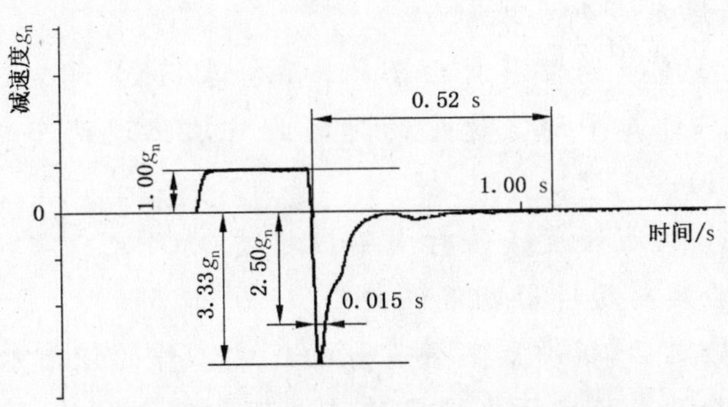

图F-3　典型的液压缓冲器撞击试验曲线

F5.3.3 非线性缓冲器

F5.3.3.1 试验程序

F5.3.3.1.1 应借助于重块对缓冲器进行撞击试验。通过自由落体，在撞击瞬间达到所要求的最大速度，且不低于0.8 m/s。

从释放重块到缓冲器完全停止的整个过程。应记录下落距离、速度，加速度和减速度。

F5.3.3.1.2 重块的质量应符合所要求的最大和最小质量。应在摩擦力尽可能小的情况下，垂直地导引重块，以便碰撞的瞬间加速度至少达到0.9g_n以上。

F5.3.3.2 所用设备

所用设备应符合F5.3.2.2.2、F5.3.2.2.3和F5.3.2.2.4规定。

F5.3.3.3 环境温度

环境温度应为(15～25)℃。

F5.3.3.4 缓冲器的安装

缓冲器应按正常工作的同样方式予以安放和固定。

F5.3.3.5 试验次数

应以下列所要求的质量分别进行三次试验：

a) 最大质量；

b) 最小质量。

两次试验之间的间隔为(5～30)min。

在进行最大质量试验时，当缓冲行程等于申请人给出的缓冲器实际行程50%时，对应三次测得的缓冲力坐标值的偏差不大于5%。在进行最小质量试验时，三次缓冲力坐标值的偏差也应类似。

F5.3.3.6 检查

F5.3.3.6.1 减速度检查

减速度“a”应满足下列要求：

a) 装有额定载重量的轿厢自由落体，从达到115%额定速度起的平均减速度不应超过1.0g_n，计算平均减速度的时间为首次出现两个绝对值最小减速度的时间差(见图F1)；

b) 超过2.5g_n的减速度峰值时间不应超过0.04 s。

F5.3.3.6.2 试验后对缓冲器状况的检查

最大质量试验之后，缓冲器不得有影响正常工作的任何永久变形或损坏。

F5.3.3.7 当试验结果与申请书规定的质量不相符合时的规定

当试验结果与申请书中最大和最小质量不相符合时，在征得申请人同意后，试验单位可确定可接受的极限值。

F5.4 型式试验证书

F5.4.1 证书须一式三份,二份给申请人,一份给试验单位。

F5.4.2 证书应说明下列内容:

a) F0.2 述及的内容;

b) 缓冲器的型号和应用;

c) 最大撞击速度;

d) 最大质量;

e) 最小质量;

f) 液压缓冲器液体的规格;

g) 非线性缓冲器使用的环境条件(温度、湿度、污染等)。

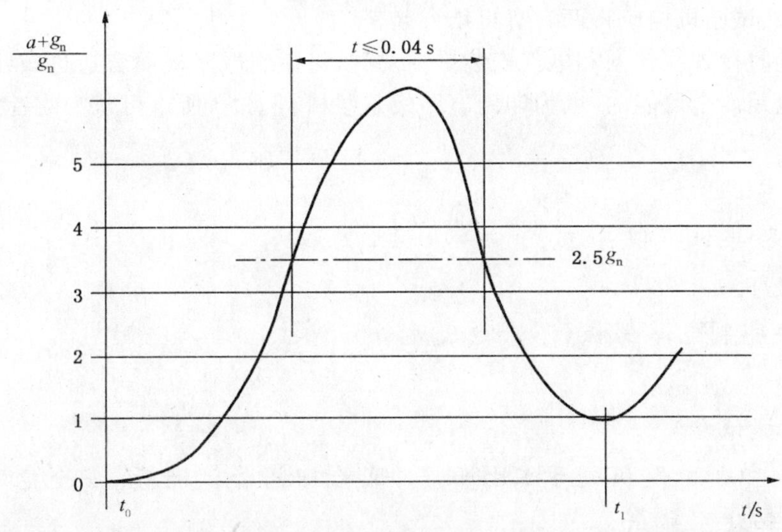

t_0—撞击缓冲器瞬间(第1个绝对值最小时);t_1—第2个绝对值最小时

图F1 减速图

F6 含有电子元件的安全电路

含有电子元件的安全电路必须进行实验室试验,因为检验人员在现场进行实际检验是不可能的。

下面阐述的是印制电路板,如果安全电路不是这种方式,也应假设为等效印制电路板型式。

F6.1 通则

申请人应向试验单位说明:

a) 电路板的类别;

b）工作条件；

c）使用元件清单；

d）印制电路板布置图；

e）安全电路的混合电路布置图及印制线路的标记；

f）功能描述；

g）布线图等电气数据，如有可能，还应有印制电路板的输入输出定义。

解读 F6.1没有要求试验申请单位提供电路原理图和按照安全电路评价流程图进行的故障组合分析报告，但这并不意味着型式试验机构可以不审查这些内容。型式试验首先是对产品设计的认可，然后才是对试验项目的验证。如果一个安全电路样品本身的设计是错误的，但它能够通过振动、冲击和温度试验，型式试验机构不加审查地发出型式试验合格证，一旦将来在整机型式试验时发现安全电路设计有问题，这样的型式试验合格证就失去了意义。事实上，标准的附录F只是规定了试验项目和方法，产品是否符合标准还要看前面的正文，型式试验机构应将两者有机结合起来。

型式试验时检查线路图和电气安装是需要的，对印制电路板而言通过布线图来检查电气间隙和爬电距离是可能的，因为印制电路板是照相制版的，所以可认为两者是一致的。

F6.2 试验样品

应向试验单位提供：

a）一块印制电路板；

b）一块印制电路裸板（不含电气元件）。

F6.3 试验

F6.3.1 机械试验

试验时，印制电路板处于工作状态，试验期间和试验后，安全电路不应有不安全的动作和状态显示。

F6.3.1.1 振动

安全电路的传感器元件应满足：

a）EN 60068-2-6表C2中扫频振动耐久性试验的规定：在每个坐标轴方向上，20次扫频循环振动试验。振动幅值为0.35 mm或$5g_n$，频率为10 Hz～55 Hz。

b）EN 60068-2-27表1中脉冲的加速度和持续时间：

1）加速度峰值294 m/s^{2}或$30g_n$；

2）相应脉冲持续时间11 ms；

3）相应速度变化率2.1 m/s，波形为半正弦波。

注：若传感器元件装有冲击减振器，冲击减振器应看成是传感器元件的一部分。

试验后，电气间隙和爬电距离不应小于最小允许值。

解读 $30g_n$ 的试验也归为振动是不适宜的，因为它依据的标准 GB/T 2423.5—1995 题目就是冲击，所以这属于冲击试验无疑。根据该标准的要求，除有关规范另有规定外，应对样品的三个互相垂直方向的每一方向连续施加三次冲击，即共 18 次。

以上两项试验是安全电路本身和用于该安全电路的传感器元件（如开门平层和再平层安全电路中的平层位置光电或磁开关）都要进行的，以下的试验项目传感器元件就不必进行了。

本条款中 EN 60068-2-6 被等同采用为 GB/T 2423.10—1995，EN 60068-2-27 被等同采用为 GB/T 2423.5—1995。

F6.3.1.2 冲击试验 EN 60068-2-29

冲击试验模拟印制电路板坠落状态，发生元件破损和不安全状态的危险。

试验分为：

a) 单独冲击试验；

b) 持续冲击试验。

印制电路板至少应满足如下最低要求：

F6.3.1.2.1 单独冲击试验

a) 冲击试验波形：半正弦波；

b) 加速度幅值：$15g_n$；

c) 冲击持续时间：11 ms。

F6.3.1.2.2 持续冲击试验

a) 加速度幅值：$10g_n$。

b) 冲击持续时间：16 ms。

c) 1) 冲击次数：1 000±10；

2) 冲击频率：2/s。

F6.3.2 温度试验 HD 323.2.14 S2

电路板工作环境温度为 0℃、65℃（这个环境温度是安全装置的环境温度）。

试验条件：

a) 印制电路板必须处于工作状态；

b) 印制电路板必须是正常的额定电压；

c) 安全装置在试验中和试验后必须动作正常，如果印制电路板除了安全电路外，还包含其他元件，则它们也必须在试验中动作（它们的故障可不考虑）；

d) 试验按照最低和最高温度进行（0℃、65℃），至少各持续 4 h；

e) 如果印制电路板设计在更宽的温度范围内工作，则必须在该温度范围内试验。

解读 在进行温度试验时，先进行低温试验 4 h，然后再转换到高温试验 4 h，转换时要将试验样品从低温箱中取出并转移到高温箱中，这个过程所占用的时间在 GB/T 2423.22 中称为转换时间。转换时间分为三种：(2～3)min，(20～30)s，<10 s，由有关标准根据要求自定。而本标准并未规定转换时间，因此试验时宜按照最恶劣工况，即<10 s 来执行。

振动和冲击试验的要求比较高，既有频率为 10 Hz～55 Hz、振幅为 0.35 mm 的连续扫频试验，也有 $10g_n$、$15g_n$、$30g_n$ 的单次或连续冲击试验，而且 X、Y、Z 三个方向都要进行，每个方向还分正方向和负方向进行，即所谓的三轴六向。这些情况绝不是电梯在正常运行时所能遇到的，所以，这些试验的目的不是考察安全电路在实际工作期间将会经受的碰撞。它是想通过一系列严酷的试验来涵盖安全电路在运输、安装过程中可能经受的振动、碰撞乃至跌落等极端情况，从而考察产品的性能。我们知道，电子产品不同于机械产品，电子产品的损坏不一定是肉眼可见的，甚至也不一定影响使用，但是，安全隐患就此埋下了，这对于安全电路而言是危险的。举例来说，如果一块安全电路的印刷电路板经过运输和安装过程中的振动，其中的某些焊点发生了松动，可能在调试时不一定表现出异常，但为今后的使用带来了安全隐患，而且还难以检修。基于这个原因，标准附录 H 中所列出的某些元件，如连接件、端子、插接件、熔丝等，虽然算不上是我们认识当中的电子元件，但如果它们经过振动后发生松动，和印刷电路板虚焊的危害是一样的。所以，当安全电路使用了这些元件时，进行型式试验是有必要的。

正因为型式试验是考察安全电路在经受环境试验后保持完好的能力，所以，如果仅仅是在试验之后通电检查安全电路的功能并不能证明它的完好，因为焊点或连接件的松动不一定能马上体现在功能的异常，也可能表现出时好时坏。标准要求在整个试验过程中(温度试验 8 h，振动和冲击试验约 7 h)都要使安全电路处于工作状态，而且安全电路不能有不安全的动作和状态显示。我们在实践中发现，要使安全电路一直处于真实的工作状态是很困难的，例如开门平层和再平层的安全电路，平层开关和安全电路都需要进行试验，我们只能用模拟的方法来使安全电路工作。可以用遮挡物人为周期性地使平层开关动作，从而触发安全电路，也可以直接用 PLC 来模拟平层开关提供的周期性信号，再另外用遮挡物测试平层开关的功能，安全电路的输出状态可以用示波器或信号记录仪进行监测。这样既满足了标准的要求，又具有可操作性。

本条中 EN 60068-2-29(IEC 60068-2-29)转化为 GB/T 2423.6—1995，HD 323.2.14 S2(IEC 60068-2-14)转化为 GB/T 2423.22—2002。

F6.4 型式试验证书

F6.4.1 证书须一式三份，二份给申请人，一份留试验单位。

F6.4.2 证书应包括如下内容：

a) F0.2 述及的内容；

b）电路的类型和应用；

c）IEC 60664-1 规定的清洁度设计；

d）工作电压；

e）印制电路板上安全电路与其他控制电路之间的距离。

注：由于电梯运行在正常的环境条件，没有必要进行湿度试验和气候冲击试验等其他试验。

【CEN/TC 10/WG 1 解释，No. 508】

询问(1998-06-16)：应该对什么进行试验，是单独的安全电路还是整个电气安全回路?

答复(1998-11-03)：仅有安全电路才需要进行试验，而不是整个电气安全回路。如果安全电路包含有电子元件，就要进行型式试验，并仅对该装置发放 CE 标志。整个电气安全回路不能进行型式试验，因为它用线连接端子，而配线不可能只有一种设计。

解读　本条款中 IEC 60664-1 被等同采用为 GB/T 16935.1。

F7　轿厢上行超速保护装置

本规定适用于轿厢上行超速保护装置，该装置未使用按照 F3、F4 和 F6 型式试验的安全钳、限速器或其他装置。

解读　由于上行超速保护装置的型式多种多样，不同型式的上行超速保护装置的试验装置和方案也会有所不同。申请单位应和型式试验机构充分沟通，按照标准的要求确认具体的试验方案。

若按照 F3、F4 和 F6 型式试验的要求进行了安全钳、限速器、含有电子元件的安全电路等安全部件的型式试验，则其作为上行超速保护装置(或其部分)使用时，不必再按照 F7 的要求进行试验。如：装于对重侧的渐进式安全钳，若已经通过了 F3 规定的型式试验，则不必进行上行超速保护装置型式试验。如限速器，若已经通过了 F4 规定的型式试验，则不必进行上行超速保护装置的型式试验。但是对于限速器-机械触发式钢丝绳制动器，因限速器型式试验中并没有规定和验证限速器提拉钢丝绳制动器所需要的力和行程，且这个力和行程应和钢丝绳制动器相匹配，因此在试验时，必须进行限速器-机械触发式钢丝绳制动器联动试验。

F7.1　通则

申请人应说明使用范围：

a）最小和最大质量；

b）最大额定速度；

c）用在具有补偿绳的电梯上。

申请时还应附有下列文件：

a）结构、动作、所用的材料、构件的尺寸和公差的装配详图；

b) 如有必要，弹性元件的载荷图；

c) 轿厢上行超速保护装置所作用部件的型式、材料及表面状态详细情况(拉制、铣削、磨削等)。

解读 上行超速保护装置适用的质量范围情况比较复杂，一方面设计的制动力基本取决于轿厢和对重两侧的不平衡力，即若制动力大于上述不平衡力，即可制停或者减速电梯，因此可以最大和最小额定载重量作为使用范围。另一方面制动过程中制动力是否能够持续稳定有效也取决于整个悬挂系统的系统质量，即轿厢、对重、曳引钢丝绳、补偿绳(链)和随行电缆的质量之和。当系统质量较大时，对制动力的要求自然也较高。标准所指的质量即指额定载重量，也指系统质量。所以具体的说，表征上行超速保护装置的使用范围有三个参数:(1) 额定载重量;(2) 系统质量;(3) 额定速度(动作速度)。

按照标准的表述，上行超速保护装置的速度试验只要进行最大额定速度(动作速度)试验即可，不必进行低速试验。但是在实际操作中，一般也对最小额定速度进行验证试验。

F7.2 陈述和样品

F7.2.1 申请人应说明试验所需要的质量(kg)和动作速度(m/s)，如果要求认证的装置适用于不同质量，申请人必须说明这些质量，另外，还须说明调整是分级还是连续进行的。

F7.2.2 申请人和试验单位确定

a) 由制动系统和速度监控装置组成的完整件；或

b) 无须按 F3、F4 或 F6 验证的装置，应提交试验单位处理。

申请人应提供所有试验必须的数套夹紧元件，以及符合试验单位规定尺寸的超速保护装置所作用的部件。

F7.3 试验

F7.3.1 试验方法

试验方法由申请人和试验单位确定，取决于被试装置和它需要达到的实际功能的作用。测量应包括：

a) 加速度和速度；

b) 制停距离；

c) 减速度。

测量应记录成时间的函数。

F7.3.2 试验程序

在速度监控装置相应于 F7.1b)述及电梯额定速度的动作速度范围内，应至少进行 20 次试验。

注：应以尽可能小的加速度达到动作速度，以便消除惯性的影响。

解读 若速度监控装置已按照F4规定试验，则不必按照F7.3.2进行试验。

F7.3.2.1 认证用于单一质量的轿厢上行超速保护装置

试验单位应采用相当于空载轿厢质量的系统质量进行四次试验。

在各次试验之间应允许摩擦件恢复到正常温度。

在试验期间，可使用数套相同的摩擦件。但一套摩擦件应能够承受：

a) 三次试验，当额定速度不大于4 m/s；

b) 二次试验，当额定速度大于4 m/s。

试验应在装置适用的最大动作速度下进行。

解读 上行超速保护装置试验时，根据申请人(单位)申请的系统质量和额定载重量进行轿厢和对重等悬挂系统的配置，动作速度也应对应于申请的最大额定速度。并在空载轿厢内测试试验时的轿厢加(减)速度、速度和制停距离等。在整个试验过程中，上行超速保护装置的任何部件均不应有损坏，但摩擦件在承受一定的次数后可以更换，其间也可按照说明书的规定进行适当的调整。

F7.3.2.2 认证用于不同质量的轿厢上行超速保护装置(分级调整或连续调整)

试验单位须对申请的最大质量和最小质量分别进行一系列试验。申请人应提供一个公式或图表，以说明制动力与给定参数的函数关系。

试验单位应用合适的方式(如没有较好的方法时，可用中间值来进行第三系列试验)去验证给出公式的有效性。

解读 一般用中间值试验方法去验证申请人提供的公式或图表的有效性。在进行最大质量和最大额定载荷试验时，应按照最大系统质量同时为最大额定载重量和最大额定速度的情况下进行系统配置和试验，以考核上行超速保护装置的极限制动能力。在进行最小质量和最小额定载荷试验时，则应按照最小系统质量同时为最小额定载重量和最小额定速度的情况下进行系统配置和试验。

F7.3.2.3 超速监控装置

F7.3.2.3.1 试验程序

不用制动装置，在动作速度范围内，应至少进行20次试验。

大多数试验应在速度范围内极限值时进行。

F7.3.2.3.2 试验结果的整理

在20次试验中，动作速度均应在9.10.1规定的范围内。

F7.3.3 试验后的检查

试验后：

a）应将夹紧件的硬度与申请人提供的原始值进行比较。在特殊情况下，可以进行其他分析；

b）若夹紧件没有断裂，应检查变形和其他变化情况（例如：夹紧件的裂纹、变形或磨损、摩擦表面的外观）；

c）如果有必要，应拍摄夹紧件和所作用部件的照片，以便作为变形或裂纹的依据；

d）应检查最小质量的减速度不大于 $1g_n$。

F7.4 调整值的修正

试验期间，如果得到的数值和申请人期望的值相差 20%以上，则在必要时，征得申请人同意，可在修改调整值后另外进行试验。

F7.5 试验报告

为了试验的可再现性，试验时应记录所有细节，例如：

a）申请人和试验单位确定的试验方法；

b）试验布局描述；

c）试验布局中轿厢上行超速保护装置的位置；

d）试验次数；

e）测试数据的记录；

f）试验期间的观察报告；

g）试验结果和要求的一致性的判断。

解读 由于试验方案随着上行超速保护装置的型式的不同而有所不同，因此试验时应记录所有相关细节，尤其是安装部位、载荷配置等信息，以保证试验的复现性。

F7.6 型式试验证书

F7.6.1 证书须一式三份，二份给申请人，一份留试验单位。

F7.6.2 证书应包括如下内容：

a）F0.2 述及的内容；

b）超速保护装置的类型和应用；

c）允许质量的范围；

d）超速监控装置的动作速度范围；

e）制动装置所作用部件类型。

解读 典型上行超速保护装置制停过程的加速度、速度和位移曲线见图 F-4：

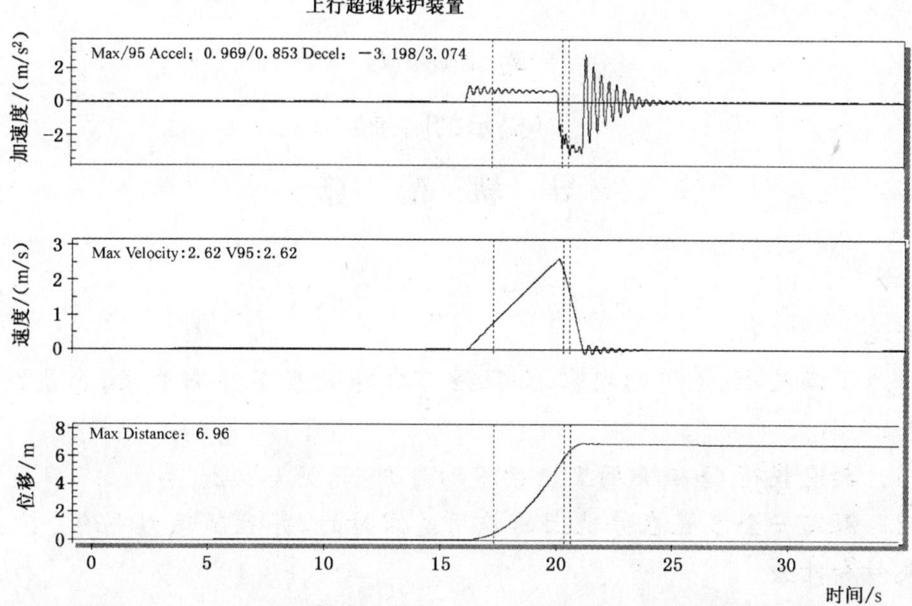

图 F-4　典型上行超速保护装置制停过程的加速度、速度和位移曲线

附 录 G

（提示的附录）

导 轨 验 算

G1 概述

G1.1 为了满足10.1.1的内容，如果没有特殊的载荷分布要求，导轨应采用下述计算。

G1.1.1 额定载荷 Q 在轿厢里应按不均匀分布，见G2.2。

G1.1.2 假定安全装置在导轨上的作用是同时的，并且制动力平均分配。

G2 载荷和外力

G2.1 空载轿厢及其支承的其他部件，如：柱塞、部分随行电缆、补偿绳或链（如有），其重量作用于轿厢本身的重心 P。

G2.2 在"正常使用"和"安全装置作用"的工况，根据8.2的内容，额定载荷 Q 如G7的例子那样按最不利的情况均匀分布在3/4的轿厢面积上。

然而，如果通过协商(0.2.5)有不同的载荷分布情况，那么计算必须根据商定条件进行。

G2.3 轿厢产生的压弯力 F_k 的计算公式为：

$$F_k=\frac{k_1 g_n(P+Q)}{n}$$

式中：k_1——根据表G2确定的冲击系数；

n——导轨的数量。

G2.4 带安全钳的对重或平衡重产生的压弯力 F_c 的计算公式：

$$F_c=\frac{k_1 g_n(P+qQ)}{n} \qquad 或 \qquad F_c=\frac{k_1 g_n qP}{n}$$

式中：q——平衡系数，即额定载重量及轿厢质量由对重或平衡重平衡的量。

G2.5 在轿厢装卸载时，作用于地坎的力 F_S 假设作用于轿厢入口的地坎中心。力的大小为：

$F_s=0.4g_nQ$　　对于额定载重量小于2 500 kg的私人住宅、办公楼、宾馆、医院等处使用的电梯；

$F_s=0.6g_nQ$　　对于额定载重量不小于2 500 kg的电梯；

$F_s=0.85g_nQ$　　对于叉车装载的额定载重量不小于2 500 kg的电梯。

施加该力时，认为轿厢空载。当轿厢有多个入口时，只按照最不利的情况计算地坎受力。

G2.6 对重或平衡重的导向力G应考虑：

a) 质量产生的力的作用点；

b) 悬挂情况；和

c) 补偿绳或链(如有)产生的力，及其是否张紧。

对于中心悬挂和导向的对重或平衡重，重力的作用点应考虑相对于其重心的偏差，水平断面上的偏心在宽度方向至少为5%，深度方向为10%。

G2.7 导轨上安装的附加部件对每根导轨产生的力M应予考虑，但限速器及相关部件和开关或定位装置除外。

G2.8 对于安装于建筑物外面且井道部分封闭的电梯，还应考虑风载荷WL，其值可同建筑设计师商定(0.2.5)。

G3 工况

G3.1 不同工况情况下的载荷和外力的载荷组合见表G1。

表G1

工　况	载荷和外力	P	Q	G	F_s	F_k或F_c	M	WL
正常使用	运行	+	+	+	—	—	+	+
	装卸载	+	—	—	+	—	+	+
安全装置动作	安全钳或类似装置	+	+	+	—	+	+	—
	安全阀	+	+	—	—	—	+	—

G3.2 在首次检验和测试时需要提交的文件中，只需对最不利的载荷组合进行计算。

G4 冲击系数

G4.1 安全装置动作

安全装置动作时的冲击系数k_1取决于安全装置的类型。

G4.2 轿厢

在“正常使用，运行”的工况下，轿厢垂直方向的移动质量$(P+Q)$应乘以冲击系数k_2，以便考虑由于电气安全装置的动作或电源突然中断而引起的制动器紧急制动。

G4.3 对重或平衡重

在G2.6中提到的对重或平衡重施加于导轨的力应乘以冲击系数k_3，以便

考虑当轿厢以大于 $1g_n$ 的减速度停止时，对重或平衡重的反弹。

G4.4　冲击系数的数值

冲击系数的数值见表 G2。

表 G2

冲　击　工　况	冲击系数	数　值
带非不可脱落滚子的瞬时式安全钳或夹紧装置的动作	k_1	5.0
带不可脱落滚子式的瞬时式安全钳或夹紧装置的动作		3.0
渐进式安全钳或渐进式夹紧装置的动作		2.0
安全阀		2.0
运行	k_2	1.2
附加部件	k_3	(……)[1]
1) 根据实际安装情况由制造者确定。		

G5　计算

G5.1　计算的范围

导轨必须根据弯曲应力来确定其尺寸和规格。

在安全装置作用于导轨的情况下，必须根据弯曲和压弯应力确定导轨尺寸。

对于悬挂式导轨(固定于井道顶部)应考虑拉伸应力而不是压弯应力。

G5.2　弯曲应力

G5.2.1　根据：

a) 轿厢、对重或平衡重的悬挂情况；

b) 轿厢、对重或平衡重导轨的位置；

c) 轿厢中的载荷及其分布。

导靴上的支反力 F_b 引起导轨中的弯曲应力。

G5.2.2　计算导轨不同轴(见图 G1)上的弯曲应力，并假定：

a) 导轨是跨距为 l 的柔性支撑的连续梁；

b) 引起弯曲应力的等效力作用在两相邻支撑点的中间；

c) 弯矩作用于导轨截面的中性轴上。

计算由垂直作用于截面轴的力产生的弯曲应力 σ_m 时，公式如下：

$$\sigma_m = \frac{M_m}{W}, \text{而} \quad M_m = \frac{3F_b l}{16}$$

式中：σ_m——弯曲应力，N/mm^2；

M_m——弯矩，Nmm；

W——截面抗弯模量，mm^3；

F_b——在不同载荷组合时导靴作用于导轨的力，N；

l——导轨支架的最大间距，mm。

“正常使用，运行”的工况，对给出导靴相对导轨固定点位置的情况，上述公式不能使用。

G5.2.3　导轨截面不同轴上的弯曲应力应复合考虑。

如果计算时使用通常表中查得的 W_x 和 W_y 数值(分别是各自的最小值)，且未超过许用应力，则不必作进一步的验算。反之，若超过许用应力，则应分析导轨截面外侧边缘上具有最大拉伸应力的点。

G5.2.4　如果有两根以上的导轨且导轨截面相同，允许假定导轨之间的力均匀分布。

G5.2.5　如果根据9.8.2.2使用了一副以上的安全钳，可以假定总制动力由各安全钳均匀分配。

G5.2.5.1　一根导轨上在垂直方向有多个安全钳作用时，假定总制动力作用于每根导轨上的一点。

G5.2.5.2　在水平方向有多个安全钳时，每根导轨上的制动力应根据G2.3或G2.4计算。

G5.3　压弯

用“ω”方法计算压弯应力的公式：

$$\sigma_k = \frac{(F_k + k_3 M)\omega}{A} \quad \text{或} \quad \sigma_k = \frac{(F_c + k_3 M)\omega}{A}$$

式中：σ_k——压弯应力，N/mm^2，即MPa；

F_k——轿厢作用于一根导轨上的压力，N，见G2.3；

F_c——对重或平衡重作用于一根导轨上的压力，N，见G2.4；

k_3——冲击系数，见表G2；

M——附加装置作用于一根导轨上的力，N；

A——导轨的横截面积，mm^2；

ω——ω 值。

ω 值可从表G3抗拉强度为370 MPa的钢材的 ω 数值和表G4抗拉强度为520 MPa的钢材的 ω 数值查得，或按照下面公式计算：

$$\lambda = \frac{l_k}{i} \quad \text{和} \quad l_k = l$$

式中：λ——细长比；

l_k——压弯长度，mm；

i——最小回转半径，mm。

对于抗拉强度为 $R_m=370$ MPa 的钢材：

$20\leqslant\lambda\leqslant60$：$\omega=0.000\,129\,20\times\lambda^{1.89}+1$；

$60<\lambda\leqslant85$：$\omega=0.000\,046\,27\times\lambda^{2.14}+1$；

$85<\lambda\leqslant115$：$\omega=0.000\,017\,11\times\lambda^{2.35}+1.04$；

$115<\lambda\leqslant250$：$\omega=0.000\,168\,87\times\lambda^{2.00}$。

对于抗拉强度为 $R_m=520$ MPa 的钢材：

$20\leqslant\lambda\leqslant50$：$\omega=0.000\,082\,40\times\lambda^{2.06}+1.021$；

$50<\lambda\leqslant70$：$\omega=0.000\,018\,95\times\lambda^{2.41}+1.05$；

$70<\lambda\leqslant89$：$\omega=0.000\,024\,47\times\lambda^{2.36}+1.03$；

$89<\lambda\leqslant250$：$\omega=0.000\,253\,30\times\lambda^{2.00}$。

对于抗拉强度介于 370 MPa 和 520 MPa 之间的钢材，ω 的数值根据下面公式得出：

$$\omega_R=\left[\frac{\omega_{520}-\omega_{370}}{520-370}\times(R_m-370)\right]+\omega_{370}$$

其他坚固的金属材料的 ω 数值由制造商提供。

表 G3

λ	0	1	2	3	4	5	6	7	8	9	λ
20	1.04	1.04	1.04	1.05	1.05	1.06	1.06	1.07	1.07	1.08	20
30	1.08	1.09	1.09	1.10	1.10	1.11	1.11	1.12	1.13	1.13	30
40	1.14	1.14	1.15	1.16	1.16	1.17	1.18	1.19	1.19	1.20	40
50	1.21	1.22	1.23	1.23	1.24	1.25	1.26	1.27	1.28	1.29	50
60	1.30	1.31	1.32	1.33	1.34	1.35	1.36	1.37	1.39	1.40	60
70	1.41	1.42	1.44	1.45	1.46	1.48	1.49	1.50	1.52	1.53	70
80	1.55	1.56	1.58	1.59	1.61	1.62	1.64	1.66	1.68	1.69	80
90	1.71	1.73	1.74	1.76	1.78	1.80	1.82	1.84	1.86	1.88	90
100	1.90	1.92	1.94	1.96	1.98	2.00	2.02	2.05	2.07	2.09	100
110	2.11	2.14	2.16	2.18	2.21	2.23	2.27	2.31	2.35	2.39	110
120	2.43	2.47	2.51	2.55	2.60	2.64	2.68	2.72	2.77	2.81	120
130	2.85	2.90	2.94	2.99	3.03	3.08	3.12	3.17	3.22	3.26	130
140	3.31	3.36	3.41	3.45	3.50	3.55	3.60	3.65	3.70	3.75	140
150	3.80	3.85	3.90	3.95	4.00	4.06	4.11	4.16	4.22	4.27	150
160	4.32	4.38	4.43	4.49	4.54	4.60	4.65	4.71	4.77	4.82	160

续表 G3

λ	0	1	2	3	4	5	6	7	8	9	λ
170	4.88	4.94	5.00	5.05	5.11	5.17	5.23	5.29	5.35	5.41	170
180	5.47	5.53	5.59	5.66	5.72	5.78	5.84	5.91	5.97	6.03	180
190	6.10	6.16	6.23	6.29	6.36	6.42	6.49	6.55	6.62	6.69	190
200	6.75	6.82	6.89	6.96	7.03	7.10	7.17	7.24	7.31	7.38	200
210	7.45	7.52	7.59	7.66	7.73	7.81	7.88	7.95	8.03	8.10	210
220	8.17	8.25	8.32	8.40	8.47	8.55	8.63	8.70	8.78	8.86	220
230	8.93	9.01	9.09	9.17	9.25	9.33	9.41	9.49	9.57	9.65	230
240	9.73	9.81	9.89	9.97	10.05	10.14	10.22	10.30	10.39	10.47	240
250	10.55										

表 G4

λ	0	1	2	3	4	5	6	7	8	9	λ
20	1.06	1.06	1.07	1.07	1.08	1.08	1.09	1.09	1.10	1.11	20
30	1.11	1.12	1.12	1.13	1.14	1.15	1.15	1.16	1.17	1.18	30
40	1.19	1.19	1.20	1.21	1.22	1.23	1.24	1.25	1.26	1.27	40
50	1.28	1.30	1.31	1.32	1.33	1.35	1.36	1.37	1.39	1.40	50
60	1.41	1.43	1.44	1.46	1.48	1.49	1.51	1.53	1.54	1.56	60
70	1.58	1.60	1.62	1.64	1.66	1.68	1.70	1.72	1.74	1.77	70
80	1.79	1.81	1.83	1.86	1.88	1.91	1.93	1.95	1.98	2.01	80
90	2.05	2.10	2.10	2.19	2.24	2.29	2.33	2.38	2.43	2.48	90
100	2.53	2.58	2.64	2.69	2.74	2.79	2.85	2.90	2.95	3.01	100
110	3.06	3.12	3.18	3.23	3.29	3.35	3.41	3.47	3.53	3.59	110
120	3.65	3.71	3.77	3.83	3.89	3.96	4.02	4.09	4.15	4.22	120
130	4.28	4.35	4.41	4.48	4.55	4.62	4.69	4.75	4.82	4.89	130
140	4.96	5.04	5.11	5.18	5.25	5.33	5.40	5.47	5.55	5.62	140
150	5.70	5.78	5.85	5.93	6.01	6.09	6.16	6.24	6.32	6.40	150
160	6.48	6.57	6.65	6.73	6.81	6.90	6.98	7.06	7.15	7.23	160
170	7.32	7.41	7.49	7.58	7.67	7.76	7.85	7.94	8.03	8.12	170
180	8.21	8.30	8.39	8.48	8.58	8.67	8.76	8.86	8.95	9.05	180
190	9.14	9.24	9.34	9.44	9.53	9.63	9.73	9.83	9.93	10.03	190
200	10.13	10.23	10.34	10.44	10.54	10.65	10.75	10.85	10.96	11.06	200
210	11.17	11.28	11.38	11.49	11.60	11.71	11.82	11.93	12.04	12.15	210
220	12.26	12.37	12.48	12.60	12.71	12.82	12.94	13.05	13.17	13.28	220
230	13.40	13.52	13.63	13.75	13.87	13.99	14.11	14.23	14.35	14.47	230
240	14.59	14.71	14.83	14.96	15.08	15.20	15.33	15.45	15.58	15.71	240
250	15.83										

G5.4 弯曲应力和压弯应力的复合

弯曲应力和压弯应力的复合计算公式为：

弯曲应力 $\sigma_m=\sigma_x+\sigma_y \quad \leqslant\sigma_{perm}$

弯曲和压缩 $\sigma=\sigma_m+\dfrac{F_k+k_3M}{A} \quad \leqslant\sigma_{perm}$

或 $\sigma=\sigma_m+\dfrac{F_c+k_3M}{A} \quad \leqslant\sigma_{perm}$

压弯和弯曲 $\sigma_c=\sigma_k+0.9\sigma_m \quad \leqslant\sigma_{perm}$

式中：σ_x——X 轴的弯曲应力，MPa；

σ_y——Y 轴的弯曲应力，MPa；

σ_{perm}——许用应力，MPa，见 10.1.2.1。

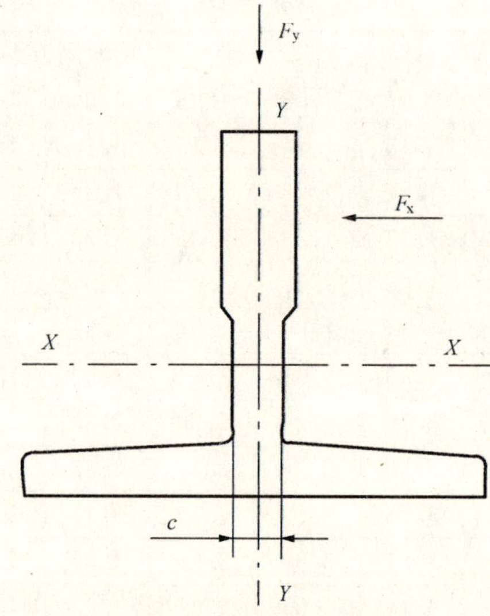

图 G1 导轨的坐标系

G5.5 翼缘弯曲

翼缘弯曲必须考虑，对于 T 形导轨，使用下面公式：

$$\sigma_F=\frac{1.85F_x}{c^2}\leqslant\sigma_{perm}$$

式中：σ_F——局部翼缘弯曲应力，MPa；

F_x——导靴作用于翼缘的力，N；

c——导轨导向部分与底脚连接部分的宽度，mm，见图 G1；

G5.6 导向方式、悬挂情况和轿厢载荷工况的例子及其相关的计算公式，见 G7。

G5.7 挠度

挠度计算的公式为：

$$\delta_y = 0.7\frac{F_y l^3}{48EI_x} \qquad Y—Y 导向面$$

$$\delta_x = 0.7\frac{F_x l^3}{48EI_y} \qquad X—X 导向面$$

式中：δ_x——X 轴上的挠度，mm；

δ_y——Y 轴上的挠度，mm；

F_x——X 轴上的作用力，N；

F_y——Y 轴上的作用力，N；

E——弹性模量，MPa；

I_x——X 轴上的截面惯性矩，mm^4；

I_y——Y 轴上的截面惯性矩，mm^4。

G6 许用挠度

T 形导轨的许用挠度在 10.1.2.2 已经述及。其他类型的导轨的挠度也应该满足 10.1.1 的要求。许用挠度与导轨支架变形的复合，虽然对于导轨的直线度和导靴比较重要，但不需按 10.1.1 的要求。

G7 计算方法示例

下面是导轨计算的示例。

下面符号用于一个笛卡尔坐标系（直角坐标系）计算机程序，并考虑了所有的几何形状及位置。

下面符号用于表示电梯的尺寸（见图 G2）。

D_x——X 方向轿厢尺寸，即轿厢深度；

D_y——Y 方向轿厢尺寸，即轿厢宽度；

x_C, y_C——轿厢中心 C 相对导轨直角坐标系的坐标；

x_S, y_S——悬挂点 S 相对导轨直角坐标系的坐标；

x_P, y_P——轿厢重心 P 相对导轨直角坐标系的坐标；

x_{CP}, y_{CP}——轿厢重心 P 相对轿厢中心 C 的相对坐标；

S——轿厢悬挂点；

C——轿厢中心；

P——轿厢弯曲质量——质量的重心；

Q——额定载重量——质量的重心；

→——载荷方向；

1,2,3,4——轿厢门 1,2,3,4 的中心；

x_i, y_i——轿厢门的位置，$i=1,2,3,4$；

n——导轨的数量；

h——轿厢导靴之间的距离；

x_Q, y_Q——额定载荷 Q 相对导轨直角坐标系的坐标；

x_{CQ}, y_{CQ}——轿厢中心 C 与额定载荷 Q 在 X 和 Y 方向的距离。

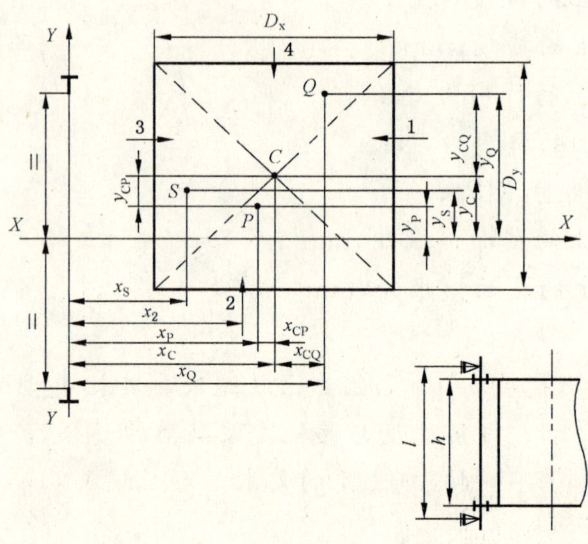

图 G2

G7.1　概述

G7.1.1　安全钳动作

G7.1.1.1　弯曲应力

a) 由导向力引起的 Y 轴上的弯曲应力为：

$$F_x = \frac{k_1 g_n (Qx_Q + Px_P)}{nh},\quad M_y = \frac{3F_x l}{16},\quad \sigma_y = \frac{M_y}{W_y}$$

b) 由导向力引起的 X 轴上的弯曲应力为：

$$F_y = \frac{k_1 g_n (Qy_Q + Py_P)}{\frac{n}{2}h},\quad M_x = \frac{3F_y l}{16},\quad \sigma_x = \frac{M_x}{W_x}$$

载荷分布

第一种情况：相对于 X 轴（见图 G3）

$$x_Q = x_C + \frac{D_x}{8}$$

$$y_Q = y_C$$

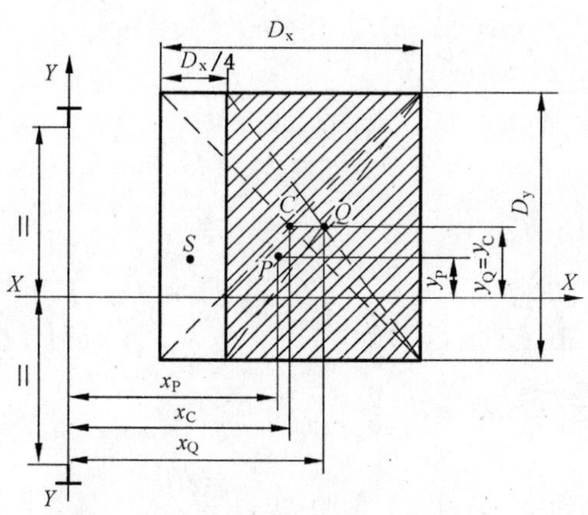

图 G3

第二种情况:相对于 Y 轴(见图 G4)

$$x_Q = x_C$$

$$y_Q = y_C + \frac{D_y}{8}$$

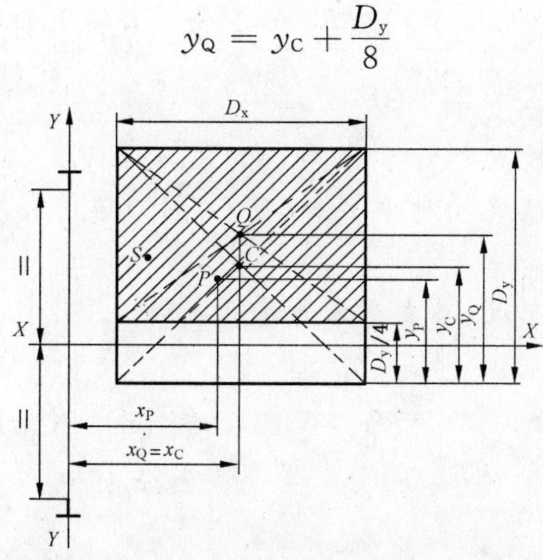

图 G4

G7.1.1.2　压弯应力

$$F_k = \frac{k_1 g_n (P+Q)}{n}, \quad \sigma_k = \frac{(F_k + k_3 M)\omega}{A}$$

G7.1.1.3　复合应力[1)]

$$\sigma_m = \sigma_x + \sigma_y \quad \leqslant \sigma_{perm}$$

$$\sigma = \sigma_m + \frac{F_k + k_3 M}{A} \quad \leqslant \sigma_{perm}$$

1) 适用于第一和第二种载荷分布情况,见 G7.1.1.1。如果 $\sigma_{perm} < \sigma_m$,则可以应用 G5.2.3 以便获得最小的导轨尺寸。

$$\sigma_c = \sigma_k + 0.9\sigma_m \quad \leqslant \sigma_{perm}$$

G7.1.1.4　翼缘弯曲[2)]

$$\sigma_F = \frac{1.85F_x}{c^2} \quad \leqslant \sigma_{perm}$$

G7.1.1.5　挠度[3)]

$$\delta_x = 0.7\frac{F_x l^3}{48EI_y} \quad \leqslant \delta_{perm}, \quad \delta_y = 0.7\frac{F_y l^3}{48EI_x} \quad \leqslant \delta_{perm}$$

G7.1.2　正常使用，运行

G7.1.2.1　弯曲应力

a）由导向力引起的 Y 轴上的弯曲应力为：

$$F_x = \frac{k_2 g_n[Q(x_Q - x_S) + P(x_P - x_S)]}{nh}, \quad M_y = \frac{3F_x l}{16}, \quad \sigma_y = \frac{M_y}{W_y}$$

b）由导向力引起的 X 轴上的弯曲应力为：

$$F_y = \frac{k_2 g_n[Q(y_Q - y_S) + P(y_P - y_S)]}{\frac{n}{2}h}, \quad M_x = \frac{3F_y l}{16}, \quad \sigma_x = \frac{M_x}{W_x}$$

载荷分布：第一种情况相对于 X 轴（见 G7.1.1.1）

第二种情况相对于 Y 轴（见 G7.1.1.1）

G7.1.2.2　压弯应力

“正常使用，运行”工况，不发生压弯情况。

G7.1.2.3　复合应力[4)]

$$\sigma_m = \sigma_x + \sigma_y \quad \leqslant \sigma_{perm}$$

$$\sigma = \sigma_m + \frac{k_3 M}{A} \quad \leqslant \sigma_{perm}$$

G7.1.2.4　翼缘弯曲[5)]

$$\sigma_F = \frac{1.85F_x}{c^2} \quad \leqslant \sigma_{perm}$$

G7.1.2.5　挠度[6)]

$$\delta_x = 0.7\frac{F_x l^3}{48EI_y} \leqslant \delta_{perm}, \quad \delta_y = 0.7\frac{F_y l^3}{48EI_x} \leqslant \delta_{perm}$$

2）、3）适用于第一和第二种载荷分布情况，见 G7.1.1.1。如果 $\sigma_{perm} < \sigma_m$，则可以应用 G5.2.3 以便获得最小的导轨尺寸。

4）适用于第一和第二种载荷分布情况，见 G7.1.2.1。如果 $\sigma_{perm} < \sigma_m$，则可以应用 G5.2.3 以便获得最小的导轨尺寸。

5）、6）这些数字适用于第一和第二种载荷分布情况，参见 G7.1.1.1。

G7.1.3 正常使用,装卸载(见图G5)

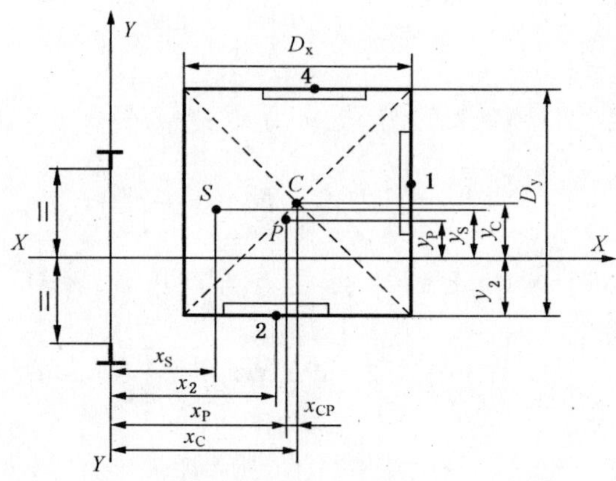

图 G5

G7.1.3.1 弯曲应力

a) 由导向力引起的 Y 轴上的弯曲应力为:

$$F_x = \frac{g_n P(x_P - x_S) + F_S(x_i - x_S)}{nh},\quad M_y = \frac{3F_x l}{16},\quad \sigma_y = \frac{M_y}{W_y}$$

b) 由导向力引起的 X 轴上的弯曲应力为:

$$F_y = \frac{g_n P(y_P - y_S) + F_S(y_i - y_S)}{\frac{n}{2}h},\quad M_x = \frac{3F_y l}{16},\quad \sigma_x = \frac{M_x}{W_x}$$

G7.1.3.2 压弯应力

“正常使用,装卸载”工况,不发生压弯情况。

G7.1.3.3 复合应力7)

$$\sigma_m = \sigma_x + \sigma_y \quad \leqslant \sigma_{perm}$$

$$\sigma = \sigma_m + \frac{k_3 M}{A} \quad \leqslant \sigma_{perm}$$

G7.1.3.4 翼缘弯曲

$$\sigma_F = \frac{1.85F_x}{c^2} \quad \leqslant \sigma_{perm}$$

G7.1.3.5 挠度

$$\delta_x = 0.7\frac{F_x l^3}{48EI_y} \leqslant \delta_{perm},\quad \delta_y = 0.7\frac{F_y l^3}{48EI_x} \leqslant \delta_{perm}$$

---

7) 如果 $\sigma_{perm} < \sigma_m$,则可以应用 G5.2.3 以便获得最小的导轨尺寸。

G7.2　中心导向和悬挂的轿厢

G7.2.1　安全钳动作

G7.2.1.1　弯曲应力

a) 由导向力引起的 Y 轴上的弯曲应力为：

$$F_x = \frac{k_1 g_n (Q x_Q + P x_P)}{nh}, \quad M_y = \frac{3F_x l}{16}, \quad \sigma_y = \frac{M_y}{W_y}$$

b) 由导向力引起的 X 轴上的弯曲应力为：

$$F_y = \frac{k_1 g_n (Q y_Q + P y_P)}{\frac{n}{2}h}, \quad M_x = \frac{3F_y l}{16}, \quad \sigma_x = \frac{M_x}{W_x}$$

载荷分布

第一种情况：相对于 X 轴(见图 G6)

P 和 Q 位于同一侧是最不利的情况，因此 Q 在 X 轴上。

$$x_Q = \frac{D_x}{8}$$

$$y_Q = 0$$

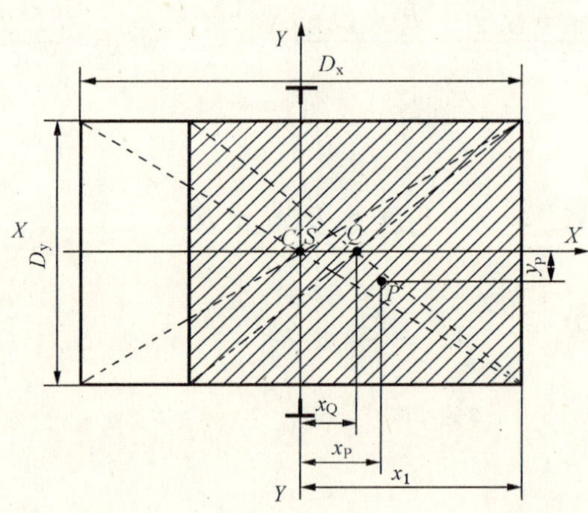

图 G6

第二种情况：相对于 Y 轴(见图 G7)

$$x_Q = 0$$

$$y_Q = \frac{D_y}{8}$$

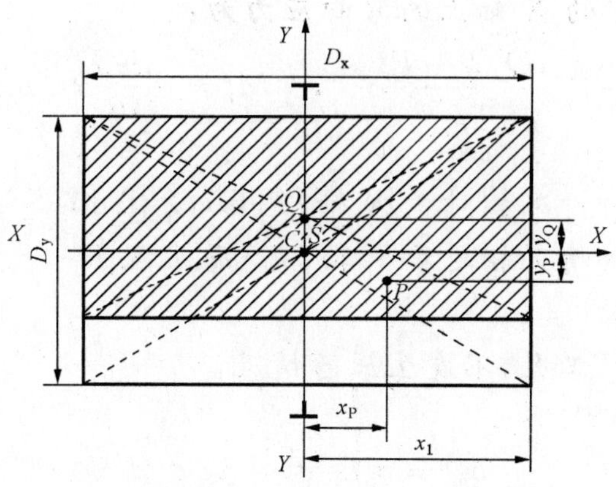

图 G7

G7.2.1.2 压弯应力

$$F_k = \frac{k_1 g_n(P+Q)}{n}, \quad \sigma_k = \frac{(F_k + k_3 M)\omega}{A}$$

G7.2.1.3 复合应力[8)]

$$\sigma_m = \sigma_x + \sigma_y \quad \leqslant \sigma_{perm}$$

$$\sigma = \sigma_m + \frac{F_k + k_3 M}{A} \quad \leqslant \sigma_{perm}$$

$$\sigma_c = \sigma_k + 0.9\sigma_m \quad \leqslant \sigma_{perm}$$

G7.2.1.4 翼缘弯曲[9)]

$$\sigma_F = \frac{1.85 F_x}{c^2} \quad \leqslant \sigma_{perm}$$

G7.2.1.5 挠度[10)]

$$\delta_x = 0.7\frac{F_x l^3}{48EI_y} \leqslant \delta_{perm}, \quad \delta_y = 0.7\frac{F_y l^3}{48EI_x} \leqslant \delta_{perm}$$

G7.2.2 正常使用，运行

G7.2.2.1 弯曲应力

a）由导向力引起的 Y 轴上的弯曲应力为：

$$F_x = \frac{k_2 g_n(Q x_Q + P x_P)}{n h}, \quad M_y = \frac{3F_x l}{16}, \quad \sigma_y = \frac{M_y}{W_y}$$

8）适用于第一和第二种载荷分布情况，见 G7.2.1.1。

9）、10）适用于第一和第二种载荷分布情况，见 G7.2.1.1。

b）由导向力引起的 X 轴上的弯曲应力为：

$$F_y = \frac{k_2 g_n (Q y_Q + P y_P)}{\frac{n}{2} h}, \quad M_x = \frac{3 F_y l}{16}, \quad \sigma_x = \frac{M_x}{W_x}$$

载荷分布：第一种情况相对于 X 轴（见 G7.2.1.1）

第二种情况相对于 Y 轴（见 G7.2.1.1）

G7.2.2.2　压弯应力

"正常使用，运行"工况，不发生压弯情况。

G7.2.2.3　复合应力[11)]

$$\sigma_m = \sigma_x + \sigma_y \quad \leqslant \sigma_{perm}$$

$$\sigma = \sigma_m + \frac{k_3 M}{A} \quad \leqslant \sigma_{perm}$$

G7.2.2.4　翼缘弯曲[12)]

$$\sigma_F = \frac{1.85 F_x}{c^2} \quad \leqslant \sigma_{perm}$$

G7.2.2.5　挠度[13)]

$$\delta_x = 0.7 \frac{F_x l^3}{48 E I_y} \leqslant \delta_{perm}, \quad \delta_y = 0.7 \frac{F_y l^3}{48 E I_x} \leqslant \delta_{perm}$$

G7.2.3　正常使用，装卸载

G7.2.3.1　弯曲应力

a）由导向力引起的 Y 轴上的弯曲应力为：

$$F_x = \frac{g_n P x_P + F_S x_1}{2h}, \quad M_y = \frac{3 F_x l}{16}, \quad \sigma_y = \frac{M_y}{W_y}$$

b）由导向力引起的 X 轴上的弯曲应力为：

$$F_y = \frac{g_n P y_P + F_S y_1}{h}, \quad M_x = \frac{3 F_y l}{16}, \quad \sigma_x = \frac{M_x}{W_x}$$

G7.2.3.2　压弯应力

"正常使用，装卸载"工况，不发生压弯情况。

G7.2.3.3　复合应力[14)]

$$\sigma_m = \sigma_x + \sigma_y \quad \leqslant \sigma_{perm}$$

$$\sigma = \sigma_m + \frac{k_3 M}{A} \quad \leqslant \sigma_{perm}$$

11）适用于第一和第二种载荷分布情况，见 G7.2.1.1。如果 $\sigma_{perm} < \sigma_m$，则可以应用 G5.2.3 以便获得最小的导轨尺寸。

12）、13）适用于第一和第二种载荷分布情况，见 G7.2.1.1。

14）如果 $\sigma_{perm} < \sigma_m$，则可以应用 G5.2.3 以便获得最小的导轨尺寸。

G7.2.3.4　翼缘弯曲

$$\sigma_F = \frac{1.85F_x}{c^2} \leqslant \sigma_{perm}$$

G7.2.3.5　挠度

$$\delta_x = 0.7\frac{F_x l^3}{48EI_y} \leqslant \delta_{perm}, \quad \delta_y = 0.7\frac{F_y l^3}{48EI_x} \leqslant \delta_{perm}$$

G7.3　偏心导向

G7.3.1　安全钳动作

G7.3.1.1　弯曲应力

a) 由导向力引起的 Y 轴上的弯曲应力为：

$$F_x = \frac{k_1 g_n (Q x_Q + P x_P)}{nh}, \quad M_y = \frac{3F_x l}{16}, \quad \sigma_y = \frac{M_y}{W_y}$$

b) 由导向力引起的 X 轴上的弯曲应力为：

$$F_y = \frac{k_1 g_n (Q y_Q + P y_P)}{\frac{n}{2}h}, \quad M_x = \frac{3F_y l}{16}, \quad \sigma_x = \frac{M_x}{W_x}$$

载荷分布

第一种情况：相对于 X 轴(见图 G8)

$$X_Q = X_C + \frac{D_x}{8}$$

$$Y_P = Y_C = Y_Q = Y_S = 0$$

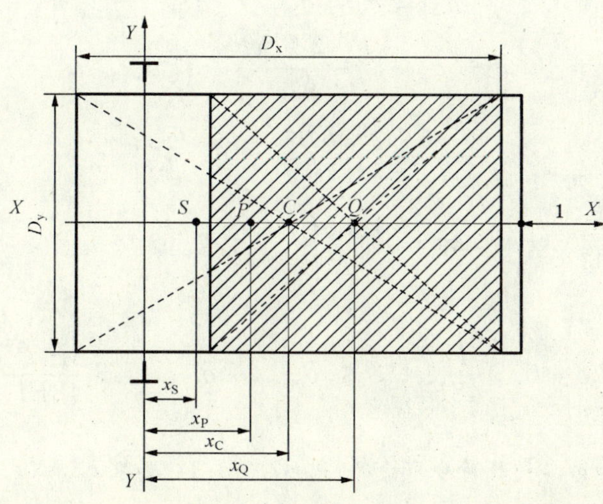

图 G8

第二种情况:相对于 Y 轴(见图 G9)

$$y_Q = \frac{D_y}{8}$$

$$x_C = X_Q$$

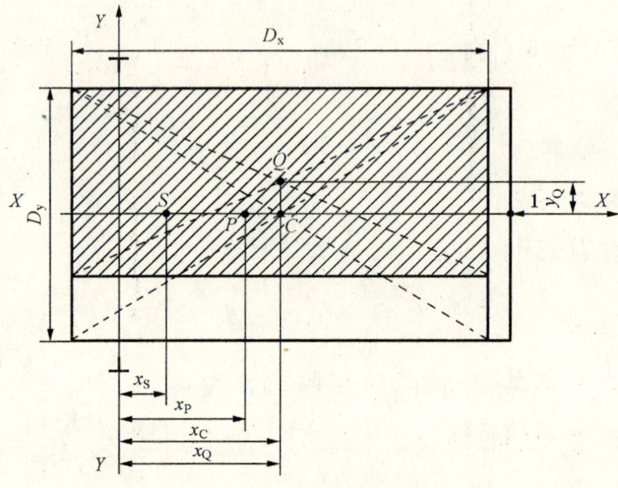

图 G9

G7.3.1.2　压弯应力

$$F_k = \frac{k_1 g_n (P+Q)}{n},\quad \sigma_k = \frac{(F_k + k_3 M)\omega}{A}$$

G7.3.1.3　复合应力[15)]

$$\sigma_m = \sigma_x + \sigma_y \quad \leqslant \sigma_{perm}$$

$$\sigma = \sigma_m + \frac{F_k + k_3 M}{A} \quad \leqslant \sigma_{perm}$$

$$\sigma_c = \sigma_k + 0.9\sigma_m \quad \leqslant \sigma_{perm}$$

G7.3.1.4　翼缘弯曲[16)]

$$\sigma_F = \frac{1.85 F_x}{c^2} \quad \leqslant \sigma_{perm}$$

G7.3.1.5　挠度[17)]

$$\delta_x = 0.7\frac{F_x l^3}{48EI_y} \quad \leqslant \delta_{perm},\quad \delta_y = 0.7\frac{F_y l^3}{48EI_x}$$

---

15) 适用于第一和第二种载荷分布情况,见 G7.3.1.1。如果 $\sigma_{perm} < \sigma_m$,则可以应用 G5.2.3 以便获得最小的导轨尺寸。

16)、17)适用于第一和第二种载荷分布情况,见 G7.3.1.1。

G7.3.2 正常使用,运行

G7.3.2.1 弯曲应力

a) 由导向力引起的 Y 轴上的弯曲应力为:

$$F_x = \frac{k_2 g_n[Q(x_Q - x_S) + P(x_P - x_S)]}{nh}, \quad M_y = \frac{3F_x l}{16}, \quad \sigma_y = \frac{M_y}{W_y}$$

b) 由导向力引起的 X 轴上的弯曲应力为:

$$F_y = \frac{k_2 g_n[Q(y_Q - y_S) + P(y_P - y_S)]}{\frac{n}{2}h}, \quad M_x = \frac{3F_y l}{16}, \quad \sigma_x = \frac{M_x}{W_x}$$

载荷分布:第一种情况相对于 X 轴(见 G7.2.1.1)

第二种情况相对于 Y 轴(见 G7.2.1.1)

G7.3.2.2 压弯应力

"正常使用,运行"工况,不发生压弯情况。

G7.3.2.3 复合应力[18)]

$$\sigma_m = \sigma_x + \sigma_y \quad \leqslant \sigma_{perm}$$

$$\sigma = \sigma_m + \frac{k_3 M}{A} \quad \leqslant \sigma_{perm}$$

G7.3.2.4 翼缘弯曲[19)]

$$\sigma_F = \frac{1.85 F_x}{c^2} \quad \leqslant \sigma_{perm}$$

G7.3.2.5 挠度[20)]

$$\delta_x = 0.7\frac{F_x l^3}{48EI_y} \leqslant \delta_{perm}, \quad \delta_y = 0.7\frac{F_y l^3}{48EI_x} \leqslant \delta_{perm}$$

G7.3.3 正常使用,装卸载(见图 G10)

18) 适用于第一和第二种载荷分布情况,见 G7.3.1.1。如果 $\sigma_{perm} < \sigma_m$,则可以应用 G5.2.3 以便获得最小的导轨尺寸。

19)、20) 适用于第一和第二种载荷分布情况,见 G7.3.1.1。

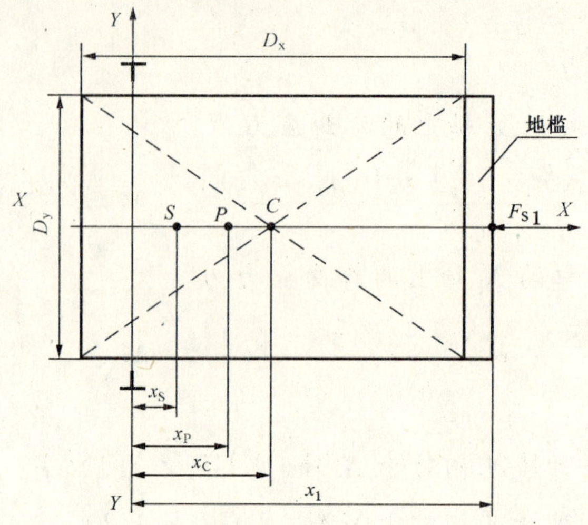

图 G10

G7.3.3.1　弯曲应力

a) 由导向力引起的 Y 轴上的弯曲应力为：

$$F_x = \frac{g_n P(x_P - x_S) + F_S(x_1 - x_S)}{nh},\quad M_y = \frac{3F_x l}{16},\quad \sigma_y = \frac{M_y}{W_y}$$

b) 由导向力引起的 X 轴上的弯曲应力为：

$$F_y = 0$$

G7.3.3.2　压弯应力

"正常使用，装卸载"工况，不发生压弯情况。

G7.3.3.3　复合应力[21)]

$$\sigma_m = \sigma_y \quad \leqslant \sigma_{perm}$$

$$\sigma = \sigma_m + \frac{k_3 M}{A} \quad \leqslant \sigma_{perm}$$

G7.3.3.4　翼缘弯曲

$$\sigma_F = \frac{1.85F_x}{c^2} \quad \leqslant \sigma_{perm}$$

G7.3.3.5　挠度

$$\delta_x = 0.7\frac{F_x l^3}{48EI_y} \quad \leqslant \delta_{perm},\quad \delta_y = 0$$

21) 如果 $\sigma_{perm} < \sigma_m$，则可以应用 G5.2.3 以便获得最小的导轨尺寸。

G7.4　悬臂导向

G7.4.1　安全钳动作

G7.4.1.1　弯曲应力

a）由导向力引起的 Y 轴上的弯曲应力为：

$$F_x = \frac{k_1 g_n (Q x_Q + P x_P)}{nh}, \quad M_y = \frac{3F_x l}{16}, \quad \sigma_y = \frac{M_y}{W_y}$$

b）由导向力引起的 X 轴上的弯曲应力为：

$$F_y = \frac{k_1 g_n (Q y_Q + P y_P)}{\frac{n}{2} h}, \quad M_x = \frac{3F_y l}{16}, \quad \sigma_x = \frac{M_x}{W_x}$$

载荷分布

第一种情况：相对于 X 轴（见图 G11）

$$x_P > 0, \quad y_P = 0$$

$$x_Q = C + \frac{5}{8} D_x, \quad y_Q = 0$$

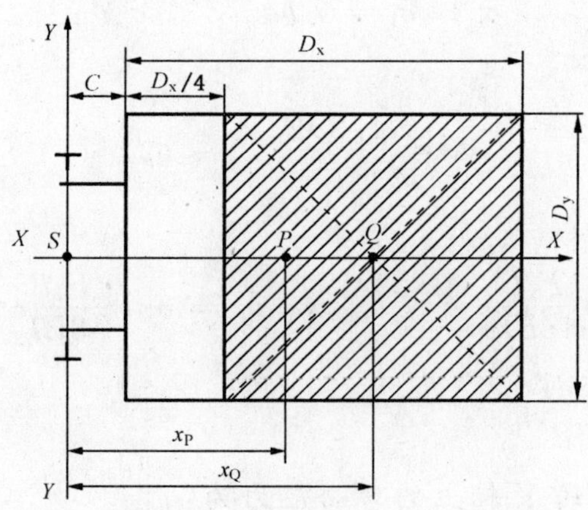

图 G11

第二种情况：相对于 Y 轴（见图 G12）

$$x_P > 0, \quad y_P = 0$$

$$x_Q = C + \frac{D_x}{2}, \quad y_Q = \frac{1}{8} D_y$$

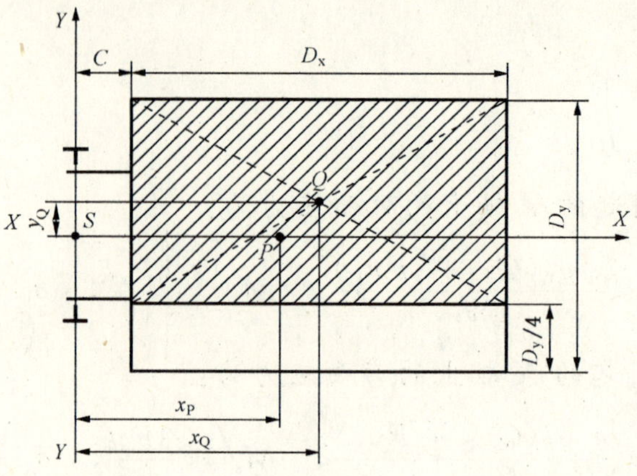

图 G12

G7.4.1.2 压弯应力

$$F_k = \frac{k_1 g_n (P+Q)}{n}, \quad \sigma_k = \frac{(F_k + k_3 M)\omega}{A}$$

G7.4.1.3 复合应力[22)]

$$\sigma_m = \sigma_x + \sigma_y \quad \leqslant \sigma_{perm}$$

$$\sigma = \sigma_m + \frac{F_k + k_3 M}{A} \quad \leqslant \sigma_{perm}$$

$$\sigma_c = \sigma_k + 0.9\sigma_m \quad \leqslant \sigma_{perm}$$

G7.4.1.4 翼缘弯曲[23)]

$$\sigma_F = \frac{1.85 F_x}{c^2} \quad \leqslant \sigma_{perm}$$

G7.4.1.5 挠度[24)]

$$\delta_x = 0.7\frac{F_x l^3}{48EI_y} \quad \leqslant \delta_{perm}, \quad \delta_y = 0.7\frac{F_y l^3}{48EI_x} \quad \leqslant \delta_{perm}$$

G7.4.2 正常使用,运行

G7.4.2.1 弯曲应力

a) 由导向力引起的 Y 轴上的弯曲应力为:

$$F_x = \frac{k_2 g_n [Q(x_Q - x_S) + P(x_P - x_S)]}{nh}, \quad M_y = \frac{3F_x l}{16}, \quad \sigma_y = \frac{M_y}{W_y}$$

b) 由导向力引起的 X 轴上的弯曲应力为:

---

22) 适用于第一和第二种载荷分布情况,见 G7.4.1.1。如果 $\sigma_{perm} < \sigma_m$,则可以应用 G5.2.3 以便获得最小的导轨尺寸。

23)、24) 适用于第一和第二种载荷分布情况,见 G7.4.1.1。

$$F_y = \frac{k_2 g_n[Q(y_Q - y_S) + P(y_P - y_S)]}{\frac{n}{2}h}, \quad M_x = \frac{3F_y l}{16}, \quad \sigma_x = \frac{M_x}{W_x}$$

载荷分布：第一种情况相对于 X 轴(见G7.4.1.1)

第二种情况相对于 Y 轴(见G7.4.1.1)

G7.4.2.2　压弯应力

"正常使用，运行"工况，不发生压弯情况。

G7.4.2.3　复合应力[25)]

$$\sigma_m = \sigma_x + \sigma_y \quad \leqslant \sigma_{perm}$$

$$\sigma = \sigma_m + \frac{k_3 M}{A} \quad \leqslant \sigma_{perm}$$

G7.4.2.4　翼缘弯曲[26)]

$$\sigma_F = \frac{1.85F_x}{c^2} \quad \leqslant \sigma_{perm}$$

G7.4.2.5　挠度[27)]

$$\delta_x = 0.7\frac{F_x l^3}{48EI_y} \quad \leqslant \delta_{perm}, \quad \delta_y = 0.7\frac{F_y l^3}{48EI_x} \quad \leqslant \delta_{perm}$$

G7.4.3　正常使用，装卸载

$$x_P > 0, \quad y_P = 0$$

$$x_1 > 0, \quad y_1 = \frac{1}{2}D_y \quad (见图G13)$$

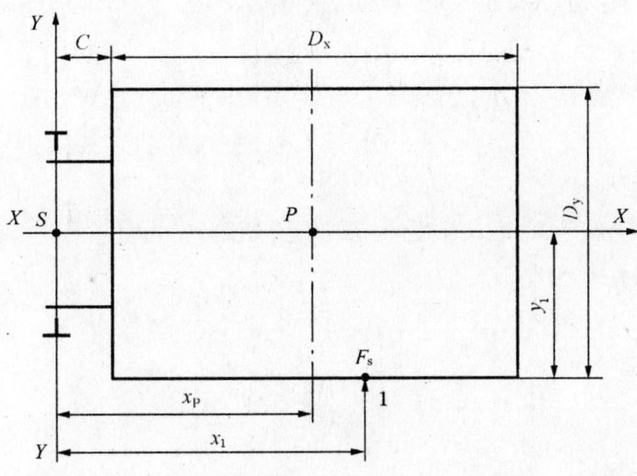

图 G13

25) 适用于第一和第二种载荷分布情况，见G7.4.1.1。如果 $\sigma_{perm} < \sigma_m$，则可以应用G5.2.3以便获得最小的导轨尺寸。

26)、27) 适用于第一和第二种载荷分布情况，见G7.4.1.1。

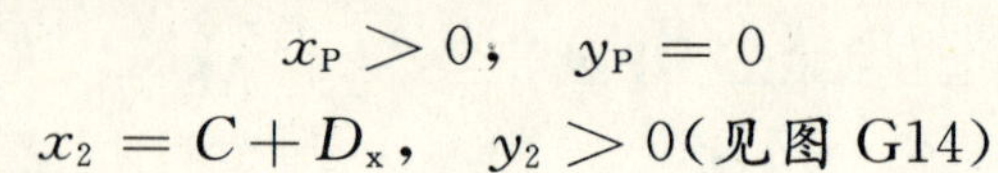

$$x_P > 0, \quad y_P = 0$$

$$x_2 = C + D_x, \quad y_2 > 0 \text{(见图 G14)}$$

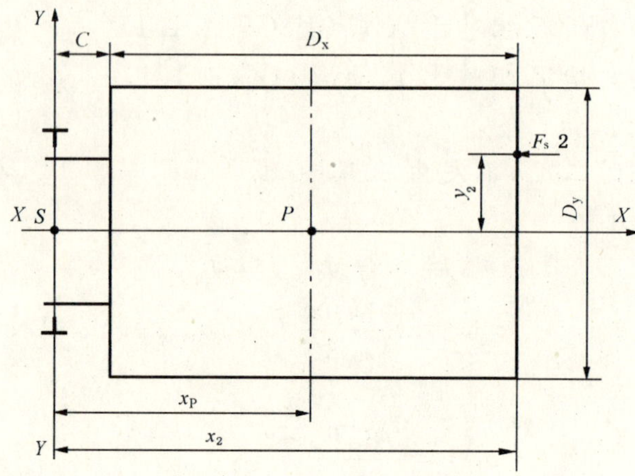

图 G14

G7.4.3.1　弯曲应力

a) 由导向力引起的 Y 轴上的弯曲应力为：

$$F_x = \frac{g_n P x_P + F_S x_i}{nh}, \quad M_y = \frac{3F_x l}{16}, \quad \sigma_y = \frac{M_y}{W_y}$$

b) 由导向力引起的 X 轴上的弯曲应力为：

$$F_y = \frac{F_S y_i}{\frac{n}{2}h}, \quad M_x = \frac{3F_y l}{16}, \quad \sigma_x = \frac{M_x}{W_x}$$

G7.4.3.2　压弯应力

"正常使用，装卸载"工况，不发生压弯情况。

G7.4.3.3　复合应力[28)]

$$\sigma_m = \sigma_x + \sigma_y \quad \leqslant \sigma_{perm}$$

$$\sigma = \sigma_m + \frac{k_3 M}{A} \quad \leqslant \sigma_{perm}$$

G7.4.3.4　翼缘弯曲

$$\sigma_F = \frac{1.85 F_x}{c^2} \quad \leqslant \sigma_{perm}$$

---

28) 如果 $\sigma_{perm} < \sigma_m$，则可以应用 G5.2.3 以便获得最小的导轨尺寸。

G7.4.3.5　挠度

$$\delta_x = 0.7\frac{F_x l^3}{48EI_y} \leqslant \delta_{perm}, \quad \delta_y = 0.7\frac{F_y l^3}{48EI_x} \leqslant \delta_{perm}$$

G7.5　观光电梯——概述

下面是偏心导向的观光电梯的示例。

G7.5.1　安全钳动作

G7.5.1.1　弯曲应力

a）由导向力引起的 Y 轴上的弯曲应力为：

$$F_x = \frac{k_1 g_n (Qx_Q + Px_P)}{nh}, \quad M_y = \frac{3F_x l}{16}, \quad \sigma_y = \frac{M_y}{W_y}$$

b）由导向力引起的 X 轴上的弯曲应力为：

$$F_y = \frac{k_1 g_n (Qy_Q + Py_P)}{\frac{n}{2}h}, \quad M_x = \frac{3F_y l}{16}, \quad \sigma_x = \frac{M_x}{W_x}$$

载荷分布

第一种情况：相对于 X 轴（见图 G15）

x_Q 为分布在 3/4 轿厢面积上载荷的重心坐标

$y_Q = 0$

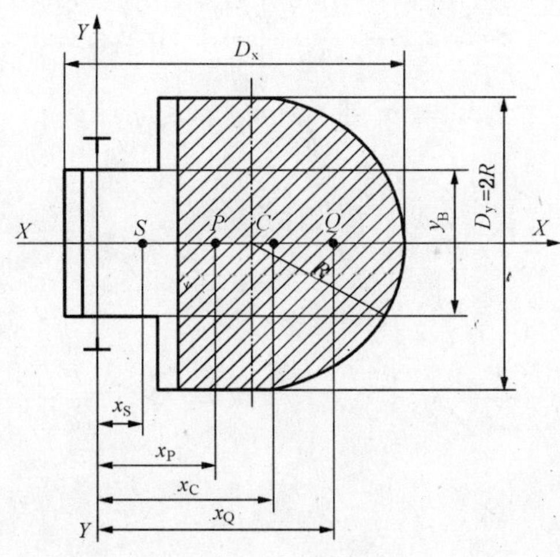

图 G15

第二种情况：相对于 Y 轴（见图 G16）

x_Q、y_Q 为分布在 3/4 轿厢面积上载荷的重心坐标

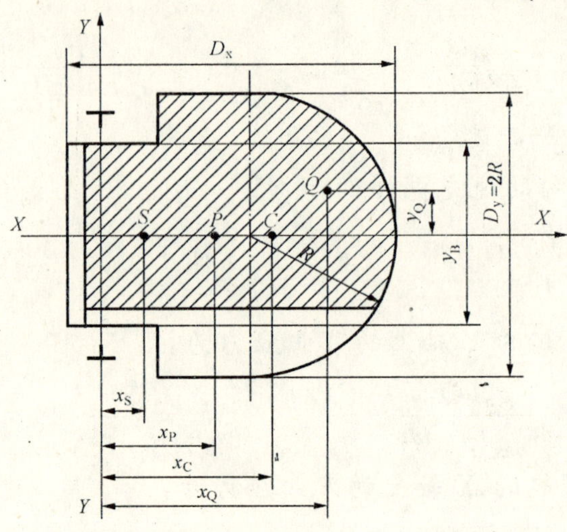

图 G16

G7.5.1.2　压弯应力

$$F_k = \frac{k_1 g_n (P+Q)}{n}, \quad \sigma_k = \frac{(F_k + k_3 M)\omega}{A}$$

G7.5.1.3　复合应力[29)]

$$\sigma_m = \sigma_x + \sigma_y \quad \leqslant \sigma_{perm}$$

$$\sigma = \sigma_m + \frac{F_k + k_3 M}{A} \quad \leqslant \sigma_{perm}$$

$$\sigma_c = \sigma_k + 0.9\sigma_m \quad \leqslant \sigma_{perm}$$

G7.5.1.4　翼缘弯曲[30)]

$$\sigma_F = \frac{1.85 F_x}{c^2} \quad \leqslant \sigma_{perm}$$

G7.5.1.5　挠度[31)]

$$\delta_x = 0.7\frac{F_x l^3}{48EI_y} \quad \leqslant \delta_{perm}, \quad \delta_y = 0.7\frac{F_y l^3}{48EI_x} \quad \leqslant \delta_{perm}$$

29) 适用于第一和第二种载荷分布情况，见 G7.5.1.1。如果 $\sigma_{perm} < \sigma_m$，则可以应用 G5.2.3 以便获得最小的导轨尺寸。

30)、31) 适用于第一和第二种载荷分布情况，见 G7.5.1.1。如果 $\sigma_{perm} < \sigma_m$，则可以应用 G5.2.3 以便获得最小的导轨尺寸。

G7.5.2　正常使用，运行

G7.5.2.1　弯曲应力

a) 由导向力引起的 Y 轴上的弯曲应力为：

$$F_x = \frac{k_2 g_n [Q(x_Q - x_S) + P(x_P - x_S)]}{nh}, \quad M_y = \frac{3F_x l}{16}, \quad \sigma_y = \frac{M_y}{W_y}$$

b) 由导向力引起的 X 轴上的弯曲应力为：

$$F_y = \frac{k_2 g_n [Q(y_Q - y_S) + P(y_P - y_S)]}{\frac{n}{2}h}, \quad M_x = \frac{3F_y l}{16}, \quad \sigma_x = \frac{M_x}{W_x}$$

载荷分布：第一种情况相对于 X 轴(见 G7.5.1.1)

第二种情况相对于 Y 轴(见 G7.5.1.1)

G7.5.2.2　压弯应力

“正常使用，运行”工况，不发生压弯情况。

G7.5.2.3　复合应力[32)]

$$\sigma_m = \sigma_x + \sigma_y \quad \leqslant \sigma_{perm}$$

$$\sigma = \sigma_m + \frac{k_3 M}{A} \quad \leqslant \sigma_{perm}$$

G7.5.2.4　翼缘弯曲[33)]

$$\sigma_F = \frac{1.85 F_x}{c^2} \quad \leqslant \sigma_{perm}$$

G7.5.2.5　挠度[34)]

$$\delta_x = 0.7\frac{F_x l^3}{48EI_y} \quad \leqslant \delta_{perm}, \quad \delta_y = 0.7\frac{F_y l^3}{48EI_x} \quad \leqslant \delta_{perm}$$

G7.5.3　正常使用，装卸载(见图 G17)

$Y_i = 0$

---

32) 适用于第一和第二种载荷分布情况，见 G7.5.1.1。如果 $\sigma_{perm} < \sigma_m$，则可以应用 G5.2.3 以便获得最小的导轨尺寸。

33)、34) 适用于第一和第二种载荷分布情况，见 G7.5.1.1。

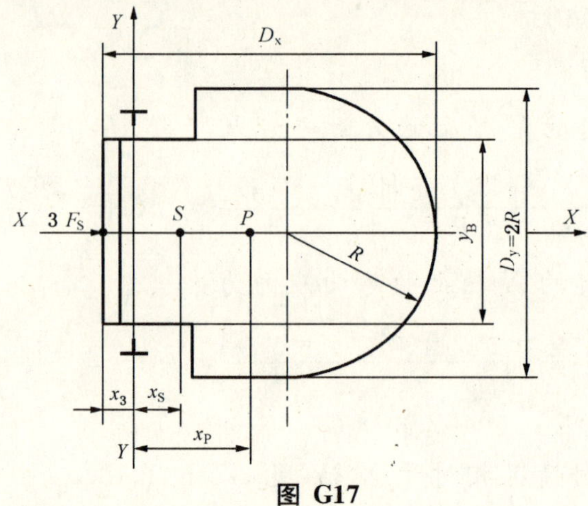

图 G17

G7.5.3.1 弯曲应力

a）由导向力引起的 Y 轴上的弯曲应力为：

$$F_x = \frac{g_n P(x_P - x_S) - F_S(x_i + x_S)}{nh}, \quad M_y = \frac{3F_x l}{16}, \quad \sigma_y = \frac{M_y}{W_y}$$

b）由导向力引起的 X 轴上的弯曲应力为：

$$F_y = 0$$

G7.5.3.2 压弯应力

"正常使用，装卸载"工况，不发生压弯情况。

G7.5.3.3 复合应力

$$\sigma_m = \sigma_y \quad \leqslant \sigma_{perm}$$

$$\sigma = \sigma_m + \frac{k_3 M}{A} \quad \leqslant \sigma_{perm}$$

G7.5.3.4 翼缘弯曲[35)]

$$\sigma_F = \frac{1.85 F_x}{c^2} \quad \leqslant \sigma_{perm}$$

G7.5.3.5 挠度

$$\delta_x = 0.7 \frac{F_x l^3}{48 E I_y} \leqslant \delta_{perm}, \quad \delta_y = 0$$

35）如果 $\sigma_{perm} < \sigma_m$，则可以应用 G5.2.3 以便获得最小的导轨尺寸。

解读　以下是一验证计算实例，作为读者理解导轨计算公式之用。

1. 计算选用参数

参数名称	参数代号	单位	参数值	备注
电梯轿厢自重	P	kg	1 550	
额定载重量	Q	kg	1 000	
电梯额定速度	V	m/s	2.5	
电梯提升高度	H	m	96.8	
电梯曳引比	R_t	m	2∶1	
轿厢宽度	A	mm	1 600	
轿厢深度	B	mm	1 400	
导轨支架间的间距	l	mm	2 500	
导靴导向部分与底脚连接部分的宽度	c_1	mm	10	
上下导靴之间的垂直中心距	H_g	m	3.500	
x 方向的偏载距	D	mm	175	
y 方向的偏载距	C	mm	200	
轿厢门的位置	x_1	mm	735	
轿厢导轨数量	n		2	
弹性模量	E	MPa	2.0×10^5	
导轨型号	T90/B			
导轨导向和悬挂方式	中心导向和悬挂			
导轨抗拉强度		MPa	370	
延伸率		%	17	
导轨面积	S	cm^2	17.2	
导轨 X 轴截面抗弯模量	W_x	cm^3	20.9	
导轨 X 轴上的截面惯性矩	I_x	mm^4	102.2×10^4	
导轨 X 轴最小回转半径	i_x	cm	2.50	
导轨 Y 轴截面抗弯模量	W_y	cm^3	11.9	
导轨 Y 轴上的截面惯性矩	I_y	mm^4	52×10^4	
导轨 Y 轴最小回转半径	i_y	cm	1.76	
重力加速度	g	m/s^2	9.81	

2. 电梯导轨计算许用应力和变形要求

查阅标准 10.1.2.1 和 10.1.2.2 的要求，符合 JG/T 5072.1 要求的电梯导轨计算许用应力σ_{perm}和变形要求为：

a）当正常使用载荷情况：$\sigma_{perm}=165$ MPa

b）当安全钳动作时的情况：$\sigma_{perm}=205$ MPa

c）T 型导轨的最大计算允许变形为：$\delta_{perm}=5$ mm

3. 当安全钳动作时的电梯导轨强度及挠度校核计算

（1）导轨的弯曲应力是由轿厢导靴对导轨的反作用力而引起的应力。

（2）弯曲应力 σ_m 的计算：

a）导轨的受力 F_x、F_y 计算（假设 $x_Q=y_Q=0$）

导靴侧面受力：$F_x=\dfrac{K_1 g_n QD}{nH_g}=\dfrac{2\times9.81\times1\ 000\times175}{2\times3\ 500}=490.5$ N

导靴端面受力：$F_y=\dfrac{K_1 g_n QC}{\dfrac{n}{2}H_g}=\dfrac{2\times9.81\times1\ 000\times200}{\dfrac{2}{2}\times3\ 500}=1\ 121$ N

b）弯矩 M_x、M_y 计算

$$M_x=\frac{3F_y l}{16}=\frac{3\times1\ 121\times2\ 500}{16}=525\ 469\ \text{N}\cdot\text{mm}$$

$$M_y=\frac{3F_x l}{16}=\frac{3\times490.5\times2\ 500}{16}=229\ 922\ \text{N}\cdot\text{mm}$$

c）弯曲应力 σ_x，σ_y 计算

$$\sigma_x=\frac{M_x}{W_x}=\frac{525\ 469}{20\ 900}=25.14\ \text{MPa}$$

$$\sigma_y=\frac{M_y}{W_y}=\frac{229\ 922}{11\ 900}=19.32\ \text{MPa}$$

d）弯曲应力 σ_m 的计算

$$\sigma_m=\sigma_x+\sigma_y=25.14+19.32=44.46\ \text{MPa}<\sigma_{perm}=205\ \text{MPa}$$

（3）压弯应力 σ_K 的计算

a）轿厢作用于一根导轨的压弯力 F_K 的计算

$$F_K=\frac{K_1 g_n(P+Q)}{n}=\frac{2\times9.81\times(1\ 550+1\ 000)}{2}=25\ 016\ \text{N}$$

b）M_y，M_x 弯矩的计算

c）ω 值的计算

1）细长比 λ 确认

$$\lambda=\frac{L_K}{i_{min}}=\frac{l}{i_y}=\frac{2\ 500}{17.6}=142.05$$

2）ω 值的计算

$$\omega=0.000\ 168\ 87\times\lambda^{2.00}=3.41$$

d）压弯应力 σ_K 的计算

$$\sigma_K=\frac{(F_K+K_3 M)\omega}{A}=\frac{25\ 016\times3.41}{1\ 720}=49.60\ \text{MPa}$$

式中：K_3——冲击系数，根据表G2得：$K_3=1.5$；

M——附加装置作用于一根导轨的力，假设该力已被平衡，故此力不考虑；

A——导轨的横截面积，$A=S=1\ 720\ \text{mm}^2$。

(4) 压弯和弯曲应力 σ_C 的计算

$$\sigma_C=\sigma_K+0.9\sigma_m=49.60+0.9\times44.46=89.61\ \text{MPa}<\sigma_{perm}=205\ \text{MPa}$$

(5) 弯曲和压缩应力 σ 的计算

$$\sigma=\sigma_m+\frac{F_K}{A}=44.46+\frac{25\ 016}{1\ 720}=59.0\ \text{MPa}<\sigma_{perm}=205\ \text{MPa}$$

(6) 翼缘弯曲 σ_F 的计算

$$\sigma_F=\frac{1.85F_x}{c_1^2}=\frac{1.85\times490.5}{10^2}=9.074\ \text{MPa}<\sigma_{perm}=205\ \text{MPa}$$

式中：F_x——导靴作用于翼缘的力，由前面计算知：$F_x=490.5\ \text{N}$；

c_1——导靴导向部分与底脚连接部分的宽度。

(7) 挠度 δ_x、δ_y 的计算

$$\delta_x=0.7\frac{F_x l^3}{48EI_y}=0.7\times\frac{490.5\times2\ 500^3}{48\times2.0\times10^5\times52\times10^4}=1.07\ \text{mm}$$
$$<\delta_{perm}=5\ \text{mm}$$

$$\delta_y=0.7\frac{F_y l^3}{48EI_x}=0.7\times\frac{1\ 121\times2\ 500^3}{48\times2.0\times10^5\times102.2\times10^4}=1.25\ \text{mm}$$
$$<\delta_{perm}=5\ \text{mm}$$

(8) 结论

在安全装置动作的情况下，选用导轨的强度及挠度校核符合要求。

4. 当电梯处于正常使用运行工况时的电梯导轨强度及挠度校核计算

(1) 弯曲应力 σ_m 的计算

a) 导轨的受力 F_y、F_x 的计算(假设 $x_Q=y_Q=0$)

$$F_x=\frac{K_2 g_n QD}{nH_g}=\frac{1.2\times9.81\times1\ 000\times175}{2\times3\ 500}=294.3\ \text{N}$$

$$F_y=\frac{K_2 g_n QC}{\frac{n}{2}H_g}=\frac{1.2\times9.81\times1\ 000\times200}{\frac{2}{2}\times3\ 500}=672.68\ \text{N}$$

式中：K_2——冲击系数，根据表G2得：$K_2=1.2$；

b) 弯矩 M_x、M_y 计算

$$M_x=\frac{3F_y l}{16}=\frac{3\times672.68\times2\ 500}{16}=315\ 321.42\ \text{N}\cdot\text{mm}$$

$$M_y=\frac{3F_x l}{16}=\frac{3\times294.3\times2\ 500}{16}=137\ 953.13\ \text{N}\cdot\text{mm}$$

c) 弯曲应力 σ_x，σ_y 的计算

$$\sigma_x=\frac{M_x}{W_x}=\frac{315\ 321.42}{20\ 900}=15.09\ \text{MPa}$$

$$\sigma_y = \frac{M_y}{W_y} = \frac{137\ 953.13}{11\ 900} = 11.59\ \text{MPa}$$

d) 压弯应力的计算

在“正常使用,运行中”工况下,不发生压弯情况。

e) 复合弯曲应力 σ_m 的计算

$$\sigma_m = \sigma_x + \sigma_y = 15.09 + 11.59 = 26.68\ \text{MPa} < \sigma_{perm} = 165\ \text{MPa}$$

(2) 翼缘弯曲 σ_F 的计算

$$\sigma_F = \frac{1.85F_x}{c_1^2} = \frac{1.85 \times 294.3}{10^2} = 5.44\ \text{MPa} < \sigma_{perm} = 165\ \text{MPa}$$

式中:c_1——导靴导向部分与底脚连接部分的宽度。

(3) 挠度 δ_x、δ_y 的计算

$$\delta_x = 0.7 \times \frac{F_x l^3}{48EI_y} = 0.7 \times \frac{294.3 \times 2\ 500^3}{48 \times 2.0 \times 10^5 \times 52 \times 10^4}$$

$$= 0.65\ \text{mm} < \delta_{perm} = 5\ \text{mm}$$

$$\delta_y = 0.7 \times \frac{F_y l^3}{48EI_x} = 0.7 \times \frac{672.68 \times 2\ 500^3}{48 \times 2.0 \times 10^5 \times 102.2 \times 10^4}$$

$$= 0.75\ \text{mm} < \delta_{perm} = 5\ \text{mm}$$

(4) 结论

在正常使用(运行)工况下,选用导轨的强度及挠度校核符合要求。

5. 当电梯处于正常使用装载工况时的电梯导轨强度及挠度校核计算

(1) 弯曲应力 σ_m 的计算

a) 导轨的受力 F_x 的计算(假设 $x_Q = y_Q = 0$):

1) 轿厢装卸时,作用于地坎的力 F_S 的计算

$$F_S = 0.4g_n Q = 0.4 \times 9.81 \times 1\ 000 = 3\ 924\ \text{N}$$

2) 导轨的受力 F_x 的计算

$$F_x = \frac{F_S x_1}{nH_g} = \frac{3\ 924 \times 735}{2 \times 3\ 500} = 412.0\ \text{N}$$

导轨的受力 $F_y = 0$

式中:x_1——轿厢门的位置;

H_g——单侧上下导靴间距。

b) 弯矩 M_y 的计算

$$M_y = \frac{3F_x l}{16} = \frac{3 \times 412 \times 2\ 500}{16} = 193\ 125(\text{N} \cdot \text{mm})$$

c) 弯曲应力 σ_y 的计算

$$\sigma_y = \frac{M_y}{W_y} = \frac{193\ 125}{11\ 900} = 16.23\ \text{MPa}$$

d) 压弯应力的计算

在“正常使用,装载”工况下,不发生压弯情况。

e) 复合弯曲应力 σ_m 的计算

$$\sigma_m = \sigma_y = 16.23\ \text{MPa} < \sigma_{perm} = 165\ \text{MPa}$$

(2) 翼缘弯曲 σ_F 的计算

$$\sigma_F = \frac{1.85F_x}{c_1^2} = \frac{1.85 \times 412}{10^2} = 7.62\ \text{MPa} < \sigma_{perm} = 165\ \text{MPa}$$

式中：c_1——导靴导向部分与底脚连接部分的宽度。

(3) 挠度 δ_x 的计算

$$\delta_x = 0.7 \times \frac{F_x l^3}{48EI_y} = 0.7 \times \frac{412 \times 2\ 500^3}{48 \times 2.0 \times 10^5 \times 52 \times 10^4}$$
$$= 0.9\ \text{mm} < \delta_{perm} = 5\ \text{mm}$$

(4) 结论

在正常使用(装载)工况下，选用导轨的强度及挠度校核符合要求。

6. 结论

该电梯导轨强度和变形符合要求。

附　录　H

（标准的附录）

电子元件故障排除

电梯上电气设备的故障已在 14.1.1.1 中列出。14.1.1.1 中也指出，在特定的条件下，某些故障可以被排除。

故障排除仅考虑这些元件在性能、参数、温度、湿度、电压和振动的所限定的最恶劣的条件之内使用。

下面的表 H1 描述了 14.1.1.1e) 中提到的各种故障可以被排除的条件。表中：

——带“否”的栏表示该故障不能排除，即必须考虑；

——没有标记的栏表示与该类故障不相关。

注：设计指南

一些公认的危险情况缘于这种可能性，即短路或与公共端（地）的连接局部断开，从而导致一个或几个安全触点的桥接，同时又组合其他的一个或几个故障。当用于控制、远程监控、报警等的信号从安全回路中采集时，最好能遵循下面的建议。

——根据表 H1 中 3.1 和 3.6 的规定设计线路板和电路的间距；

——将公共连接端子安排到印制电路板的安全回路中，以便当印制电路板上的公共端断路时，14.1.2.4 中提到的接触器或继电接触器的公共端能断电；

——根据 EN 1050 的要求，必须进行 14.1.2.3 提到的安全电路的故障分析。如果在电梯安装后，电路进行了修改或增加，那么必须重新进行包括新元件和原来的元件在内的故障分析；

——使用外部电阻作为输入元件的保护装置，这些装置的内部电阻应认为是不安全的；

——各元件只能按制造商规定的条件使用；

——来自电子器件的反向电压必须予以考虑，在某些情况下，使用镀层分离电路能解决上述问题；

——应根据 HD 384.5.54 S1 的要求进行接地装置的安装，在此情况下，从建筑物到控制屏的集电棒（轨）之间的地线断裂的故障可以排除。

解读　根据 NB-L/AH-ESC 会议报告中的结论，附录 H 不是电子元件的描述，也不是安全电路可用的电子元件的列表，它仅仅指出了在何种条件下，特定元件发生 EN 81-1 中 14.1.1.1 列出的故障可以被排除。

本条款注中的 EN 1050 转化为 GB/T 16856，HD 384.5.54 S1(IEC 60364-5-54)转化为 GB 16895.3。

表 H1　故障排除

元　　件	可排除的故障					条　　件	备　注
	断路	短路	改变为更高值	改变为更低值	改变功能		
1　无源元件							
1.1　定值电阻	否	(a)	否	(a)		(a)对根据国家标准进行轴向连接，且由涂漆或封闭处理的电阻膜制成的薄膜电阻器和由漆包线或封闭保护的单层绕制的线绕电阻器	
1.2　可变电阻	否	否	否	否			
1.3　非线性电阻如 NTC，PTC，VDR，IDR	否	否	否	否			
1.4　电容	否	否	否	否			
1.5　电感元件 ——线圈 ——扼流圈	否	否		否			
2　半导体							
2.1　二极管、发光二极管	否	否			否		“改变功能”代表反向电流值的改变
2.2　稳压二极管	否	否		否	否		“改变为更低值”代表稳压电压的改变 “改变功能”代表反向电流值的改变
2.3　三极管、晶闸管、可关断晶闸管	否	否			否		“改变功能”代表误触发或不触发

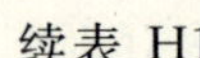

续表 H1

元　　件	可排除的故障 断路	短路	改变为更高值	改变为更低值	改变功能	条　　件	备　注
2.4　光耦合器	否	(a)			否	(a)可以排除的条件是光耦合器符合IEC 60747-5的要求，且绝缘电压至少符合下表(IEC 60664-1表1)的要求 根据系统额定电压决定的相与地最高电压值(交流有效电压值或直流电压值) ／ 安装后能承受的峰值电压优先数 类别Ⅲ 50 ／ 800 100 ／ 1 500 150 ／ 2 500 300 ／ 4 000 600 ／ 6 000 1 000 ／ 8 000	“断路”是指发光二极管及光电晶体管两个基本元件之一断路。 “短路”是指两者之间短路
2.5　混合电路	否	否	否	否	否		
2.6　集成电路	否	否	否	否	否		功能变成振荡，与门变成或门等
3　其他元件							
3.1　连接件 端子 插接件	否	(a)				(a) 连接件短路故障排除的条件是： 各最小数值根据IEC 60664-1上的表，满足下列条件： ——污染等级是3； ——材料类别是Ⅲ； ——非均匀的场。 不使用表4上的“印制线路材料”栏。这些是在连接件上能找到的绝对最小值，而非间距尺寸或理论数值。 当连接件的防护等级不低于IP5X时，爬电距离可以减小到电气间隙值，如：对250 V的有效电压值为3 mm	
3.2　氖灯泡	否	否					

续表 H1

元　　件	可排除的故障					条　　件	备　注
	断路	短路	改变为更高值	改变为更低值	改变功能		
3.3　变压器	否	(a)	(b)	(b)		(a)(b) 当线圈和铁芯之间的绝缘电压满足 EN 60742 中 17.2 和 17.3 的要求，且带电体对地工作电压是表 6 上的最大可能电压	短路包括初级或次级线圈内部短路，或初级与次级线圈之间短路。数值改变代表线圈内部分短路导致的变压比改变
3.4　熔丝		(a)				(a)如果熔丝规格正确且结构符合适用的国家标准，则故障可以排除	短路指的是熔断熔丝的短路
3.5　继电器	否	(a) (b)				(a) 若满足 13.2.2.3(14.1.2.2.3)的要求，则触点间的短路以及触点与线圈间的短路可以排除； (b) 触点烧熔不能排除。然而，若继电器结构上采用机械强制联锁触点，且根据 EN 60947-5-1 要求制造，则13.2.1.3的假设可以采用	
3.6　印制电路板(PCB)	否	(a)				(a) 短路排除的条件： ——PCB 总体技术条件符合 EN 62326-1的要求； ——基础的材料能符合标准 EN 60249-2-3和(或)EN 60249-2-2 的要求； ——PCB 的结构符合上述要求，而且各最小数值根据 IEC 60664-1 上的表，满足下列条件： ——污染等级是 3； ——材料类别是Ⅲ； ——非均匀的场。 不使用表 4 上“印制线路材料”栏。 对 250 V 的有效电压值爬电距离为 4 mm、电气间隙为 3 mm。 对于其他电压值请参考 IEC 60664-1。 如果 PCB 的防护等级不低于 IP5X，或材料有更高的质量，爬电距离可以减小	

续表 H1

元件	可排除的故障					条件	备注
	断路	短路	改变为更高值	改变为更低值	改变功能		
3.6 印制电路板(PCB)	否	(a)				到电气间隙要求,如:对 250 V 的有效电压值为 3 mm。对于至少有 3 层经预浸处理的聚酯胶片或其他绝缘薄片组成的多层板,短路故障可以排除(见 EN 60950)	
4 组装于印制电路板(PCB)上的元件的总成	否	(a)				(a) 短路故障可以排除的条件是元件自身的短路可以排除,而且不管是由于组装技术还是 PCB 板自身的原因,元件的组装方式不会使爬电距离和电气间隙减小到小于本表 3.1 和 3.6 列出的最小允许值	

【CEN/TC 10/WG 1 解释,No. 509】

询问(1998-06-16):有一种印制电路板,电气安全回路的电流从其上流过,而该印制电路板并无其他功能,该怎样进行故障排除?

答复(1998-11-03):对于这种印制电路板,它需要满足附录 H,表 H1 中关于电气间隙和爬电距离的要求。

在进行试验和投入使用之前,应该检查它是否满足这些要求。

解读 在表 H1 中引用的标准均有相应的国家标准,现列出如下,供读者参考。

IEC 60747-5 对应 GB/T 15651;

IEC 60664-1 对应 GB/T 16935.1;

EN 60742 对应 GB 13028;

EN 60947-5-1 对应 GB 14048.5;

EN 62326-1 对应 GB/T 16261;

EN 60249-2-3 对应 GB/T 4724;

EN 60249-2-2 对应 GB/T 4723;

EN 60950 对应 GB 4943。

附　录　J

（标准的附录）

摆锤冲击试验

J1　概述

由于欧洲标准中没有关于玻璃摆锤冲击试验的内容（见 CEN/TC 129），为了满足 7.2.3.1、8.3.2.1 和 8.6.7.1 的要求，应进行下述内容的试验。

J2　试验架

J2.1　硬摆锤冲击装置

硬摆锤冲击装置应如图 J1 所示，该装置包含一个由符合 EN 10025 的钢材 S235 JR 制成的冲击环，一个由符合 EN 10025 的钢材 E295 制成的壳体。内装填直径为（3.5±0.25）mm 的铅珠，其总质量为（10±0.01）kg。

解读　本条中 EN 10025 的钢材 S235 JR、E295 即我国标准 GB/T 700 的钢材 Q235A、Q275。

J2.2　软摆锤冲击装置

软摆锤冲击装置应如图 J2 所示，为一个皮革制成的冲击小袋，内装填直径为（3.5±1）mm 的铅珠，其总质量为（45±0.5）kg。

J2.3　摆锤冲击装置的悬挂

摆锤冲击装置应用直径约为 3 mm 的钢丝绳悬挂，并使自由悬挂的冲击装置的最外侧与被试面板之间的水平距离不超过 15 mm。

摆的长度（钩的低端至冲击装置参考点的长度）应至少为 1.5 m。

J2.4　提拉和触发装置

悬挂的摆锤冲击装置通过提拉和触发装置的牵引从被试面板上摆，上摆的高度按 J4.2 和 J4.3 的要求。在释放的瞬间触发装置不应对摆锤冲击装置产生附加的冲击。

J3 面板

门板应完整,包括导向部件;轿壁板应按所需的尺寸和固定方式。面板应固定在一个框架或其他合适的结构上,固定点在试验条件下不应变形(刚性固定)。

提交试验的面板应完成所需的制造加工(加工好边、孔等)。

J4 试验程序

J4.1 试验时的环境温度应为(23±2)℃。试验前,面板应在该温度下直接放置至少 4 h。

J4.2 硬摆锤冲击试验用 J2.1 所述的装置在跌落高度 500 mm(图 J3)的条件下进行。

J4.3 软摆锤冲击试验用 J2.2 所述的装置在跌落高度 700 mm(图 J3)的条件下进行。

J4.4 摆锤冲击装置应在所需的跌落高度下释放。摆锤应撞击在宽度方向上为面板的中点,高度方向上为面板设计地平面上方(1.0±0.05) m 处。

跌落高度是参考点之间的垂直距离(见图 J3)。

J4.5 在 J2.1 和 J2.2 中提到的每种装置只需进行一次试验。两种试验应在同一面板上进行。

J5 试验结果解释

试验结果能满足标准要求的条件为:

a) 面板未整体损坏;

b) 面板上没有裂纹;

c) 面板上无孔;

d) 面板未脱离导向部件;

e) 导向部件无永久变形;

f) 面板表面无其他损坏,对面板表面有直径不大于 2 mm 但无裂纹痕迹的情况还应再做一次成功的软摆锤冲击试验。

解读 J5f)理解起来比较困难,它是指如果试验中面板的撞击点留下了直径不大于 2 mm的白点等痕迹(这样的痕迹通常是由硬摆锤冲击造成的),但面板没有裂纹和损坏的情况下,还应重复进行一次软摆锤试验,此时面板不能再有其他损坏。

J6 试验报告

试验报告应至少包含下面内容:

a) 进行试验的试验单位的名称和地址;

b）试验的日期；

c）面板的尺寸和结构；

d）面板的固定方式；

e）试验时的跌落高度；

f）试验的次数；

g）试验负责人的签字。

J7　例外情况

如果使用了表 J1 轿壁使用的平板玻璃面板和表 J2 水平滑动门使用的平板玻璃面板，由于它们能满足试验要求，所以无需进行摆锤冲击试验。

应该注意的是，国家建筑物的规章可能会有更高的要求。

表 J1

玻璃类型	内切圆的直径	
	最大 1 m	最大 2 m
	最小厚度/mm	最小厚度/mm
夹层钢化	8 (4+0.76+4)	10 (5+0.76+5)
夹层	10 (5+0.76+5)	12 (6+0.76+6)

表 J2

玻璃类型	最小厚度/mm	宽度/mm	自由门的高度/m	玻璃面板的固定
夹层钢化	16 (8+0.76+8)	360～720	最大 2.1	上部及下部固定
夹层	16 (8+0.76+8)	300～720	最大 2.1	三边固定：上部、下部及一侧
	10 (6+0.76+4) (5+0.76+5)	300～870	最大 2.1	所有边固定
注：对于玻璃的三边或四边固定的侧面与其他部件刚性连接的情况，表上所列数值也适用。				

单位为毫米

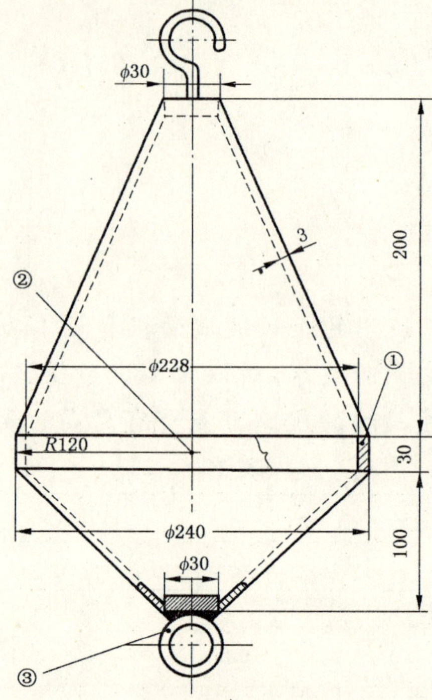

①—冲击环;②—测量跌落高度参考点;③—触发装置附件

图 J1　硬摆锤冲击装置

单位为毫米

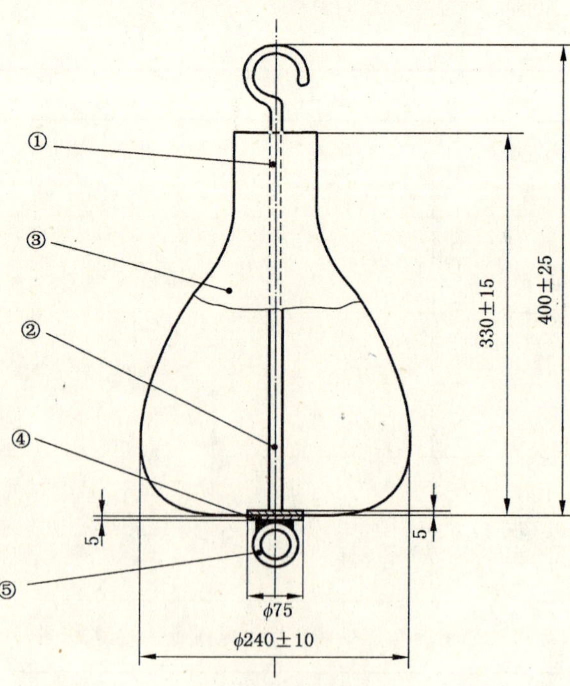

①—螺杆;②—在最大直径的平面内测量跌落高度的参考点;③—皮袋;④—钢制圆盘;⑤—触发装置附件

图 J2　软摆锤冲击装置

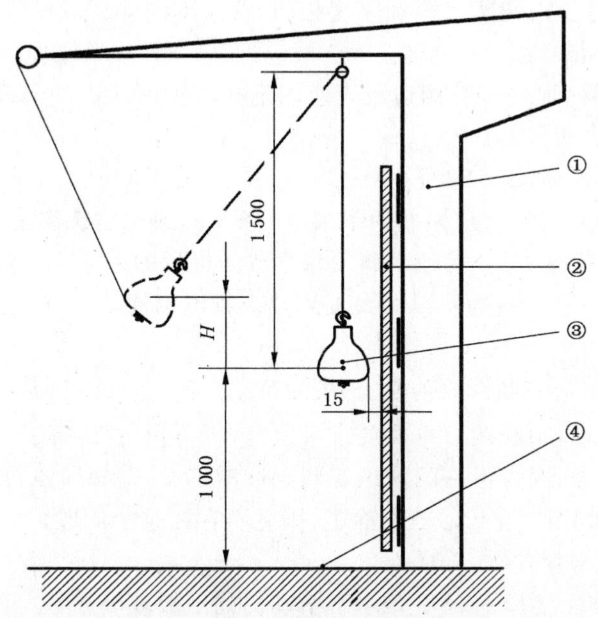

H——跌落高度；①—框架；②—被测试的玻璃面板；③—冲击装置；④—被测试玻璃面板的参考地平面

图 J3　测试装置的跌落高度

【CEN/TC 10/WG 1 解释，No. 503】

询问(1998-12-21)：与表J2相反，在表J1中没有对玻璃面板的固定方式进行说明(所有边、两边还是四点固定)，而只是规定了玻璃面板的尺寸。根据我们的经验，玻璃面板的固定方式是非常重要的。

答复(1999-06-08)：表J1中的数据只对四边固定在金属框架中的玻璃面板有效。

【CEN/TC 10/WG 1 解释，No. 504】

询问(1998-12-21)：在表J1中，玻璃面板的尺寸被表述为“内切圆的直径”。这一表述是否只对正方形的玻璃面板有效，还是它也适用于矩形的玻璃面板，其短边对应“内切圆直径”？

答复(1999-06-08)：表J1中的数据对矩形玻璃面板同样有效。与数学上的定义有所偏差，这里的“内切圆”一词指的是在玻璃面板的外形中所能放下的最大的圆。

解读　表J1所说的是平板玻璃轿壁，对于圆弧形的玻璃轿壁又该怎样试验呢，标准没有明确。笔者认为，对于圆弧形曲面玻璃板，应把其展开成平面尺寸后按照上述规定的平面玻璃板的尺寸执行。如果需要进行试验，摆锤应从曲面的凹面冲击，因为硬摆锤冲击试验是模拟人头部撞击，软摆锤冲击试验是模拟人身体撞击，这些撞击显然都是从轿厢内，即玻璃的凹面进行的。

根据不同玻璃面板强度大小的规律，玻璃轿壁的型式试验可以采用如下覆盖原则：对于材质和厚度相同、内切圆直径不同的轿厢壁玻璃面板，只需进行内切圆最大的玻璃板的冲击试验;对于材质和内切圆直径相同、厚度不同的轿厢壁玻璃面板,只需进行厚度最小的玻璃板的冲击试验;对于内切圆直径和厚度相同、材质不同的轿厢壁玻璃面板,只需进行普通夹层玻璃面板的冲击试验。

根据 No. 503 解释,那些只有两边或三边固定在金属框架内的玻璃轿壁是不适用表 J1 的,它们必须进行型式试验。

【CEN/TC 10/WG 1 解释,No. 529】

询问(2000-02-11):附录 J 是标准的附录,J7 条又提到了建筑物国家规章。这之间没有矛盾吗?是否可以删除这一句话,或者将附录 J 改为提示的附录,这样做更好呢?

答复(2000-07-04):是的,确实没必要提到建筑物国家规章。这个问题将在下一版本中予以考虑。

解读 CEN 的这个解释针对的是 J7 条的第二句话,这句话的意思是如果国家建筑物的规章中有更高的要求,则要按照更高要求来执行,不再执行 J7 条了。这样的话,附录 J 就不宜作为标准的附录了,因为标准的附录等同于标准正文,是必须执行的。

在 GB 7588—2003 中,这句话被删除了,因此不存在这个问题。

【CEN/TC 10/WG 1 解释,No. 530】

询问(2000-02-11):表 J2 描述的是水平滑动门的平板玻璃面板。

我们认为它也适用于铰链门。我们的理解正确吗?

答复(2000-07-04):不正确,铰链门和滑动门在这方面没有可比性。

解读 在读表 J2 的内容时需注意,"夹层"一栏中的内容,对于夹层钢化玻璃当然适用,因为后者的强度更高。根据表 J2 的内容,玻璃门不考虑内切圆直径,只考虑宽度和高度,因此参考表 J2 的约束方式,可以将玻璃门型式试验的覆盖原则确定为:对两扇厚度、高度、固定方式均相同,宽度不同的夹层钢化玻璃门分别进行试验,其结果适用于该厚度及以上、该高度及以下、该固定方式、该两种宽度之间的夹层钢化玻璃门。对两扇厚度、高度、固定方式均相同,宽度不同的夹层玻璃门分别进行试验,其结果适用于该厚度及以上、该高度及以下、该固定方式、该两种宽度之间的夹层和夹层钢化玻璃门。

附　录　K

（标准的附录）

曳引电梯的顶部间距

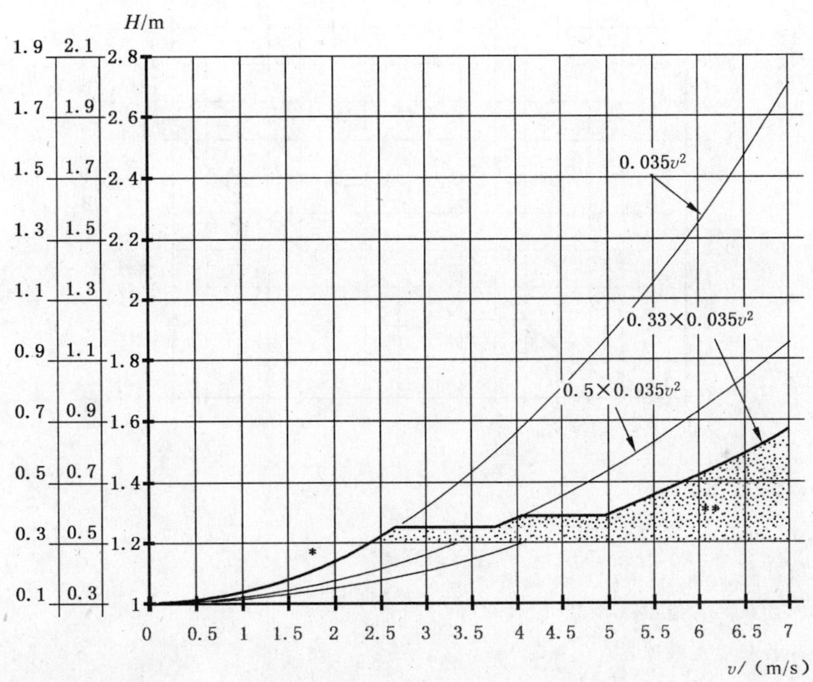

v—额定速度(m/s)；

H—顶部间距(m)

* 粗线表示按5.7.1.3的规定作最优选取时，可能的最小间距。

** 对带有防跳装置补偿的电梯，按5.7.1.4计算可能获得的数值范围。这种装置仅要求用于速度大于3.5 m/s的电梯，但也不禁止用于较低速度的电梯。

这些数值取决于防跳装置的设计和电梯的行程。

图 K1　曳引电梯顶部间距说明图(5.7.1)

附　录　L

（标准的附录）

需要的缓冲行程

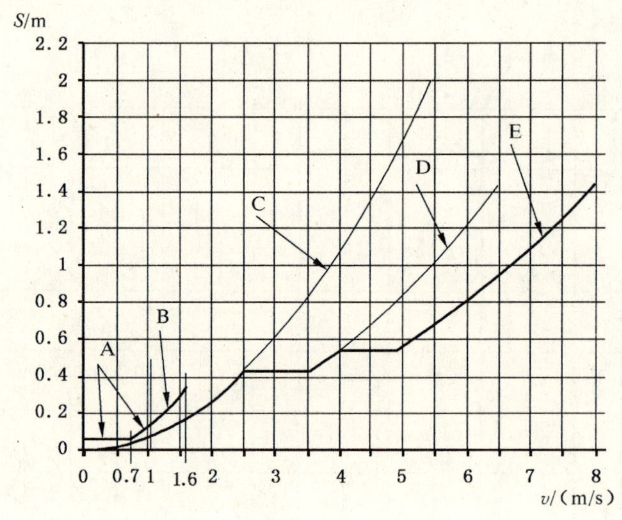

S—缓冲行程，m；

v—额定速度，m/s；

A—蓄能型缓冲器（10.4.1.1）；

B—具有缓冲复位的蓄能型缓冲器（10.4.2）；

C—无减行程的耗能型缓冲器（10.4.3.1）；

D—减至 0.5 行程的耗能型缓冲器[10.4.3.2 a)]；

E—减至 0.33 行程的耗能型缓冲器[10.4.3.2 b)]；

粗线—考虑 10.4.3 的所有可能的优势条件得到的最小可能缓冲行程

图 L1　缓冲器需要行程的图示（10.4）

附　录　M

（提示的附录）

曳引力计算

M1　引言

曳引力应在下列情况的任何时候都能得到保证：

a）正常运行；

b）在底层装载；

c）紧急制停的减速度。

另外，必须考虑到当轿厢在井道中不管由于何种原因而滞留时应允许钢丝绳在绳轮上滑移。

下面的计算是一个指南，用于对传统应用的钢丝绳配钢或铸铁绳轮且驱动主机位于井道上部的电梯进行曳引力计算。

根据经验，由于有安全裕量，因此下面的因素无需详加考虑，结果仍是安全的。

a）绳的结构；

b）润滑的种类及其程度；

c）绳及绳轮的材料；

d）制造误差。

解读　曳引电梯的安全运行有赖于曳引轮和钢丝绳之间的曳引摩擦力，任何情况下均应有一定的曳引力以保证：

a）在电梯正常运行，包括正常启动、加减速度和停止过程中，有足够的摩擦力防止曳引轮和钢丝绳之间的滑动。

b）在底层装载125％额定载荷时，有足够的静摩擦力防止静滑移。

c）在电梯紧急制停时，虽然允许曳引轮和钢丝绳之间的滑移，但是轿厢的减速度也应保持在合适的范围内。

d）在井道的任何位置上，若轿厢滞留，则应使得钢丝绳在曳引轮上打滑，此时不允许电梯提升对重。电梯的整个曳引系统通过钢丝绳连接轿厢和对重，设计电梯时，总是假设轿厢和对重同时反向运行或者停止运行。若在轿厢滞留时曳引系统仍能提升对重，则其提升和随之发生的坠落过程可能对电梯造成的破坏已经超出了设计所考虑的范围，而超出设计考虑范畴的风险必须加以防止。此条要求可以在机械本质上防止在滞留情况下发生提升对重的事故。

曳引力计算公式中的摩擦系数是欧洲研究机构对各种结构钢丝绳研究所获得的结果，已经考虑了各种常用钢丝绳因上述 a)～d)差异而造成的摩擦系数的变化，可适用于传统应用的钢丝绳配钢或铸铁绳轮且驱动主机位于井道上部的电梯。

曳引力计算公式源于数学上的欧拉公式，因此不管是哪种形式的钢丝绳，甚至其他材料构成的曳引圆绳，也都可以按照下述公式进行计算。当然，其他材料构成的曳引圆绳的摩擦系数和钢丝绳的摩擦系数不同。

M2 曳引力计算

须用下面的公式：

$\frac{T_1}{T_2}\leqslant e^{f\alpha}$ 用于轿厢装载和紧急制动工况；

$\frac{T_1}{T_2}\geqslant e^{f\alpha}$ 用于轿厢滞留工况（对重压在缓冲器上，曳引机向上方向旋转）。

式中：f——当量摩擦系数；

α——钢丝绳在绳轮上的包角；

T_1、T_2——曳引轮两侧曳引绳中的拉力。

解读 在轿厢装载、紧急制动以及轿厢滞留的工况下，电梯的曳引力均应能满足上述公式的要求。

若能满足轿厢装载和紧急制动工况要求，则应能自然满足正常运行的要求。一般情况下，若能满足对重压在缓冲器上时空载轿厢滞留工况曳引条件，则一定能满足轿厢处于井道的其他任何位置上滞留工况曳引条件。

M2.1 T_1 及 T_2 的计算

M2.1.1 轿厢装载工况

T_1/T_2 的静态比值应按照轿厢装有 125％额定载荷并考虑轿厢在井道的不同位置时的最不利情况进行计算。如果载荷的 1.25 系数未包括 8.2.2 的情况，则 8.2.2 的情况必须特别对待。

解读 对于面积不超标的电梯，额定载荷是指标称的额定载重量。对于轿厢超面积设计的载货电梯，额定载荷是指根据轿厢的实际面积按标准中表 1 所对应的额定载重量。

M2.1.2 紧急制动工况

T_1/T_2 的动态比值应按照轿厢空载或装有额定载荷时在井道的不同位置的最不利情况进行计算。

每一个运动部件都应正确考虑其减速度和钢丝绳的倍率。

任何情况下,减速度不应小于下面数值:

a) 对于正常情况,为 0.5 m/s^2;

b) 对于使用了减行程缓冲器的情况,为 0.8 m/s^2。

M2.1.3 轿厢滞留工况

T_1/T_2 的静态比值应按照轿厢空载或装有额定载荷并考虑轿厢在井道的不同位置时的最不利情况进行计算。

M2.2 当量摩擦系数计算

M2.2.1 绳槽类型

M2.2.1.1 绳槽和带切口的半圆槽(见图 M1)

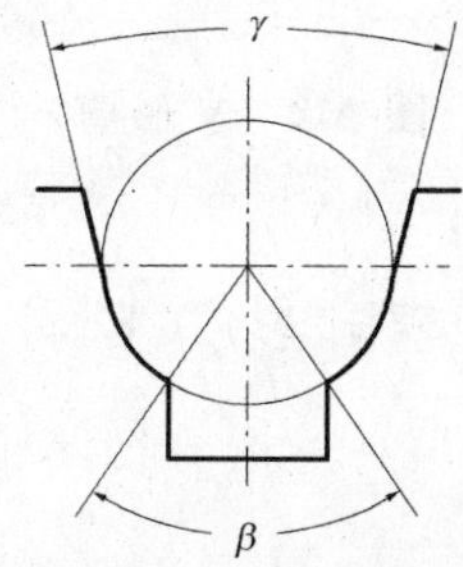

β—下部切口角;

γ—槽的角度

图 M1 带切口的半圆槽

使用下面公式:

$$f=\mu\frac{4\left(\cos\frac{\gamma}{2}-\sin\frac{\beta}{2}\right)}{\pi-\beta-\gamma-\sin\beta+\sin\gamma}$$

式中:β——下部切口角度值;

γ——槽的角度值;

μ——摩擦系数。

β的数值最大不应超过106°(1.83弧度),相当于槽下部80%被切除。

γ的数值由制造者根据槽的设计提供。任何情况下,其值不应小于25°(0.43弧度)。

M2.2.1.2 V形槽(见图M2)

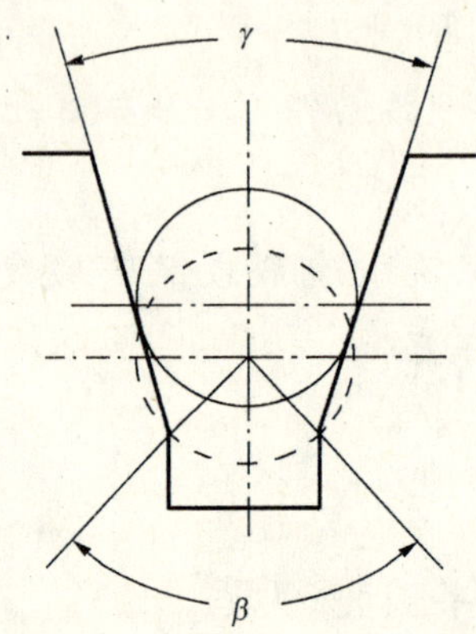

β—下部切口角;

γ—槽的角度

图 M2 V形槽

当槽没有进行附加的硬化处理时,为了限制由于磨损而导致曳引条件的恶化,下部切口是必要的。

使用下面的公式:

——轿厢装载和紧急制停的工况:

$$f=\mu\frac{4\left(1-\sin\frac{\beta}{2}\right)}{\pi-\beta-\sin\beta}$$,对于未经硬化处理的槽;

$$f=\mu\frac{1}{\sin\frac{\gamma}{2}}$$,对于经硬化处理的槽。

——轿厢滞留的工况:

$$f=\mu\frac{1}{\sin\frac{\gamma}{2}}$$,对于硬化和未硬化处理的槽。

下部切口角β的数值最大不应超过106°(1.83弧度)，相当于槽下部80%被切除。对电梯而言，任何情况下，γ值不应小于35°。

M2.2.2　摩擦系数计算(见图 M3)

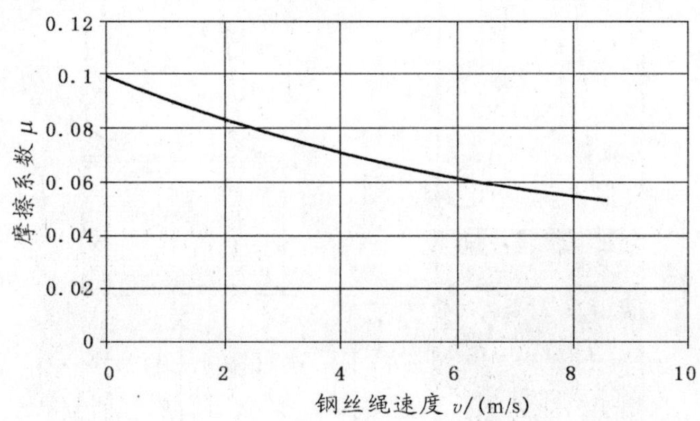

图 M3　最小的摩擦系数

使用下面的数值：

——装载工况，$\mu=0.1$；

——紧急制停工况，$\mu=\dfrac{0.1}{1+\dfrac{v}{10}}$；

——轿厢滞留工况，$\mu=0.2$。

式中：v——轿厢额定速度下对应的绳速，m/s。

解读　摩擦系数的确定是一件非常困难的事情，钢丝绳和曳引轮之间的摩擦系数的大小和绳的结构、润滑条件、绳及绳轮的材料、摩擦温度以及制造质量等均有关系，特别是和润滑条件关系甚大。上海交通大学电梯检测中心做过的研究表明，充分油脂润滑的钢丝绳的摩擦系数可比正常润滑的钢丝绳摩擦系数下降40%以上。实际上即使对同一个样品进行反复试验，每次获得的摩擦系数数据也有一些差异，因此不应该将钢丝绳和曳引轮之间的摩擦系数看作是一个固定的值，而只能认为是一个范围。标准按照谨慎的原则，将装载工况和轿厢滞留工况下的摩擦系数分别确定为0.1和0.2，并且在紧急制停工况中考虑了摩擦温度对摩擦系数的影响。可以断定，具体电梯的实际的摩擦系数在装载、正常运行或者滞留情况下的摩擦系数介于0.1和0.2之间，而在考虑了紧急制停工况时摩擦温度影响的情况下，摩擦系数应稍大于$\dfrac{0.1}{1+\dfrac{v}{10}}$。

M3 实例

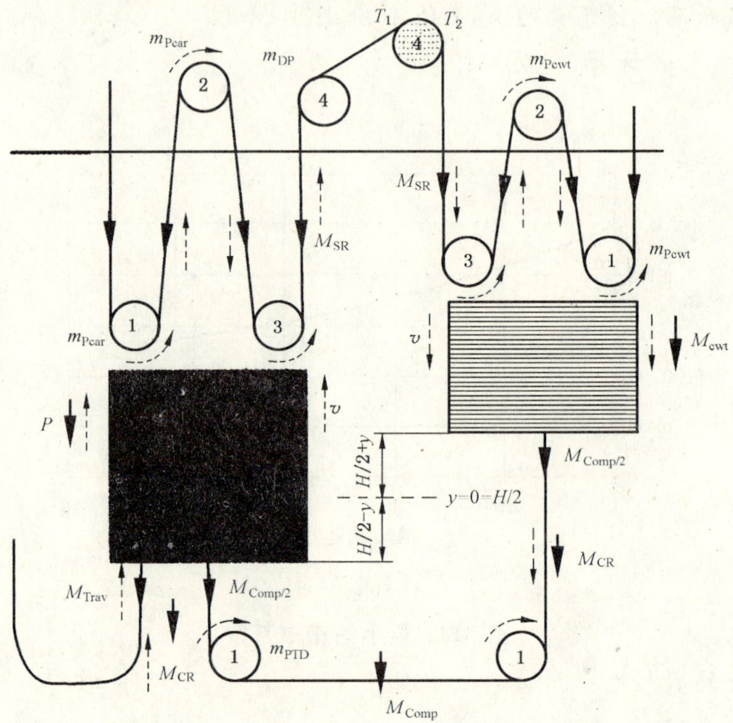

1,2,3,4—滑轮的速度系数(例如:2 表示 $2\cdot v_{car}$)

图 M4 通常情况

计算公式如下:

$$T_1=\frac{(P+Q+M_{CRcar}+M_{Trav})(g_n\pm a)}{r}+\frac{M_{Comp}}{2r}g_n+M_{SRcar}(g_n\pm r\cdot a)+\left(-\frac{2m_{PTD}}{r}a\right)^{\mathrm{I}}\pm(m_{DP}\cdot r\cdot a)^{\mathrm{II}}\pm\left[M_{SRcar}\cdot a\left(\frac{r^2-2r}{2}\right)\pm\sum_{i=1}^{r-1}(m_{Pcar}\cdot i_{Pcar}\cdot a)\right]^{\mathrm{III}}\pm\frac{FR\ car}{r}$$

$$T_2=\frac{M_{cwt}\cdot(g_n\pm a)}{r}+\frac{M_{Comp}}{2r}g_n+M_{SRcwt}\cdot(g_n\pm r\cdot a)+\frac{M_{CRcwt}}{r}(g_n\pm a)+\left(-\frac{2m_{PTD}}{r}a\right)^{\mathrm{IV}}\pm(m_{DP}\cdot r\cdot a)^{\mathrm{II}}\pm\left[M_{SRcwt}\cdot a\left(\frac{r^2-2r}{2}\right)\pm\sum_{i=1}^{r-1}(m_{Pcwt}\cdot i_{Pcwt}\cdot a)\right]^{\mathrm{V}}\pm\frac{FR_{cwt}}{r}$$

$$\frac{T_2}{T_1}\leqslant e^{f\alpha}$$

工况：

Ⅰ——轿厢位于最上位置；

Ⅱ——轿厢侧或对重侧有导向轮；

Ⅲ——对于绳的倍率大于1；

Ⅳ——对重位于最上位置；

Ⅴ——对于绳的倍率大于1。

式中：m_{Pcar}——轿厢侧滑轮惯量 J_{Pcar}/R^2 的折算质量，kg；

m_{Pcwt}——对重侧滑轮惯量 J_{Pcwt}/R^2 的折算质量，kg；

m_{PTD}——张紧装置的滑轮惯量(2 个滑轮)J_{PTD}/R^2 的折算质量，kg；

m_{DP}——轿厢或对重侧导向轮惯量 J_{DP}/R^2 的折算质量和，kg；

n_s——悬挂绳的数量；

n_c——补偿绳(链)的数量；

n_t——随行电缆的数量；

P——空载轿厢及其支承的其他部件如部分随行电缆、补偿绳(链)(如有)等的质量和，kg；

Q——额定载重量，kg；

M_{cwt}——对重包括滑轮的质量，kg；

M_{SR}——悬挂绳的实际质量[$(0.5H\pm y)\times n_s\times$悬挂绳单位长度的质量]，kg；

M_{SRcar}——轿厢侧的 M_{SR}；

M_{SRcwt}——对重侧的 M_{SR}；

M_{CR}——补偿绳(链)的实际质量[$(0.5H\pm y)\times n_c\times$补偿绳单位长度的质量]，kg；

M_{CRcar}——轿厢侧的 M_{CR}；

M_{CRcwt}——对重侧的 M_{CR}；

M_{Trav}——随行电缆的实际质量[$(0.25H\pm 0.5y)\times n_t\times$随行电缆单位长度的质量]，kg；

M_{Comp}——张紧装置包括滑轮的质量，kg；

FR_{car}——井道上的摩擦力(轿厢侧轴承的效率和导轨摩擦力等)，N；

FR_{cwt}——井道上的摩擦力(对重侧轴承的效率和导轨摩擦力等)，N；

H——提升高度，m；

y——以 $H/2$ 处作为零点的坐标值，m；

T_1, T_2——曳引轮两侧钢丝绳拉力，N；

r——钢丝绳的倍率；

a——轿厢制动减速度(绝对值)，m/s^2；

g_n——标准重力加速度，m/s^2；

i_{Pcar}——轿厢侧滑轮的数量(不包括导向轮)；

i_{Pcwt}——对重侧滑轮的数量(不包括导向轮)；

→——静态力；

-->——动态力；

f——摩擦系数；

α——钢丝绳在绳轮上的包角。

解读 在曳引力计算公式中，不仅考虑了载荷、轿厢、对重、曳引绳、补偿绳(链)、随行电缆等物体质量，还考虑了各种滑轮惯量以及井道上的摩擦力等影响。因滑轮惯量以及井道上的摩擦力对计算结果没有很大的影响，因此一般工程计算时，可以忽略不计。

以下是一验证计算实例，作为读者理解曳引力计算公式之用。

1. 计算选用参数(见表 M-1)

表 M-1

参数名称	参数代号	单位	参数值	备注
电梯轿厢自重	P	kg	1550	
电梯额定速度	v	m/s	2.50	
额定载重量	Q	kg	1000	
电梯平衡系数	q	%	48	
电梯提升高度	H	m	96.8	
曳引钢丝绳的倍率	R_t		2	
采用钢丝绳根数	N_r		7	
采用钢丝绳单位长度质量	g_r	kg/m	0.347	
补偿链根数	N_{comp}		2	
补偿链单位长度质量	g_{comp}	kg/m	2.23	
随行电缆根数	N_{ct}		1	
随行电缆单位长度质量	g_{ct}	kg/m	1.118	
钢丝绳在绳轮上的包角	α	(°)	159	
		rad	2.775	
曳引轮半圆槽开口角	γ	(°)	30	
		rad	0.524	

续表 M-1

参数名称	参数代号	单位	参数值	备注
曳引轮半圆槽下部切口角	β	(°)	105	
		rad	1.833	
自然对数的底	e		2.718 28	
重力加速度	g_n	m/s^2	9.81	

2. 摩擦系数计算

(1) 带切口槽的半圆形绳槽当量摩擦系数可按如下公式计算：

$$f=\mu\frac{4[\cos(\gamma/2)-\sin(\beta/2)]}{\pi-\beta-\gamma-\sin\beta+\sin\gamma}$$

式中：β——下部切口角度值；

γ——槽的角度值；

μ——摩擦系数。

$$f=\mu\frac{4[\cos(\gamma/2)-\sin(\beta/2)]}{\pi-\beta-\gamma-\sin\beta+\sin\gamma}$$

$$=\mu\frac{4[\cos(30^\circ/2)-\sin(105^\circ/2)]}{\pi-1.833-0.524-\sin105^\circ+\sin30^\circ}=2.166\mu$$

(2) 摩擦系数 μ 可按如下公式计算：

a) 在装载工况条件下：$\mu=0.1$；

b) 在紧急制停条件下：$\mu=\frac{0.1}{1+v/10}$，其中 v 为轿厢额定速度下对应的绳速，

$v=R_t\times V=2\times2.5=5.0$ m/s，所以，$\mu=\frac{0.1}{1+v/10}=\frac{0.1}{1+5.0/10}=0.066\ 67$；

c) 在轿厢滞留工况条件下：$\mu=0.2$。

(3) 带切口槽的半圆形绳槽当量摩擦系数的计算：

a) 在装载工况条件下：$f=2.166\mu=2.166\times0.1=0.216\ 6$；

b) 在紧急制停条件下：$f=2.166\mu=2.166\times0.066\ 67=0.144\ 4$；

c) 在轿厢滞留工况条件下：$f=2.166\mu=2.166\times0.2=0.433\ 2$。

3. 欧拉公式计算

(1) 除轿厢、对重装置以外的其他部件的悬挂质量的计算

曳引钢丝绳质量的计算：

$$W_{r1}=N_r\times g_r\times H\times R_t=7\times0.347\times96.8\times2=470\ \text{kg}$$

补偿链的悬挂质量的计算：

$$W_{r2}=N_{comp}\times g_{comp}\times H=2\times2.23\times96.8=432\ \text{kg}$$

随行电缆的悬挂质量的计算：

$$W_{r3}=N_{ct}\times g_{ct}\times\frac{H}{2}=1\times1.118\times96.8/2=54\ \text{kg}$$

(2) 在轿厢装载工况条件下的曳引校核计算

a) 当载有125%额定载荷的轿厢位于最低层站时:

1) $T_1=(P+1.25\times Q+W_{r1})\times g_n/R_t=(1\,550+1.25\times 1\,000+470)\times 9.81/2$
$=16\,039$ N

2) $T_2=(P+q\times Q+W_{r2})\times g_n/R_t=(1\,550+0.48\times 1\,000+432)\times 9.81/2$
$=12\,076$ N

3) $e^{f\alpha}=e^{0.216\,6\times 2.775}=1.824\,1$

4) $\frac{T_1}{T_2}=\frac{16\,039}{12\,076}=1.328\,2<e^{f\alpha}=1.824\,1$

5) 结论:

在轿厢装载工况条件下,当载有125%额定载荷的轿厢位于最低层站时,曳引钢丝绳不会在曳引轮上滑移,即不会打滑。

b) 当载有125%额定载荷的轿厢位于最高层站时:

1) $T_1=(P+1.25\times Q+W_{r2}+W_{r3})\times g_n/R_t=(1\,550+1.25\times 1\,000+432+54)\times$
$9.81/2=16\,118$ N

2) $T_2=(P+q\times Q+W_{r1})\times g_n/R_t=(1\,550+0.48\times 1\,000+470)\times 9.81/2$
$=12\,263$ N

3) $e^{f\alpha}=e^{0.216\,6\times 2.775}=1.824\,1$

4) $\frac{T_1}{T_2}=\frac{16\,118}{12\,263}=1.314\,4<e^{f\alpha}=1.824\,1$

5) 结论:

在轿厢装载工况条件下,当载有125%额定载荷的轿厢位于最高层站时,曳引钢丝绳不会在曳引轮上滑移,即不会打滑。

(3) 在紧急制停工况条件下的曳引校核计算

a) 当载有100%额定载荷的轿厢位于最低层站时:

1) $T_1=\frac{(P+Q)\times(g_n+0.5)}{R_t}+\frac{W_{r1}}{2}\times(g_n+2\times 0.5)$

$=\frac{(1\,550+1\,000)\times(9.81+0.5)}{2}+\frac{470}{2}\times(9.81+2\times 0.5)$

$=15\,685.60$ N

2) $T_2=\frac{(P+q\times Q+W_{r2})\times(g_n-0.5)}{R_t}$

$=\frac{(1\,550+0.48\times 1\,000+432)\times(9.81-0.5)}{2}=11\,460.61$ N

3) $e^{f\alpha}=e^{0.144\,4\times 2.775}=1.493$

4) $\frac{T_1}{T_2}=\frac{15\,685.60}{11\,460.61}=1.368\,7<e^{f\alpha}=1.493$

5）结论：

在紧急制停工况条件下，当载有 100% 额定载荷的轿厢位于最低层站时，曳引钢丝绳在曳引轮上滑移，减速度满足要求。

b）当空载的轿厢位于最高层站时：

1）$T_1=\frac{(P+q\times Q)\times(g_n+0.5)}{R_t}+\frac{W_{r1}}{R_t}\times(g_n+2\times0.5)$

$=\frac{(1\ 550+0.48\times1\ 000)\times(9.81+0.5)}{2}+\frac{470}{2}\times(9.81+2\times0.5)$

$=13\ 005\ \text{N}$

2）$T_2=\frac{(P+W_{r2}+W_{r3})\times(g_n-0.5)}{R_t}$

$=\frac{(1\ 550+432+54)\times(9.81-0.5)}{2}=9\ 477.58\ \text{N}$

3）$e^{f\alpha}=e^{0.144\ 4\times2.775}=1.493$

4）$\frac{T_1}{T_2}=\frac{13\ 005}{9\ 477.58}=1.372\ 2<e^{f\alpha}=1.493$

5）结论：

在紧急制停工况条件下，当空载的轿厢位于最高层站时，曳引钢丝绳在曳引轮上滑移，减速度满足要求。

(4) 在轿厢滞留工况条件下的曳引校核计算

a）本计算考虑的是当轿厢空载且对重装置支撑在对重缓冲器上时的曳引校核。

b）具体校核计算如下：

1）$T_1=(P+W_{r2}+W_{r3})\times g_n/R_t=(1\ 550+432+54)\times9.81/2=9\ 986.6\ \text{N}$

2）$T_2=W_{r1}\times g_n/R_t=470\times9.81/2=2\ 305.4\ \text{N}$

3）$e^{f\alpha}=e^{0.433\ 2\times2.775}=3.327$

4）$\frac{T_1}{T_2}=\frac{9\ 986.6}{2\ 305.4}=4.332>e^{f\alpha}=3.327$

5）结论：

当轿厢空载且对重装置支撑在对重缓冲器上时，在轿厢滞留工况条件下，曳引钢丝绳可以在曳引轮上滑移，即打滑。

4. 结论

该电梯曳引力符合附录 M 的要求。

附　录　N

（标准的附录）

悬挂绳安全系数的计算

N1　概述

参考 9.2.2 的内容，本附录给出计算悬挂绳安全系数 S_f 的方法。该方法考虑到：

——在钢丝绳驱动的设计中使用传统材料制作各个部件，如钢/铸铁曳引轮；

——钢丝绳符合欧洲标准；

——在正常的维护和检查下，钢丝绳有足够的寿命。

解读　1985 版标准中，对电梯用钢丝绳只考虑了三个因素：最小安全系数、比压及绳径比。实际上比压与绳径比、槽型、绳的张力等因素有关。显然钢丝绳根数增多，D/d 增大，比压会下降。原来计算比压的目的主要为了考虑绳轮本身的寿命，而没有考虑绳轮的数量及绳轮的设置方式。因此，有可能即使满足了安全系数、绳径比及比压要求，钢丝绳的使用寿命仍很短，因为可能附加有多个导向轮，或者采用了复杂的绕绳方式。这样快速的钢丝绳损伤会导致悬挂绳在检验周期内（国际上大多国家电梯的检验周期为 1 年）使用的危险。

1998 版标准对钢丝绳新的设计方法考虑了影响绳使用寿命的系统参数，最终能保证绳在使用中的安全。其制定参数的背景是：假设检验周期为 1 年，悬挂绳的最短服务寿命为 3～5 年。电梯制造商对中等或繁忙的电梯给出的统计数据表明，每年一台电梯大约有 5 万～10万次的运行周期。这里运行周期指的是电梯的完整的运行周期，如大楼中一台电梯从大厅出发，向上运行，然后再返回大厅，在电梯上、下过程中，悬挂绳将依次通过曳引轮和导向轮。因此依最短服务寿命 3 年计算，悬挂绳承受弯曲的次数至少为 60 万次。根据德国斯图加特大学 Feyrer 教授研究钢丝绳服务寿命的公式，基于电梯系统的运行统计评价与试验研究，即可计算统计平均寿命。按 Feyrer 理论，钢丝绳每穿过一次曳引轮或导向轮，对绳就会产生一定的损伤，这个损伤程度可以通过绳轮的等效数量 N_{equiv} 来计算。其中曳引轮对绳的损伤程度由绳轮的槽型确定；导向轮对绳的损伤程度与导向轮和曳引轮的直径比，以及是否存在逆向弯曲有关。

另外本附录给出的计算悬挂绳安全系数的方法是基于：1）曳引轮或导向轮是钢或铸铁。如果是非金属材料的话，应另进行试验验证。2）钢丝绳符合欧洲标准。电梯钢丝的材质、捻制工艺、绳芯材料与绳的结构等都直接影响绳的使用寿命。即使都符合欧洲标准，但不同制造商的产品有时寿命差异很大。笔者曾对欧洲两个都是较著名电梯供应商的同一规格的电梯钢丝绳进行了对比试验，结果弯曲寿命差3倍之多。这里只想说明的是，符合标准的电梯钢丝绳，并不都有理想的使用寿命。3)正常的检查和维护。电梯钢丝绳的维护包括适当的润滑和保持钢丝绳之间的张力均匀。国内外的使用实践经验证明，电梯钢丝绳之间的张力差对其使用寿命起主要作用。在加拿大多伦多的塔内，一台1 800 kg，6 ms的电梯，行程370 m以上，该电梯的钢丝绳没有配置绳张力的平衡装置，但电梯维修人员，每月对钢丝绳的张力用振动频率法作一次测试，然后再调整。4年后他们再检查钢丝绳，结果仍处于良好的运行状态。

因此在使用下列公式时要注意上述这些条件，如果这些要求不满足，则计算的期望寿命与实际的使用寿命差异较大。建议对频繁使用、负载较大的电梯提高安全系数。

N2 滑轮的等效数量 N_{equiv}

弯折次数以及每次弯折的严重程度导致钢丝绳的劣化。同时，绳槽的种类(U型或V型)以及是否有反向弯折也有影响。

每次弯折的严重程度可以等效为一定数量的简单弯折。

简单弯折定义为钢丝绳运行于一个半径比钢丝绳名义半径大5%～6%的半圆槽。

简单弯折的数量相当于一个等效的滑轮数量 N_{equiv}，其数值从下式得出：

$$N_{equiv} = N_{equiv(t)} + N_{equiv(p)}$$

式中：$N_{equiv(t)}$——曳引轮的数量；

$N_{equiv(p)}$——导向轮的数量。

N2.1 $N_{equiv(t)}$ 的计算

$N_{equiv(t)}$ 的数值从表N1查得。对于不带切口的U型槽，$N_{equiv(t)}=1$。

表 N1

V型槽	V型槽的角度 γ/(°)	—	35	36	38	40	42	45
	$N_{equiv(t)}$	—	18.5	15.2	10.5	7.1	5.6	4.0
U型/V型带切口槽	下部切口角度 β/(°)	75	80	85	90	95	100	105
	$N_{equiv(t)}$	2.5	3.0	3.8	5.0	6.7	10.0	15.2

N2.2 $N_{equiv(p)}$ 的计算

反向弯折仅在下述情况时考虑，即钢丝绳与两个连续的静滑轮的接触点之间的距离不超过绳直径的200倍。

$$N_{equiv(p)} = K_p(N_{ps} + 4N_{pr})$$

式中：N_{ps}——引起简单弯折的滑轮数量；

N_{pr}——引起反向弯折的滑轮数量；

K_p——跟曳引轮和滑轮直径有关的系数。

而：

$$K_p=(D_t/D_p)^4$$

其中：D_t——曳引轮的直径；

D_p——除曳引轮外的所有滑轮的平均直径。

N3 安全系数

对于一个给定的钢丝绳驱动装置，考虑到正确的 D_t/d_r 比值和计算得到的 N_{equiv}，安全系数的最小值可从图 N1 查得。

图 N1 中的曲线基于下面公式得出：

$$S_f=10^{\left[2.6834-\frac{\lg\frac{695.85\times10^6 N_{equiv}}{\left(\frac{D_t}{d_r}\right)^{8.567}}}{\lg\left(77.09\left(\frac{D_t}{d_r}\right)^{-2.894}\right)}\right]}$$

式中：S_f——安全系数；

N_{equiv}——滑轮的等效数量；

d_r——钢丝绳的直径。

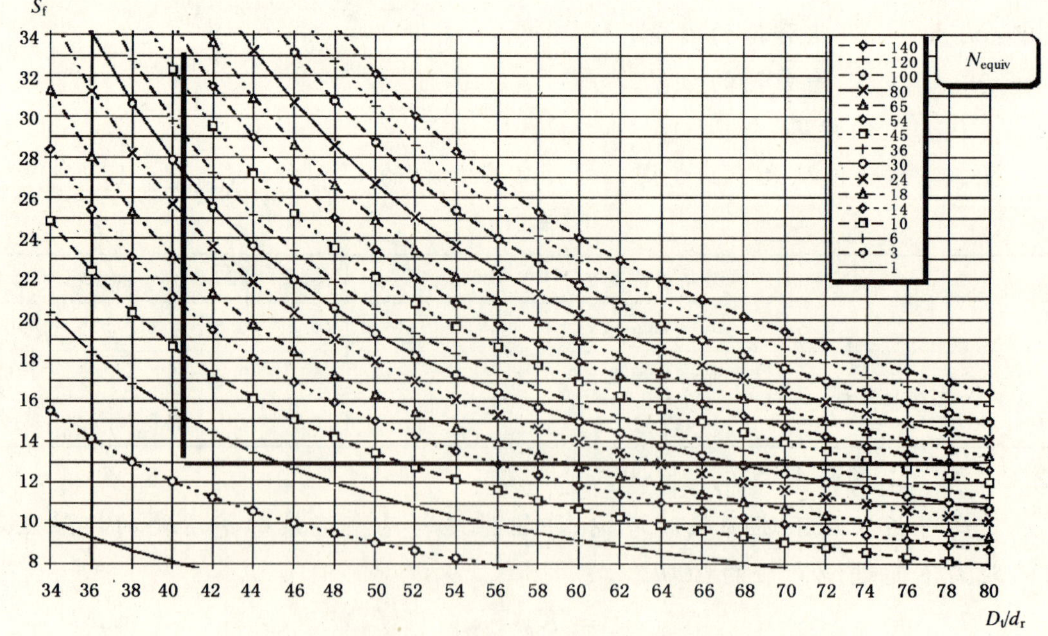

图 N1 最小安全系数的计算

N4　示例

滑轮的等效数量 N_{equiv} 的计算示例如图 N2 所示。

例 1

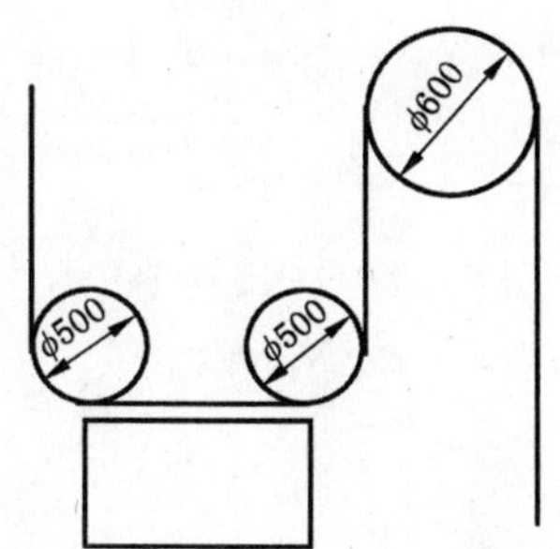

V 形槽(轿厢侧)

$\gamma=40°$

$N_{equiv(t)}=7.1$

$K_p=2.07$

$N_{equiv(p)}=2\times2.07=4.1$

$N_{equiv}=11.2$

注：因为是动滑轮故没有反向弯折。

例 2

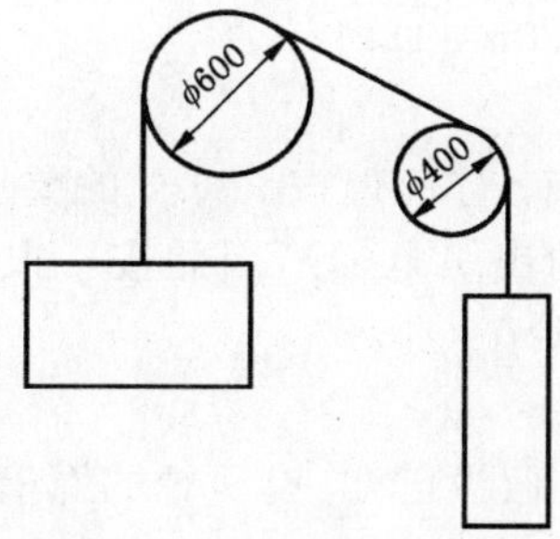

V 形带切口槽

$\gamma=40°$

$\beta=90°$

$N_{equiv(t)}=5$

$K_p=5.06$

$N_{equiv(p)}=5.06$

$N_{equiv}=10.06$

例 3

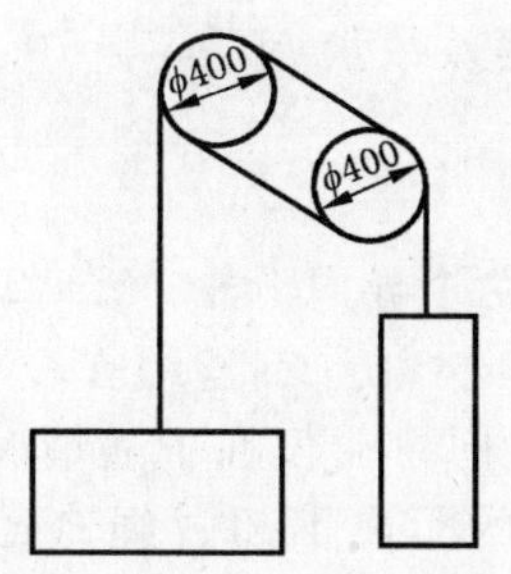

U 形槽

$N_{equiv(t)}=1+1$(双绕)

$K_p=1$

$N_{equiv(p)}=2$

$N_{equiv}=4$

图 N2　滑轮等效数量的计算示例

解读　在 9.2.2 中，我们已对由附录 N 计算的安全系数作了详细说明，下面将以几个算例介绍安全系数的具体计算过程。

算例 1:一个悬挂比为 1∶1 的电梯，如图 N-1 所示。假设已知:曳引轮的绳槽为 V 形槽,V 形槽夹角 $\gamma=40°$,曳引轮直径 $D_t=600$ mm,导向轮直径 $D_p=400$ mm,钢丝绳的公称直径 $d_r=10$ mm,钢丝绳用 6 根。请按附录 N 计算容许的安全系数。

解:

(1) 由 V 形槽夹角 $\gamma=40°$,查表 N1,得曳引轮的等效数量 $N_{equiv(t)}=7.1$。

(2) 计算导向轮的等效滑轮数量,按下式计算:

$$N_{equiv(p)}=K_p(N_{ps}+4N_{pr})$$

式中:N_{ps}——引起简单弯折的滑轮数量,本例中通过一个导向滑轮,$N_{ps}=1$;

N_{pr}——引起反向弯折的滑轮数量,本例中没有反向弯折,故 $N_{pr}=0$;

K_p——跟曳引轮和滑轮直径有关的系数。

而:

$$K_p=(D_t/D_p)^4$$

其中:D_t——曳引轮的直径,600 mm;

D_p——除曳引轮外的所有滑轮的平均直径,400 mm。

故 $K_p=(600/400)^4=5.06$,$N_{equiv(p)}=5.06$

(3) 计算滑轮的等效数量 N_{equiv}

$$N_{equiv}=N_{equiv(t)}+N_{equiv(p)}=7.1+5.06=12.16$$

(4) 由上述公式或图表可得到 $S_f=11.2$。

这里请注意的是,虽然这里计算得到的安全系数只有 11.2,但按 9.2.2 的要求,在任何情况下,其安全系数不应小于 12(三根绳或三根绳以上的曳引电梯),因此按一根绳的最小破断拉力计算的安全系数应不小于 12,而不是 11.2。

算例 2:一个悬挂比为 2∶1 的电梯，如图 N-2 所示。假设已知:曳引轮的绳槽为带切口的 U 形槽,U 形切口角 $\beta=100°$,曳引轮直径 $D_t=600$ mm,轿顶导向轮直径 $D_p=500$ mm,钢丝绳的公称直径 $d_r=10$ mm,钢丝绳用 5 根,请按附录 N 计算容许的安全系数。

解:本算例中由于轿厢侧的导向轮的直径与对重侧的不一样,故计算时分别进行。我们先算轿厢侧。

(1) 由 U 形槽切口角 $\beta=100°$,查表 N1,得曳引轮的等效数量 $N_{equiv(t)}=10.0$。

(2) 计算导向轮的等效滑轮数量,按下式计算:

$$N_{equiv(p)}=K_p(N_{ps}+4N_{pr})$$

式中:N_{ps}——引起简单弯折的滑轮数量,本例中通过轿顶两个导向滑轮 $N_{ps}=2$。

N_{pr}——引起反向弯折的滑轮数量,本例中虽然有反向弯折(钢丝绳在曳引轮上的弯曲与在轿顶导向轮上的弯曲是反向的),但反向弯曲仅在下述情况时考虑,即钢丝绳与两个连续的静滑轮的接触点之间的距离不超过绳直径的 200 倍。故 $N_{pr}=0$。

K_p——跟曳引轮和滑轮直径有关的系数。

而:

$$K_p=(D_t/D_p)^4$$

其中:D_t——曳引轮的直径,600 mm;

D_p——除曳引轮外的所有滑轮的平均直径,500 mm。

故 $K_p=(600/500)^4=2.07$,$N_{equiv(p)}=4.14$

(3) 计算滑轮的等效数量 N_{equiv}

$$N_{equiv}=N_{equiv(t)}+N_{equiv(p)}=10.0+4.14=14.14$$

(4) 由上述公式或图表可得到 $S_f=11.90$。

对重侧，我们按同样的方法，可以计算得到：$N_{equiv(t)}=10.0$，$N_{ps}=1$，$N_{pr}=0$，$K_p=(600/400)^4=5.06$，$N_{equiv(p)}=5.06$，$N_{equiv}=15.06$，由上述公式或图表可得到 $S_f=12.12$。从上述计算可以看出，导向轮的直径大小影响了容许的安全系数。因此我们应选择的容许安全系数应不小于 12.12，而不是 11.90。

算例 3：一个复绕的悬挂比为 1∶1 的电梯，如图 N-3 所示。假设已知：曳引轮的绳槽为 U 形槽，曳引轮直径 $D_t=400$ mm，导向轮直径 $D_p=400$ mm，钢丝绳的公称直径 $d_r=10$ mm，钢丝绳用 7 根。请按附录 N 计算容许的安全系数。

解：

(1) 对于不带切口的 U 型，曳引轮的等效数量 $N_{equiv(t)}=1$，但由于是复绕，钢丝绳两次通过曳引轮，故 $N_{equiv(t)}=2$。

(2) 计算导向轮的等效滑轮数量，按下式计算：

$$N_{equiv(p)}=K_p(N_{ps}+4N_{pr})$$

式中：N_{ps}——引起简单弯折的滑轮数量，本例中为复绕，两次通过导向滑轮，$N_{ps}=2$；

N_{pr}——引起反向弯折的滑轮数量，本例中没有反向弯折，故 $N_{pr}=0$；

K_p——跟曳引轮和滑轮直径有关的系数。

而：

$$K_p=(D_t/D_p)^4$$

其中：D_t——曳引轮的直径，400 mm；

D_p——除曳引轮外的所有滑轮的平均直径，400 mm。

故 $K_p=(400/400)^4=1$，$N_{equiv(p)}=2$

(3) 计算滑轮的等效数量 N_{equiv}

$$N_{equiv}=N_{equiv(t)}+N_{equiv(p)}=2+2=4$$

(4) 由上述公式或图表可得到 $S_f=13.38$。这里可以看出，曳引轮直径比算例 1 减小了，且采用了复绕，故安全系数提高了。

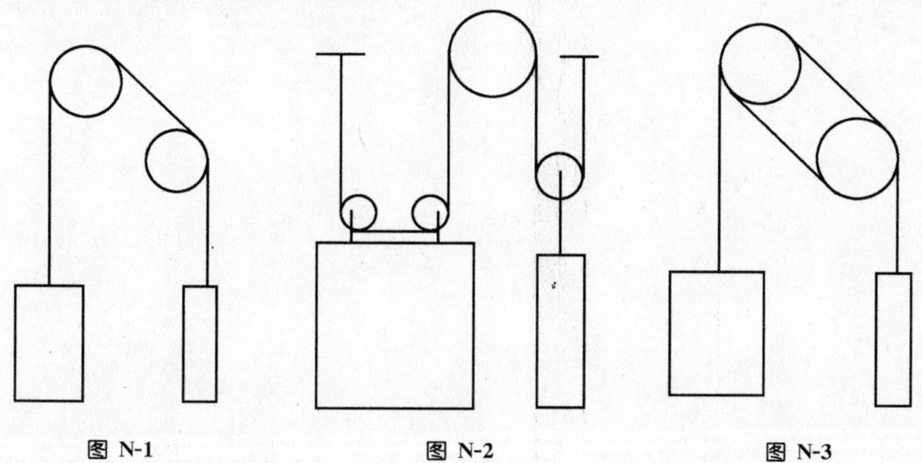

图 N-1　　图 N-2　　图 N-3

附　录　ZA

（提示的附录）

本标准对欧洲电梯指令 EU 的符合性说明

本标准由欧盟委员会(European Commission)和欧洲自由贸易联合会(European Free Trade Association)委托 CEN 制定，并满足电梯指令(9516EC)的基本要求。

标准覆盖特殊的应用条款正在考虑中(例如：残疾人的可接近性，防暴力，大流量电梯的使用)。

警告：其他要求和其他的 EU 指令也可能适用于属于本标准范围的电梯产品。

本标准的条款尽可能支持电梯指令的要求。

遵守本标准就提供了符合相关指令和 EFTA 规定的基本要求的一种方法。

注 1：关于 6.2、6.3 和 6.4，参见本标准的 0.2.2。

注 2：5.2.1.2 的注指出，井道部分封闭的电梯可能要接受国家有关授权部门的批准。

EN 81-1:1998/A1:2005
2005-11

电梯制造与安装安全规范

A1 修 正 案

前 言

本欧洲标准 EN 81-1:1998/A1:2005 由 CEN/TC 10 电梯、自动扶梯和移动人行道技术委员会起草，秘书处设在法国标准化协会(AFNOR)。

本修正案(EN 81-1:1998/A1:2005)应与国家标准有相同的地位，最晚应在2006年5月以同一文本出版，或通过签批，各国与之不一致的最迟至2006年5月应予以撤销。

本标准作为欧盟委员会和欧洲贸易委员会的CEN规定的要求，支持EU指令的基本要求。

对于与EU指令的关系，请参看附件ZA，其是欧洲标准的一部分。

EN 81-1:1998 的 14.1.2.1.1b)3)和附件H预见了在安全电路中电子元器件的使用，并给出了对硬件上的要求。本修正案延伸了它的使用范围，允许使用软件(可编程电子系统－PESSRAL)。

A1修正案包括使用可编程电子系统用于执行 EN 81-1:1998 和 EN 81-1:1998/A2:2004 规定的电梯电气安全功能时需要说明的一些问题。

A1修正案也覆盖了替换原 EN 81-1:1998 中相关的现有文本或者增加了新的条款所包括的一些必要的附加预防措施。

注意：补充文本的起草和表述已经被整理以符合 EN 81-1:1998 的陈述要求。

根据CEN/CENELEC的内部规则，下列国家的标准化组织将执行本标准：奥地利、比利时、捷克共和国、丹麦、芬兰、法国、德国、希腊、匈牙利、冰岛、意大利、卢森堡、马耳他、荷兰、挪威、葡萄牙、斯洛伐克、西班牙、瑞典、瑞士和英国。

1 第0章的修改

增加第0.2.6条，内容如下："0.2.6 风险分析，术语和技术方案已经被认为是 EN 61508 系列标准所重点考虑的，这将有必要对可编程电子系统的安全功

能进行分类。”0.3.5条修改成下面的型式:“0.3.5 本标准对于电气安全装置的要求是,若电气安全装置[见14.1.2.1.1b)]完全符合本标准的要求,则其失效的可能性不必考虑。”

2 第2章的修改

第2章应增加以下内容:“EN 61508-1:2001 电子/电气/可编程电气安全系统的安全功能 第1部分:基本要求(IEC 61508-1:1998+1999年勘误表);EN 61508-2:2001 电子/电气/可编程电气安全系统的安全功能 第2部分:电子/电气/可编程电气安全系统的要求(IEC 61508-2:2000);EN 61508-3:2001 电子/电气/可编程电气安全系统的安全功能 第3部分:软件要求(IEC 61508-3:1998+1999年勘误表);EN 61508-4:2001 电子/电气/可编程电气安全系统的安全功能 第4部分:定义和缩写(IEC 61508-4:1998+1999年勘误表);EN 61508-5:2001 电子/电气/可编程电气安全系统的安全功能 第5部分:确定安全等级方法示例(IEC 61508-5:1998+1999年勘误表);EN 61508-7:2001 电子/电气/可编程电气安全系统的安全功能 第7部分:技术和方法概览(IEC 61508-7:2000)。

3 第3章的修改

第3章增加如下的定义:

电梯安全用可编程电子系统(PESSRAL):基于一个或多个可编程电子装置的控制、保护或监控系统,包括用于表A1和A2所列的与安全有关的所有元件系统,如电源供给装置、传感器、其他输入装置、数据线和其他的通讯通道、执行器和其他的输出装置。

系统反应时间:下列两个值的总和:a)PESSRAL故障的出现和电梯相应动作的开始之间的时间;b)电梯保持安全而应答动作的时间。

安全性等级(SIL):用于规定PESSRAL安全功能的整体可靠性等级。

注:在欧洲标准中,SIL1代表最低等级,SIL3代表最高等级。

4 第14章的修改

14.1.2.1.1b)增加以下内容:“4)与安全相关的可编程电子系统应符合14.1.2.6。”

增加新的14.1.2.6条如下:“14.1.2.6 安全用可编程电子系统(PESSRAL)表A1和A2给出了每种电气安全装置的安全等级。按照14.1.2.6条设计的可编程电子系统包括14.1.2.3.2条的要求。所有SIL的最低安全功能要求见表6、表7和表8。此外，SIL1、SIL2和SIL3要求的方法分别见表9、表10和表11。

注：表6～表11所列的EN 61508-7：2001条款，参见EN 61058-2：2001和EN 61508-3：2001的相关要求。

为了避免不安全的修改，应有措施防止未授权的访问程序代码和可编程电子系统中的安全相关数据的方法，比如使用EPROM，访问代码等。

如果一个可编程电子系统和一个非安全相关系统共享同一个硬件，那么可编程电子系统的要求应当满足。如果一个可编程电子系统和一个非安全相关系统共享同一个的PCB板，那么应当将2个系统分别符合13.2.2.3的要求。

增加下面的表格：

表6 避免和检测故障的一般措施——硬件设计

序号	对 象	措 施	EN 62508-7：2001参考
1	处理单元	看门狗的使用	A.9
2	元器件的选择	使用的元器件仅限于清单内	
3	I/O单元和包括通信连接的接口	如果发生电源故障或者重启时，被定义的安全状态	
4	供电	过压或欠压时被定义的安全断电状态	A.8.2
5	可变的存储范围	仅使用固态内存	
6	可变的存储范围	启动过程当中可变数据存储的读写测试	
7	可变的存储范围	仅对信息数据（如统计量）进行远程访问	
8	不变的存储范围	不能自动地由系统或者远程干涉来改变程序代码	
9	不变的存储范围	在启动过程中，使用至少等同累加和校验的方法对程序代码存储和固定数据存储进行测试	A.4.2

表7 避免和检测故障的一般措施——软件设计

序号	对 象	措 施	EN 62508-7：2001参考
1	结构	根据技术水平（见EN 61508-3）规定的程序结构（例如，模块化、数据操作、接口定义）	B.3.4/C.2.1 C.2.9/C.2.7
2	启动过程	在启动过程中，应当保持电梯的安全状态	

续表 7

序号	对　象	措　施	EN 62508-7:2001 参考
3	中断	有限的中断使用:仅当所有可能的中断次序可以预测才使用中断嵌套	C.2.6.5
4	中断	除了与其他程序次序条件结合之外,看门狗不能被中断触发	A.9.4
5	掉电	为了安全相关功能,不允许有掉电过程,比如数据的保存过程	
6	内存管理	在硬件或者软件中,应当具有适当的反应过程的栈(组套)管理器	C.2.6.4/ C.5.4
7	程序	多重循环应当小于系统反应时间,例如通过限制循环数或者校验执行的时间来控制	
8	程序	数组指示偏移量检查,如果没有被包括在所使用的编程语言中	C.2.6.C
9	程序	被定义的异常处理(例如零点分割、溢出、变量范围检查等),这些都将迫使系统进入一个既定的安全状态中	
10	程序	不要使用递归编程,除非是可靠的标准库、被认可的操作系统或者高级语言编译器。对于这些异常,内存管理单元应当提供可以执行隔离任务的隔离栈	C.2.6.7
11	程序	程序库接口文档和操作系统至少应当与用户程序本身一样完整	
12	程序	对与安全功能相关的数据进行真实性检查,例如输入样本、输入范围、内部数据	C.2.5/C.3.1
13	程序	如果任何操作模式能够被调用来测试或者确认意图,电梯的正常操作应当不可以,直到这种模式被终止	EN 61508-1:2001 7.7.2.1
14	通信系统(外部和内部)	一个具有安全功能的总线通信系统中,在通信丢失或者总线使用故障的情况下,限于系统反应时间的考虑而达到一个安全状态	A.7/A.9
15	总线系统	除非启动过程,不需要重新配置 CPU 总线系统。 注意:CPU 总线系统的周期性刷新不被视作重新配置	C.3.13
16	I/O 处理	除非启动过程,不需要重新配置 I/O 线。 注意:I/O 配置寄存器的周期性刷新不被视作重新配置	C.3.13

表 8 设计和执行过程的一般措施

序号	措　　施	EN 61508-7:2001 参考
1	功能、环境和接口方面的应用评定	A. 14/B. 1
2	包括安全要求的要求规范	B. 2. 1
3	所有规范总结	B. 2. 6
4	F6. 1 中所要求的设计文档和其他: ——包括系统结构和硬件/软件的相互关系的功能描述; ——包括函数和程序流程描述的软件文档	C. 5. 9
5	设计检查报告	B. 3. 7/B. 3. 8,C. 5. 16
6	使用例如故障模式和影响分析(FMEA)方法的可靠性检查	B. 6. 6
7	厂商的测试说明书、厂商的测试报告和现场测试报告	B. 6. 1
8	包括对预期使用限制的说明性文档	B. 4. 1
9	如果产品被改动,重复和更新以上所提及的措施	C. 5. 23
10	硬件和软件 version 控制的执行及其兼容性	C. 5. 24

表 9 依据 SIL2 的特定措施

元器件和功能	要　　求	其他方法	参看附录 P 中	EN 61508-7:2001 参考
结构	结构应当是如果有任何一个随机故障被检测到,则系统就应当进入一个安全状态	一个具有自检功能的通道结构 或者具有比较功能的两个或两个以上通道	M 1.1 M 1.3	A. 3. 1 A. 2. 5
处理单元	处理单元中的故障能够导致不正确的结果,其应当被检测出来。如果这样的一个故障会导致危险状态,那么系统应当进入一个安全状态	更正硬件故障 或软件自检 或两个通道结构的比较器 或由两通道结构的软件进行相互比较	M 2.1 M 2.2 M 2.4 M 2.5	A. 3. 4 A. 3. 1 A. 1. 3 A. 3. 5
固定存储范围	不正确的信息修改,例如,所有的单数位或二位故障,以及三位和多位故障应当被检测到,最迟在电梯下一次的往返运行之前	下面的措施仅参考一个通道结构: 一位冗余(奇偶位) 或具有一位的阻滞冗余安全	M 3.5 M 3.1	A. 5. 5 A. 4. 3

续表 9

元器件和功能	要　求	其他方法	参看附录 P 中	EN 61508-7:2001 参考
可变存储范围	在寻址、写入、存储和读出期间的综合故障，以及单数位、二位故障、一些三位和多位故障应当被检测到，最迟在电梯下一次的往返运行之前	下面的措施仅参考一个通道结构： 具有多位冗余的字保存， 或通过测试模式检测静态或者动态故障	M 3.2 M 4.1	A.5.6 A.5.2
包括通信连接的 I/O 单元和接口	数据流中的静态故障和 I/O 线上的干扰以及随机和系统故障应当被检测到，最迟在电梯下一次的往返运行之前	代码安全 或测试模式	M 5.4 M 5.5	A.6.2 A.6.1
时钟	用于处理单元的时钟故障，如频率修改或停顿，这样的故障应当最迟在电梯下一次的往返运行之前检测到	具有独立时基功能 或相互监控功能的看门狗	M 6.1 M 6.2	A.9.4
程序顺序	错误的程序顺序和不恰当的安全相关功能的执行时间应当被检测到，最迟在电梯下一次的往返运行之前	程序顺序的定时和逻辑监控结合	M 7.1	A.9.4
注意：故障检测的结果应当是维持电梯的一种安全状态。				

表 10　依据 SIL3 的特定措施

元器件和功能	要　求	其他方法	参看附录 P 中	EN 61508-7:2001 参考
结构	结构应当是充分考虑系统反应时间，如果检测到任何一个随机故障，那么系统就要进入安全状态	具有自检和监控功能的单通道 或 具有比较功能的两个或更多通道	M 1.2 M 1.3	A.3.3 A.2.5

续表 10

元器件和功能	要　求	其他方法	参看附录 P 中	EN 61508-7:2001 参考
处理单元	充分考虑系统反应时间，处理单元中能够导致错误结果的故障应当被检测到。 如果这样的故障能导致危险，那么系统应当进入一种安全状态	更正硬件故障 或 单通道结构硬件支持的软件自检 或 双通道结构比较器 或 利用双通道结构的软件相互比较	M 2.1 M 2.3 M 2.4 M 2.5	A. 3. 4 A. 3. 3 A. 1. 3 A. 3. 5
固定存储范围	不正确的信息修改，例如，在充分考虑系统反应时间的情况下，所有的单数位或二位故障，以及三位和多位故障应当被检测到	下面的测量方法仅参考一个单通道结构： 具有一位的阻滞冗余安全 或 具有多位冗余的字保存	M 3.1 M 3.2	A. 4. 3 A. 5. 6
可变存储范围	充分考虑系统反应时间的情况下，在寻址、写入、存储和读出期间的综合故障，以及单数位、二位故障、一些三位和多位故障应当被检测到	下面的测量方法仅参考一个单通道结构： 具有多位冗余的字保存 或 通过测试模式检测静态或动态故障	M 3.2 M 4.1	A. 5. 6 A. 5. 2
包括通信连接的 I/O 单元和接口	充分考虑系统反应时间的情况下，数据流中的静态故障和 I/O 线上的干扰以及随机和系统故障应当被检测到	代码安全 或 测试模式	M 5.4 M 5.5	A. 6. 2 A. 6. 1
时钟	充分考虑系统反应时间的情况下，用于处理单元的时钟故障，如频率修改或停顿，应当被检测到	具有独立时基功能或相互监控功能的看门狗	M 6.1 M 6.2	A. 9. 4

续表 10

元器件和功能	要　求	其他方法	参看附录 P 中	EN 61508-7:2001 参考
程序顺序	充分考虑系统反应时间的情况下,错误的程序顺序和安全功能不恰当的执行时间应当被检测到	程序顺序的定时和逻辑监控结合	M 7.1	A.9.4
注意:故障检测的结果应当是维持电梯的一种安全状态。				

表 11　依据 SIL 4 的特定措施

元器件和功能	要　求	其他方法	参看附录 P 中	EN 61508-7:2001 参考
结构	结构应当是充分考虑系统反应时间,如果检测到任何一个随机故障,那么系统就要进入安全状态	具有比较功能的双或更多通道	M 1.3	A.2.5
处理单元	充分考虑系统反应时间,处理单元中能够导致错误结果的故障应当被检测到。 如果这样的故障能导致危险,那么系统应当进入一种安全状态	双通道结构比较器 或 利用双通道结构的软件相互比较	M 2.4 M 2.5	A.1.3 A.3.5
固定存储范围	不正确的信息修改,例如,在充分考虑系统反应时间的情况下,所有的单数位或多数位故障应当被检测到	具有阻滞复制功能的安全过程 或 具有多位冗余的阻滞安全	M 3.3 M 3.4	A.4.5 A.4.4
可变存储范围	充分考虑系统反应时间的情况下,在寻址、写入、存储和读出期间的综合故障,以及静态位故障和动态耦合应当被检测到	具有阻滞复制功能的 或 具有验证检查,如 Galpat 的阻滞安全过程	M 4.2 M 4.3	A.5.7 A.5.3

续表 11

元器件和功能	要　求	其他方法	参看附录P中	EN 61508-7:2001 参考
包括通信连接的I/O单元和接口	充分考虑系统反应时间的情况下,数据流中的静态故障和I/O线上的干扰以及随机和系统故障应当被检测到	多通道并行输入和多通道并行输出, 或输出回读, 或代码安全, 或测试模式	M 5.1 M 5.3 M 5.2 M 5.4 M 5.5	A.6.5 A.6.3 A.6.4 A.6.2 A.6.1
时钟	充分考虑系统反应时间的情况下,用于处理单元的时钟故障,如频率修改或停顿,应当被检测到	具有独立时基功能或相互监控功能的看门狗	M 6.1 M 6.2	A.9.4
程序顺序	充分考虑系统反应时间的情况下,错误的程序顺序和安全功能不恰当的执行时间应当被检测到	程序顺序的定时和逻辑监控结合	M 7.1	A.9.4
注意:故障检测的结果应当是维持电梯的一种安全状态。				

5　第16章的修改

EN 81-1 的 16.3.3.1 修订如下:

"在电梯的正常操作期间,如果列于表A1和A2的中的安全装置的功能验证是不能进行时,应在说明手册中提供信息,以便进行功能验证。"

6　附录A中的修改

附录A应当被表A1和A2替代:

表 A1　电气安全装置

章　条	所检查的装置	SIL
5.2.2.2.2	检查检修门、井道安全门及检修安全门的关闭位置	2
5.7.3.4 a)	底坑停止装置	2
6.4.3.1 b)	检查机械装置的非动作位置	3
6.4.3.3 e)	检查检修活板门或轿厢门安全门的关闭位置	2

续表 A1

章　　条	所检查的装置	SIL
6.4.4.1 e)	检查通往底坑带锁通道门的开启	2
6.4.4.1 f)	检查机械装置的非动作位置	3
6.4.4.1 g)	检查机械装置的动作位置	3
6.4.5.4 a)	检查可伸缩平台的完全缩回位置	3
6.4.5.5 b)	检查可移动停止装置的完全缩回位置	3
6.4.5.5 c)	检查可移动停止装置的完全伸出位置	3
6.4.7.1 e)	检查通道门的关闭位置	2
6.4.7.2 e)	检查通道门的关闭位置	2
6.7.1.5	滑轮间停止装置	1
7.7.3.1	检查层门的锁紧状态： ——自动操作层门按 7.7.4.2 执行； ——手动操作层门	 2 3
7.7.4.1	检查层门的闭合位置	3
7.7.6.2	检查无锁门扇的闭合位置	3
8.9.2	检查轿门的闭合位置	3
8.12.4.2	检查轿厢安全窗和轿厢安全门的锁紧状况	2
8.15 b)	轿顶停止装置	3
9.5.3	检查钢丝绳或链条的非正常相对伸长(使用两根钢丝绳或链条时)	1
9.6.1 e)	检查补偿绳的张紧	3
9.6.2	检查补偿绳防跳装置	3
9.8.8	检查安全钳的动作	1
9.9.11.1	限速器的超速开关，不操作轿厢上行超速保护装置	1
9.9.11.1	限速器的超速开关，操作轿厢上行超速保护装置	2
9.9.11.2	检查限速器的复位	3
9.9.11.3	检查限速器的张紧	3
9.10.5	检查轿厢上行超速保护装置	1
10.4.3.4	检查缓冲器的复位	3
10.5.2.3 b)	检查轿厢位置传递装置的张紧(极限开关)	1
10.5.3.1 b)2)	曳引驱动电梯的极限开关	1
11.2.1 c)	检查轿门的锁紧状况	2

续表 A1

章　　条	所检查的装置	SIL
12.5.1.1	检查可拆卸盘车手轮的位置	1
12.8.4 c)	检查轿厢位置传递装置的张紧(减速检查装置)	2
12.8.5	检查减行程缓冲器的减速情况	2
12.9	检查强制驱动电梯钢丝绳或链条的松弛状况	2
13.4.2	用电流型断路接触器的主开关的控制	2
14.2.1.2 a)2)	检查平层和再平层	2
14.2.1.2 a)3)	检查轿厢位置传递装置的张紧(平层和再平层)	2
14.2.1.3 c)	检修运行停止装置	3
14.2.1.5 b)	对接操作的行程限位装置	2
14.2.1.5 i)	对接操作停止装置	2
14.2.2.1 f)	驱动主机上的停止装置	2
14.2.2.1 g)	紧急操作屏和测试屏上的停止装置	2
注：本表包括 EN 81-1:1998/A2:2004 公布的条款。本注将在起草下一版 EN 81-1 时删除。		

表 A2　与可编程电子系统(PESSRAL)一起作用的需要对安全功能进行分类的电气安全装置

章　　条	所检查的装置	SIL
14.2.1.3	检修操作开关	3
14.2.1.4	紧急电动运行操作开关	3
14.2.1.5 g)3)	对接操作的钥匙操作的安全触点位置	2

注：只有在使用可编程电子系统(PESSRAL)时才有上面表 A1 和表 A2 的分类。这个分类不是安全触点或者安全电路的风险分类，只是当相应的电气安全装置使用 PESSRAL 时来定义 PESSRAL 的安全等级。

7　附录 F 的修改

F6 的标题修改成下面的型式："F6 含有电子元件和/或可编程电子系统(PESSRAL)的安全电路"。

F6.1（通则条款）由下面的内容代替："F6.1.1 含有电子元件的安全电路"和前面 F6.1 条的内容。一个新的 F6.1.2 增加下面的内容："F6.1.2 基于可编程电子系统的安全电路。

除了 F6.1.1 规定的以外，还应提供下面的文件：

a) 与表 8 所列方法相关的文件和说明；

b) 所使用的软件的总体说明(例如编程规则、语言、编译器、模块);

c) 包括软件结构和硬件/软件接口的功能描述;

d) 阻滞、模块、数据、变量和接口描述;

e) 软件清单。"

增加 F6.3.3 如下:"F6.3.3 PESSRAL 功能和安全试验

除了表 6～表 11 定义的方法确认以外,还需要验证以下内容:

a) 软件设计和代码:应用例如正式的设计总揽、FAGAN 、案例试验等方法检查所有代码说明;

b) 软件和硬件检查:确认表 6、表 7 和用故障插入试验选择出的方法(例如表 P1)等所有方法(基于 EN 61508-2 和 EN 61508-7)。"

8 增加附录 P

新的附录 P 应当增加如下:

附　录　P

(提示的附录)

可能措施的说明

表 P1 包含可能使用措施的说明,当实行 14.1.2.6 中的要求时,其被认为是有帮助的:

表 P1　对失效控制的可能措施的说明

组成和功能	措施号 No.	措　施　说　明
结构	M 1.1	具有自检功能的单通道结构 说明: 即使这种结构由单通道组成,冗余的通道也应当被提供,以保证安全关闭。自检(周期性的)以一定的时间间隔(此间隔由应用而定)被应用于 PESSRAL 的子单元中。这些测试(如 CPU 测试和内存测试)被设计来检测与数据流无关的潜在故障。
	M 1.2	具有自检和监控功能的单通道结构 说明: 一个具有自检和监控功能的单通道结构是由一个分离的硬件监控单元组成,该硬件单元与应用无关,其周期地接收自检系统的测试数据,如果有不正确数据,那么系统就会进入安全状态。

续表 P1

组成和功能	措施号 No.	措 施 说 明
结构	M 1.3	具有比较功能的双或多通道 说明： 双通道安全相关设计由两个独立的和无反馈功能单元组成。这允许每个通道中特定的功能可以被执行。对于专门被设计用于安全装置的双通道 PESSRAL，这种通道设计就软件和硬件来说是相同的。如果双通道 PESSRAL 被用于复杂方案(如几种安全功能结合)中，并且过程或条件是不能明确检验，那么硬件和软件的差异应当被考虑。 这种结构包括一种功能，其可以比较内部信号(如总线比较)和/或与安全功能相关的输出信号，以便帮助检测故障。 至少需要 2 个独立的关闭路径，以便可以通过通道本身或者比较器来引起关闭。比较本身也必须限制于故障识别
处理单元	M 2.1	更正硬件故障 说明： 这样的单元能够使用专门的故障识别或者故障更正电路技术来实现。这些技术熟知为简单结构。
	M 2.2	软件自检 说明： 所有用于安全相关应用的处理单元的功能都应当被循环测试。 这些测试能够与子元件(如内存、I/O 等)测试相结合起来。
	M 2.3	硬件所支持的软件自检 说明： 一个专用的硬件设备用于支持自检功能的故障检测。例如，一个检查某位模式周期输出的监控单元。
	M 2.4	双通道结构比较器 说明： [1]—[比较器]—[2] 具有硬件比较器的双通道： 通过循环或连续的使用一个硬件单元来比较两个处理单元的信号。这个比较器能够作为一个外用测试单元或被设计成一个自监控设备或使用一个处理单元来比较两个通道的信号。这个比较器能够作为一个外用测试单元或被设计成一个自监控设备。

续表 P1

组成和功能	措施号 No.	措施说明
处理单元	M 2.5	2个通道的相互比较 说明: 1 Comparator ⇄ 2 Comparator 两个剩余的处理单元被使用,它们相互交换安全相关数据。每个单元都进行数据比较
固定内存范围(ROM、EPROM)	M 3.1	具有一个字冗余的安全过程(如ROM中单字宽度的签名组成) 说明: 在这项测试中,ROM中的内容通过某种算法压缩至最小一个内存字。这个算法,如循环冗余校验(CRC),能够通过硬件或软件实现。
	M 3.2	具有多位冗余的字保存(如,修正后的代码) 说明: 每个内存字通过几个冗余位扩展产生具有至少4个距离的修正码。每次读取一个字时,就可以通过检查冗余位来决定是否发生错误。如果发现差异,系统必须进入安全状态。
	M 3.3	具有块复制功能的安全过程 说明: 地址空间占有2个内存。第一个内存以正常模式操作,第二个内存包含同样的信息,并且与第一个并行被访问。比较输出,如果检测到差异,那么就认为存在故障。为了检测某种位错误,数据应当反向存储在两个内存中的其中一个,并且当读取的时候要再反向一次。在软件规程中,两个内存区域的内容要通过程序进行循环比较。
	M 3.4	具有多字冗余的安全过程 说明: 这个过程使用CRC算法计算一个签名,但是结果值至少占用2个字的大小。如同单字的情况,这个扩展签名被存储、重新计算和比较。如果存在差异,则产生故障信息。
	M 3.5	一位冗余字保存(如具有校验位的ROM监控) 说明: 每个内存字扩展1位(校验位),这将使每个字成为逻辑1的奇数或偶数。每次读取数据字的时候,要检查其奇偶位。如果错误数量的1被发现,则产生故障信息。奇或偶校验的选择应当采用,在故障事件中,无论是0字(全0)和1字(全1)都是不宜的,这样的字是一个无效代码。当计算奇偶校验用于数据位及其地址的连接时,奇偶检验也能够被用来检测地址故障

续表 P1

组成和功能	措施号 No.	措施说明
可变内存范围	M 4.1	针对静态或动态故障的测试模式的检查，如 RAM 测试“walkpath” 说明： 被检测的内存范围通过一个统一的位流进行初始化。第一个存储单元被反向，剩余的内存区域被检测以保证其是正确的。之后，第一个单元再次被反向回到至其原始值，这个过程在下一次被重复。具有逆向背景的预分配的“漂移位模型”再一次运行被执行。如果存在差异，则系统必须进入安全状态。
	M 4.2	具有块复制功能的安全过程，例如，具有硬件或软件比较的双 RAM 说明： 地址空间占有 2 个内存。第一个内存以正常模式操作，第二个内存包含同样的信息，并且与第一个并行被访问。比较输出，如果检测到差异，那么就认为存在故障。为了检测某种位错误，数据应当反向存储在两个内存中的其中一个，并且当读取的时候要再反向一次。在软件规程中，两个内存区域的内容要通过程序进行循环比较。
	M 4.3	静态和动态故障检查，例如“GALPAT” 说明： a)RAM 测试“galpat”：一个逆元素被写入标准的预分配内存中，然后所有剩余的内存单元域被检查以确保其中内容的正确。当每次读取其中一个剩余内存单元之后，反向记录的单元也要被检查和读取。每个单元都重复这个过程。具有逆向预分配的再一次运行被执行。如果有差异，则认为存在故障，或 b)透明“galpat”测试：测试开始的时候，使用有关于被测试内存范围中的软件或硬件形成一个“签名”，并存储于寄存器中；这是与 galpat 测试中的内存预分配一致的。这个内容现在被逆向写入测试单元中，并检查剩余单元中的内容。每次读取这些单元其中之一后，测试单元中的内容也被读取。因为剩余单元中的内容的确是不可知的，所以其内容也无法分别检测，而是再一次形成一个签名。第一个单元的第一次运行之后，这个单元的下一次运行伴随着多次反转而发生，因此又会生成其实际内容。这样，内存中的原始内容被重现。所有其他的内存单元用同样的方式被检测。如果有差异，则认为存在故障
I/O 单元和接口	M 5.1	多通道并行输入 说明： 这是一个依赖输出比较的数据流，其独立的输入符合一个已定的偏差范围(时间值)。
	M 5.2	输出回读(被监控的输出) 说明： 这是一个依赖输出比较的数据流，其独立的输入和输出符合一个已定的偏差范围(时间值)。故障不一定总与有缺陷的输出相关的。

续表 P1

组成和功能	措施号 No.	措 施 说 明
I/O 单元和接口	M 5.3	多通道并行输出 说明: 这是一个依赖输出冗余的数据流。故障识别通过技术过程或外部比较器直接产生。
	M 5.4	代码安全 说明: 这个过程保护输入和输出的关于偶然故障和系统故障信息。它提供依赖具有信息冗余和/或时间冗余的输入输出单元的故障识别的数据流。
	M 5.5	测试模式(模型) 说明: 这是一个数据流,其对输入输出单元进行独立循环测试,通过已定测试模式的帮助来比较具有相应期望值的观测数据
时钟	M 6.1	具有独立时基的看门狗 说明: 具有独立时基的硬件定时器通过程序的正确操作被触发。
	M 6.2	相互监控 说明: 具有独立时基的硬件定时器通过其他处理器程序的正确操作被触发
程序顺序	M.7.1	程序顺序的定时和逻辑监控的结合 说明: 仅当程序段的顺序被正确的执行,一个用于监控程序的基于时间的设备才被重新触发

附 录 ZA

(提示的附录)

本欧洲标准与欧洲电梯指令 95/16/EC 基本要求的关系

本标准由欧盟委员会授权 CEN 负责制定,本标准提供了一个符合电梯指令—95/16/EC 基本要求的方法。

欧盟委员会一旦将本标准列为该指令下的官方文件,或者被任何一个成员国采用为国家标准,执行本标准的条款,在本标准限定的条款之内,提供了一个符合指令基本要求和相应的欧洲自由贸易协会要求的途径。

警告：属于本标准范围内的产品可能要应用其他要求和其他 EU 指令。

解读　CEN 于 2005 年 5 月 13 日批准了对 EN 81-1 的修正案 EN 81-1：1998/A1：2005(E)《电梯制造与安装安全规范　A1 修正案》(以下简称 A1 修正案)，主要涉及可编程电子系统在电梯安全保护系统的使用，对 EN 81-1：1998 标准的相应条款作出了修改、补充，如本章的 1～7 所述。

A1 修正案目前尚未转化为相应的中国电梯标准，与其相关的中国标准有：

GB/T 20438.1—2006《电气/电子/可编程电子安全相关系统的功能安全　第 1 部分：一般要求》

GB/T 20438.2—2006《电气/电子/可编程电子安全相关系统的功能安全　第 2 部分：电气/电子/可编程电子安全相关系统的要求》

GB/T 20438.3—2006《电气/电子/可编程电子安全相关系统的功能安全　第 3 部分：软件要求》

GB/T 20438.4—2006《电气/电子/可编程电子安全相关系统的功能安全　第 4 部分：定义和缩略语》

GB/T 20438.5—2006《电气/电子/可编程电子安全相关系统的功能安全　第 5 部分：确定安全完整性等级的方法示例》

GB/T 20438.6—2006《电气/电子/可编程电子安全相关系统的功能安全　第 6 部分：GB/T 20438.2 和 GB/T 20438.3 的应用指南》

GB/T 20438.7—2006《电气/电子/可编程电子安全相关系统的功能安全　第 7 部分：技术和措施概述》

A1 修正案述及的可编程电子系统(PESSRAL)的定义是：基于一个或多个可编程电子装置的控制、保护或监控系统，包括用于表 A1 和表 A2 所列的与安全有关的所有元件和系统，如电源供给装置、传感器、其他输入装置、数据线和其他的通讯通道、执行器和其他的输出装置。

一种传统的观念认为，安全保护只有用机械装置来实现；只能用硬件来完成才可靠。然而，科技进步在强烈地冲击并改变着这种观念。例如，欧洲空中客车公司在 15 年前推出了“线控飞行”系统，把飞机的机翼转向由“操纵踏板用金属丝直接拉动机翼”变为“通过电气信号由步进电机操纵”。其安全性已经被实践证实并将这种变革原理制定为一个标准；同样，在现代汽车工业中，依赖于计算机软件和电子装置的 ABS 制动控制、ESP 平衡保护、安全气囊等得到广泛应用；在电梯行业，也在朝着使用安全可靠的电气装置和软件(即本章所说的可编程电子系统 PESSRAL)取代机械装置的方向迈进，例如蒂森电梯公司已经开发出 ESG 电子限速器，得到了国际权威检验机构 TUF 验证并在样机上安全运行。A1 修正案提供了可编程电子系统应用在电梯设备安全装置的新途径；提出了电梯安全用可编程电子系统安全等级要求及相关规定。

虽然我国对可编程电子系统应用于电梯还没有制定具体的标准、规定，也未见到相关应用实例，但这种理念和实现方法值得我们借鉴。

EN 81-1:1998/A2:2004
2004-06-30

电梯制造与安装安全规范

A2 修正案——

机器设备间与滑轮间

目　录

6.4.3 轿厢内或轿顶上的工作区域
6.4.4 底坑内的工作区域
6.4.5 平台上的工作区域
6.4.6 井道外的工作区域
6.4.7 门和检修活板门
6.4.8 通风
6.4.9 照明及电源插座
6.4.10 设备的搬运
6.5 安装在井道外的机器设备
6.5.1 总则
6.5.2 机器设备间
6.5.3 工作区域
6.5.4 通风
6.5.5 照明及电源插座
6.6 紧急和测试操作装置
6.7 滑轮间的结构及设备
6.7.1 滑轮间
6.7.2 井道内滑轮
12 电梯驱动主机
12.5 紧急操作
13 电气安装及电气设备
13.1 总则
13.4 主开关
13.6 照明及电源插座
14 电气故障的防护、控制和优先权
14.2.2 停止装置
14.2.3 紧急报警装置
15 注意、标记和操作说明
15.4 机房及滑轮间
15.5 井道
16 检查、试验、记录和维护
16.3 安装资料

16.3.1　正常使用

附录 A（标准的附录）　电气安全装置表

附录 C（提示的附录）　技术文件

C2　概述

C3　技术资料和布置图

附录 D（标准的附录）　交付使用前的检验和试验

D2　试验和验证

附录 E（提示的附录）　定期检验、重大改装或事故后的检验

E2　重大改装或事故后的检验

附录 O（提示的附录）　机器设备间——通道 6.2

附录 ZA（提示的附录）　本标准的条款满足 EU 指令的基本要求或其他规定

前　　言

本文件 EN 81-1:1998/A2:2004 由 CEN/TC10 电梯、自动扶梯和自动人行道技术委员会制定，该技术委员会的秘书处设在法国标准化协会(AFNOR)。

一、作为 EN 81-1:1998 的补充件本规定应有国家标准的地位，各国应在最近一次的 DOP 时采用等同文本或通过改签发布。且在最近一次的 DOW 时收回与此相抵触的国家标准。

本文件是由欧盟(The European Commission)和欧洲自由贸易委员会(The European Free Trade Association)授权委托 CEN 制定的，并且支持 EU 指令的基本要求。

与 EU 指令的关系，参见附录 ZA，它是本文件的一个组成部分。

二、根据 CEN/CENELEC 内部规定，下列国家的国家标准机构应强制执行此欧洲标准：奥地利、比利时、塞浦路斯、捷克共和国、丹麦、爱沙尼亚、芬兰、法国、德国、希腊、匈牙利、冰岛、爱尔兰、拉脱维亚、立陶宛、卢森堡、马耳他、荷兰、挪威、波兰、葡萄牙、斯洛伐克、斯洛文尼亚、西班牙、瑞典、瑞士、英国。

EN 81-1:1998 要求专用的机房和滑轮间，而现代技术显示主机及其关联部件可以放置在井道内、轿厢或对重上或箱柜内。为了确保正常的运行、维修和检验的安全，还需要制定本标准尚未描述的规定。

通过替代 EN 81-1:1998 当前有关的条款以及增加的新条款，本修正案包括了必要的附加预防保护措施。

0 引言

解读 随着电梯技术的发展，目前已经出现大量将主机及其关联部件设置在井道中的设计方式，由于这样的设计从操作、维修以及检查等方面较设置机房的设计安全有所降低，因此本标准作出了具体规定，通过对设计制造提出安全要求以及采取安全措施来消除危险、减小风险。

0.3.15 本条由下列替代：

为了保证机器设备空间中设备的正常功能，例如考虑设备的散热，机器设备空间的环境温度应保持在＋5℃～＋40℃之间。

解读 本条的目的是为了保证安装在井道内、轿厢或对重上以及其他设备空间的电工电子产品的使用气候条件，确保电梯的安全性能和可靠性能。

本条在EN 81-1:1998中是对电梯机房环境温度的要求，而现代技术显示主机及其关联部件可以放置在井道内、轿厢或对重上或箱柜内，因此本条修改为对机器设备空间的温度要求。由GB 4798.3—1990可知，温度＋5℃～＋40℃之间其气候条件等级属3K3级，该等级适用于固定使用在有防护设施、能防止气候直接影响的电工电子产品，因此，正常环境下使用的电梯设计时应该按照3K3级考虑气候条件。

0.3.16 新增以下条款：

进入工作区域的通道应有足够的照明(参见0.2.5)

解读 本条的目的是为了保证维修保养、管理人员以及检查人员在进入工作区域过程中的人身安全，不会发生因为看不清道路而摔倒、跌入井道等事故的可能，同时，可以确保当电梯发生故障或事故时，相关人员能以最快的速度到达工作区域采取措施，避免由故障引发事故或使事故造成的损失减少到最小。

由EN 81-1:1998中0.2.5条可知，本条应该属于建筑工程施工范围，其责任应该由电梯的买方负责。但是，电梯供应商有责任将本条的要求提供给买方，可以通过合同约定或采用提供图纸的方式来实现。

本条所规定足够的照明是指：工作区域的通道设置有永久固定的照明装置，由JGJ/T 16—1992可知，其通道地面上的照度应该不低于50 lx。

0.3.17 新增以下条款：

建筑法规要求的最小通道不能被打开的电梯的门/活板门阻碍，也不能被按照维修说明安装的井道外工作区域的任何防护装置所阻碍(参见0.2.5)

解读 本条的目的是为了保证维修保养人员、管理人员以及检查人员在进入工作区域过程中以及在工作区域工作当中的人身安全，确保不会发生摔倒、碰撞以及上述人员在工作当中由于没有足够的工作区域，被过往的人员推动电梯门或移动防护装置而引发安全

事故的可能，同时，可以确保当电梯发生故障或事故时，相关人员能以最快的速度到达工作区域采取措施，避免故障引发事故或使事故造成的损失减少到最小。

由 EN 81-1:1998 中 0.2.5 条可知，本条应该属于建筑工程施工范围，一般情况在购买电梯时建筑物还没有进行施工，其责任应该由电梯的买方负责。但是，电梯供应商有责任将本条的要求提供给买方，可以通过合同约定或采用提供图纸的方式来实现。如果电梯购买时建筑物已经完成了工作区域通道的施工，电梯设计者应该验证此条文的要求，对于不满足本条要求的，应向电梯购买者提出改造意见，使之满足规定要求。

0.3.18　新增以下条款：

一部电梯上同时有一人以上在作业时，这些人员之间应保证有合适的通讯手段。

解读　本条的目的是为了保证维修保养人员、检查人员在工作区域中的人身安全，避免由于不同地点同时作业，特别是作业区域之间不能有效目视以及语言交流时，操作口令传递不清，造成作业人员误操作以及被运动部件所伤害。

对于井道上部没有机房的电梯，其维修、保养以及检查等工作分布在井道和其他工作区域中，由于需要同时工作其存在的安全风险增高，因此需要考虑相应的措施防止安全事故的发生。

由于需要传达作业人员之间的工作指令，因此，可以理解合适的通讯手段应该是可以双方同时对讲的装置。这种装置可以是无线电话，也可以是有线对讲系统，而且这些装置应该是安置在工作区域内并且可以随时使用。

3　定义

新增下列定义：

机器设备(machinery)　传统置于机房内的设备：控制柜、电梯驱动主机、主开关和紧急操作装置。

机器设备间(machinery space)　在井道内或井道外的用于安装全部或部分机器设备的空间。

滑轮间(pulley space)　在井道内或井道外用于安装滑轮的空间。

解读　由于本标准是对 EN 81-1:1998 的补充，因此对于 EN 81-1:1998 中没有的名词术语进行上述的定义。其目的是统一标准对于这些装置的称呼。

5　电梯井道

5.3.3　顶板强度

本条用以下内容代替：

除 6.3.2 和/或 6.7.1 的要求外，在悬挂导轨的情况下，悬挂点至少还应能承受G5.1所要求的载荷和力。

解读 本条的目的是对顶板的强度进行设定，防止由于顶板强度满足不了电梯自身重量以及载荷重量而引发事故的可能。

如果机器设备安装在机房内，井道顶板也就是机房的地板，需要满足本标准中6.3.2的要求；如果井道上部是滑轮间，则井道顶板也就是滑轮间的地板，需要满足本标准中6.7.1的要求。

除满足上述要求外，如果导轨是采用悬挂在顶板上的方式安装，顶板悬挂导轨的位置还需满足至少所能承受载有额定载荷的轿厢在安全钳动作的状态下产生的拉伸应力。

本条的落实应该由电梯买方负责，但电梯供应商应在井道结构图中明确标注受力点位置以及受力的大小。

6 机器设备间及滑轮间

6.1 总则

机器设备和滑轮应设置在机器设备间和滑轮间里，这些空间和相关的工作区域应是可接近的。应有措施保证只有经过批准的人员(维修，检查和营救人员)可进入这些空间。考虑到周围环境的影响，应适当对这些空间和相关工作区域加以防护，同时应保证有维修、检查及紧急操作的适当区域。参见0.2.2，0.2.5和0.3.3。

见附录O。

解读 本条的目的是为了保证相关人员能够到达机器设备安装的区域而与电梯无关人员不能进入该区域，避免造成无关人员由于接触机器设备而发生自身意外伤害和造成电梯部件损坏以及引发运行中轿厢内的乘客伤害。并且保证维修、检查和紧急救援操作时相关人员工作过程中不受外部因素影响，确保自身的安全。

工作区域的可接近要求，应该是指不需要采用特殊或非正常、非常规的方式，通过使用建筑物、电梯本身的设计、安装的装置就能到达相关的工作区域。

防止无关人员进入工作区域，其保证措施应该是：

(1) 对于主机和滑轮放置在机房间和滑轮间内的，机房间和滑轮间应该是一个专用的房间，该房间不应该用于电梯以外的其他用途，也不应该设置非电梯用的公用天线系统设备、无线电话系统设备以及大厦外墙用的装饰灯控制装置等电气装置；而且机房间和滑轮间应该是由实体的墙壁、房顶、门组成。

(2) 对于主机和滑轮放置在井道内的，因为井道的作用使无关人员已经无法接近，因此可以不用考虑主机和滑轮区域的阻止措施。但如果电气控制系统或救援操作装置安装在层站处，则电气控制系统或救援操作装置应该安装在封闭的箱体内，箱体上应该有明显的警示标识，并且箱门必须上锁，只有专用的钥匙才能打开。

当电气控制系统或救援操作装置安装在层站处时，由于层站处存在维修、保养、检查以及救援等工作，因此根据GB 5083—1999可知，该处工作空间应保证操作人员的头、臂、手、腿、足在正常作业中有充分的活动余地，并且作业点应留有足够的退避空间。工作时设置的防护栏杆可能会使层站的使用面积减少，层站处的流动人员也可能会对正在作业的人员产生干扰和影响，因此，在购买电梯前，购买方应该明确了解安装电气控制系统或救援装置的层站处需要有足够的面积用于上述工作，而供货方有责任按照本标准的相关要求提出具体尺寸要求。并且供货方还应该将安装电气控制系统或救援装置的箱门设计成为有防止无意状况下门关闭的安全栓，防止操作人员被无意的关门造成夹伤、触电等事故。

6.2 通道

6.2.1 邻接任何一个门/活板门，通向机器设备间及滑轮间的通道应：

a) 设永久性电气照明装置，以获得适当的照度；

b) 任何情况均能完全安全、方便地使用，而不需经过私人房屋。

解读 本条的目的是为了保证电梯作业人员安全、方便、顺畅、及时地到达工作区域。

不管机器设备及滑轮安装在机房还是井道内的任何地方，本条对进入工作区域的门/活板门前面的通道进行了规定，其中：

(1) 适当的照度由 JGJ/T 16—1992 可知应该是不低于 50 lx。

(2) 依据 GB 17888.1—1999 进行选择采用设计的通道可以被认为是完全安全、方便的。购买方有责任要求建筑设计单位按照上述标准要求对通道进行设计。

通过上述要求，保证了相关人员可以安全、方便地进入到工作区域，并且防止发生紧急情况时由于救援人员不能方便快捷地到达工作区域，从而引发事故的发生。

6.2.2 应提供人员进入机器设备间和滑轮间的安全通道。应优先考虑全部使用楼梯。如果不能用楼梯，可以使用符合下列条件的梯子：

a) 通往机器设备间和滑轮间的通道不应高出楼梯所到平面 4 m；

b) 梯子应固定在通道上而不能被移动；

c) 梯子高度超过 1.5 m 时，其与水平方向的夹角应在 65°和 75°之间，并不易滑动或翻转；

d) 梯子的净宽度应不小于 0.35 m，其踏步深度应不小于 25 mm，对于垂直设置的梯子，踏步与梯子后面墙的距离应不小于 0.15 m。踏步的设计载荷应为 1 500 N；

e) 靠近梯子顶端，至少应设置一个容易握到的把手；

f) 梯子周围 1.5 m 的水平距离内，应能防止来自梯子上方坠落物的危险。

解读 本条的目的是为了保护电梯作业人员进入工作场所过程中的安全。

只有使用符合 GB 17888.1—1999 要求的楼梯，其通道才能被认为是本质安全的。正常情况下，通道设计应该选择楼梯，除非受建筑结构的限制或电梯使用运行状况的限制，才能考虑有条件的降低安全要求，采用符合a)～f)条件的梯子。其中：

(1) 梯子的提升高度不能大于4 m。

(2) 根据GB 17888.1—1999可知，梯子的净宽度是指两扶手之间的距离和踏板宽度相比较的较小值。

(3) 以梯子两侧梯梁为基点，距基点1.5 m水平距离内的区域，在梯子上方如果存在人员活动的空间或可能产生坠落物体的窗户等因素，则在梯子上方，此面积范围应该设置防护装置进行防护。

6.3 机器设备在机房内

6.3.1 总则

6.3.1.1 电梯驱动主机及其附属设备设置在一个由实体的墙壁、房顶、地板、门和(或)活板门组成的机房里。

机房不应用于电梯以外的其他用途，也不应设置非电梯用的线槽，电缆或装置。

但这些房间可设置：

a) 杂物电梯或自动扶梯的驱动主机；

b) 这些房间的空调或采暖设备，但不包括以蒸汽和高压水加热的采暖设备；

c) 火灾探测器或灭火器。它们具有较高动作温度，适用于电气设备，在一段时期内是稳定的。且有合适的防意外碰撞保护。

解读 本条的目的是为了防止与电梯无关的人员进入机房，造成自身意外伤害和造成电梯部件损坏以及引发运行中轿厢内的乘客伤害。

一些楼宇将公用天线系统装置、无线电话信号发射和接收装置等电子设备以及大厦外墙装饰灯具的控制装置等电器设施安装在机房内，这些设备存在检查维修的需要，因此将会有人员进入电梯机房，从而存在上述的安全风险。而且电子设备也存在对电梯电子系统造成干扰的可能。还有一些楼宇将消防水管、大厦供水的管道经过机房敷设，如果管道破裂、渗漏同样存在一定安全风险。

由于杂物电梯和自动扶梯的相关人员与电梯工作人员是一致的，均受过专业的培训，所以允许杂物电梯和自动扶梯主机安装在机房内。但对于在机房内安装空调或采暖设备以及火灾设施，本条设置了条件：

(1) 不能使用以蒸汽和高压水加热的采暖设备，因为其管道和设备是高压的，由于管道和设备的泄漏会导致蒸汽与水喷洒，造成电梯设施损坏，导致安全事故的发生。

(2) 选择具有较高的动作温度，并且在一段时间内是稳定的火灾探测器，以及适用于电气设备的灭火装置，如干粉、二氧化碳等灭火器。

火灾装置的选择由设计单位根据JGJ/T 16—1992进行，一般情况选择感烟探测器。

6.3.1.2 曳引轮可以安装于井道内,其条件是:

a) 能够从机房进行检查、测试及维修工作;

b) 机房和井道之间的开口应尽可能小。

解读 本条的目的是为了减轻作业人员劳动强度以及保证作业人员作业过程当中的人身安全、电梯设备安全。

曳引轮安装在机房内,工作人员可以方便、安全地接近它,由于建筑条件限制需要将曳引轮安装在井道内时,其工作人员的安全状况有所下降,因此通过规定 a)和 b)的要求,确保工作方便、可靠的进行,从而减轻人员工作强度和保证维修保养、检查人员的安全。

GB/T 15706.2—1995 对开口尺寸提出了要求,其目的是防止人员从开口坠入井道或者使用的仪器设备以及工具坠入井道,造成人员伤亡和设备的损失。开口的实际尺寸需要按照设备的尺寸决定,只要能够通过开口完成作业即可。

6.3.2 机械强度和地面

6.3.2.1 机房结构应能承受预定的载荷和力。

机房应用经久耐用并不易产生灰尘的材料建造。

解读 本条的目的是设定机房结构强度以及建筑材料的使用,保证电梯的安全性能和可靠性能。

预定的载荷和力是指由电梯供应商提供机房内安装设备的数量、分布情况以及每台设备的重量。机房结构主要承力点是曳引机底座支撑点、钢丝绳绳头固定处、限速器安装处等。如果导轨悬挂在机房地板上,还需考虑悬挂点处。各受力处所需要承受载荷力的值由电梯供应商提供,可以以设计文件或图纸标注的方式提供。买主负责落实,建筑设计者按照提供的数据进行设计。

机房建筑材料的采用是考虑到主机运行时机房内会产生空气的流动,以及为了排除机房内的浑浊空气而进行通风,如果存在灰尘,随着空气的流动,灰尘会散布到电气装置、主机等设备上,设备的使用寿命、可靠性能以及安全会受到影响。

6.3.2.2 机房地面应采用防滑材料,如抹光混凝土、花纹钢板等。

解读 本条的目的是防止相关人员在机房内作业时有可能滑倒而受到伤害。

条文中列举的抹光混凝土和花纹钢板是机房常用的材料,但不排除其他材料的使用,只要其附着力高于抹光混凝土即可,或依据 GB 17888.2—1999 进行试验,满足标准要求。

6.3.3 尺寸

6.3.3.1 机房应有足够的尺寸,以允许人员安全和容易地对有关设备进行作业,尤其是对电气设备的作业。工作区域的净高应不小于 2 m,且:

a) 在控制屏和控制柜前应有一块净空面积。该面积:

1）深度，从屏柜的外表面测量时不小于 0.7 m；

2）宽度，为 0.5 m 或控制屏、柜的全宽，取两者中的大者。

b）为了对运动部件进行维修和检查，在必要的地点以及需要手动紧急操作的地方（12.5.1），要有一块不小于 0.5 m×0.6 m 的水平净空面积。

解读　本条的目的是规范机房建筑设计尺寸，保证作业人员作业空间充足、方便，从而能够确保作业人员的安全。

购买方需要在机房设计施工前与供应商进行沟通，确认电梯机房内设备的数量、布置方式以及尺寸要求，供应商应该提供机房设备布置图供建筑设计者使用。

工作区域是指在机房内安装的机械、电气设备，其维修、保养以及检查时需要的场地。此区域任何地点从地面到房顶最低点处的垂直距离不应该小于 2 m。同时控制柜以及运动部件处、救援操作处的空间还需满足 a）和 b）的要求。

6.3.3.2　供活动的净高度应不小于 1.8 m，这一净高度应从通道场地的地面测量到屋顶横梁的下面。

通往 6.3.3.1 所述的净空场地的通道宽度应不小于 0.5 m。在没有运动部件的地方，此值可减少到 0.4 m。

解读　本条的目的是保证人员在机房工作时，能够方便、顺畅地往来于各设备之间，保证人员不会与屋顶横梁或其他物体发生碰撞而引发事故；当发生紧急情况时能够及时地到达操作地点，避免造成事故的发生以及事故发生处理时引发处理人员再次发生事故的可能以及减少事故的损失。

机房内，除工作区域和必要的地点以及手动紧急操作以外的区域以及设备之间的通道均应该满足本条规定，其高度测量为从地面到屋顶的最低点之间的距离。

工作区域之间的通道中如果没有运动部件其宽度可以为 0.4 m。如一般情况下从机房门到控制柜前面 0.5 m×0.7 m 区域的通道宽度可以是 0.4 m。

6.3.3.3　电梯驱动主机旋转部件的上方应有不小于 0.3 m 的垂直净空距离。

解读　本条的目的是防止作业人员的头部被运动部件与其上部的屋顶挤压以及由于空间不够使人员的头部被运动的部件所伤害。

电梯作业人员在工作中有可能将头部伸到运动部件与其上部屋顶之间，因此需要考虑其挤压的可能性。由 GB 12265.3—1997 可知，保护头部被挤压的最小间距为 300 mm，因此，应保证旋转部件的上方有不小于 0.3 m 的垂直净空距离。

6.3.3.4　机房地面高度不一且相差大于 0.5 m 时，应设置楼梯或台阶并设置护栏。

解读　本条的目的是防止作业人员在机房工作时，由高出地面的台阶意外跌下或跌入低于地面的坑底而造成人员伤害。

为了满足井道顶层空间的要求，有一些电梯将机房内的主机、限速器、选层器等机械设备安装在高出地面一定高度的平台上，而电气控制装置则安装在机房地面上。由 GB 17888.2—1999 可知，当有坠落可能的高度超过 500 mm 时，就有危险产生，平台需要安装防护栏，护栏至少应包括一根中间横杆，扶手的最小高度应为 1 100 mm。扶手和横杆及横杆与踢脚板之间的自由空间不应超过 500 mm。由地面至平台之间应该设置楼梯，楼梯也应设置护栏，其要求同平台护栏，但扶手高度允许至少为 900 mm。

6.3.3.5 机房地面有任何深度大于 0.5 m、宽度小于 0.5 m 的凹坑或任何槽坑时，均应盖住。

解读 本条的目的是防止作业人员在机房工作时，跌入地面上存在的槽坑内，造成人员的伤害。

一般情况，机房地面是平整的，可能会有用于井道通风的孔，该孔洞应该用钢网盖住；对于侧置式机房，布置在底层的机房地面可能会有凹坑和槽坑，当深度大于 0.5 m、宽度(较短边)小于 0.5 m 时，应该采用防滑材料的盖板盖住，盖板可以是网格的。

如果凹坑或槽坑的宽度大于 0.5 m，该凹坑或槽坑的底部与机房地面应该被认为是两个不同平面的工作平台，因此，应该按 6.3.3.4 条对平台的要求执行，即凹坑或槽坑四周应安装护栏。

6.3.4 门和检修活板门

6.3.4.1 通道门的宽度应不小于 0.6 m，高度应不小于 1.8 m，且门不得向房内开启。

解读 本条的目的是为了使工作人员方便、安全地进入工作区域，并且保证当机房发生火灾时，人员能通过机房门以及通道迅速的撤离，保证人员的安全。

考虑只允许专业、相关的人员进入机房，并且进入机房的频次较低等因素，因此，由 GB 17888.2—1999 可知，通道门按照单人通道的要求设计，宽度应该不小于 0.6 m、高度不应小于 1.8 m。按照建筑防火设计要求，通道门的打开方向应由机房向通道方向打开，火灾时以便机房内的人员迅速地逃离机房。

6.3.4.2 供人员进出的检修活板门其净通道尺寸应不小于 0.8 m×0.8 m，且开门后能自行保持在开启位置。检修活板门处于关闭位置时，应能支撑两人的重量，每个人按在门的任意 0.2 m×0.2 m 面积上作用 1 000 N 计算，门应无永久变形。

检修活板门除非与可收缩的梯子连接外不得向下开启，如果门上装有铰链，应属于不能脱钩的型式。

当检修活板门开启时，应有防止人员坠落的措施(如设置护栏)。

解读 本条的目的是为了供使用人员方便、顺畅地从机房进入需要维修、检查的设备间，以及确保设置的门安全可靠，不会发生意外造成安全事故。

如果需要从机房间或滑轮间进入井道上部空间，机房地面则设计有开孔，此开孔需装有满足上述要求的检修活板门。而且活板门打开时，为了防止人员从打开的活板门处无意坠入井道，应该有防护装置。如在机房存放栏杆，当使用时可方便的拿到和打开，或在活板门四周安装固定护栏，其中一边为活动门的型式，当打开活板门时，防护栏杆的门也将关闭。

6.3.4.3 门或检修活板门应装有带钥匙的锁。它可以从机房内不用钥匙打开。只供运送器材的活板门，只能在机房内部锁住。

解读 本条的目的是防止无关人员进入机房或井道，以及紧急情况时可以方便快捷地离开机房或井道。

门锁的目的是使无关人员无法进入机房或井道，但不应阻止工作人员的离开，如果机房门锁上需要用钥匙才能在机房内打开时，当发生火灾时，由于机房内人员的慌张，或者一时找不到钥匙，不能很快的打开门逃离，从而可能造成伤亡。

6.3.5 其他开口

楼板和机房地板上的开孔尺寸，在满足使用的前提下应减到最小。

为了防止物体通过位于井道上方的开口，包括通过电缆用的开孔而坠落的危险，必须采用圈框。此圈框应凸出于楼板或完工地面至少50 mm。

解读 本条的目的是防止机房内的物体通过孔洞坠落至井道，对运行中的轿厢或对重产生影响，伤害井道内作业地人员，损坏井道中的机械电气设备，而引发事故的发生。

由于机房地面存在曳引绳、限速器绳、线槽等穿过地板的一些必须的开孔，存在物体从这些开孔坠落到井道的可能，特别是机房有人工作时，由于无意动作，会将手中的工具、零件失手或者脚踢到地面上的工具以及其他物体，使其通过孔洞坠入井道，直接影响到电梯的安全使用，因此其开口应该尽量的小，根据GB 17888.2—1999这些开口宜为不能使直径为20 mm的球体从开口中坠入井道，孔洞四周有凸出的圈框可减少此风险。

6.3.6 通风

机房应有适当的通风。必须考虑到井道通过机房通风的情况。从建筑物其他处抽出的陈腐空气不得直接排入机房内。应保护诸如电机、设备以及电缆等，使它们尽可能不受灰尘、有害气体和潮气的损害。

解读 本条的目的是为了保护机房内的电气设备不受灰尘、有害气体和潮气的影响而损坏。通风的目的是使机房空气保持流动，排除浑浊的带有热量或潮湿以及其他有害物质的气体,使机房空气保持清新、干燥。如果井道上部没有专门设置通风孔,而是通过机房通风,那么机房地面需要有与井道相通的通风孔,其面积至少为井道截面积的1%。

自然通风是一种效果良好、经济可靠的通风方式,因此在设计通风装置时,首先应该考虑自然通风,只有在自然通风不能满足排除机房和井道电气设备全部废气或由于客观条件的限制而不能采用自然通风时,才采用其他的通风方式。根据GB/T 4798.3—1990的要求,通风量应该按夏季排风温度不超过40℃计算。自然通风的方式可以是利用门窗形成空气对流,但要考虑门窗的防盗功能和防雨功能。一般情况下没有遮挡的窗户会采用百叶窗。

强制排风的方式可以是安装排风扇或利用大厦空调系统。如果采用窗式空调或分体式空调,应该注意选择具有换气功能的空调,没有换气功能的空调只能达到降温的目的,实现不了通风的目的,并且还要考虑通风量的计算。

6.3.7 照明及电源插座

机房内应安装永久性的电气照明,地面上的照度不小于200 lx,照明电源应符合13.6.1的要求。

在机房内靠近入口(或多个入口)处的适当高度应设有一个开关,控制机房照明。

机房内应至少设有一个电源插座(见0.2.5和0.3.14)。

解读 本条的目的是为了保证相关人员进入机房时有足够的光亮,以及在机房内可以正常、安全的开展各项工作。

本条对机房照明的要求是较高的,相当于民用建筑图书馆中一般阅览室、装裱修整间的照度,其目的是考虑到在地面上进行机械、电气零部件的修理和保养工作所需达到的照度要求。但是需要注意的是GBJ 133—1990中机房的照度规定为150 lx,与本条规定不符,因此供货商需注意提醒购买方,并明确需满足本条规定的要求。

如果机房有多个入口,每个入口处都应该安装有照明开关,方便人员从各处安全的进入和离开,照明开关安装的高度宜为1.3 m,距门框0.15 m～0.2 m。

由0.3.14可知,如果机房内使用有电动的起重设备,机房内的电源插座要满足起重设备的电气容量。通常情况下,机房笨重的设备应该是曳引机,因此供货方应该在机房技术要求中,明确曳引机的质量,以及提升曳引机所需电动提升设备的用电负荷。购买方如果考虑机房使用电动起重设备,则需根据供货方提供的用电负荷量设计选择电源插座电源容量以及插座的型式。

6.3.8 设备的搬运

在机房顶板或横梁的适当位置上,应该装有一个或多个适用的具有安全工作载荷标示(见15.4.5)的金属支架或吊钩,以便起吊重设备(见0.2.5和0.3.14)。

解读 本条的目的是减少工作人员的劳动强度,避免由于没有设置起吊点,而机房空间又限制使用较大的起吊设备，在进行一些较重的设备(如主机)安装、维修时，需要使用人力进行吊装、搬运，从而有可能造成的人员扭伤、夹伤，被重物砸伤、挤伤等伤害情况。

由 GB/T 15706.2—2007 可知，不能移动或不能通过手动搬运的机器及其零部件应装有或可以安装适当的附属装置，以供借助起吊设备搬动这些零部件。通常情况下，机房中较重的设备应该是曳引机，因此供货方应该在机房技术要求中，明确曳引机的质量。购买方根据供货方提供的数据要求设计单位在进行建筑设计时依据本条的规定进行施工设计。

6.4 安装在井道内的机器设备

解读 通常顶部没有设置机房的电梯，其机械设备部分设置在井道内，部分又设置在井道外，如曳引机、部分电气控制设备和限速器等设置在井道内，而紧急和测试操作装置等又设置在井道外。前者需要满足 6.4 条的要求，而后者需要满足 6.5 条，而不是在 6.4 条与 6.5 条之间选择一种情形的关系。

6.4.1 总则

6.4.1.1 井道内的机械支架和工作面应能够承受设计规定的载荷和力。

解读 本条的目的是设定机械支架和工作面的结构强度，保证电梯的安全。

目前，电梯的驱动主机安装在井道内的型式主要有以下几种普遍采用的方式，如图 A2-6-1 所示：

1) 井道顶部的平台上，维修、检查在平台上进行；

2) 轿架上横梁处，维修、检查在轿顶上进行；

3) 轿厢的侧框架上，维修、检查在轿厢上进行；

4) 轿厢的下框架上，维修、检查在底坑中进行；

5) 对重架内，维修、检查在轿顶上进行；

6) 底坑地面上，维修、检查在底坑地面上进行。

不管采用上述方式的那种情况，主要承力点是在主机底座固定点、钢丝绳绳头固定处、限速器安装处等。各受力处所需要承受力的值由电梯供应商提供，可以以设计文件或图纸标注的方式提供，买主负责落实，建筑设计者按照提供的数据进行设计。按照 GB 17888.2—1999的要求，电梯供应商与建筑设计商的设计文件中应说明平台的设计载荷，并且除本条规定外，平台的设计还需要满足 GB 17888.2—1999 中 4.1 要求。

除主机外，对于建筑结构设计产生影响的还有在井道中安装的控制柜，其安装位置有以下几种普遍采用的方式，如图 A2-6-2 所示：

1) 在井道顶部，维修、检查在平台上进行；

2) 在轿顶上，维修、检查在轿顶上进行；

3) 在轿厢侧框架上，维修、检查在轿厢内进行；

4) 在轿厢底，维修、检查在底坑中进行；

5) 底坑中，维修、检查在底坑中进行；

6）在对重架内，维修、检查在轿顶上进行；

7）在层站处，维修、检查在层站处进行。

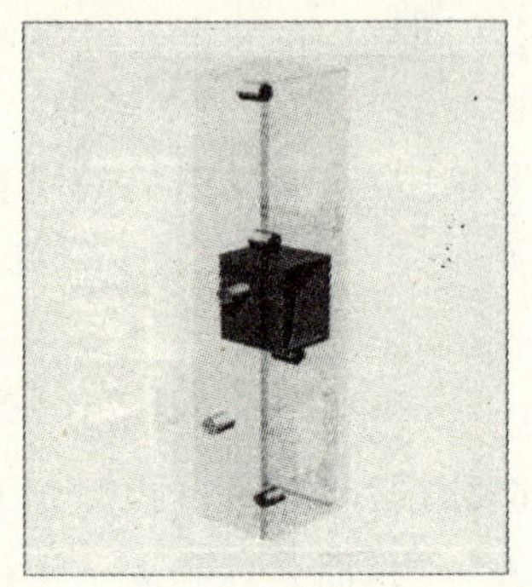

图 A2-6-1 主机在井道中的位置

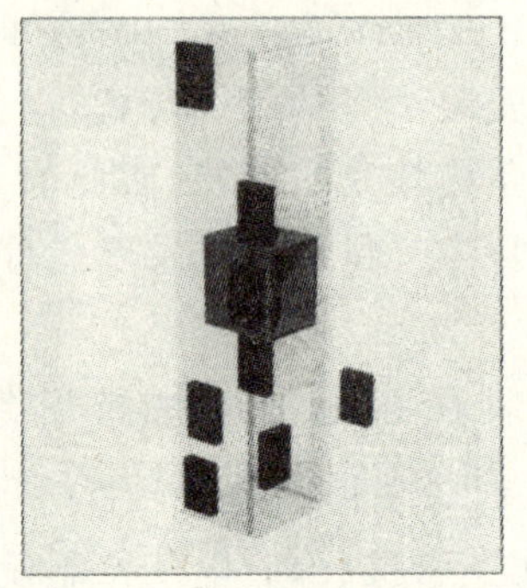

图 A2-6-2 控制屏的安装位置

6.4.1.2 当部分封闭的井道位于建筑物的外部时，其中的机械设备应进行防护以防止外界环境的影响。

解读 本条是针对机器设备安装在井道内，而井道又没有全封闭时，要求对机器设备采取防护措施，保证电梯运行的安全、可靠。

如果井道没有完全封闭，主机有可能在没有防护的环境条件下使用，购买方需要在购买前按照 EN 81-1:1998 的 0.2.5 条要求与供货方协商，明确使用环境条件要求，包括：气候条件、生物条件、化学活性物质条件、机械活性物质条件以及机械条件。供货方必须依据 GB/T 4798.3—1990 与 GB/T 14092 系列标准的要求提供能满足环境条件要求的电梯，政府有关部门将授权相关机构对设计进行验证。

6.4.1.3 在井道内从一个工作区域到另一个工作区域的移动空间的净高度应不小于 1.8 m。

解读 本条的目的是保证人员在井道内工作时，能够方便、顺畅地往来各设备区域之间，防止由于高度不够，人员在运动中意外碰头受伤并且可能引发坠落工作平台的事故，保证人员的安全。

工作区域是指在井道内安装的机械、电气设备，其维修、保养以及检查时需要的场地。

本条是对井道内存在 2 个或 2 个以上工作区域时，工作区域之间通道高度的要求。例如：井道内主机安装在井道顶部一个平台上，而控制柜安装在井道顶部靠近层门的墙壁上，其平台是可折叠的，工作时可打开平台在平台上工作，那么主机平台与控制柜平台之间移动空间的净高度是指各工作平台地面至井道顶部最低部件之间的垂直距离。

6.4.2 井道内工作区域的尺寸

6.4.2.1 在井道内机器设备处的工作区域应有足够的尺寸，以允许人员安全和容易地对设备进行作业。工作区域的净高应不小于 2 m，且：

a) 为了对部件进行维修和检查，在必要的地点要有一块不小于0.5 m×0.6 m的水平净空面积；

b) 在控制屏(柜)前应有一块水平净空间。该空间：

1) 深度，从屏(柜)的外表面测量时不小于0.7 m；

2) 宽度，为0.5 m或控制屏(柜)的全宽，取两者中的大者。

解读 本条的目的是规范井道建筑设计尺寸，保证作业人员作业空间充足、方便，从而能够确保作业人员的安全。

购买方需要在建筑设计施工前与供应商进行交涉，确认电梯井道内设备的数量、布置方式以及尺寸要求，供应商应该提供井道设备布置图供建筑设计者使用。

工作区域是指在井道内安装的机械、电气设备，其维修、保养以及检查时需要的场地。此区域适应于任何设备需要工作的地点，依据GB 5083—1999的要求，其工作空间应保证操作人员的头、臂、手、腿、足在正常作业中有充分的活动余地。并且本条对工作区域的净高度也进行了规定，净高度是指任何地点从地面到井道顶部最低点处的垂直距离。

在满足工作区域空间要求的条件下，条文同时还要求部件和控制柜工作处的水平净空间满足a)和b)的要求，图A2-6-3是其中一种控制柜带维修平台的布置型式，需要注意如果控制屏宽度小于0.5 m，其平台底宽度应该是不小于0.5 m。

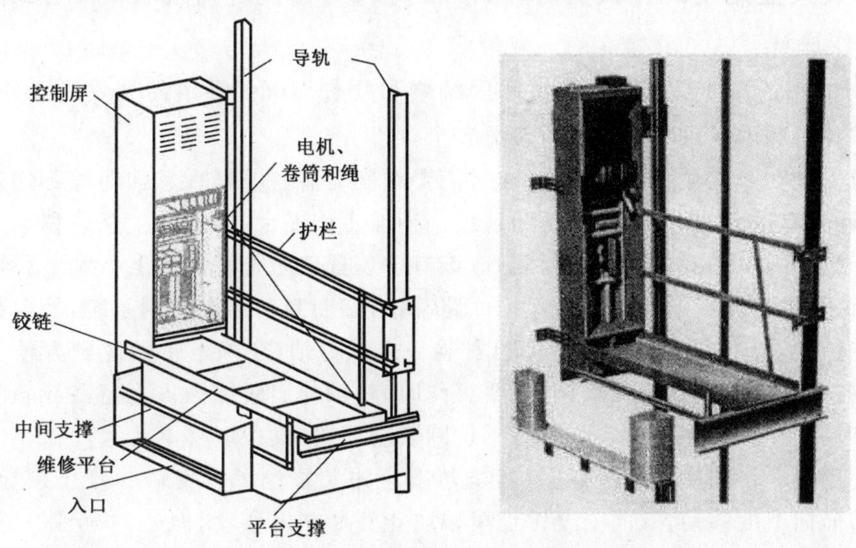

图 A2-6-3 带维修平台控制柜的安装

6.4.2.2 无保护的电梯驱动主机旋转部件的上方应有不小于0.3 m的垂直净空距离。如果此距离小于0.3 m，应根据9.7.1 a)提供保护措施。参见5.7.1.1或5.7.2.2。

解读 本条的目的是防止作业人员的头部被运动部件与其上部的屋顶或其他装置所挤压。

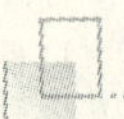

电梯作业人员在工作中有可能将头部伸到运动部件与其上部顶板之间，因此需要考虑其挤压的防护，由 GB 12265.3—1997 可知，保护头部被挤压的最小间距为 300 mm，当旋转部件与顶板之间的距离小于 0.3 m 时，存在头部被挤压的可能，因此需要保证电梯驱动主机旋转部件的上方应有不小于 0.3 m 的距离，如果建筑结构条件不能满足此要求，驱动主机需要设置防护网，避免人员的头部接触旋转部件。

对于驱动主机安装在井道中固定的平台上时，旋转部件与上方设施之间的距离考虑实际测量的值即可。如果驱动主机安装在轿厢或对重上，则 0.3 m 的距离是指对重或轿厢压缩缓冲器以后所测量的值。

6.4.3 轿厢内或轿顶上的工作区域

6.4.3.1 轿厢内或轿顶上进行机器的维修和检查工作的场合，如果因维修和检查导致的轿厢失控或意外移动可能给维修或检查人员带来危险，应遵守下列条款：

a) 应有一个机械装置，防止轿厢的任何危险的移动；

b) 应借助于一个符合 14.1.2 的电气安全装置来防止轿厢的所有移动，除非该机械装置处于非工作位置；

c) 当该装置处于工作位置时，维修检查人员应能进行相关的作业并能安全地离开工作区域。

解读 本条的目的是为了防止轿厢因维修和检查而可能导致的失效或意外移动，从而起到保护在轿厢内或轿顶上工作的人员安全。

当主机安装在井道顶部或轿顶时，如果需要对制动器、曳引轮、悬挂绳等部件进行大修或检查，轿厢则有滑动的可能，由于轿厢被用来当作工作平台，如果产生意外移动会对工作人员造成影响，并且可能引发事故，因此，应该有一装置能防止轿厢的上行和下行两方向的移动，并且该装置工作后电梯的安全保护回路动作，切断制动器和控制系统，使电梯不能运行。目前，有一种设计方式是采用在轿厢安装一根承力轴，在确定轿厢位置方便工作的导轨处，两边各安装一个带孔的支架，在需要工作时，将轴伸出轿厢插入固定在导轨上带孔的支架内，同时一个电气安全保护开关动作，切断安全回路，确保电梯不能运行。

如果使用安全钳的动作来进行保护，虽然安全钳装置也可以使轿厢停止在导轨上，并能够防止轿厢向下的移动，双向安全钳也可以防止轿厢向上移动，但是，安全钳只能防止轿厢单方向的移动，而不能同时防止轿厢两个方向的移动，因此，安全钳是不能用来承担上述要求的装置。

6.4.3.2 用于紧急操作和动态试验（如制动试验、曳引试验、安全钳试验、缓冲器试验及轿厢上行超速保护装置试验）所必需的装置，应按 6.6 的要求设置在能够从井道外对其进行操作的地方。

解读 本条的目的是为了保证在发生轿厢困人时，能快捷、方便、安全地将人救援出来，防止由于救援不当、救援时间延误、救援实施操作困难，而引发乘客或者救援者的伤害事故，以及，为了确定电梯安全保护装置功能可靠而需要进行验证试验时，可以方便、安全地操作，防止由于操作不便、操作方式复杂而造成操作者的伤害事故。

根据本标准12.5条规定，紧急操作装置包括手动操作装置和电动操作装置两种型式。当向上移动装有额定载重量的轿厢所需的操作力不大于400 N，电梯驱动主机应该装设手动紧急操作装置；如果上述的力大于400 N，工作区域内应该设置一个符合本标准14.2.1.4规定的紧急电动运行的电动操作装置。对于操作力小于400 N的驱动主机，标准没有不允许使用电动操作装置，因此采用电动操作装置也是可以的。目前，大多数无机房电梯采用的是永磁同步无齿轮曳引机，其向上移动装有额定载重量的轿厢所需的操作力大于400 N，需要设置符合紧急电动运行要求的电气操作装置。因此对于采用永磁同步无齿轮曳引机的无机房电梯，在工作区域内只要设置了符合紧急电动运行功能要求的电动操作装置就已经满足了本标准的要求。

本标准规定对于电动紧急运行的控制中有一项要求，即电梯驱动主机应由正常的电源供电或者由备用电源供电（如有），由此可见，本标准中的电动紧急运行功能的要求与设计的基础是基于电源良好质量基础上的，而且还是建立在电气设备、机械设备有可靠的质量的基础之上的，因此没有考虑当电梯电源停电、驱动主机系统故障情况下，轿厢内人员的救援问题。而对于有机房电梯，当发生上述问题时，救援人员可以在机房人为打开制动器，使轿厢溜车而释放轿厢内的人员，但对于无机房电梯，当发生上述问题时，不可能像有机房电梯一样进行操作，特别是该设计属较新的技术，可靠性能没有经过长期的验证，因此，一些制造商从风险分析以及解决遗留风险的角度对存在的上述问题采用了一些安全措施设计，如：在井道外安装一个操作手柄，通过手柄与主机之间的联动钢丝绳使主机的制动器打开，再通过轿厢与对重之间的不平衡重量关系，使轿厢产生向上或者向下的移动。如果轿厢与对重之间的重量偏差不足以使轿厢移动，那么，维修人员可以采用在底坑拉动限速器绳给轿厢施以外力或者在轿厢上放置重物等方式来实现轿厢的移动，还有一些制造商采用电动开闸等其他方式的安全措施来解决问题。这些安全措施的设计不是本标准要求必须设置的，但如果设计有，电梯供货方应该对设计所采取的方式，在维修保养手册中明确。电梯购买方应该确保电梯保养单位能够获得此操作手册，以确保操作过程的安全。

动态试验包括：

1. 制动试验

是指载有125%额定载重量的轿厢以额定速度下行，并切断电动机和制动器供电的情况下，进行试验。如果控制柜安装在井道外，该试验的实现很容易，将主电源开关断开即可；如果控制柜安装在井道内，为了实现试验要求，需要在井道外安装停止装置，一般大多厂家在顶层厅门旁的控制箱内安装有停止装置，试验时将停止装置动作，即可实现制动试验。

2. 曳引试验

(1) 轿厢空载，在行程上部范围内向上运行，以及，轿厢载有125%的额定载荷，在行程的下部范围内向下运行，停车数次，轿厢应完全停止；

(2) 当对重压在缓冲器上时，空载轿厢不能向上提升；

(3) 平衡系数符合设计值的检查。

为了保护试验者的安全，本条原意是不允许试验由人员在轿厢内操作完成，因为有存在试验失效的可能，如果发生试验失效，如果控制柜安装在井道外，可以通过操作控制装置完成试验；如果控制柜安装在井道内，为了实现试验要求，需要在井道外安装电梯控制系统，通过该系统完成试验。

3. 安全钳试验

是指根据不同安全钳型式而采用不同载重量的轿厢，在检修速度下向下运行时，人为操作限速器动作，从而带动安全钳动作的试验。

该项试验要求在井道外可以操作限速器的动作和自动复位，以及可以操作轿厢检修上行和下行运行，因此，需要在井道外安装有实现试验的操作、控制装置。电梯供应商应该将试验操作规程提供给电梯购买方，电梯购买方应该确保该操作规程能够提供给维修保养单位。

4. 缓冲器试验

对于非线性缓冲器和耗能型缓冲器，试验要求载有额定载重量的轿厢和对重以额定速度撞击缓冲器，如果操作人员在轿厢或轿顶来控制电梯，当缓冲器的设计或安装不能满足要求时，可能会对操作人员造成伤害，因此，本条要求操作人员能在井道外对电梯进行操控，避免由于设备可能的缺陷造成操作者的受伤。

5. 轿厢上行超速保护装置试验

轿厢空载，以额定速度上行，动作轿厢上行超速保护装置，应能制停轿厢。此项试验，如果人员在轿厢或轿顶操作，当上行超速保护装置失效，可能会对操作人员造成伤害；并且，由于没有机房，上行超速保护装置只能安装在井道内，如果人员在井道内触发上行超速保护装置动作，操作人员也有可能由于操作不便等原因造成伤害，也有可能因为上行超速保护装置失效而引发其他安全事故，造成操作人员受伤，因此，本条要求操作人员能在井道外对电梯以及上行超速保护装置进行操控，避免由于操作不便以及设备可能的缺陷造成操作者的受伤。

6.4.3.3 如果检查窗和/或门设置在轿厢壁上，它们应：

a) 有足够的尺寸通过这个门/窗进行必要的作业；

b) 为避免坠入井道应尽可能的小；

c) 不得向轿厢外打开；

d) 装有一把用钥匙开启的锁，且不用钥匙就能关闭并锁住；

e) 应提供一个符合 14.1.2 的电气安全装置来检查其锁定位置；

f) 是无孔的，并满足与轿壁相同的机械强度要求。

解读 本条的目的是保护人员在轿厢内通过门窗对井道内设备进行维修、检查等工作时的安全以及防止被容易的打开而引发轿厢内人员的意外受伤。

当机器设备安装在井道内的侧面墙壁上时，对于机器设备的维修和检查等工作可以在轿厢内进行，对于这种通过轿厢壁上的开孔、把轿厢当做工作平台的方式，本条设置了轿厢开孔需要满足的a)～f)的条件，其意义是：

(1) 轿厢壁上可以设置检查窗，同时还可以设置检查门；也可以只设置检查窗或者只设置检查门。

(2) 不管是门还是窗，其尺寸应该合适，即通过轿厢壁上的净开口可以对井道墙壁上的机器设备进行操作，而不需要留有太多的空间。合适的尺寸应该是开口大于所需接触机器设备的几何尺寸，但机器设备周边至开口垂直投影之间的距离需要在150 mm以内。

(3) 如果窗和门是向轿厢外开启，那么在开启和关闭门、窗时，可能会造成人员从开口处跌入井道，并且当轿厢在机器设备工作区域向外开启时会被机器设备阻挡，因此，门和窗应该向轿厢内开启。

(4) 轿厢壁上的门和窗如果可被任何人都能方便、随意地开启，可能会造成人员从开口处跌入井道，也可能会对运行中的轿厢造成影响，引发事故，因此，门和窗均需要设置锁。为了防止门和窗能被轻易地打开，要求锁必须用钥匙才能打开，该钥匙上同样需要标明打开窗和门可能发生事故以及其他注意事项的警示牌，并且，钥匙需专人管理。但对于门和窗的关闭，则要求可方便、快捷地进行，并可以达到锁住的目的。

(5) 不管是运行中将门、窗打开，还是门和窗在打开时轿厢意外运行，都有可能引发轿厢内人员的伤害，因此，门和窗在没有被锁住在锁定位置时，电梯均不能运行，为此需要设置一个符合安全触点型式的电气开关进行监视、保护。当门或窗没有被锁住在锁定位置时，电气开关动作，断开安全回路以及制动器回路，使电梯停止运行或不能起动。

(6) 如果门和窗的强度不够，容易造成意外的打开而引发事故的发生，因此，要求其强度与轿厢壁一致。

6.4.3.4 检查门/窗开启的情况下需要从内部移动轿厢的场合，应满足：

a) 在检查门/窗的附近有一个可用的符合14.2.1.3的检修控制装置；

b) 轿内的检修控制装置应使6.4.3.3 e)所要求的电气安全装置失效；

c) 被批准的人员可以接近轿内检修控制装置，并且此装置的设计应使得人员站在轿顶时，不能使用其来移动轿厢，例如，把它放置在检查门/窗的后面；

d) 如果开口的较小一个尺寸超过0.20 m，轿厢壁上开口的外边缘与在该开口面前的井道内安装的设备之间的距离，应小于0.30 m。

解读 本条的目的是为了保证当打开门或窗作业时，如果维修、检查工作需要移动轿厢，其操作是可控制的、可靠安全的，并且轿厢的移动不会影响操作人员的安全。

为了达到目的，本条设置了a)～d)的开门/窗移动轿厢的条件，其意义是：

(1) 在开孔附近设置一个检修控制装置，轿厢的移动必须由该装置控制，并且操作人员可以容易地看到开口外的机器设备；

(2) 检修装置使用时,门/窗锁住在锁定位置的监视保护电气开关应该失效,使轿厢可以上下检修运行;

(3) 为了防止检修控制装置被滥用,其安装的地点是正常情况下无法拿到的,应该是专业人员首先用专用钥匙打开门/窗,在轿厢壁靠近井道一面以及开口的附近拿到检修控制装置。而且,安装的位置还应该使轿顶的人员无法得到。

(4) 为了防止操作人员从轿厢开口处跌入井道,当开口的任何一边尺寸大于0.20 m时,开口靠近井道侧的边缘与井道内安装的设备之间的距离不能大于0.30 m。

6.4.4 底坑内的工作区域

解读 机器设备安装在底坑内时的要求。

6.4.4.1 在底坑内进行机械设备的维修或检查时,如果此工作需要移动轿厢或可能导致轿厢的失控和意外移动,应遵循下列条款:

a) 应提供一个永久性的装置能机械地制停最大为额定载荷的任何负载、以最大为额定速度的任何速度运动的轿厢,使工作区域的地面与轿厢最低部件[不包括5.7.3.3 b) 1)和5.7.3.3 b) 2)中提到的部件]间的自由距离不小于2 m。除安全钳外其他机械装置的制停减速度不应超过缓冲器作用时的值(10.4)。

b) 该机械装置应能保持轿厢停止。

c) 该机械装置可由手动或自动进行操作。

d) 如果必须从底坑中移动轿厢,底坑中应有一个符合14.2.1.3要求的检修控制装置。

e) 用钥匙打开任何通往底坑的门时,应由一个符合14.1.2要求的电气安全装置来检查,该装置将防止电梯的进一步运行,但g)给出的要求下的移动是可能的。

f) 除非这个机械装置处于非工作位置,一个符合14.1.2要求的电气安全装置应防止轿厢的一切运行。

g) 当由一个符合14.1.2要求的电气安全装置检查到这个机械装置处于工作位置时,应仅能从检修控制装置来控制轿厢的电动移动。

h) 应有一个设于井道外的电气复位装置,只有通过操作此装置才能使电梯恢复到正常工作状态,该电气复位装置应设于只有经批准的人员才能接近的地方,比如设置在上锁的箱柜内。

解读 本条的目的是为了保护在底坑内工作的人员,不会因为轿厢或对重在维修和检查时可能导致的失效或意外移动而引发安全事故。

当主机安装在底坑时,对制动器、曳引轮、悬挂绳等部件进行大修或检查时,轿厢有滑动或者坠落的可能，由于底坑被用来当作工作间，受底坑使用空间影响，如果轿厢产生意外移动可能会对站在底坑内的工作人员造成影响，并且可能引发事故，因此，应该有一个机械装置能保证底坑有足够的高度而不会对工作人员造成影响，即确保工作人员即使站立在底坑工作时，也不会碰撞到轿厢的最低部件。因此轿厢可移动到井道行程底部的最下位置为轿厢最低部件与底坑地面之间的间距不小于2 m。但是如果垂直滑动门的部件、护脚板和相邻的井道壁以及轿厢最低部件和导轨之间的水平距离在0.15 m之内时，上述的部件不需要满足至底坑地面不小于2 m的要求。

如果机械装置不能将失控且以额定速度向下运行的满载轿厢制停住，会对底坑内工作人员带来伤害，因此，条文对机械装置的承载冲击的能力作出了要求，考虑到轿厢的失控可能会发生在停电状态下，因此，还要求不能采用电气制动的方式，而是采用机械制动方式，如摩擦的方式。

考虑到轿厢被机械装置制停时轿内乘客所能承受的冲击振动，条文要求机械装置在承受轿厢冲击的同时，产生的减速度不能大于1.0 g_n。例如，当轿厢发生了严重的困人情况，必须在底坑通过对主机制动器进行复杂的操作才能完成救援，而如果在操作时制动器失效而引发轿厢处于失控状态，轿厢的下坠会被本条规定的机械装置制停，如果轿厢与机械装置之间的冲击振动超过1.0 g_n，将会对乘客的身体造成伤害，因此，该机械装置应该有类似缓冲器的装置来防止冲击振动过大。

条文对机械装置实现工作的方式没有规定，可以采用人为手动的方式，也可以是电气控制的自动方式。

如果需要在底坑内操纵轿厢的运行，才能完成检修、检查、试验等必要的工作，条文要求在底坑设置检修控制装置，检修控制装置型式也必须满足标准的要求。

如果底坑有门，打开底坑的门，就会存在人员进入的可能，而正常运行的电梯轿厢和对重可能会对人员造成意外的伤害，所以，需要予以保护。设置符合电气安全装置的开关来验证底坑门的打开，并且可以使停止运行的电梯保持在停止状态，避免意外的发生。但是，门的开关是起验证门所在位置作用的，不是停止开关，因此不会将运行的电梯紧急停止，而是在电梯停止运行后，不能再次运行。并且，开关不限制底坑内检修运行的操作。

机械装置还需要设置一个符合电气安全装置的开关来验证该装置的工作状态，当检查到该装置工作时，应能保证电梯不能正常运行，但可以检修运行。

底坑内的工作完成后，机械装置需要恢复到非工作状态。为了防止人员在井道内恢复机械装置过程中或完成恢复工作但人员还没有离开井道，而电梯已可以正常运行，由此可能引发人身伤亡事故，因此，要求恢复电梯正常运行的操作必须在井道外进行。通常采用的方式是在井道外安装一个电气控制的复位装置，该装置还需满足防止被滥用的可能。

6.4.4.2 当轿厢处于6.4.4.1 a)中所述的位置时，维修及检查人员应能安全地离开该工作区域。

解读 本条的目的是为了保证发生坠落或意外滑移的轿厢完全压在机械装置上时，不会使底坑内工作的人员有被困的可能。

虽然轿厢可移动到井道行程底部的最下位置为轿厢最低部件与底坑地面之间的间距不小于 2 m,而 2 m 的高度足够人员方便地离开井道,但是,如果垂直滑动门的部件、护脚板和相邻的井道壁以及轿厢最低部件和导轨之间的水平距离在 0.15 m 之内时,上述的部件不需要满足至底坑地面不小于 2 m 的要求,因此,需要考虑这部分部件也不应该阻挡人员从井道内的离开。

6.4.4.3 用于紧急操作和动态试验(如制动试验、曳引试验、安全钳试验、缓冲器试验及轿厢上行超速保护试验)所必需的装置,应按 6.6 的要求设置在能够从井道外对其进行操作的地方。

解读 见 6.4.3.2 的解释。

6.4.5 平台上的工作区域

解读 机器设备安装在井道内平台上时的要求。

6.4.5.1 当从一个平台上进行机器设备的维修和检查工作时,该平台应:

a) 是永久性安装的平台;且

b) 如果它位于轿厢或对重/平衡重运动的通道中,应是可缩回的。

解读 本条的目的是保证人员方便、安全地进行维修、检查工作,并且提供工作的平台不会对电梯的正常运行造成影响。

必须能够对安装在井道内的设备进行维修和检查,因此需要提供人员站立的平台以及方便、安全的空间。目前,除采用轿厢为工作平台外,一些设计是在设备处安装工作平台,如图 A2-6-4 所示。条文对平台的设计、安装提出了 a)、b)两条要求。

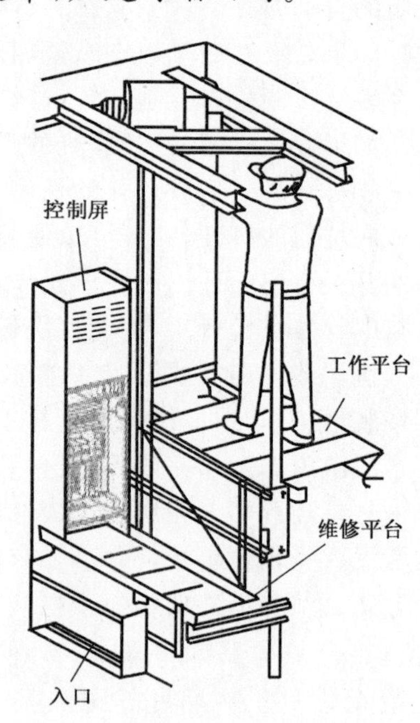

图 A2-6-4 工作平台的设置

永久性安装是指该平台不属临时性质的,使用时在现场通过简单的操作就能实现,而不是还得从其他地方拿来安装。而且,该平台如果放置的位置会影响电梯运行,或者其边缘与轿厢或对重之间的距离小于 50 mm,那么,该平台在不使用时应该是可以收缩的。

除上述要求外,该平台还需要满足 GB 17888.2—1999 的要求。

6.4.5.2 如果要从一个位于轿厢、对重或平衡重的运行通道中的平台上进行维修或检查工作时:

a) 轿厢应是用一个符合 6.4.3.1 a)和 b)的机械装置锁定而静止不动的。

b) 对于需要移动轿厢的地方,应用可移动的停止装置将轿厢的运行通道限定。该项停止装置应以这样的方式使轿厢停止:

——如果轿厢从上而下向平台运行,至少停在上方距平台 2 m 处;

——如果轿厢从下而上向平台运行,应停在平台下方符合 5.7.1.1 b)、c)和 d)要求的地方。

解读 本条的目的是防止相关人员在平台上工作时受到轿厢、对重或平衡重移动的影响,以保证人员的安全。对于平台放置的位置不会影响电梯运行,如其边缘与轿厢或对重之间的距离大于 50 mm,则可不用考虑平台对人员的影响。

条文规定的方法有两个:

1. 按照 6.4.3.1 a)和 b)的要求,保证轿厢是固定不动的。

2. 如果工作中需要移动轿厢,则需要设置可自动伸缩的机械止挡装置,当需要在平台上进行检修工作且需要移动轿厢时,打开平台时,机械止挡装置自动动作,使轿厢在井道内运行的行程受到限制。其行程范围应为:

(1) 如果轿厢在平台的上方,机械止挡装置伸出在平台地面以上至少 2 m 处;

(2) 如果轿厢在平台的下方,机械止挡装置的伸出位置应该能够确保止挡装置动作后轿厢顶面与平台地板之间的间距符合 5.7.1.1 b)、c)和 d)的要求。

6.4.5.3 该平台应:

a) 能够在其任何位置支撑 2 个人的重量而无永久变形,每个人按在平台 0.2 m×0.2 m 面积上作用 1 000 N 计算。如果此平台还用于装卸重的设备,则应据此相应地考虑平台的尺寸,平台还应有足够的机械强度来承受负荷和预计作用其上的力(见 6.4.10)。

b) 设置一个符合 8.13.3 的护栏。

c) 装备有设施以确保:

1) 平台地板与入口通道平面之间台阶高差不超过 0.50 m;

2) 在平台与通道门的门槛之间不能有可能通过直径为 0.15 m 的球体的间隙;

3) 完全打开的层门板与平台边缘之间的水平间隙不能超过 0.15 m,除非采取了附加的预防措施(装置)来防止坠入井道。

解读 本条的目的是对工作平台的强度、结构、尺寸以及设施进行规定,保护平台上从事作业人员的安全。

电梯供应商应该在设计文件中对平台的要求进行描述,电梯购买者监督建筑设计单位按此要求以及 GB 17888.2—1999 进行设计。

如果该平台由电梯供应商提供,需要在文件中反映出设计内容。

6.4.5.4 除6.4.5.3外,任何可缩回的平台还应:

a) 设有一个符合14.1.2的电气安全装置,确认平台完全缩回的位置;

b) 设有一个可使平台进入或退出工作位置的装置,该项装置的操作可从底坑中或通过安装在井道外且只有经过批准的人员才可以接近的装置进行。

如果进入平台的通道不经过层门,则当平台不在工作位置时,应不能打开通道门,或者是采取适当措施和手段防止人员坠入井道。

解读 本条的目的是保证轿厢的安全运行,防止运行的轿厢与没有完全收缩的工作平台发生碰撞,造成轿厢损坏以及对轿厢内的人员产生伤害。

在满足6.4.5.3要求的同时条文还要求:

(1) 设有一个符合安全触点或安全电路要求的电气安全装置,其安装的位置可以保证当平台没有完全收缩时,电梯不能起动以及运行。

(2) 设有一套机构装置,操作该机构装置可以使平台达到工作状态,满足工作要求,也可以通过操作该机构装置使平台收缩到保证轿厢能安全运行的设计空间。该机构装置可以安装在井道内的底坑中,也可以安装在井道外,如果安装在井道外应该有措施保证只有经过批准的人员才能接近该机构装置。

如果相关人员进入平台工作不是通过层门,而是通过井道安全门,则当平台没有处于工作位置时,井道安全门不能打开,如果能打开需要确保人员不会从打开的井道安全门进入井道时坠入井道。

6.4.5.5 在6.4.5.2 b)的情况下,当工作平台处于工作位置时,可伸缩的机械止挡装置应该可以自动伸出,并且还应有:

a) 符合10.3和10.4要求的缓冲器;

b) 一个符合14.1.2的电气安全装置,只有机械止挡装置处于完全缩回位置,它才允许轿厢移动;

c) 一个符合14.1.2的电气安全装置,只有机械止挡装置处于完全伸出的位置,它才允许轿厢在平台放下时可以在限定的区域内移动。

解读 本条的目的是通过对机械止挡装置提出要求,保证该装置的操作安全,避免由于操作位置不方便、操作方式复杂,而有可能引发的操作者发生意外,并且也保证止挡装置工作时不会对轿厢以及轿厢内人员造成伤害。

采用的安全措施是:

(1) 止挡装置上安装有缓冲器,当止挡装置产生作用时使其对轿厢产生的冲击减少到可以接受的状态。

(2) 设有符合安全触点要求的电气安全装置,它保证在平台处于不工作状态以及止挡装置缩回到设计位置时,轿厢才能正常运行,如果止挡装置在缩回的过程中发生故障而没有完全到位,其电气安全装置应该确保电梯不能起动。

(3) 设有符合安全触点要求的电气安全装置,它保证在平台处于工作状态以及止挡装置完全伸出到工作位置时,轿厢才能在6.4.5.2条限定的行程中检修运行,如果止挡装置在伸出的过程中发生故障而没有完全到位,其电气安全装置应该确保电梯不能起动。

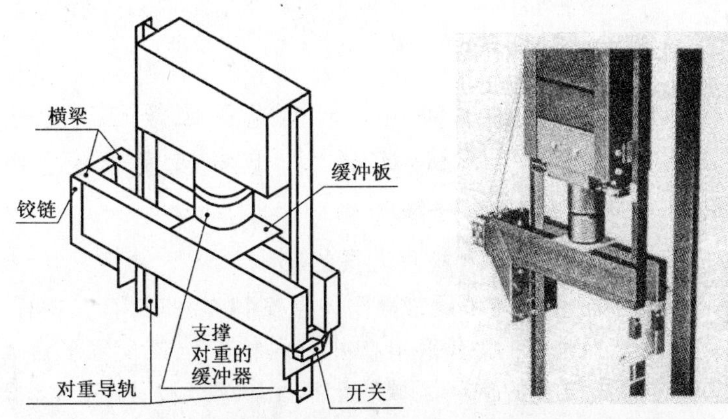

图 A2-6-5 临时缓冲板的设置

图A2-6-5所示的是一种当平台在轿厢上部,而且轿厢需要在平台下面运行的设计,当平台被放下时,联动机构带动转动轴固定在对重导轨上的机械止挡装置,使止挡装置下落到对重导轨上,维修人员通过轿厢在平台下部的检修运行,在止挡装置上安装上缓冲器以满足本条的要求,通过对重与缓冲器的接触使轿厢在平台的下部向上检修运行时其行程受到限制,并且止挡装置上设有满足本条规定的电气安全装置。

6.4.5.6 对于必须从平台上移动轿厢的地方,应有一个在平台上可以使用的符合14.2.1.3要求的检修控制装置。当机械止挡装置处于工作的位置时,轿厢的电动运行只能从检修控制装置进行。

解读 本条的目的是保护平台上操作人员的安全,操作人员通过方便的操作检修控制装置可以可靠的操纵轿厢的运行,从而保证操作人员不会由于不能操控运行中的轿厢,造成自身以及其他人员的伤害。

本条规定了设置检修控制装置的条件,如果工作人员在平台上的工作中需要运行轿厢,那么需要在平台上设置有符合14.2.1.3要求的检修装置。当机械止挡装置伸出处于工作位置时,轿厢的运行只能由平台上的检修装置操纵,但允许以人工松闸,手动上、下移动轿厢。

6.4.5.7 用于紧急操作和动态试验(如制动试验、曳引试验、安全钳试验、缓冲器试验及轿厢上行超速保护试验)所必需的装置,应按6.6的要求设置在能够从

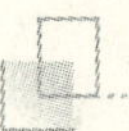

井道外对其进行操作的地方。

解读 本条的目的是保证实施紧急操作和动态试验人员的安全。

由于井道空间限制，工作平台作用时与轿厢以及对重的运行空间相重合，因此电梯不能进行正常行程范围以及速度的运行，而紧急操作和动态试验需要电梯作正常行程范围或速度的运行，所以本条规定用于紧急操作和动态试验所必需的装置，应该能够从井道外对其进行操作，而不允许在平台上进行，从而保证操作人员安全、可靠地操作。

6.4.6 井道外的工作区域

当机器设置于井道内，但要从井道外对其进行维修和检查时，与6.1不同，此时可将满足6.3.3.1和6.3.3.2要求的工作区域设置于进道外。接近机器设备只能通过符合6.4.7.2的门或检修活板门。

解读 本条的目的是保证维修和检查人员的安全。

如果控制柜、驱动主机、主开关和紧急操作装置安装在井道内，其中任一设备从事维修和检查工作的空间和地点，设计时没有采用在井道内相应位置设置平台的方式进行，而是需要在井道外操作时，操作位置的空间区域应该满足6.3.3.1和6.3.3.2的要求，即对工作区域的高度以及面积作出规定，以允许人员安全和方便地对有关设备进行作业。

正常情况下，井道内机器设备与井道外之间应该设置有符合6.4.7.2的门和检修活板门，需要对机器设备进行维修或检查时，打开门或活板门方可进行工作，防止在未设置门的情况下，人员从井道外坠入井道。

6.4.7 门和检修活板门

6.4.7.1 通过井道围封上的门应可接近井道内的工作区域，该种门应是层门或满足以下要求的门。

这些门应：

a) 宽度不小于0.6 m，高度不小于1.8 m；

b) 不得向井道内开启；

c) 装有一个用钥匙开启的锁，不用钥匙也能将门关闭并锁住；

d) 即使被锁住时，也应能不需要钥匙从井道内部将其打开；

e) 有一个符合14.1.2的电气安全装置，确认门的锁闭位置；

f) 是无孔的，应具有与层门相同的机械强度，并遵守相关建筑物的防火规范。

解读 本条的目的是为了能够方便可靠地对安装在井道内的机器设备进行维修和检查，从而确保作业人员的安全。

本条对门提出了具体要求，其意义：

(1) 对于a)，考虑通常只有一个专业、相关的人员通过门接触井道内的机器设备，并且接触井道内机器设备的频次较低等因素，因此，门按照单人通道的要求设计，宽度应该不小于0.6 m、高度不应小于1.8 m。

(2) 对于b)，其目的是防止如果保护措施失效，开启的门与运行中的轿厢或对重发生碰撞。而且防止人员在开启门时由于自身突发意外(比如晕倒)或者外部因素(比如被他人碰撞)影响造成惯性而坠入井道。

(3) 对于c)，其目的是保证门不会被滥用，危及电梯正常运行以及防止发生坠入井道事故。

(4) 对于d)，其目的是保证井道内的工作人员安全、方便地离开井道，不会因为意外情况而被困井道内。

(5) 对于e)，通过电气安全装置验证门的位置，保证电梯运行前，门必须在关闭状态。

(6) 对于f)，规定了门的结构和强度以及耐火等级，保证电梯安全使用。

6.4.7.2 从井道外部的工作区域接近井道内的机器设备时，应：

a) 通过门/检修活板门应有足够的尺寸来完成需做工作；

b) 尽可能的小，以避免坠入井道；

c) 不向井道内开启；

d) 装有一个用钥匙开启的锁，不用钥匙也能将门关闭并锁住；

e) 有一个符合14.1.2的电气安全装置，确认其锁闭位置；

f) 是无孔的，应具有与层门相同的机械强度，并遵守相关建筑物的防火规范。

解读 本条的目的是为了能够方便可靠地对安装在井道内的机器设备进行维修和检查，从而确保作业人员的安全。

本条对门提出了具体要求，其意义：

(1) 对于a)，其目的是使维修和检查工作可方便、安全的进行，保证通过门能完成所有需要进行的工作。

(2) 对于b)，其目的是在保证通过门能完成所有需要进行的工作情况下，还需要限制门的开口不能太大，避免工作人员在工作中从门与井道内机器设备之间的间隙坠落井道。

(3) 对于c)，其目的是防止如果保护措施失效，开启的门与运行中的轿厢或对重发生碰撞。

(4) 对于d)，其目的是保证门不会被滥用，危及电梯正常运行以及防止发生坠入井道事故。

(5) 对于e)，通过电气安全装置验证门的位置，保证电梯运行前，门必须在关闭状态。

(6) 对于f)，规定了门的结构和强度以及耐火等级，保证电梯安全使用。

本条没有规定，门即使被锁住时，也应能不需要钥匙从井道内部将其打开，其原因是该门只是用来打开时通过门对井道内的设备进行维修和检查，而不被用来人员进入和离开井道，所以不需要考虑工作人员被困井道需要通过此门离开的情况。

6.4.8 通风

机器设备间应有适当通风。机器设备间的电气设备应予以保护,使它们尽可能不受灰尘、有害烟气和潮湿气体的损害。

6.4.9 照明及电源插座

工作区域和机器设备间应安装永久性的电气照明,地面上的照度不小于200 lx,照明电源应符合13.6.1的要求。(注:该照明可以是井道照明的一部分。)

在靠近工作区域入口的适当高度处,应设有一个只有经过批准的人员才能接近的开关,以控制工作区域及设备间的照明。

在每个工作区域的适当位置上应至少设有一个电源插座(见13.6.2)。

6.4.10 设备的搬运

在机器设备间的适当位置应装有一个或多个适用的具有安全工作载荷标示(见15.4.5)的金属支架或吊钩,以便起吊重设备(见0.2.5和0.3.14)。

6.5 安装在井道外的机器设备

解读 机器设备安装在井道外时的要求。

6.5.1 总则

井道外的机器设备间以及非独立机房中的机器设备间的结构应能够承受所需要它们承受的载荷和力。

解读 本条的目的是设定机器设备间的结构强度,保证电梯的使用安全。

机器设备间的结构主要承力点是曳引机支座着地点、钢丝绳绳头固定处、限速器安装处以及安装在层站侧边的控制柜或操作屏等。如果导轨悬挂在地板上,还需考虑悬挂点处。各受力处所需要承受力的值由电梯供应商提供,可以以设计文件或图纸标注的方式提供。买主负责落实建筑设计者按照提供的数据进行设计。

6.5.2 机器设备间

6.5.2.1 电梯的机器设备应设置在设备间内,该设备间不能用于电梯以外的其他用途,也不应设置非电梯用的管槽、电缆或设备。

解读 本条的目的是为了防止与电梯无关的人员进入机器设备间,造成自身意外伤害和造成电梯部件损坏以及引发运行中轿厢内的乘客伤害。

一些楼宇将公用天线系统装置、无线电话信号发射和接收装置等电子设备以及大厦外墙装饰灯具的控制装置等电器设施安装在机器设备间内,这些设备存在检查维修的需要,因此将会有人员进入电梯机器设备间,而存在上述的安全风险,而且,电子设备也存在对电梯电子系统造成干扰的可能。还有一些楼宇将消防水管、大厦供水的管道经过机器设备间敷设,如果管道破裂、渗漏同样存在一定安全风险。

6.5.2.2 机器设备间应由无孔的墙、地面、顶和门组成。仅允许有下列开口：

a) 通风口；

b) 为了实现电梯的各项功能，在井道和机器设备间必需的开口；

c) 火灾情况下的烟气排放口，当这些开口能被未经过批准的人员接近时，它们应该满足下列要求：

1) 根据EN 294:1992，表5，对接触危险区域进行保护。

2) 对电子设备接触的防护等级不低于IP2XD。

表5 通过规则开口触及的安全距离(3岁～14岁)

mm

身体部位	图示	开口	安全距离 S_r		
			槽形	方形	圆形
指尖		$e \leqslant 4$	≥2	≥2	≥2
		$4 < e \leqslant 6$	≥20	≥10	≥10
指至指关节或手		$6 < e \leqslant 8$	≥40	≥30	≥20
		$8 < e \leqslant 10$	≥80	≥60	≥60
		$10 < e \leqslant 12$	≥100	≥80	≥80
		$12 < e \leqslant 20$	≥900[a]	≥120	≥120
臂至肩关节		$20 < e \leqslant 30$	≥900	≥550	≥120
		$30 < e \leqslant 100$	≥900	≥900	≥900

[a] 如果槽形开口长度≤40 mm，大拇指将受到阻滞，安全距离可减小到120 mm。

解读 本条规定了机器设备间的密闭性要求，其目的是为了防止机器设备间中的机器设备被来自室外部的因素影响和干扰，造成电梯部件损坏以及引发运行中轿厢内的乘客伤害。

本条同时也作出了特殊规定，允许存在下列开口：

(1) 通风口，含机器设备间自身的通风口以及井道通过机器设备间进行通风的通风口。

(2) 主要是指通过机器设备间与井道之间的悬挂绳、电气线槽、限速器钢丝绳等部件所需要的开口。

(3) 通常火灾情况下的烟气排放口都设置在公众场所，所以人员都能够容易的通过排放口接触到机器设备间里的设备，因此需要对存在有可能接触的区域进行保护，其保护方法应该按照表5规定的距离设置护栏或护障。

对于安装在该区域的电子设备，要求其防护等级不低于IP2XD。由GB 4208.3—1993可知，防护等级的要求是指电子设备的外壳能提供一个规定等级的防护来防止某些外部影响和防止接近或触及带电部分的部件。IP2XD是一个具体的防护等级，是指直径12.5 mm的球形物体不得通过外壳完全进入到电子设备中，以及当电子设备防护挡盘部分进入时，直径为1.0 mm，长为100 mm的金属线不得触及危险部件，其目的是防止人的手指触及带电部分以及防止人手拿金属线接触电子设备的带电部分，造成电击的伤害。

6.5.2.3　机器设备间的门应：

a)　有足够的尺寸以通过该门完成所需作业；

b)　不得向设备间内开启；

c)　装设有一个用钥匙开启的锁，不用钥匙也能将门关闭并锁住。

解读　本条的目的是为了能够方便可靠地对安装在设备间的机器设备进行维修和检查，从而确保作业人员的安全。

本条对门提出了具体要求，其意义：

(1) 对于a)，其目的是使维修和检查工作可方便、安全地进行，保证人员不需要进入机器设备间而是通过门就能完成所有需要进行的工作。

(2) 对于b)，当人员向内开启门时，可能会对已经在设备间里工作的人员造成意外，并且当发生火灾时，向外开启的门方便设备间内人员的逃生。

(3) 对于c)，防止无关人员进入到设备间。

6.5.3　工作区域

机器设备间前面的工作区域应满足6.4.2的要求。

6.5.4　通风

机器设备间应有适当通风，机器设备应予以保护，使它们尽可能不受灰尘、有害烟气和潮湿气体的损害。

6.5.5　照明及电源插座

机器设备间内应安装永久性的电气照明，地面上的照度不小于200 lx。照明电源符合13.6.1的要求。

在机器设备间内靠近门的适当高度处应设有一个开关，控制机器设备室的照明。

在机器设备间内，至少应设有一个电源插座(见13.6.2)。

6.6　紧急和测试操作装置

6.6.1　在6.4.3、6.4.4和6.4.5的情况下，应在检修屏上装有必要的紧急和测试操作装置，以便在井道外进行所有紧急操作和所有必要的动态测试工作。只有经过批准的人员才能接近该检修屏。若维保过程需要移动轿厢，而且其作业并不能在井道内预定的工作区域安全地进行，它也可用于此场合下的维保手段。

如果紧急和测试装置未保护在机器设备间内，则应用适当的罩子罩住。此罩：

a）不能向井道内开启；

b）应设有一个用钥匙开启的锁，不用钥匙也能将罩关闭并锁住。

解读 本条的目的是为了保护检修人员和检查人员的安全，以及可以方便快速地实现救援工作。

当机器设备安装在井道内时，电梯轿厢的救援和动态测试工作无法在平台上进行，因此，要求安装在井道外的检修屏上设置用于紧急操作和动态测试的操纵装置，如图A2-6-6所示，当发生轿厢困人或需要进行动态试验时，工作人员在检修屏上即可完成工作，同时也使工作人员不必进入井道而方便安全地完成工作，保证了自身的安全。

a)

b)

图 A2-6-6 紧急和测试操作

为了防止该装置被滥用引发事故，要求检修屏只有经过批准的人员才能够接近，因此检修屏应该安装在机器设备间内。如果检修屏没有安装在设备间，那么则应该用适当的罩子罩住，并且打开的罩子不能伸向井道内，避免与井道中运行的轿厢与对重发生碰撞。而且为了防止无关人员接触，罩子应该能被可靠地锁住。

如果工作人员在维保工作中需要移动轿厢，而且移动轿厢的操作又不能在井道中进行，否则运动的轿厢或对重会对轿厢内或轿厢顶或工作平台上工作人员的安全产生影响，此时，检修屏上的紧急装置可以用来移动维保中的轿厢，但移动的行程只限于该项工作。

6.6.2 该检修屏应设置：

a）符合12.5要求的紧急操作装置和一个符合14.2.3.4的对讲系统。

b）能进行动态测试的控制设备(6.4.3.2、6.4.4.3、6.4.5.7)。

c）电梯驱动主机的直接观察或显示装置，它应能给出下列指示：

1）轿厢运动的方向；

2）到达开锁区；

3）电梯轿厢的速度。

解读　本条对检修屏需要配置的装置提出了基本要求，确保操作过程中人员的安全。

需要具备下列基本装置：

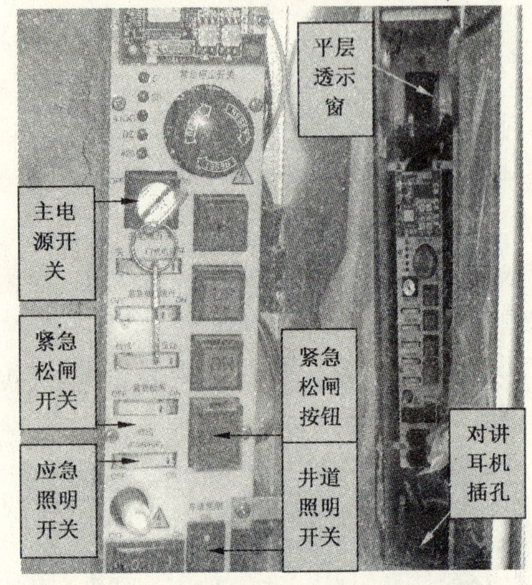

图 A2-6-7　一种型式的检修操作屏

(1) 紧急操作装置，该装置应该能够实现12.5要求的紧急操作，即操作紧急装置，能够将轿厢移动到一个层站。

(2) 动态测试装置，该装置能够实现制动试验、曳引试验、安全钳试验、缓冲器试验以及轿厢上行超速保护试验。

(3) 在检修屏上能够直接观察到或者通过显示装置看到轿厢运行的方向、轿厢到达开锁区域的指示以及轿厢的运行速度。显示装置可以采用直观的实时影像监控技术或其他电子技术(如通过电子板上各种灯指示等)，指示速度只是个相对有变化的要求，并非是确定的速度数值。需要补充理解的是，在停电时该装置仍应有效。

图 A2-6-7 是一种型式的检修屏。

6.6.3　屏上的装置应用一个永久性安装的电气照明装置照亮，在这些装置上的照度不小于50 lx。应在屏上或靠近屏的地方设置一个开关用于控制该屏的照明。照明电源应符合13.6.1的要求。

解读　本条的目的是保证操作人员在任何时间都能清楚地看到安装在检修屏上的装置，避免由于操作不当延误救援或发生误操作，造成人员的伤害。其要求如图 A2-6-7 所示：

(1) 照明装置能够在检修屏上的各装置工作面上达到50 lx的照度。

(2) 照明开关应该很容易地看到，并且方便操作。

(3) 照明电源应该与电梯主电源分开控制。

6.6.4　紧急和测试操作屏只能安装在符合6.3.3.1规定的工作区域内。

解读　本条对检修屏的安装空间条件进行了规定，其目的是保证操作人员能够安全、方便地操作，避免操作失误引发安全事故。

具体要求按照6.3.3.1执行。

6.7　滑轮间的结构及设备

6.7.1　滑轮间

井道外的滑轮应位于一个滑轮间内。

解读 本条的目的是为了防止无关人员接触运动中的滑轮，造成自身意外伤害和造成电梯部件损坏以及引发运行中轿厢内的乘客伤害。

6.7.1.1 机械强度和地面

6.7.1.1.1 滑轮间的结构应承受正常情况下所承受的载荷和力。

滑轮间应用经久耐用并不易产生灰尘的材料建造。

解读 本条的目的是设定滑轮间的结构强度，保证电梯的使用安全。

滑轮间主要承力点是滑轮支座着地点、钢丝绳绳头固定处、限速器安装处等。如果导轨悬挂在滑轮间地板上，还需考虑悬挂点处。各受力处所需要承受力的值由电梯供应商提供，可以以设计文件或图纸标注的方式提供。买主负责落实建筑设计者按照提供的数据进行设计。

对于建筑材料的采用要求是考虑到主机运行时滑轮间内会产生空气的流动，以及为了排除机房、滑轮间内的浑浊空气而进行通风，如果存在灰尘，随着空气的流动，灰尘会散布到电气装置、主机的设备上，对设备的使用寿命以及安全会造成影响。

6.7.1.1.2 滑轮间的地面应采用防滑材料，如抹光混凝土、花纹钢板等。

6.7.1.2 尺寸

6.7.1.2.1 滑轮间应有足够的尺寸，以便维修人员能够安全和容易地接近所有设备。同时，6.3.3.1 b)和6.3.3.2的第2和第3句适用于此。

解读 本条的目的是规范滑轮间建筑设计尺寸，保证作业人员作业空间充足、方便，从而能够确保作业人员的安全。

购买方需要在滑轮间设计施工前与供应商进行交涉，确认滑轮间内设备的数量、布置方式以及尺寸要求，供应商应该提供滑轮间设备布置图供建筑设计者使用。

为了对滑轮进行维修和检查，滑轮的安装处要有一块不小于0.5 m×0.6 m的水平净空面积，如果限速器或其他装置安装在滑轮间，在其安装地点也需要有这样的面积。

6.7.1.2.2 屋顶板(天花板)以下的净高度应不小于1.50 m。

解读 由于滑轮间通常所安装的设备较少，维修和检查的频次相对也较少，因此，滑轮间的高度没有按照机房的高度来要求。

6.7.1.2.3 滑轮上方应有不小于0.3 m的净空间。

解读 本条的目的是防止作业人员的头部被运动的滑轮与其上部的屋顶所挤压。

电梯作业人员在工作中有可能将头部伸到滑轮与其上部屋顶之间，因此需要考虑其挤压的可能性。由GB 12265.3—1997可知，保护头部被挤压的最小间距为300 mm，因此，应保证旋转部件的上方有不小于0.3 m的垂直净空距离。

6.7.1.2.4 如果滑轮间里有控制屏和控制柜,6.3.3.1 和 6.3.3.2 的规定适用于本滑轮间。

6.7.1.3 门和检修活板门

6.7.1.3.1 通道门的宽度应不小于 0.6 m,高度应不小于 1.40 m。门不应向房内开启。

解读 本条的目的是为了使工作人员方便、安全地进入滑轮间,并且保证当滑轮间发生火灾时,人员能通过门以及通道迅速地撤离,保证人员的安全。

考虑只允许专业、相关的人员才能进入滑轮间,并且进入滑轮间的频次低等因素,因此,通道门按照单人通道的要求设计,宽度应该不小于 0.6 m、高度不应小于 1.4 m。按照建筑放火设计要求,通道门的打开方向为由滑轮间向通道方向打开,当发生火灾时,滑轮间内的人员迅速地逃离机房,而不会被开着的门所阻碍。

6.7.1.3.2 供人员进出的检修活板门其净通道应不小于 0.8 m×0.8 m,且开门后能自行保持开启位置。检修活板门处于关闭位置时,应能支撑两个人的重量,每个人按在门的任意 0.2 m×0.2 m 面积上作用 1 000 N 计算,门应无永久变形。检修活板门除非与可收缩的梯子连接外不得向下开启,如果门上装有铰链,应属于不能脱钩的型式。当检修活板门开启时,应有防止人员坠落的措施(如护栏)。

解读 本条的目的是为了供使用人员方便、顺畅地从滑轮间进入需要维修、检查的设备间,以及确保设置的门安全可靠,不会发生意外造成安全事故。

如果需要从滑轮间进入井道上部空间,滑轮间地面设计有开孔,此开孔需装有满足强度要求的活板门,完全打开活板门后,开孔的尺寸也不小于 0.8 m×0.8 m。一般情况下检修活板门的开启方向应朝井道外部(机房),除非当门板有与可收缩的梯子连接时,该活板门才可向下(井道内)开启,如果门上采用铰链,则该铰链应属于不脱钩的型式,防止无意状况下的失效。

为了防止人员从打开的活板门处无意坠入井道,应该有防护装置。如在滑轮间存放栏杆,当使用时可方便地拿到和打开,或在活板门四周安装固定护栏,其中一边为活动门的形式,当打开活板门时,防护栏杆的门也将关闭。

6.7.1.3.3 门或检修活板门应装有带钥匙的锁,它可以从滑轮间内不用钥匙打开。

解读 本条的目的是防止无关人员进入滑轮间或井道,以及紧急情况时可以方便快捷地离开滑轮间或井道。

门锁的目的是使无关人员无法进入滑轮间或井道,但不应阻止工作人员的离开,如果滑轮间门可以从滑轮间内锁上且需要用钥匙才能打开，当发生火灾时，由于机房内人员的慌张，或者一时找不到钥匙，不能很快地打开门逃离，从而可能造成伤亡。

6.7.1.4 其他开口

楼板和滑轮间地板上的开孔尺寸，在满足使用前提下应减到最小。

为了防止物体通过位于井道上方的开口，包括通过电缆用的开孔而坠落的危险，必须采用圈框。此圈框应凸出于楼板或完工工地面至少50 mm。

解读 本条的目的是防止滑轮间内的物体通过孔洞坠落至井道，对运行中的轿厢或对重产生影响，引发事故的发生。

由于滑轮间地面存在曳引绳、限速器绳、线槽等穿过地板的一些必须的开孔，因此，存在物体从开孔坠落到井道的可能，特别是滑轮间有人工作时，由于无意动作，会将手中的工具、零件失手或者脚踢到地面上的工具以及其他物体，使其通过孔洞坠入井道，直接影响到电梯的安全使用。将孔洞四周围上圈框可减少此风险。

6.7.1.5 停止装置

在滑轮间内部邻近入口应装设一个符合14.2.2和15.4.4要求的停止装置。

解读 本条的目的是防止机房和滑轮间存在人员同时工作时，由于操作意外有可能造成的滑轮间内工作人员被运动的滑轮或其他运动部件所伤害。

当发生电梯失控或在维修检查过程中有可能造成人员伤害时，操作滑轮间内的停止装置应该可以使电梯停止运行，以避免造成事故的发生。

6.7.1.6 温度

如果滑轮间内有霜冻和结露的危险，应采取预防措施以保护设备。如果滑轮间设有电气设备，环境温度与机房的要求相同。

解读 本条的目的是对滑轮间内的设备防护等级提出设计要求。

通常由于滑轮间内只安装有机械设备，没有安装电气设备，一般设计时其环境参数严酷等级较低，因此，设计者没有考虑滑轮间的温度要求。如果电梯的使用环境使滑轮间内存在霜冻和结露的危险，电梯需求方需要向建筑设计者提出要求，可采用提高滑轮间的温度或对滑轮轴承处局部进行温度控制的方式。

如果滑轮间内安装有电气设备，其环境温度应该保证在5℃～40℃之间。

6.7.1.7 照明和电源插座

滑轮间应设置永久性安装的电气照明装置，在滑轮附近应有不小于100 lx的照度。照明电源应符合13.6.1的要求。在滑轮间内靠近入口的适当高度处应设置一个开关，以控制滑轮间的照明。至少应设置一个符合13.6.2要求的电

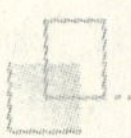

源插座，参见6.7.1.2.4。如果在滑轮间有控制屏或控制柜，则6.3.7的规定同样适用。

解读 本条的目的是为了保证相关人员进入滑轮间时的安全，以及在滑轮间内可以正常、安全地开展各项工作。

本条对滑轮间照明照度的要求比电梯机房的低，其原因是滑轮间内主要设备是机械设备，其维修检查的频次与照度要求均低于电气设备。

入口处安装有照明开关，能方便人员安全地进入和离开，照明开关安装的高度宜为1.3 m，距门框0.15 m～0.2 m。

6.7.2 井道内滑轮

导向轮位于轿顶投影之外，且检验、测试及维修工作能完全安全地从轿顶上、从轿厢内(6.4.3)、从平台上(6.4.5)或从井道外进行，则导向轮可安装于井道顶层空间内。为向对重方向导向可将单绕或双绕导向轮安装在轿顶上方，条件是可从轿顶上或从平台上(6.4.5)完全安全地接近导向轮轴。

解读 本条对导向轮安装在井道内的方式设置了条件，其目的是保证井道外、轿顶上工作人员可以方便安全的进行工作，防止由于操作不便发生的伤害。

本条规定导向轮应该安装在轿顶上方或人员可以方便接触的轿顶投影之外，确保工作安全，如果人员在轿顶、工作平台上或井道外不能方便地接触到，则导向轮应该安装在机房或滑轮间内。

12 电梯驱动主机

12.5 紧急操作

12.5.1 本条用下列内容代替：

如果向上移动装有额定载重量的轿厢所需的手动操作力不大于400 N，电梯驱动主机应装设有手动紧急操作装置，以允许将轿厢移动到一个层站。如果电梯的移动可带动此装置，则它应是一个光滑的、无轮辐的轮子。

解读 本条的目的是保证电梯发生电气故障时能够将轿厢内的被困人员通过简单的方式从轿厢中释放到层站，并且释放的操作是安全的。

400 N是假定一个人在正常位置可能施加的最大力。本条没有规定操作者的人数，实际操作时可以是一个人，也可以由两个人操作。如果轿厢的移动会带动到手动操作装置时，为了避免操作人员的手在发生意外时被旋转的轮子所伤害，手动操作装置应是光滑的、无轮辐的盘车手轮。常见电梯驱动主机的结构设计时，曳引轮(轿厢)的移动会带动到手动操作装置，如直接与电机轴机械连接或通过外接齿轮机械连接等形式。图A2-12-1所示的是主机安装在机房中时通常采用的手动紧急操作装置。一台电梯的盘车力与电梯的载重量、绕绳方式、盘车手轮的直径等因素有关。

a)

b)

图 A2-12-1 手动松闸和手动盘车

图 A2-12-2 是一种主机安装在井道内的手动紧急救援装置。其操作方法为：

关闭主开关[2]，指示器[6]显示轿厢的位置。

若二极管 LUET[4]点亮，则轿厢刚好停在层站上(±12 cm)。乘客即可被立即撤出。

若二极管 LUET[4]不亮，则轿厢没有在平层区，需要进行手动方式救援。

按下测试按钮，若二极管[3][4][5]都亮，则可以实施救援。将制动器松闸杆插入到位向下用力松开制动器，使轿厢缓慢移动，[3]点亮时表示轿厢向上移动，[5]点亮时表示轿厢向下移动，如果[3]或[5]点亮的同时发出音响表示轿厢移动速度过快应立即放开松闸杆。

缓慢移动轿厢直至二极管 LUET 点亮则表示轿厢已在平层。

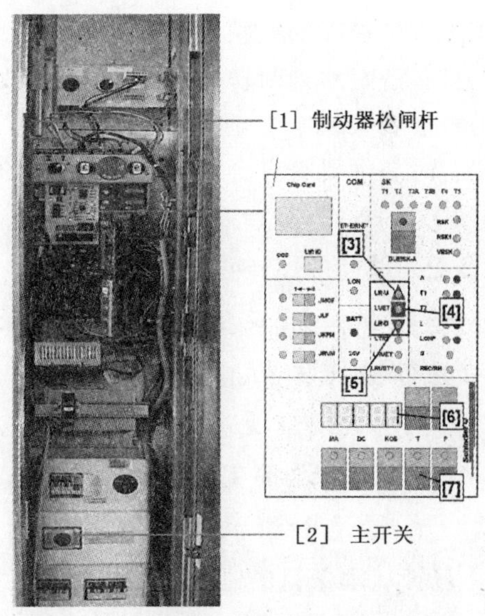

图 A2-12-2 主机安装在井道内的手动紧急救援装置

12.5.1.1 本条用下列内容代替：

若此装置是可拆卸的，应放置在机器设备间容易接近的地方，如该装置有可能和相配的电梯驱动主机搞混时，应作出适当标记。

若此装置可从电梯驱动主机上拆卸或脱出，一个符合 14.1.2 的电气安全装置最迟应在此装置将要与电梯驱动主机连接好时起作用。

解读 本条的目的是确保在需要进行手动紧急操作时，能够及时准确地把盘车手轮安装好。为此可理解可拆卸手动操作装置的相关要求为：

(1) 放置在机器设备间内且容易接近的位置，如主机相邻的墙壁上；

(2) 在多台电梯同一设备间时，应有相对应的标记，此标记应作在主机上和装置上(或装置放置位置明显可见处)，标记可采用1#、2#、3#…或A、B、C…等一一对应符号；

(3) 手动操作时，为了确保手动操作人员的安全，防止电梯意外移动，要有一个符合14.1.2的电气安全装置至少在手动盘车装置安装好前动作，切断电梯安全回路，确保由于人员疏忽在没有断开电梯电源的情况下进行手动操作。同时也意味着不允许电梯带电时进行手动紧急操作。

12.5.1.2 本条用以下内容代替：

应易于检查轿厢是否在开锁区。例如，这种检查可借助于曳引绳或限速器绳上的标记，参见6.6.2 c)。

解读 本条的目的是确保紧急救援时轿厢能够准确地被移动至楼层的平层位置，防止发生人员被绊倒或跌入井道的意外。

只有清楚地判断轿厢的位置，紧急救援人员才可执行下一步的操作，可参见6.6.2 c)，采用直接观察或电子显示装置手段均可，如图A2-6-7、图A2-12-3所示。但在采用电子显示装置时必须要有符合14.2.3.2要求的紧急备用电源，以确保停电时仍可照常工作。

12.5.2 本条用下列内容代替：

如果12.5.1定义的力大于400 N，应设置一个符合14.2.1.4规定的紧急电动运行操作装置。该项装置应设置于有关的机器间内：

——机房内(见6.3)；

——机器设备室内(见6.5.2)；或

——紧急和测试屏上(见6.6)。

解读 本条目的是当手动操作移动轿厢的力大于400 N，仍应有措施保证移动轿厢进行紧急救援的操作。

当解困轿厢人员或在检修工作需要移动轿厢的时候，如果手动操作移动轿厢的力大于400 N，或机械设备安装在井道内无法手动操作，就应在相适应的机器设备间内(或紧急操作屏)设置一个符合14.2.1.4规定的紧急电动运行操作装置。此外，据12.5.1的规定，并未禁止在设有手动紧急操作装置时(如图A2-6-6所示)，就不可设紧急电动运行操作装置，所以当手动操作移动轿厢的力不大于400 N时亦可同时加设紧急电动运行操作装置。

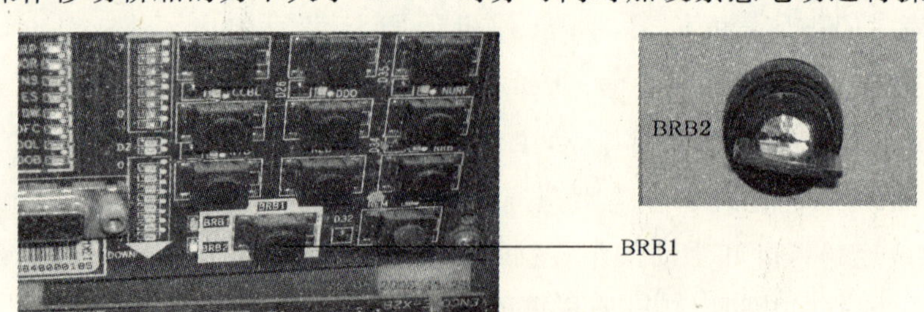

图 A2-12-3 电动紧急救援操作装置

图 A2-12-3 是一种电动紧急救援操作装置。其操作方法：

打开顶层厅外操作屏，启动 BRB2，顺时针方向旋转 BRB1 按钮，使电梯上行或下行运行，直至平层指示(DZ)亮后停下。

13 电气安装及电气设备

13.1 总则

13.1.2 本条用下列内容代替：

在机器设备间和滑轮间内，必须采用防护罩壳以防止直接接触电气设备，所用罩壳的防护等级不低于 IP2X。

解读 本条的目的是防止相关人员直接触电的危险。

根据 GB 4208 可知，IP 是指外壳的防护等级。其后第一个数字指防固体的等级，第二个数字是指防液体的等级，2 表示防直径 12.5 mm 甚至更大的固体颗粒物，X 表示无防液体的要求。一般机器设备和滑轮间内的主要电气设备为控制柜、主开关、驱动主机和紧急操作装置等，由于这些装置已经对电气部件进行了防护，所以设备本身不再考虑电气设备意外带电引起的触电而采用防护要求，其意外带电由接地进行保护，如主机外壳和控制柜柜体。对安装在机器设备和滑轮间内的自身外壳防护等级不低于 IP2X 的电气开关也不需再采用防护罩壳。

13.4 主开关

13.4.1 本条用下列内容代替：

对每台电梯，均应装设一只能切断该电梯所有供电电路的主开关。该开关应具有切断电梯正常使用情况下最大电流的能力。

解读 本条的目的是保证每台电梯使用的独立性，不会由于电梯的故障而对正常使用产生相互的影响。

13.4.1.1 该开关不应切断下列供电电路：

a) 轿厢照明和通风(如有)；

b) 轿顶电源插座；

c) 机器设备和滑轮间内的照明；

d) 机器设备和滑轮间以及底坑内的电源插座；

e) 电梯井道照明；

f) 报警装置。

解读 本条的目的是为了保证电梯发生故障时，切断主电源开关不会影响电梯的维修、保养等工作以及紧急情况下轿厢内被困人员的情绪稳定与报警。

当主开关切断后，a)～e)中所述及的电路如果同时被切断，则会使轿厢以及其余各处需要照明的空间无照明，不便于进行检修等操作，并且各空间插座失电后无法使用检修工具进行检修工作。

当主开关切断后，f)被切断，轿厢内如果有人被困，将无法报警且无法与机房救援人员保持联系，存在发生伤害事故的可能。

在实现方式上采用在主开关进线端引线或单独供电方式均可，目前在用电梯一般均采取在主开关供电端引线供电 a)～f)中所述的电路。如采用单独供电方式时，应避免该电路受电梯以外因素的影响而停止供电的可能。

13.4.1.2　该主开关应设置在：

a) 机房内，当有机房时；

b) 控制柜内，当无机房，但控制柜不是安装在井道内时；或

c) 紧急和测试屏上，当控制柜安装在井道内时。若紧急操作屏和测试屏是分立的，此开关应设置在紧急操作屏上。

如果从控制柜不容易接近主开关，那么该控制柜上应设置一个符合 13.4.2 要求的断路器。

解读　本条的目的是保证操作人员能够安全、方便、快捷地操作主开关。

主开关的安装位置：

(1) 有机房电梯，主开关必须设置在机房内且进入机房后容易接近的位置；

(2) 无机房且控制柜未设置在井道内部时，主开关可设置在控制柜内或紧急操作屏上；

(3) 无机房且控制柜设置在井道内时，主开关必须设置在紧急操作屏上；

(4) 如果从控制柜处不容易接近(直接操作)主开关，则可在控制柜上加设一个符合 14.1.2 的电气安全装置，通过它来直接控制 13.4.2 要求的断路接触器。

13.6　照明及电源插座

13.6.1　本条用下列内容代替：

轿厢、井道、机器设备间和滑轮间、紧急操作和测试屏(6.6)的照明电源应与电梯驱动主机电源分开，可通过另外的电路或通过与 13.4 规定的主开关的供电侧连接，而获得照明电源。

13.6.2　本条用下列内容代替：

轿顶、机器设备间和滑轮间及底坑所需的插座电源，应取自 13.6.1 述及的电路。这些插座是：

a) 2P+PE 型 250 V，直接供电；或

b) 根据 CENELEC HD 384.4.41 S2，411 部分的规定，以超低的安全电

压(SELV)供电。上述插座的使用并不意味着其电源线须具有相应插座额定电流的截面积。只要对导线有适当的防过电流保护,其截面积就可以小一些。

解读 本条的目的是保证检修工作时,如主开关断开后插座仍然带电,确保维修工作正常开展以及避免由于需要接临时用电引发维修人员的触电事故。

该电源的形式有两种可供选择,一是来自供给电梯主电源的主开关进线端,插座结构为2P+PE型(即通常所见的三孔插座,使用电压不大于250 V,有接地端),二以超低安全电压(不大于36 V)单独电路供电或从主开关进线端取电后进行降压再送至各插座。以上两种形式可二选一,也可两者兼有。由于该插座供电的目的是检修工作电源,应与检修工具电源相适配,我国大多检修工具电源电压要求为AC220 V,所以我国实际在用电梯都采用第一种方式直接供电。

考虑到电梯电缆(尤其是随行电缆)截面积较小,电路的过电流保护应考虑导线与插座的额定电流,一般情况下电梯插座额定电流大于导线额定电流,此时只要最大过电流保护是小于或以导线额定电流容量为依据设定的,则不必更换更大截面积的导线,导线的截面积取决于过电流保护的设定,但过电流保护的设定须与检修用电负荷相匹配。

13.6.3 照明和插座电源的控制

13.6.3.2 本条用下列内容代替:

机器设备间内,靠近入口处,应装设一开关或类似装置来控制照明电源。参见6.3.7、6.4.9和6.5.5。

在底坑内和靠近主开关处,均应装设井道照明开关(或等效装置),以便这两个地方均能控制井道照明。

解读 本条的目的是保证工作间的照明能够安全、方便地控制。

机器设备间内的照明开关(或等效装置)一般由电梯买方负责安装,电梯供应商有责任将此条文告知买方。

"等效装置"的意思是指采用其他如按钮控制方式或感应控制方式,只要照明能够被正常点亮且在未做关闭动作前持续点亮即可(不可采用延时自动关闭的方式)。

设置在底坑处的照明开关(或等效装置)应在打开层门(或检修门)进入底坑前易于接近操作。如设置在爬梯上端扶手位附近。

底坑和靠近主开关处设置的井道照明开关要求都能打开和关闭井道内的照明。

14 电气故障的防护、控制和优先权

14.2 控制

14.2.1.3 检修运行控制

本条用下列内容代替:

为了便于检查和维修,应在轿顶上设置一个易于接近的检修控制装置。检修控制装置由一个满足电气安全装置(14.1.2)要求的开关(检修运行开关)使其进入检修运行状态。该开关应是双稳态的,并能防止误操作。同时应满足下列作业条件:

a) 进入检修运行后,应使下列失效:

1) 正常的运行控制,包括所有动力驱动的自动门的运行;

2) 紧急电动运行(14.2.1.4);

3) 对接操作运行(14.2.1.5)。

只有再一次操作检修运行开关,才能使电梯恢复到正常运行状态。

如果用于实现上述失效的转换装置不是与检修开关的机械装置连成一体的安全触点,则应采取预防措施,防止如果电路中出现 14.1.1.1 所列的故障之一时轿厢的所有意外运行。

b) 轿厢的运行应依靠持续揿压按钮,此按钮应有防止意外误操作的保护,并具有明显的运行方向指示。

c) 控制装置也应包括一个符合 14.2.2 的停止装置。

d) 轿厢运行速度不超过 0.63 m/s。

e) 不能超出轿厢的正常运行范围。

f) 电梯的运行仍然依靠所有的安全装置。

控制装置也可以包括有意外操作保护的专用开关,用于从轿顶上控制门机装置。

下列情况下可以设置一个副检修控制装置:

a) 在 6.4.3.4 的情况下,设置在轿厢内;

b) 在 6.4.4.1 的情况下,设置在底坑内;

c) 在 6.4.5.6 的情况下,设置在平台上。

设置有两个检修控制装置的场合,应有一个互锁系统保证:

a) 如果一个检修控制装置被转换到"检修",通过按压该检修装置上的按钮能运行电梯。

b) 如果两个检修控制装置被转换到"检修":

1) 从任一个检修控制装置都不可能移动轿厢;

2) 当地同时按压两个检修控制装置上的按钮时,应能移动轿厢(见 0.3.18)。

不允许设置两个以上的检修控制装置。

解读 本条的目的是保证检修功能操作时相关人员的安全。

本条是在 EN 81-1:1998 的原条文上进行了修改,增设了副检修控制和两个检修控制时的要求。

检修控制装置的要求：

1. 满足14.1.2电气安全装置要求的开关操作，电气安全装置包括安全触点或安全电路(详见14.1.2.1.1)，对于开关来说，实际上是安全触点的要求，表明了检修运行开关(通常称为检修开关)必须符合安全触点要求(详见14.1.2.2)，该开关还必须是双稳态的，即开关只有两种状态且操作到任一种状态停止操作后，该开关都不应自动复位到另一种状态，此外该开关还能防止误操作，防止进入检修运行控制后，由于人员在工作过程中无意性的动作使检修开关复位，电梯恢复正常运行，从而造成人员的危险。防止误操作的方式有很多，理解分歧也较大，但目前比较通用的方式是采用嵌入式开关的方式或在开关周围加防护的方式。

2. 检修运行，应使下列功能失效：

(1) 正常运行控制，包括任何动力驱动自动门的操作。指所有内外选层控制运行、程控自动运行(并联、群控或程序自启动等)和动力驱动的自动开关门均失效。动力驱动指的是非人力手动推、拉操作，自动门是指不需操作(通过延时继电器控制门机的关闭)或只需做一个简单操作，如只按一次开门(或关门)按钮就可使门自动进行全自动打开和全自动关闭的门。

(2) 紧急电动运行。本条体现了检修运行优先于紧急电动运行。

紧急电动运行的目的是释放轿厢内被困的人员，按功能设计原则，如果电梯发生故障轿厢内有乘客，救援人员在救援时首先应将电梯由正常运行状态转换到检修运行状态，如果能够通过检修运行状态将轿厢开到平层处，即可释放轿厢内的被困人员，只有在检修运行状态无法运行轿厢时才使用紧急电动运行。因此可以认为紧急电动运行是一种特殊的检修运行方式，检修运行应该优先于紧急电动运行。并且由于检修运行的操作是在轿顶上实现的，而紧急电动运行是在相对于轿顶更加安全的机房、井道平台、楼层等处，因此为了保证轿顶人员的安全，检修运行也应该优先于紧急电动运行的控制。

(3) 对接操作运行。本条体现了检修运行优先于对接操作运行。

对接操作运行目前基本已经不被电梯厂家设计所采用。

3. 供检修运行操作的按钮要求

持续揿压按钮指的是自动复位的单稳态按钮，按钮意外被碰到而产生误动作的保护方式有多种，一般采用嵌入式按钮或在按钮四周围上高出按钮的防护沿，运行方向可清楚标识在按钮面上或其近旁，应能清楚地分开并不会因为人视角方向的原因而混淆，虽然没有规定揿压按钮的数量，但如某个按钮意外粘连或未复位时，有可能会引起检修人员的意外伤害，所以大多厂家设计时为了更安全起见，一般设计三个按钮，每次运行时必须持续揿压其中相应的两个按钮。

4. 控制装置上的停止装置

本条目的是当持续揿压按钮失效时，检修人员能在尽可能短的时间内停止轿厢的运行。

5. 轿厢的运行速度

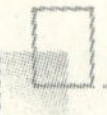

本条的目的是限制检修运行时轿厢移动的速度，防止速度过快使轿顶上的人员产生危险。

6. 轿厢的正常运行范围

正常运行范围是指从底层层站平层至顶层层站的平层，检修运行不能超过该行程，但可以不用达到该行程。一些厂家设计的行程一般在离平层有足够的距离，以确保有更大的顶部安全空间和底部安全空间，保证轿厢上作业人员不会因为不在意而产生危险。

7. 安全装置

本条的目的是确保检修人员的安全，在检修运行操作时，仍存在意外的发生可能，所以检修运行时，所有的安全装置仍应正常有效。

8. 门机构的特殊控制

本条的目的是为了不限制由于维修调试的方便性(如在检修运行时需操作动力驱动的自动门)，对前述中使自动门的操作失效的要求进行补充，即也可采用防止误操作的特殊开关来取消自动门的操作。

9. 副检修控制装置，其功能须满足上述所述的功能要求。

(1) 在 6.4.3.4 的情况下，设置在轿厢内；指的是机械设备安装在井道内时，需要从轿厢内移动轿厢的场合，副检修控制装置可以设置在轿厢内，且应符合 6.4.3.4 中相应的规定。

(2) 在 6.4.4.1 的情况下，设置在底坑内；指在底坑内进行机械设备的维修时，需要移动轿厢的场合，副检修控制装置可以设置在底坑内，且应符合 6.4.4.1 中相应的规定。

(3) 在 6.4.5.6 的情况下，设置在平台上；指的是在平台上进行机械设备的维修时，需要移动轿厢的场合，副检修控制装置可以设置在平台上，且应符合 6.4.5.6 中相应的规定。

14.2.1.4 紧急电动运行控制

本条用下列内容代替：

根据 12.5.2 的要求，若需要一个紧急电动运行装置，则应设置一个符合 14.1.2 的紧急电动运行开关。紧急电动运行时，电梯驱动主机应由正常的电源供电或由备用电源供电(如果有的话)。

还应同时满足下列条件：

a) 紧急电动运行开关的操作应允许通过持续揿压具有防止意外操作保护的按钮来控制轿厢运行。运行方向应清楚地标明。

b) 紧急电动运行开关被转换后，除由该开关控制的以外，应防止轿厢的一切运行。

一旦转换到检修运行状态，则紧急电动运行应失效。

c) 紧急电动运行开关本身或通过另一个符合 14.1.2 的电气开关使下列电气装置失效：

1) 9.9.8规定的安全钳的电气装置；

2) 9.9.11.1和9.9.11.2规定的限速器上的电气装置；

3) 9.10.5规定的轿厢上行超速保护装置上的电气装置；

4) 10.4.3.4规定的缓冲器上的电气装置；

5) 10.5规定的极限开关。

d) 紧急电动运行开关及其操作按钮应设置在合适的位置上，以便在操作时能够直接或通过显示装置观察到驱动主机[6.6.2 c)]。

e) 轿厢速度不应大于0.63 m/s。

解读 本条的目的是对紧急电动运行控制提出安全技术要求，确保操作者以及相关人员的安全。

紧急电动运行控制要求：

(1) 紧急电动运行开关的要求，一般采用安全触点的方式，同检修运行开关。参见上条解读。

(2) 紧急电动运行操作按钮的要求，同检修操作按钮要求相同。

(3) 检修运行优先于紧急电动运行。

(4) 紧急电动运行特殊要求：为了在紧急情况下更快的移动轿厢进行救援，紧急电动运行开关应具备暂且切除部分电梯安全保护功能的功能。体现了先救援，后维修的安全要求。即c)款中所述及的5种开关均有可能是造成困人故障的原因，而在此情况下采用慢速移动轿厢的紧急电动运行方式时，上述开关的失效不会产生危险。

(5) 速度限制，同检修运行要求。

14.2.2 停止装置

14.2.2.1 本条用下列内容代替：

电梯应设置停止装置，用于停止电梯并使电梯，包括动力操纵的门保持在非服务的状态，停止装置设置在：

a) 底坑[5.7.3.4 a)]。

b) 滑轮间(6.7.1.5)。

c) 轿顶(8.15)，距检修或维护人员入口不大于1 m的易接近位置。该装置也可设在靠近距入口不大于1 m的检修运行控制装置处。

d) 检修控制装置上[14.2.1.3)]。

e) 对接操作的轿厢内[14.2.1.5 i)]，该停止装置应设置在距对接操作入口不大于1 m的位置，并能被清楚地识别(15.2.3.1)。

f) 在电梯驱动主机附近，除非在它附近1 m之内有可直接接近的主开关或另一个停止装置。

g) 紧急和测试屏上(6.6),除非在它附近 1 m 之内有可直接接近的主开关或另一个停止装置。

解读 本条的目的是为了防止工作过程中发生的失控状况,保证工作人员的安全。

在操作人员常出现的工作场所(底坑、滑轮间、轿顶、检修控制上、对接操作的轿厢内和紧急测试屏上),由于轿厢的意外移动均有可能会使上述场合中(或附近)的操作人员产生危险,所以确保轿厢不发生意外移动是至关重要的,通过在这些场合中设置可人为动作的符合安全触点的停止开关是直接有效的方式,这些停止开关一般串接在电气安全回路中,一旦保持在动作位置,则轿厢的移动是不可能的。1 m 的距离是通常人手单臂能触及的距离。

14.2.3 紧急报警装置

14.2.3.4 本条用下列内容代替:

如果电梯行程大于 30 m,或轿厢和紧急操作地点之间不能直接对话,在轿厢和紧急操作地点之间应设置 8.17.4 述及的紧急电源供电的对讲系统或类似装置。

解读 本条的目的是为了保证乘客的人身安全,避免由于乘客被困需紧急操作解困时,操作人员与乘客的无法沟通,造成乘客的情绪影响或错误行动等。

该报警装置是为普通使用人员而设的,应有恰当的标识(黄色铃形)和安装位置,当轿厢正常照明供电中断时,轿内应急照明应能提供足够的亮度供使用人员观察到该报警装置,合适的通讯手段应是双方可以对讲的装置。

15 注意、标记和操作说明

15.4 机房及滑轮间

本标题用下列内容代替:

15.4 机器设备间及滑轮间

15.4.1 至少标有“电梯机器设备——危险、未经批准禁止入内”的危险性标识语,贴在通往机器设备间和滑轮间的门或活板门外(不包括层门、安全门和测试屏)。活板门上应有永久性的醒目的标识语“防止坠落、随手关门”,以提醒其使用者。

15.4.3 本条用下列内容代替:

在机房内(6.3)、机器设备室内(6.5.2)或在紧急和测试屏上(6.6),应设有详细的说明,指出电梯万一发生故障时应遵循的规程,尤其应包括手动紧急操作装置和层门开锁钥匙的使用说明。

15.4.5 本条用下列内容代替:

在承重梁或吊钩上应标明最大允许载荷(见6.3.8和6.4.10)。

下列为新增加内容:

15.4.6 在平台上应标明最大允许载荷(见6.4.5.3)。

15.5 井道

15.5.1 本条用下列内容代替:

井道外,在任何检修和通道门近旁(层门除外),应设有一须知说明;

“电梯井道——坠落危险,未经许可禁止入内”

15.5.4 下列为新增加内容:

在下列情况下,一个清楚的给出所有必需的操作说明的“注意事项”应粘贴在井道内适当的位置:

——可缩回的平台(6.4.5)和/或可以动的停止装置[6.4.5.2 b)];

——或者手动操作的机械装置(6.4.3.1、6.4.4.1)。

16 检查、试验、记录和维护

16.3 安装资料

16.3.1 正常使用

本条用下列内容代替:

使用说明书应有电梯正常使用和救援操作的必要说明,特别是:

a) 通往机器设备间的门保持锁紧;

b) 加载和卸载的安全;

c) 电梯井道部分封闭[见5.2.1.2 d)]情况下采取的防范措施;

d) 需要称职的主管人员介入的事情;

e) 保留记录文件;

f) 紧急开锁钥匙的使用;

g) 救援操作。

附 录 A

(标准的附录)

电气安全装置表

附录A做了以下增加及修改:

表 A1 电气安全装置表

章 条	所检查的装置
5.2.2.2.2	检查检修门、井道安全门和检修活板门的关闭位置
5.7.3.4 a)	底坑停止装置
6.4.3.1 b)	检查机械装置的非工作位置
6.4.3.3 e)	检查轿厢上检修窗和门的关闭位置
6.4.4.1 e)	检查用钥匙开启进入底坑的门
6.4.4.1 f)	检查机械装置的非工作位置
6.4.4.1 g)	检查机械装置的工作位置
6.4.5.4 a)	检查可缩回的平台的完全缩回位置
6.4.5.5 b)	检查可移动的停止装置的完全缩回位置
6.4.5.5 c)	检查可移动的停止装置的完全伸出位置
6.4.7.1 e)	检查通道门的关闭位置
6.4.7.2 e)	检查通道门的关闭位置
6.7.1.5	滑轮间的停止装置
7.7.3.1	检查层门的锁闭; 自动操作的层门依照7.7.4.2; 手动操作的层门
7.7.4.1	检查层门的闭合位置
7.7.6.2	检查无锁门扇的闭合位置
8.9.2	检查轿门的闭合位置
8.12.4.2	检查轿厢安全窗和安全门的锁紧

续表 A1

章　　条	所检查的装置
8.15 b)	轿顶停止装置
9.5.3	检查两根绳或链悬挂时的非正常相对伸长
9.6.1 e)	检查补偿绳的张紧
9.6.2	检查防跳装置
9.8.8	检查安全钳的动作
9.9.11.1	超速检测
9.9.11.2	检查限速器的复位
9.9.11.3	检查限速器绳的张紧
9.10.5	检查轿厢上行超速保护装置
10.4.3.4	检查缓冲器恢复到正常位置
10.5.2.3 b)	检查轿厢位置传递装置的张紧(极限开关)
10.5.3.1 b) 2)	曳引驱动电梯的终端极限开关
11.2.1 c)	检查轿门的锁紧
12.5.1.1	检查手动紧急操作可拆装置的位置
12.8.4 c)	检查轿厢位置传递装置的张紧(减速检查装置)
12.8.5	检查在减行程缓冲器情况下的减速状态
12.9	检查强制驱动电梯绳或链的松弛
13.4.2	借助于断路接触器的主开关的控制
14.2.1.2 a) 2)	检查平层和再平层
14.2.1.2 a) 3)	检查轿厢位置传递装置的张紧(平层和再平层)
14.2.1.3 c)	检修运行上的停止装置
14.2.1.5 b)	对接操作的轿厢运行的限制
14.2.1.5 i)	对接操作的轿内停止装置
14.2.2.1 f)	电梯驱动主机的停止装置
14.2.2.1 g)	紧急和测试上的停止装置

附　录　C

（提示的附录）

技　术　文　件

C2　概述

本条用下列内容代替：

ⅰ）电梯安装者、所有者和（或）用户的名称和地址；

ⅱ）电梯安装地点；

ⅲ）电梯的型号、额定载重量、额定速度、乘客人数；

ⅳ）电梯行程、服务层站数；

ⅴ）轿厢和对重（或平衡重）的质量；

ⅵ）通往机器设备和滑轮间的通道型式。

C3　技术资料和布置图

本条用下列内容代替：

为了了解安装情况必须的平面图和截面图，包括主机、滑轮和设备间的内容。这些资料不必包括结构的详细资料，但是它们应包括检查是否符合本标准所必须的详细资料，尤其是下列内容：

a）井道顶部和底坑内的净空（见 5.7.1，5.7.2，5.7.3.3）；

b）井道下方存在的任何可进入的空间（见 5.5）；

c）进入底坑的通道（见 5.7.3.2）；

d）当同一井道内装有一台以上的电梯时，相邻电梯间的防护措施（见 5.6）；

e）固定件的预留孔；

f）机器设备间的位置和主要尺寸，以及电梯驱动主机和主要部件的布置图，曳引轮或卷筒的尺寸，通风孔，对建筑物和底坑底部的反作用力；

g）进入机器设备间的通道（见 6.2）；

h）滑轮间（如有）的位置和主要尺寸，滑轮的位置和尺寸；

i）滑轮间内其他设备的位置；

j) 进入滑轮间的通道(见 6.7.1.3);

k) 层门的布置和主要尺寸(见 7.3),如果层门都相同,且标明相邻层门地坎间的距离时,则无须标出全部层门;

l) 检修门,检修活板门和井道安全门的布置和尺寸(见 5.2.2);

m) 轿厢及其入口的尺寸(见 8.1, 8.2);

n) 地坎和轿门至井道内表面的距离(见 11.2.1,11.2.2);

o) 关闭的轿门和关闭的层门之间按 11.2.3 所指测量的水平距离;

p) 悬挂装置的主要特征—安全系数—钢丝绳(根数、直径、结构、破断载荷)—链条(型号、结构、节距、破断载荷)—补偿绳(如有);

q) 安全系数的计算(见附录 N);

r) 限速器绳和(或)安全绳的主要特征:直径,结构,破断载荷,安全系数;

s) 导轨的尺寸和验算及其摩擦表面的尺寸和状况(拉制、铣削、磨削);

t) 线性蓄能型缓冲器的尺寸和验算。

附　录　D

(标准的附录)

交付使用前的检验和试验

D2　试验和验证

f)　电气接线:

本条用下列内容代替:

1) 不同电路绝缘电阻的测量(见 13.1.3)。测试时,所有电子元件的连接均应断开。

2) 机器设备间主接地端与易于意外带电的不同电梯部件间的电气连接连通性的检查。

o) 以下装置的功能测试(如果有的话):

1) 防止轿厢移动的机械装置(见 6.4.3.1);

2) 使轿厢停止的机械装置(见 6.4.4.1),应特别注意用作机械停止装置的安全钳,比如:在紧急运行速度且轿厢空载时的运行;

3）平台（见 6.4.5）；

4）轿厢锁定机械装置或可移动的停止装置（见 6.4.5.2）；

5）紧急和测试操作装置（见 6.6）。

附　录　E

（提示的附录）

定期检验、重大改装或事故后的检验

E2　重大改装或事故后的检验

本条用下列内容代替：

电梯的重大改装和事故均应记录在 16.2 规定的记录簿或档案文件的技术部分。特别指出，以下情况均应视为重大改装：

a）改变：

1）额定速度；

2）额定载重量；

3）轿厢质量；

4）行程。

b）改变或更换：

1）门锁装置类型（用同一种类型的门锁装置更换不作为重大改装）；

2）控制系统；

3）导轨或导轨类型；

4）门的类型（或增加一个或多个层门或轿门）；

5）电梯驱动主机或曳引轮；

6）限速器；

7）轿厢上行超速保护装置；

8）缓冲器；

9）安全钳；

10）防止轿厢移动的机械装置（见 6.4.3.1）；

11）使轿厢停止的机械装置（见 6.4.4.1）；

12）平台（见6.4.5）；

13）轿厢锁定机械装置或可移动停止装置（见6.4.5.2）；

14）紧急和测试操作装置（见6.6）；

为了进行重大改装或事故后的试验，应将有关文件和必要的资料提交负责的人员或部门。

上述人员或部门将决定对已改装或更换的部件进行合理的试验。

这些试验最多将不超出电梯交付使用前对其原部件所要求的检验内容。

附　录　O

（提示的附录）

机器设备间——通道（6.2）

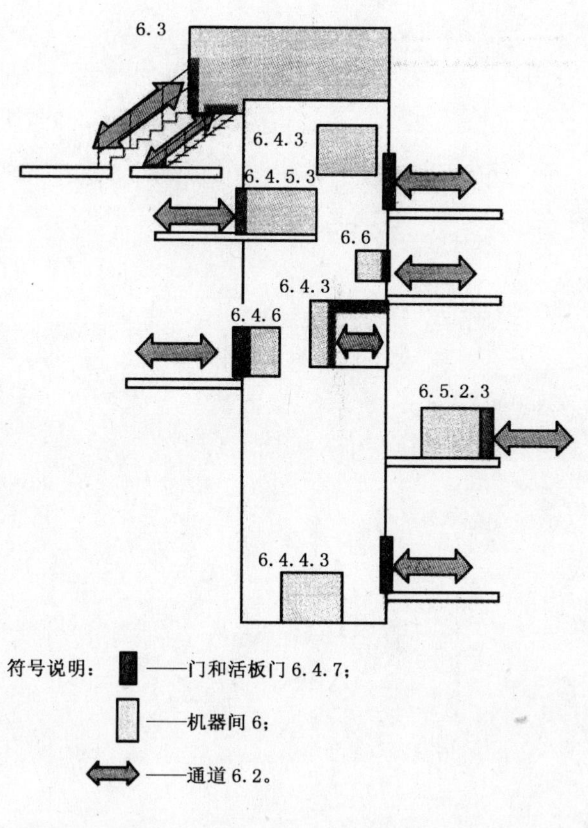

图O1　机器设备间——通道（6.2）

附　录　ZA

（提示的附录）

本标准的条款满足EU指令的基本要求或其他规定

注1由下列内容代替：

注1：关于6.2、6.3和6.7，参见本标准的0.2.2条。

参 考 文 献

[1] EN 81-1:1998 Safety rules for construction and installation of lifts-part 1:electric lifts.

[2] EN 81-1/A1:2005 Safety rules for construction and installation of lifts-part 1:electric lifts.

[3] EN 81-1/A2:2004 Safety rules for the construction and installation of lifts-part 1:Electric lifts-A2:Machinery and pulley spaces.

[4] 95/16/EC Lift Directive,7 September 1995.

[5] Dr. Ing. Gerhard. Schiffner,The Previous interpretations on EN 81-1 and EN 81-2,2005.

[6] Dr. Ing. Gerhard. Schiffner,Interpretations to EN 81-1/2,Lift Rport,31. Jahrg. (2005) Heft 1,p30.

[7] ASME A17. 1—2004 Safety Code for Elevators and Escalators.

[8] CAN/CSA-B44-M90 Safety Code for Elevators.

[9] Andre Leenders, Handbook and comments on the EN 81/part 1 safety code,1986.

[10] BS 5655-6:1985 Lift and Service Lift—Code of Practice for Selection and Installation.

[11] 张福恩,等.《电梯制造与安装安全规范应用手册》.北京:机械工业出版社,1993.

[12] 刘兆彬,张钢,胡可明.特种设备安全监察条例释义.北京:中国标准出版社,2003.

[13] 国家质量监督检验检疫总局.电梯监督检验规程,2002.

[14] The evaluation partnership limited,Evaluation of the application of the lifts directive (95/16/EC)-final report,21 June 2004.

[15] Rudi Deimann,Rope brake and "uncontrolled movements",Lift—Report,23. Jahr. (1997) Heft 4.

[16] Dipl. —Ing. Werner Rau,A lift without a machineroom—Evolution,Lift—Report,25. Jahr. (1999) Heft 1.

[17] Dr. Horst A. Ermer,Smoke free lfts through positive pressure,Lift—Report,25. Jahr. (1999) Heft 4.

[18] Dr. Eur. Ing. Gina Barney,Rope safety actors,Lift—Report,30. Jahr. (2004) Heft 4.

[19] Msc. Johannes de Jong,Understanding the natural behavior of eleator safety

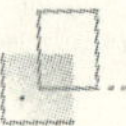

gears and their triggering devices,Lift—Report,31. Jahr. (2005) Heft 1.

[20] Msc. Pawel Ionkwic,Analysis of elevator configuration influence on the operation and safety conditions of lifting ropes, Lift—Report, 30. Jahr. (2004) Heft 6.

[21] Evans L. Morrisson Evaluating elevator performance,Elevator World Education Package & Reference Library 1990 Edition,Volume 3.

[22] Dr-Ing. Guojun Ren and Prof. Dr. —Ing. Klaus Feyrer The wire break process in moving wire ropes,Lift—Report,24. Jahr. (1998) Heft 4.

[23] Johannes de Jong M. sc. Deceleration during free fall,fee wheel and emergency stop,Lift—Report,24. Jahr. (1998) Heft 1.

[24] Dr. Ing. Dietmar Kuntscher Energy-saving lifts,Lift—Report,32. Jahr. (2006) Heft 2.

[25] Ing. Luciano Faletto New lift machines for MRLs-improved accessibility for maintenance and emergency operations,Lift—Report,32. Jahr. (2006) Heft 4.

[26] Dr. F. Celik Elevator safety in seismic region,Lift—Report,32. Jahr. (2006) Heft 2.

[27] Dipl. —Ing. (FH) Hubert Krutzler Monitoring the switching position for safety switches,Lift—Report,32. Jahr. (2006) Heft 2.

[28] Dr—Ing. Wolfgang Scheunemann Development and employment of ropes for drives sheaves with D/d<40,Lift—Report,232. Jahr. (2006) Heft 1.

[29] Lubomir Janovsky Sheave Groove wear,Elevator World Education Package & Reference Library 1990 Edition,Volume 2.

[30] Dr. Herber R. Weischedel A survey of wire rope inspection procedures,Elevator World Education package & Reference Library 1990 Edition,Volume 2.

[31] Elmer F. Chapman Elevator design for the 21st century,Elevator World Education Package & Reference Library 1990 Edition,Volume 4.

[32] John H. Kløte,Scot. P. Deal Fire evacuation by elevators,elevatorElevator World Education Package & Reference Library 1990 Edition,Volume 2.

[33] Heikki Nykanen Safety criteria for power-operated doors,Elevator World Education Package & Reference Library 1990 Edition,Volume 3.

[34] Aberkrom Rope forces in traction lift,Elevator World Education Package & Reference Library 1990 Edition,Volume 1.

[35] Raymond Pohlman Performance criteria:individual car performance,Elevator World Education Package & Reference Library 1990 Edition,Volume 2.

[36] Donald Cooper Energy consumption of various elevator drives, Elevator World Education Package & Reference Library 1990 Edition,Volume 3.

[37] 国际和欧洲电梯标准译文集(一). 马培忠,译. 中国电梯协会技术委员会会议资料,2003 年 10 月.

[38] 李秧耕,等. 电梯结构及其安装维修. 上海:上海科学技术出版社,1992 年 10 月.

[39] 朱昌明,等. 电梯与自动扶梯. 上海:上海交通大学出版社,1995 年 10 月.

[40] Piet Aberkrom, Safety Gear Test, Elevator World Jun. 1986.

[41] GB/T 2423.5—1995 电工电子产品环境试验 第 2 部分:试验方法 试验 Ea 和导则:冲击.

[42] GB/T 2423.6—1995 电工电子产品环境试验 第 2 部分:试验方法 试验 Eb 和导则:碰撞.

[43] GB/T 2423.10—1995 电工电子产品环境试验 第 2 部分:试验方法 试验 Fc 和导则:振动(正弦).

[44] GB/T 2423.22—2002 电工电子产品环境试验 第 2 部分:试验方法 试验 N:温度变化.

[45] GB 14048.4—2003 低压开关设备和控制设备 机电式接触器和电动机起动器.

[46] GB 14048.5—2001 低压开关设备和控制设备 第 5-1 部分:控制电路电器和开关元件 机电式控制电路电器.

[47] GB 7588—2003 电梯制造与安装安全规范.

[48] 中国机械工程学会设备维修分会《机械设备维修问答丛书》编委会. 电梯使用语维修问答. 北京:机械工业出版社,2003.

[49] M. 舍费二,等. 起重运输机械设计基础. 北京:机械工业出版社,1991 年 5 月.

[50] 中国进出口商品检验技术研究所编译. 欧洲联盟“CE”安全合格标志法规汇编. 北京:中国对外经济贸易出版社,1996.